몸,
내 안의 우주

몸,
내 안의 우주

응급의학과 의사가
들려주는 의학교양

남궁인 지음

문학동네

차례

책을 열며

당신에겐 육체가 있다. 육체는 무엇보다 온전한 당신의 소유다. 당신의 소유라고 주장할 많은 것 중에, 누구도 함부로 빼앗을 수 없으며 삶의 끝까지 함께할 유일한 것이다. 지금 당신의 움직이는 눈, 페이지를 넘기는 손, 앉은 몸을 지탱하는 골반, 꼼지락거리는 발끝, 이 글을 해석하고 있는 두뇌 등만이 순수하고도 유일한 당신의 소유물이다. 극단적 유물론자의 시각으로 이야기하자면 '당신은 곧 당신의 육체다'.

하지만 우리는 자신의 몸에 대해 완벽히 알지 못한다. 물론 프렌치토스트를 좋아하고 커피를 두 잔 이상 마시면 밤에 잠이 오지 않으며 10km를 달리는 데 한 시간 정도 걸린다는 사실쯤은 알고 있다. 이 정도만 해도 몸에 대해 많은 것을 파악하고 있는 셈이다. 하지만 현대 의학을 들이밀기 시작하면 보통 사람은 몇 가지 질문 만에 백기를 든다. 가령 이 순간에도 몸에서 일어나고 있는, 세포 내의 ATP(아데노신삼인산)가 에너지를 내놓고 ADP(아데노신이인산)로 변화하는 과정이나, 신경에서 탈분극이 일어나 신호를 전달하는 기전을 선뜻 설명하기란 어렵다. 심근이 혈액을 쥐어짜는 순서나 신장이 소변을 걸러내는 방식도 마찬가지다. 이들 중 하나라도 문제가 생긴다면 사람은 생존을 기대하기 힘들다. 하지만 이 질문에 답을 하지 못해도 생존하는 데는 그다지 지장이 없다. 차라리 주량을 기억하는 편이 생존에는 더 도움이 될 것이다.

평상시에는 몸에 대한 지식이 없다는 데 개의치 않다가도 육체가 정상 궤도를 벗어나면 사람들은 무력감을 느낀다. 갑자기 어디가 아프거나 사고를 당하거나 갑자기 몸이 안 좋아지거나 평소와 다른 감각이 느껴질 때, 몸은 이전과 다르게 느껴진다. 왜, 무슨 이유일까. 추측해봐도 정확히는 알 수 없다. 그럼에도 불편하고 아픈 상태를 오래 견디기는 어렵다. 익숙한 '정상 상태'로 돌아가기 위해서 당신은 병원에 간다.

나는 진료실에 앉아 있다. 여기는 아픈 사람이 모이는 응급실 한복판이다. 전산상으로는 이름, 나이, 성별, 증상만으로 구분되는 수많은 환자들이 매일 이곳의 문을 두드린다. 하지만 진료실로 들어온 사람들은 각기 다른 얼굴과 체형, 목소리, 성격, 가치관과 행동 양식을 갖고 있다. 매일 내게는 저마다의 고유성을 지닌 새로운 우주가 찾아오는 셈이다. 다만 그들은 하나같이 몸에서 이상 신호를 받아서 여기까지 이르렀다. 그리고 내 앞에 오게 된 경위를 하소연한다. 저리고, 쑤시고, 욱신거리고, 쓰라리고, 따갑고, 찌르는 듯하고,

숨이 차고, 목이 막히고, 손발이 붓고, 가렵고, 뻐근하고 등의 어휘의 향연이 진료실에 펼쳐진다.

그 말을 듣는 내게도 내가 속한 우주, 즉 몸이 있다. 사람의 몸에서 심장과 폐와 신장이 하는 일은 같고 호르몬과 DNA는 같은 작용을 한다. 이 장기들이 보내는 신호는 인간의 두뇌에서 형식을 갖추고 언어로 표현된다. 그러나 나에게는 치료자로서 은하가 별도로 존재한다. 따라서 당신의 말을 해석하고 답변하는 전문가로 나는 그 자리에 앉아 있다. 의학은 방대한 영역을 아우르는 첨단 과학이며, 인류에겐 몸의 이상異常을 이해하고 파악해서 치료해온 역사가 있다. 나는 그 의학이라는 과학을 체화하기 위해서 20년이 넘는 시간을 썼다.

내 앞에는 늘 전문가나 치료자라는 명패가 붙어 있었다. 그리고 내 자리는 하필 응급실이었다. 사람들은 자신의 육체 여기저기 부위를 가리키며 의학의 전 분야에 걸친 질문을 던졌다. "왜 아픈가요, 어떻게 나아질 수 있나요?"라는 흔한 질문도 많았지만, "파리를 삼켰는데 어떻게 해야 하나요?" "선풍기 틀고 자면 죽나요?" "돼지감자와 도라지 달인 물 마시면 당뇨를 조절할 수 있나요?" 같은 질문에도 의학의 입장에서 근거를 갖고 답을 해야 했다(질문이란 때때로 묻는 사람보다 답을 해야만 하는 사람에게 더 큰 통찰을 안긴다). 그 자리에서 오랫동안 질문을 받자 나는 사람이 아플 수 있는 거의 모든 경우의 수를 목격할 수 있었다. 그리고 자연스럽게 몸에 대한 체계가 머릿속에서 자리잡았다.

의사와 환자와의 대화는 서로 다른 우주의 조우다. 각자의 입장은 분명히 다르고 지식 체계 또한 상이하다. 사람들에게 의사는 두렵고 의학은 난해하다. 나는 문득 환자라는 은하에만 앉아 있는 사람들을 우주 반대편으로 이끌고 싶었다. 의학이란 그리 복잡하지 않고 의사의 결정에는 몇 가지의 간단한 근거가 있으며 맥락만 익힌다면 이보다 흥미로운 세계가 없다는 사실을 알려주고 싶었다.

환자 대부분은 스스로가 절묘한 치유력을 가지고 있다는 사실을 간과한다. 몸은 이미 완성된 완벽한 우주에 가깝다. 환자가 의사를 신뢰하는 만큼, 아니 그 이상으로 의사는 환자의 '몸'을 신뢰한다. 사실 의학의 도움 없이도 많은 사람들은 건강하게 살아왔다. 오랫동안 의사는 환자에게 사혈을 하거나 수은 등의 중금속을 바르거나 산욕열 따위의 감염을 일으키거나 기도를 해줬을 뿐이다. 불과 100년 전, 20세기 초에 이르러서야 의학은 백신, 항생제, 마취, 새로운 수술 방식 등을 개발하고 근거중심의학evidence-based medicine을 도입해서 수명을 급격히 연장시켜왔다. 그럼에도 내가 일과 중 가장 많이 내는 처방은 'Conservative' 즉 보존적 치료다. 증상을 조절하면서 인체가 병마를 이겨내도록 돕겠다는 뜻이다. 그다음으로는 '비알br'인데, 이는 '베드레스트bed rest'로 침대에 눕혀 안정을 취하게 하겠다는 뜻이다. 상태가 많이 안 좋으면 '에이비알abr'을 처방한다. 'absolute bed rest'로, 환자를 절대 침대에서 내려오지 않게 하겠다는 뜻이다. 결국 의사들의 처방은 '몸'이라는 우주에 대한 믿음을 기반으로 한다.

사실 인체를 한 권의 책으로 써낸다는 것은 도전이었다. 인간을 기술하기 위해서는 아주 다양한 시선이 필요하다. 일단 인체를 하나의 유기체로 보는 전체주의와 부분의 합으로 보는 부분주의가 있다. 또 원자나 분자 단위로 해석하는 환원주의와, 인체가 하나의 완성된 합으로 탄생했다는 창발주의가 있다. 부분주의에 따르면 인간은 물리적으로 몸통에 얼굴과 팔 두 개, 다리 두 개가 붙은 존재이고, 몸통은 위와 간과 비장과 창자가 들어찬 존재다. 기능적으로는 순환계와 호흡계와 내분비계, 신경계 따위의 총합이 인간을 작동시킬 것이다. 반면 환원주의에 따르면 내가 너를 사랑하는 일은 탄소와 수소 분자가 혼합된 호르몬이 작용해 뇌 내 뉴런 안에서 나트륨과 칼륨이 탈분극되어 호감이라는 감각을 드러내는 일이다. 창발주의에 따르면 앞에서 인간을 쪼개서 해석하는 일 따위는 모두 불경한 짓이며, 인간은 총합으로서만 고유한 성질을 보여준다. 이런 극단적인 시선은 모두 무의미하다. 적어도 우리가 인지하는 인간은 변신 로봇처럼 팔다리가 모인 존재이거나 무수히 많은 분자의 배열이 아니며 우리의 간과 심장은 엄연히 제 몫의 기능을 한다. 우리의 인지 체계에서 인간은 인간 이상의 존재다.

인간에게는 수백만 년의 진화 과정이 있었고, 뇌가 스스로의 몸을 파악해서 치료자가 되기까지의 굴곡진 역사가 있었다. 그 모든 것이 의사인 나에게는 분명한 맥락으로 자리하고 있다. 인체는 그 맥락 속에서 꾸준히 절묘하고도 위대한 존재였다. 먹고 자고 배설하는 데 굳이 의사의 도움이 필요하지 않으며, 인지하고 노력하지 않아도 우리 몸은 많은 것을 이룩해낸다. 사랑에 빠졌을 때 당신은 뉴런의 나트륨과 칼륨과 탈분극을 의식하지 않는다. 대신 그에게 다가가 "나는 당신을 사랑한다"고 고백한다. 이것이 인간이라는 단위의 고유함이다. 이 책은 과학의 영역에 걸쳐 있지만 분명히 살과 피가 있는 인간을 이야기한다.

『몸, 내 안의 우주』는 내가 받은 수많은 질문으로부터 시작되었다. 의학은 어렵고 난해한 학문이라는 인식이 있다. 솔직히 의과대학 시절 내가 경험한 수업의 커리큘럼 또한 흥미롭지 않았다. 내게 이 지식이 도대체 왜 필요한지 알 수 없을 때도 많았다. 병원 실습과 수련을 거치면서 실제 살아 있는 환자를 만나기 시작하고서야 의학이 그 어떤 지식보다도 실용적이고 직관적이라는 사실이 피부에 닿기 시작했다. 이 책은 그 경험을 바탕으로 쓰였다. 독자들의 읽는 재미와 이해를 돕기 위해서 임상의 이야기를 중간중간에 배치했다. 과학으로서 의학을 이해하게끔 하는 최선의 노력이었다. 모든 이야기는 의학 교과서의 임상 사례와 표준화 환자를 바탕으로 창조했다. 물론 개인적 경험이 반영될 수밖에 없는 사연들이다.

각 장의 순서는 의사가 되어가는 커리큘럼과 비슷하다. 다만 독자의 이해도와 중요도를 감안해 일부 순서를 조정했다. 우선 임상의학인 소화기, 심장, 폐, 신장 등 생사가 걸린 주요 장기를 설명한 뒤 눈에 보이지 않는 내분비와 면역계를 다룬다. 그리고 현대인의 관심사인 피부, 근골격과 인간의 근원적 관심사인 성性을 거쳐 우리가 인지하는 세상을 구성하는 뇌와 감각으로 넘어간다. 마지막 장은 삶과 죽음이다. 실은 의학 커리큘럼에는 죽음이라는 부분이 없다. 하지만 막상 현장에서는 그 무엇보다 치열하게 목격하고 감당해야 하는 것이 죽음이었다. 나는 죽음을 다루는 장으로 책을 마무리해야 했다. 삶의 이면에는 죽음이 있다는 엄연한 사실을 말해야만 했다. 응급실에서 임상의로서 17년을 살아낸 뒤에야 의학 커리큘럼에 죽음이 빠져 있다는 사실을 자각했다. 죽음이라는 파트를 실어야만 이 책은 비로소 완성될 것이다.

2025년 6월 응급실에서

남궁인

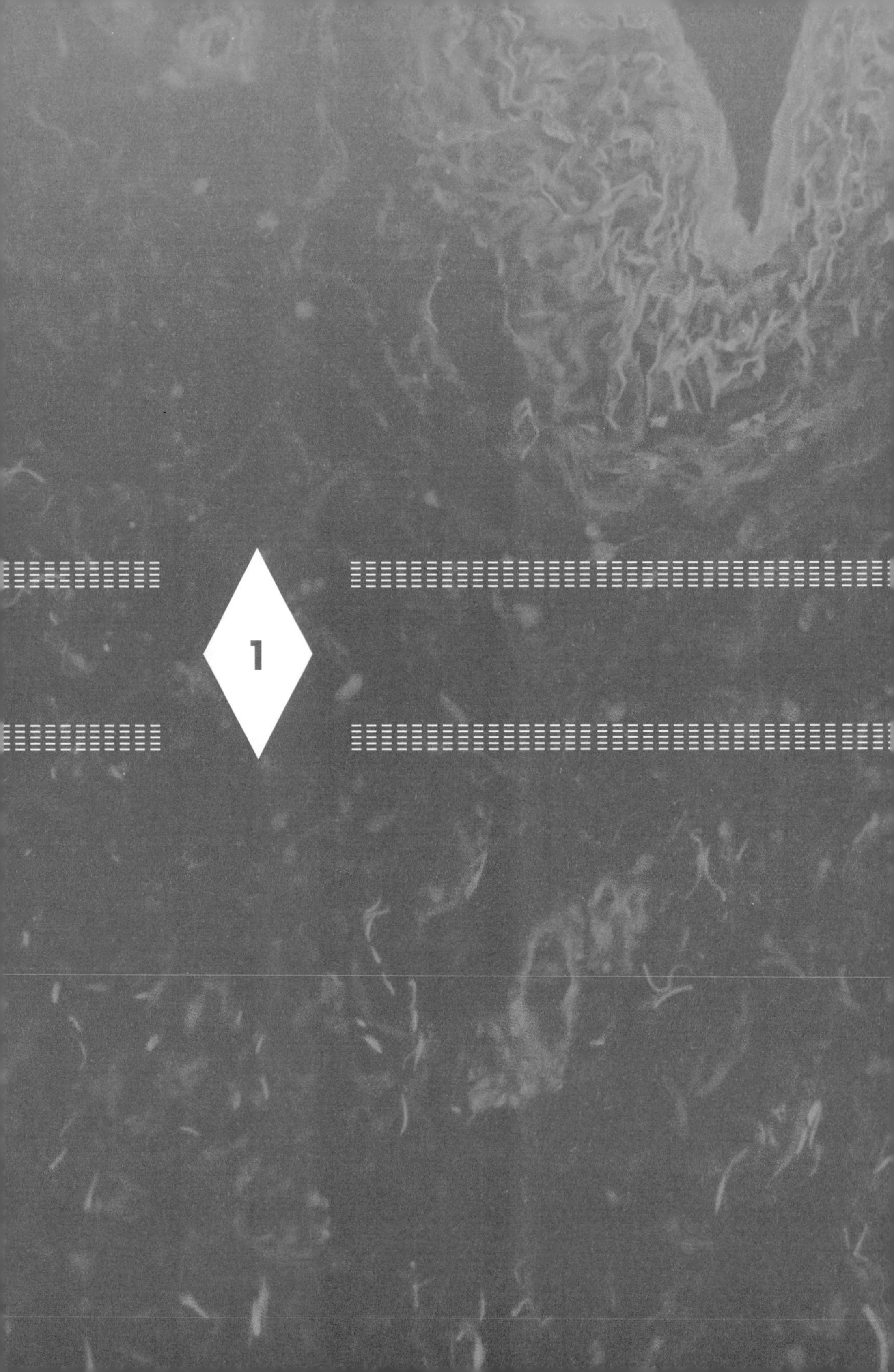

1

우리 몸의 파이프라인

소화

DIGESTIVE SYSTEM

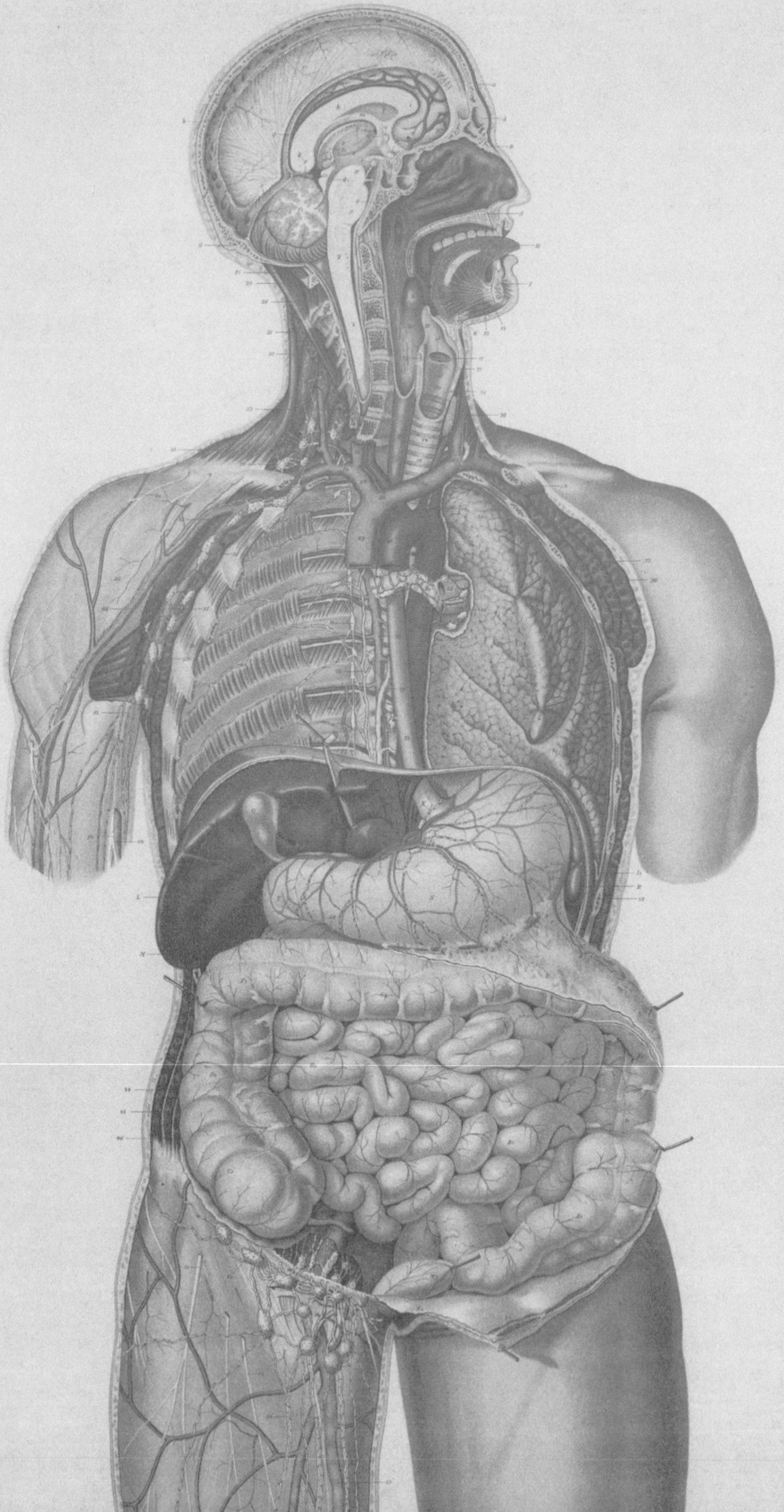

속이 좋지 않았다. 어제 먹은 김밥과 잔치국수가 잘못된 것 같았다. 건강 관리를 위해 단백질과 채소 위주의 식단을 유지하던 중이었지만, 언제나처럼 탄수화물의 유혹을 참을 수가 없었다. 선택은 분식집이었다. 고소한 참기름 냄새만으로도 환희가 느껴졌다. 김밥과 잔치국수를 시켜 허겁지겁 먹어 치우자 뇌가 평화를 찾으면서 도파민을 내뿜었다. 그런데 너무 급하게 먹은 탓인지 속이 좋지 않았다. 화장실에 갔더니 설사기도 조금 있는 것 같았다. 결국 출근해서 속을 게워내고 말았다. 더이상 김밥과 잔치국수가 아니라 시큼한 무엇인가를 토했더니 조금 나아졌다. 신맛이 남아서 세면대에서 입안을 몇 번이나 헹궈냈다.

응급실 스테이션에서 속을 달래고 있는데 요양병원에서 전원 문의가 왔다. 중증 알츠하이머 환자인데, 아무것도 삼키지 못한다고 했다. 자주 사레가 들리면서 흡인성 폐렴병원성 세균이 섞인 분비물이 식도가 아니라 기관지를 통해 폐로 들어가 감염을 일으키는 질환으로 열이 나곤 했는데, 이젠 음식을 아예 삼킬 수조차 없다고. 하루 종일 병상에 누워 지내는 고령자일 것이다. 나는 전원을 하면 조치를 취하겠다고 했다.

전화를 끊자 식도 불편감을 호소하는 환자가 접수됐다. 할머니는 들어오자마자 알약을 내밀었다. 알약은 은색 포장지로 개별 포장돼 있었다. 약을 왜 주시느냐고 묻자, 이걸 그대로 삼켰다고 했다.

"알약이 목에 걸렸다는 건가요?"

"포장지가 걸렸어요. 내가, 약을 먹어야 하는데, 시계를 보니까 약 먹을 시간이 한 시간이나 지났더란 말이죠. 급한 마음에 까지도 않고 삼켰지 뭐야. 여기 가슴팍에 걸려 있는 것 같아요."

할머니는 침을 튀기면서 말했다. 다급한 마음에 속도 불편한 모양이었다. 나는 고개를 절레절레 흔들었다. 뱃속에서 껍질이 알아서 뜯기며 약도 포장지도 소화되겠거니 생각하셨단 말인가. 흉부 컴퓨터단층촬영CT을 해보니 식도에 걸린 알약이 떡하니 찍혀 나왔다. 정확히 네모난 포장지에 알약과 약간의 공기가 들어 있었다. 내시경실에 연락해서 응급 내시경이 필요하다고 알렸다.

그사이 알츠하이머 환자가 도착했다. 마른 몸이었고 의식이 온전하지 않은 게, 노환으로 누워 지낸 지 오래된 듯 보였다. 환자는 침조차 삼키기 버거워했다. 보호자를 불러서 설명했다.

"연세가 많고 병환도 있어서 스스로 음식을 못 삼키십니다. 콧줄을 낄 수도 있고, 위관을 뚫을 수도 있습니다. 물론 둘 다 선택하지 않으실 수도 있고요. 그러면 얼마 못 가 돌아가실 겁니다.

상의해보시고, 사전연명의료의향서를 쓰셔야 할 것 같습니다. 결정해주세요." 같이 온 보호자는 가족들과 상의하겠다며 통화를 하러 나갔다.

뒤이어 구급대원 카트 한 대가 들이닥쳤다. 환자는 엄청난 구토를 하면서 들어왔다. 토악질 소리가 응급실에 울려 퍼질 정도였다. 환자는 거의 분수처럼 토사물을 뿜어내고 있었다. 보호자가 당혹스러운 표정으로 설명했다. "아버지가 최근에 소화가 잘 안 되고 변비가 심하다고 하셨어요. 배에 가스가 찬 것 같다고도 하셨고요. 그래서 오늘 대장내시경을 받기로 하고 하제를 드셨거든요. 4L짜리 말통이었어요. 그걸 드시곤 속이 불편하다고 하더니 저렇게 구토를 하시네요."

환자는 자리에 누워서도 계속 구토를 했다. 처음에는 묽은 하제와 섞인 시큼한 위액이 나왔다. 반쯤 소화된 음식물도 같이 나왔고 거기서도 새콤한 냄새가 났다. 그렇게 게워내고도 그는 여전히 배가 불편하다고 호소했다. 엑스레이X-ray상으론 내부에 가스가 가득해 장이 심각하게 부풀어 있었다. 그로 인해 장이 단단히 막혀서 하제가 내려가지 못하고 역류하는 것 같았다. 사진을 찍고 자리로 돌아온 그는 내장까지 토해낼 기세였다. 이제 초록색 담즙이 게워져 나왔다. 매우 씁쓸해 보이는 초록빛이었다. 장내 가스를 빼줘야 했지만 구토가 계속되고 있어 일단 사태를 지켜봐야 했다. 이윽고 그는 검은 구토를 하기 시작했다. 아무리 봐도 불길한 색깔이었다. 맛을 상상하기도 어려웠다. 나는 움찔했다. 맙소사, 대장에 있는 내용물까지 나오고 있는 게 분명했다.

“인체의 소화관은 약 6.5m 길이의
'물 샐 틈 없는' 유연한 파이프다”

소화관은 한줄기다. 평소 우리는 이 사실을 특별히 인지하지 않은 채 눈앞에 있는 음식을 먹는다. 그리고 똥이 마려우면 화장실에 간다. 먹고 싸는 행위는 살아 있음과 비슷한 의미를 지닌다. 직관적으로 생각하면 우리가 먹은 음식물은 우리 몸 '안'으로 들어와서 사라져버린다. 우리는 이에 대해 깊이 숙고하지 않으며, 그렇게 되게 하려고 노력을 기울이지도 않는다.

사실 인체의 소화관은 약 6.5m 길이의 '물 샐 틈 없는' 유연한 파이프다. 이 파이프 안쪽은 위상적으로 몸'안'이 아니라 몸'밖'이다. 위나 장 안에는 우리 몸과 관계없이 우리가 먹은 것이 들어 있을 뿐이다. 파이프의 어느 한 곳이라도 뚫리면 즉시 음식물이 몸'안'으로 침투해서 감염을 일으킨다. 장천공창자벽의 모든 층을 관통하는 구멍이 생기는 병이 확인되면 외과 의사는 그 즉시 수술을 준비해야 한다. 우리가 입으로 먹은 것은 내부에 섞여 들어 우리의 일부가 되었다가 다시 배출되는 것이 아니라, 철저하게 우리와 분리된 상태로 항문으로 나가야 한다.

소화관이라는 파이프 벽은 각종 물리·화학적인 힘을 가해서 음식물에서 쓸 만한 영양분을 모조리 빨아들인다. 이 힘이 어느 정도로 강력하냐면, 음식물이 뭉쳐져 대변으로 바뀔 정도다. 구약성서의 요나는 커다란 물고기의 뱃속에서 3일 만에 탈출한다. 꼭 성서에만 나오는 얘기는 아니다. 유년에는 커다란 짐승에게 잡아먹혀도 하수도를 기어가듯 뱃속을 기어 몸밖으로 탈출하는 상상을 한다. 하지만 이는 절대로 불가능한 일이다. 소화관은 한줄기이고, 먹은 것은 꼼짝없이 대변이 되어 나온다. 실수로 삼켜지더라도 반지나 귀걸이 정도는 되어야 소화관의 공격을 버티고 온전히 나올 수 있다. 피노키오가 고래 뱃속에서 탈출한 것도 몸이 나무라서 가능했을 것이다.

소화는 배설과 다른 개념이다. 배설은 우리 몸의 성분을 '여과해서 내보내는 일'이다. 소변을 보거나 땀을 흘리거나 침이 나오는 것은 모두 배설이다. 하지만 똥을 싸는 것은 배설이 아니라 배출emission이다. 둘은 완전히 다른 작용이다. 요컨대, 대변은 불과 스물네 시간 전까지는 '음식이었던' 것들의 총합이다. 물론 거기에 많은 소화액과 미생물을 버무려 필요한 성분을 흡수하고 남은 찌꺼기이기는 하지만, 어쨌든 원재료는 음식물이다. 이것들은 위상학적으로 한줄기인 소화관을 통과하므로 역주행도 가능하다. 그러니까 매우 예외적인 경우이긴 하지만 대변이 입으로 역류할 수도 있다.

" 진화 과정에서 '식사'는 종마다 다양한 형태로 발전했고, 그에 따라 소화관의 형태도 다양해졌다 "

우리는 먹어야 산다. 끼니마다 밥과 반찬이나 빵과 스테이크를 먹어치워야 한다. 물론 후식으로 차나 커피도 필요하다. 거의 모든 음식은 동식물로 만들어진다. 인간은 영양분이 될 수 있는 거의 모든 동식물을 먹는 지구상 최상위 포식자다. 우리는 다른 생명의 희생을 통해 유기체를 섭취함으로써 생존한다. 생태계 측면에서 지극히 자연스러운 일이다. 수십억 년 동안 지구상의 동식물은 서로 지독하게 먹고 먹히며 살아왔다. 먹이사슬의 꼭대기에 있는 인간은 그중 가장 많은 종을 게걸스럽게 먹어 치운다.

다른 생명을 삼켜 영양분으로 삼기까지 그 과정이 쉬웠던 것은 아니다. 지구는 45억 년 전 탄생했고, 최초의 생명체는 40억 년 전쯤 출연했다. 그 뒤로 약 20억 년간은 '식사'(섭식)라는 개념이 없었다. 생명체는 지구 내부의 열에너지와 외부에서 오는 태양에너지를 흡수하고 호흡하면서 후대를 이었다. 다른 생명체를 먹어볼까 고민하거나 적에게 먹힐까 봐 노심초사하지 않아도 되었던 것이다. 그러다 20억~25억 년 전 어느 순간, 세포 단위에서 다른 세포를 흡수해 분해하는 '최초의 식사'가 이루어졌다. 다른 생명체를 먹어 치워 영양원으로 삼기 시작한 것이다.

세포 단계에서 이루어지던 흡수에 가까운 식사는 발전에 발전을 거듭했다. 특히 생명의 근원지였던 바다는 차츰 전쟁터가 되어갔다. 반면 뭍에서는 식물이 엄청난 규모로 번성하고 있었다. 나무와 풀은 어디에나 널려 있었다. 저들을 먹을 수만 있다면 대대손손 굶어 죽을 걱정은 없을 터였다. 그렇게 어류는 4억 년 전 뭍으로 올라와 양서류가 되었고, 또 양서류는 파충류로, 그것이 다시 조류와 포유류로 진화해서 풀을 먹어 치웠다. 하지만 풀은 칼로리가 낮고 소화가 느려 하루 종일 먹어야만 했다. 그 후 초식동물을 먹는 육식동물이 탄생했다. 고기는 영양분이 많았고 소화가 빨랐다. 고칼로리 식사를 하게 된 육식동물은 하루 종일 먹을 필요가 없었다. 남는 에너지로 지능을 발달시킨 동물은 불을 발견하고 고기를 익혀 먹고 경작을 하는 현생인류가 되었다. 현재 우리가 먹는 것은 주로 동식물에서 온 유기질이다. 유기질이란 생명 활동의 결과로 만들어진 탄소 화합물을 이른다. 대표적인 것으로는 탄수화물, 지방, 단백질이 있다. 우리는 이 유기질을 섭취해서 에너지로 쓰고 남으면 역시 탄수화물, 지방, 단백질의 형태로 저장한다. 자연에서 유기질은 이렇게 순환한다. 또, 이처럼 진화 과정에서 '식사'는 종마다 다양한 형태로 발전했고, 그에 따라 소화관의 형태도 다양해졌다.

첫 소화관은 먹고 뱉는 구멍이 같았다. 다시 말해 입과 항문이 같았다. 진화상 처음 소화관이 생겨날 때만 해도, 구멍을 두 개 만든다는 발상은 혁신이었을 것이다. 먹은 곳으로 뱉는 게 오히려 자연스러운 일이니까(입과 항문이 같은 동물이 아직도 많이 남아 이를 증명한다). 하지만 위생적이지는 않았다. 곧 입과 항문이 분리되었고, 진화를 거듭하면서 모든 동물은 종마다 몸에 맞는 소화관을 가지게 되었다.

초식동물은 소화가 오래 걸리므로 위가 여러 개인 경우가 많다. 소화물이 수시로 역류해 이를 구토한 뒤 다시 씹어 삼키기도 하는데, 이걸 '되새김질'이라고 부른다. 한편 소화관이 짧아서 영양분을 다 소화시키지 못하는 동물은 자신의 분변을 먹어서 다시 소화시킨다. 우리 주변의 개나 고양이나 쥐도 이런 식분증을 보인다. 치아가 없고 부리가 있는 동물은 음식과 함께 땅에 있는 흙과 모래까지 먹게 되므로 위장관 위에 모래를 걸러내는 근육질 주머니가 있다. 이것이 닭에게 있는 모래주머니, 일명 '닭똥집'이다. 요약하자면 입으로 똥을 싸든, 항문으로 싼 똥을 입으로 먹든, 토사물을 다시 삼키든, 흙이며 모래가 묻은 음식을 먹든 이는 자연계에서 모두 정상이다. 다만 인간이 (대체로) 그렇게 하지 않을 뿐이다.

인간은 입으로 먹고 항문으로 싸며, 똥이나 토사물을 먹지 않는다. 먹는다는 행위는 큰 고민 없이 이뤄지는 행복한 일이다. 눈앞에 있는 음식물을 입에 집어넣고 씹어서 삼키면 된다. "음, 맛있군." 음식물은 삼켜진 뒤 우리 눈앞에서 사라져 24~48시간 내 우리 뱃속에서 소화된다. 다시 말하지만, 우리는 소화 과정을 특별히 의식하지 않는다. 빠른 소화를 위해서 복강에 힘을 주지도, 정신을 집중하지도 않는다. 장은 알아서 음식물의 영양분을 흡수하고 나머지는 배출한다. 우리는 원하는 때에 원하는 만큼 음식을 쑤셔넣고 그것이 몸속에서 알아서 처리되길 기다린다. 그러다 가끔 상하거나 오염된 음식, 혹은 토사물이나 배설물을 먹기도 한다. 심지어 음식이 아닌 것도 혹시 먹을 수 있지 않을까 하며 삼켜보는 도전을 감행한다. 그리고 놀랍게도, 우리는 뭘 먹어도 (대체로) 죽지 않는다. 매일 제멋대로 고른 엄청난 양의 음식을 아무렇게나 먹어대도 (대체로) 큰 탈이 나지 않고 생존이 가능하다는 것은 대단한 일이다.

> "구강 구조에서 가장 중요한 기능은
> 음식물을 입안에 머금는 것이다.
> 식도는 음식물이 흉부를 건너뛰는 장치다"

소화의 시작은 입이다. 입은 매우 중요한 소화관이다. 구강 구조에서 가장 중점을 두는 기능은 음식물을 입안에 머금는 것이다. 그래서 입 주변 근육은 둥글게 뭉쳐져 강력하게 오므릴 수 있는 형태를 하고 있다. 덕분에 키스하기 위해 입술을 내밀면 근육이 동그랗게 오므라든 모양이 된다. 입안에 음식이 들어오면 치아는 음식을 씹어서 잘게 부순다. 앞니는 쪼개고 송곳니는 찢고 어금니는 으깬다. 치아의 모양과 쓰임새가 다른 만큼, 동물 종마다 그 배열도 다양하다. 초식동물은 풀만 먹기 때문에 치아가 어금니처럼 평평하고 송곳니가 없다. 풀은 자르기보다 으깨는 편이 소화에 효율적이므로, 초식동물은 턱관절을 돌려 풀을 갈아내면서 먹는다. 반면 육식동물은 생고기를 찢어내야 하는 까닭에 날카로운 송곳니를 가지고 있다. 그래서 맹수의 송곳니는 무기에 비유된다. 둘 사이에 있는 인간은 전형적인 잡식동물의 치아와 악관절을 가지고 있다.

입안과 혀에는 미각세포가 분포한다. 맛은 식사의 즐거움과 생존의 동기를 가져다준다. 물론 맛을 통해 상한 음식을 분별할 수도 있다. 쓴맛은 독물일 가능성이 높아 위험하다. 신맛은 발효되어 상했을 가능성이 높아 위험하다. 매운맛은 그 자체로 통각이다. 그래서 아이들은 쓴맛 신맛 매운맛을 못 먹는다. 인생 경험이 쌓인 뒤에야 이런 맛을 즐길 수 있다. 달면 삼키고 쓰면 뱉어야 한다는 말이 괜히 있는 게 아니다. 여기엔 위험뿐만 아니라 보상도 따른다. 단 음식을 먹으면 에너지를 빨리 만들 수 있으므로 기분이 좋아진다. 아이들은 단 음식이라면 사족을 못 쓴다.

한편 우리 몸에서 당만큼 중요한 것은 신경전달과 세포 삼투압을 구성하는 나트륨 등의 전해질이다. 당은 에너지로 쓰일 뿐이지만 나트륨은 세포의 삼투압을 구성하고 신경신호를 전달하는 데 필수적인 역할을 한다. 그래서 아무리 맛있는 음식도 소금을 뿌리지 않으면 맛있다고 느껴지지 않는다. 그래선지 가장 맛있는 조미료는 소금이란 얘기도 있다. 짭짤한 음식은 중독적이지만, 전해질 과다는 위험하므로 너무 짜게 먹었을 땐 심한 불쾌감이 든다. 미각은 우리가 필요한 물질을 섭취하도록 고도로 계획된 체계다. 가령 하루 종일 풀을 먹는 소는 독초를 분간해야 하므로 인간보다 미뢰가 세 배 많지만, 닭은 맛을 보지 않고 일단 삼키므로 미뢰가 거의 없다.

치아와 혀는 음식을 굴려서 씹을 수 있게 위치를 조정한다. 입은 어떤 것도 먹을 수 있도록 만반의 준비가 되어 있다. 우리는 찬 얼음이나 뜨거운 국물도 먹어야 한다. 그래서 펄펄 끓는 곰탕에 손을 넣을 수는 없어도 그걸 입에 넣을 순 있다. 입안의 점막은 피부보다 감각이 둔하다. 그뿐만 아니라 침이 섞이면 국물의 온도도 조금 낮아진다. 그런데도 음식물이 너무 뜨거워서 입천장이 까지면 점막은 빠르게 새로운 세포로 회복된다.

턱 근처에 분포한 여섯 군데 침샘에선 침이 분비된다. 침은 맨 처음에 나올 때는 99.5%가 수분인 투명한 액체다. 그런데 점액질에 닿고 입안 공기와 섞이면서 거품이 잘 생긴다. 침을 삼키지 않고 말을 계속하면 침과 공기가 더 많이 섞여서 거품도 더 난다. 아주 억울하거나 화가 나면 이렇게 '거품을 물며' 말하게 된다. 경기驚氣를 할 때도 침을 삼킬 수 없으니까 거품이 인다. 환자가 경기를 하면 보호자들은 이걸 '거품 물고 쓰러졌다'라고 표현한다. 아무것도 먹지 않아도 침이 나오는 만큼, 거품을 물지 않으려면 우리는 침을 주기적으로 삼켜야 한다.

수분을 제외한 침의 나머지 성분에는 아밀라아제가 들어 있다. 침 분비는 당분을 분해하는 소화의 첫 단계다. 그러니까 밥을 먹으면 입안에서 꼭꼭 씹어 삼키라는 어른들의 말은 옳다. 그런데 바쁜 사람들이나 말 안 듣는 어린이는 맛도 안 보고 음식을 꿀꺽 삼켜버리기도 한다. 입안에서 씹는 과정을 생략해도 소화는 충분히 가능하기 때문이다. 하지만 이렇게 급하게 먹으면 속이 더부룩해지고 소화불량에 곧잘 시달리게 된다. 한편 인간은 가끔 창의력을 발휘해서 상상도 못할 것을 삼켜버리기도 한다.

평소에 닫혀 있던 식도는 삼키라는 지시가 내려오면 그 순간만 열린다. 삼킴은 역동적인 행위다. 얼굴과 목의 근육이 순차적으로 수축하려면 수많은 신경의 조화와 협동이 필요하다. 삼키는 능력은 생존과 직결된다. 생의 마지막 단계까지 유지되는 것도 삼킴 기능이다. 삼키는 근육의 힘이 떨어지면 의사들은 인체 기능이 거의 막바지에 도달했다고 여긴다. 이때도 콧줄을 넣거나 위로 통하는 구멍을 배에 뚫어서 식사를 넣어줄 순 있지만, 그 상태로 회복되지 못한다면 끝내 입으로 밥을 먹을 수가 없다. 이 단계에선 자연스럽게 연명치료 여부를 논의해야 한다.

후두개는 삼키는 데 결정적인 역할을 한다. 평소에는 식도를 막고 있다가 삼키는 과정에서 기도를 막는데, 우리는 이때 입안에 있던 것을 꿀꺽 삼키게 된다. 식도와 기도 사이엔 막음 장치가 하나뿐이라 둘은 절대로 동시에 열릴 수 없다. 식사 자리에서 누군가 말을 하고 있다고 가정해보자. 아무리 많은 사람이 주목해도 음식을 삼킬 때는 말을 할 수 없다. 코로 '흡' 하고 공기를 들이쉬면서 동시에 침을 삼켜보자. 혹은 침을 '꿀떡' 삼키면서 코로 '흡' 공기를 마셔보자. 이를 동시에 하는 건 절대로 불가능하다. 음식을 삼키는 순간 억지로 말을 하면 음식은 기도로 들어간다. 사레가 들리고 싶다면 정확히 이렇게 하면 된다. 주기적으로 침을 삼켜야 하기에 후두개는 종일 식도와 기도를 오간다. 후두개의 조화로운 움직임이 어려워지면 음식이 자꾸 기도로 들어간다. 역시 말년에 일어나는 일이다.

삼킨 음식은 식도로 미끄러져 내려간다. 식도는 소화에서 어떠한 기능도 수행하지 않으며, 단지 위장으로 내려가는 통로에 불과하다. 음식은 1초에 약 3cm 속도로 위장으로 내려간다. 중력으로 내려가는 것이 아니라, 근육을 써서 내리는 것이다. 순차적으로 근육을 조여 압력을 가하는 방식이다. 그래서 물구나무를 서도, 무중력인 우주정거장에서도, 밥을 먹으면 배가 부르다.

기능과 별개로, 식도는 모든 음식물을 통과시키는 긴요한 역할을 맡고 있다. 식도가 지나는 흉부에는 심장과 폐가 있는데, 둘은 뇌와 가까울 필요가 있는 매우 중요한 장기다. 이들과 식도를 갈비뼈가 보호하고 있다. 본격적으로 음식물을 소화시키는 창자가 있는 복부는 갈비뼈가 없고 탄력이 있어 말랑말랑하다. 앞서 말한 대로 음식물이 흉부를 건너뛰어 창자까지 도달하게 하는 장치가 식도다. 축구에서 잘 전달된 패스를 '식도 패스'라고 부르는데, 일직선으로 위장까지 배달해서 떠먹여준다는 의미로, 기가 막힌 비유다.

식도의 직경은 3cm까지 늘어날 수 있다. 그보다 더 큰 물질을 삼키면 식도에서 걸린다. 특히 뾰족하고 큰 물체라면 무조건 걸리게 되어 있다. 이때는 식도가 파열될 수 있으므로 즉시 내시경적 제거가 필요하다. 식도는 심장과 폐보다 뒤쪽에 배치되어 있다. 덕분에 외력으로 파열되는 경우는 드물다. 대신 생선 가시나 알약 포장재, 바늘 등 빳빳하거나 뾰족한 물체가 걸리면 손상될 수 있다. 염산이나 락스를 마셨을 때도 마찬가지다. 이렇게 식도를 파괴하는 주범은 보통 인간 자신이다.

음식물이 식도를 다 지나면 그 끝에는 괄약근이 있다. 식도 괄약근은 음식물이 내려올 때만 열려서 음식물을 위장으로 넘긴다. 하지만 과식을 하고 바로 자거나 자극적인 것을 먹거나 커피나 술·담배를 많이 하면, 위 안의 내용물이 거꾸로 식도로 올라와서 속이 쓰릴 수 있다. 이것이 한국인에게 흔하게 발병하는 역류성식도염 gastroesophageal reflux disease, GERD이다.

“위의 1차 업무는 저장과 분쇄, 2차 업무는 소독이다. 점막은 위산으로부터 위를 보호한다”

위는 풍선처럼 부풀어 있지 않고, 평소에는 압력으로 오므라들어 있다. 생각해보면 당연하다. 할일도 없는데 부풀어서 우리 속을 더 부룩하게 만들 이유가 없기 때문이다. 위는 비어 있을 때 용량이 200cc쯤 되는 주머니인데, 음식물을 섭취하면 그 용량은 1500cc까지 늘어난다. 내장지방이 많으면 위가 늘어날 공간이 작지만, 마른 사람이면 오히려 위가 더 크게 늘어날 수 있다. 그래서 많이 먹기 대회 우승자는 대체로 마른 사람들이고, '먹방' 유튜버 중에도 마른 이가 많다.

몸속에는 장기가 오밀조밀하게 배치되어 있다. 폐는 가슴 안을 빈 공간 없이 다 채우고, 간은 오른쪽 벽에 딱 붙어 있다. 원룸에 가구를 들이면 죄다 벽에 붙여놓아야 하는 것과 비슷하다. 위는 오른쪽 벽에서 중앙까지 차지하는 간을 피해 왼쪽으로 밀려나 벽에 붙

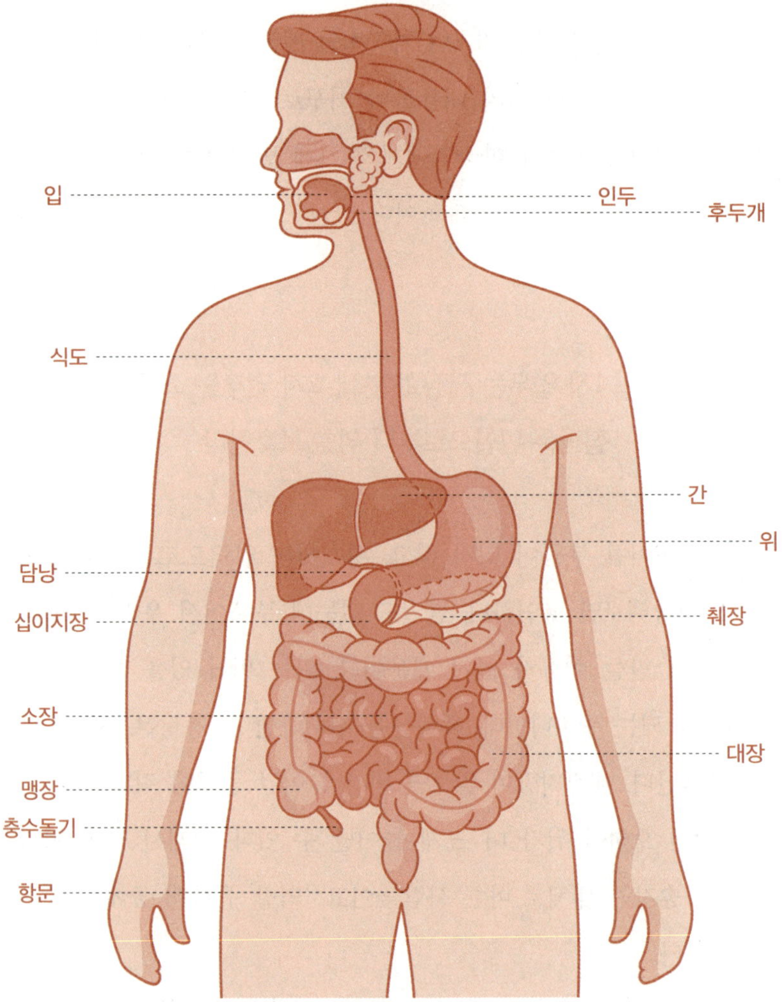

소화계의 구조

어 있으며, 폐 바로 아래에 자리한다. 그래서 밥을 먹고 바로 누울 때는 몸의 왼편이 아래로 가게 누워야 속이 편하다. 오른편이 아래로 가면 역류성식도염의 발생 위험이 더 커진다.

위는 의외로 영양분 흡수 기능이 거의 없다. 위의 1차 업무는 저장과 분쇄다. 위는 강력한 근육덩어리로, 윗부분에선 음식물을 저장하고 아랫부분에선 이를 근육으로 뭉개고 치대서 잘게 부순다. 치아가 하는 일과 비슷한 일을 위 하단부에서 다시 한번 하는 셈이다. 음식을 잘 씹어서 먹어야 하는 이유도 그래서다. 음식물의 크기가 1~2mm 정도로 줄어들면 위 하단부에선 이걸 십이지장으로 넘겨보낸다. 반면 아직 크기가 크면 다시 상단부로 올려보낸다. 이렇게 음식물은 위아래로 섞이고 위에서 분비되는 효소와 알맞게 배합되어 곤죽 형태가 된다. 이처럼 상하단의 일이 정해져 있기 때문에 밥을 먹고 눕거나 물구나무를 서면 위가 중력을 거슬러 일을 하게 되어 소화가 어렵다.

음식물은 그 구성에 따라 위에 머무르는 시간이 다르다. 일단 물은 프리패스로 위를 통과한다. 그래서 빈속에 물을 마시면 공기의 움직임 때문에 꼬르륵 소리가 나고, 술을 마시면 그대로 넘어가니까 빨리 취한다. 죽 형태의 음식은 통과하는 데 한 시간 정도가 걸린다. 위에서 만들어야 하는 곤죽을 미리 만들어 먹은 셈이다. 그래서 환자는 위에 부담을 주지 않는 죽을 먹는 게 좋다. 구성물에 따라 보면, 위를 통과하는 데 단백질은 두 시간, 지방은 세 시간, 단백질이나 탄수화물이 지방에 튀겨진 형태는 다섯 시간까지 걸린다. 그래서 라면이나 치킨을 먹고 자면 속이 더부룩하다. 환자가 이런 음식을 먹었다고 하면 의사들은 잔소리를 한다. 위에서 음식을 부수는 일엔 상당한 에너지가 소요된다. 모든 조각을 1~2mm 정도로 만들어야 하기 때문이다. 그래서 식사 후에는 위장에 피가 쏠려 상대적으로 뇌로 가는 피가 줄어드니까 나른하고 졸리다.

위의 2차 업무는 소독이다. 위는 pH 1.5의 위산을 분비한다. 위산 원액은 음식물과 섞였을 때도 음식물을 소독할 수 있어야 하므로, 시중에 판매되는 식초보다도 훨씬 더 강한(염산이나 빙초산과 가까운) 산성을 띤다. 덕분에 우리는 무엇이든 안심하고 먹을 수 있다. 동식물에는 다양한 균과 바이러스가 공생하며, 이것을 먹음으로써 수많은 병원균이 우리 소화관에 침입하게 된다. 위는 이들을 살균한다. 위산이 없다면 우리는 즉시 설사와 발열에 시달리다가 패혈증으로 절멸할 것이다. 그러나 위산이 아무리 강해도 병원균이 처리 한도 이상으로 들어오면 미처 다 죽일 수 없다. 이것들이 소장과 대장으로 내려가면 발열, 복통, 설사 등을 일으키는 장염을 유발한다. 병원균이 많을 가능성이 높은 여름철 날음식은 배탈을 잘 일으킨다.

위산은 피부에 닿으면 피부를 녹여버릴 정도로 강하다. 그런데 위벽 또한 단백질 성분으로 되어 있다. 위산이 위 자체를 소화시켜버릴 수 있다는 얘기다. 그래서 위는

위산

위산은 단백질 분해효소를 활성화시켜서 조금 더 흡수되기 쉬운 형태로 만든다. 단백질은 위에서 산을 만나 형태가 변형된다. 위를 통과한 단백질은 원래의 형태를 보존할 수 없다. 덕분에 단백질 성분은 내복약이 될 수 없다. 알부민, 인슐린, 성장호르몬, 옥시토신 등은 모두 단백질로 위산을 만나면 폴리펩타이드로 분해되어 본래 기능을 잃고 만다. 그래서 알부민이 부족해 이를 보충할 때도, 당뇨 환자들이 인슐린을 맞을 때도, 키를 키우기 위해 성장호르몬을 맞을 때도, 자궁수축이 더뎌 옥시토신을 맞을 때도 모두 주사로 투여한다. 제약사들은 특히 위산에도 형태가 보존될 수 있는 인슐린 경구약을 총력을 기울여 개발 중이다.

자주 교체할 수 있는 점막으로 이루어져 있다. 위 점막은 혈관이 많이 지나가므로 내시경 사진에서 보듯 붉은빛을 띤다. 위 점막 아래엔 점막하층과 근육층이 있다. 점막하층에서는 위산을 방비하기 위해 염기성 분비물을 내보낸다. 덕분에 점막세포는 위산을 중화하며 사흘쯤 버티다가 탈락해서 소화관을 통해 배출된다. 다만 방어가 무너지면 점막하층이 손상을 입어 위궤양gastric ulcer이 생긴다. 벗어진 피부에 산이 닿으니까 속이 쓰리고 피가 나거나 구멍이 생기기도 한다. 속이 쓰릴 때 먹는 제산제는 위산 분비를 막거나 중화하는 약제다. 위암 또한 주로 강산의 영향으로 세포가 자주 교체되면서 발생한다. 다만 식도나 입에는 위산에 대한 방어장치가 없다. 그래서 위산이 역류하거나 구토를 하면 식도나 구강을 손상시킬 수 있다.

“그를 살려낼 방법이 있었다”

환자의 복부 CT에서는 대장암으로 보이는 종괴가 장을 틀어막고 있었다. 아마 약간의 틈이 있어서 대변이 가늘게 배출되다가, 완전히 막힌 타이밍에 내시경을 위해 하제를 마신 듯했다. 당연히 모든 환자가 미리 CT를 찍고 하제를 복용할 수는 없는 노릇이다. 하지만 이런 경우는 응급실에서도 10년에 한 번 볼까 말까 한 매우 드문 사례였다. 장은 어느 정도 압력이 줄어들었지만 완전히 막힌 상태이기 때문에 응급수술을 고려해야 했다. 외과 선생님이 내려와서 한숨을 쉬었다. 물론 네모난 알약 포장지를 빼내야 하는 내시경 담당

의도 마찬가지였다. 둘은 내게 볼멘소리를 하면서도 충실하게 각자의 일을 하러 갔다.

환자를 맡기자 식사 시간이 생겼다. 이래저래 속이 허전해서 구내식당에서 라면을 먹었다. 복통이고 뭐고, 튀긴 탄수화물에 염분이 넉넉한 국물은 언제나 맛있다.

식사를 마치고 응급실에 돌아오자 복통 환자가 쏟아졌다. 복통은 응급실의 비非외상 환자가 가장 많이 호소하는 증상이다. 응급실 의사가 되자마자 가장 먼저 들은 말 또한 "우리는 복통으로 시작해 복통으로 끝난다"였다. 사람들은 갑자기 배가 참기 힘들 만큼 아플 때가 있고, 그러면 제일 먼저 가는 곳은 응급실이다.

응급실 의사는 동시에 환자를 봐야 하는 경우가 많기 때문에, 머릿속에서 증상에 번호를 붙여 환자를 기억한다. 복통1은 나처럼 국수에 김밥에 회까지 한 접시 먹고 설사를 하는 사람이었다. 얼굴만 봐도 피부가 푸석하고 입안이 말라 보이는 게 탈수가 심했으며, 기운이 없다고 호소했다. 전형적인 장염이라고 설명하고 수액을 달아주었다. 복통2는 어제부터 속이 메슥거리다가 오늘은 오른쪽 아랫배가 아프고 누르면 더 아파서 걷기가 어렵다고 하는 환자였다. 매우 높은 확률로 충수돌기염appendicitis이라 수술이 필요하다고 설명하고 수액을 달았다. 복통3은 윗배가 아팠다. 위경련일 확률이 높았지만 열이 났다. 담석이나 담낭염cholecystitis을 의심해야 했다. 통증이 심하면 초음파나 CT를 고려하겠다고 하고 수액을 달았다. 복통4는 고령이었고, 한 달 전부터 윗배가 아프고 누르면 더 아프다는데 간염 보균자도 아니었고 만성 음주자가 아님에도 얼굴이 노랗게 떠 있었다. 무엇인가가 담관을 막았을 확률이 높다고 설명하고 CT를 찍기로 했다. 복통5는 매일 음주하는 환자였는데, 윗배에 손도 대지 못하게 했다. 췌장염pancreatitis 같아서 일단 진통제를 맞자고 했다.

순간 의식 저하 환자가 있다고 구급대에서 연락이 왔다. 간염 바이러스 보균자에 만성 알코올의존증이라고 했다. 카트에 실려 온 중년의 여성은 외양만으로도 간경화가 심하게 진행되었음을 알 수 있었다. 일단 온몸이 노랗다못해 검은색을 띠었다. 전신이 퉁퉁 부은 데다, 배가 유난히 볼록 나와 있었으며 물주머니처럼 부푼 배꼽은 불거져 나오다못해 까뒤집혀 있었다. 눈을 보니 흰자는 물감을 칠한 듯 누런색을 띠었으며 눈동자는 빛을 비춰도 동공 반응이 없었다. 혈액을 머금은 입에서는 피 냄새가 진동했다. 오늘은 술을 마시지 않았다고 했지만 환자는 만취한 듯 반응이 없었다. 나는 관장을 부탁하고 같이 온 그의 남편과 대화를 나누었다. "간이식 명단에 이름을 올리셨습니까?" "올린 지 벌써 1년이 넘었어요. 공여자가 잘 나오지 않습니다." "나올 때까지 버틸 수 있을지 잘 모르겠네요. 일단 의식이 돌아오는지 보고 입원을 결정하겠습니다." 관장을 하는 동안 환자는 괴로움에 몸을 버둥거렸다. 간은 나빠지면 우리 몸에 그 양상이 가장 특징적으로 나타나는 장기다. 평소에는 어떤 일을 하는지 짐작하기 어렵지만, 망가지면 그 소중함을 절실히 깨닫게 되는 장기이기도 하다.

> "소화란, 음식물을 잘게 부수어 미즙으로 만든 뒤 소화액으로 처리하고 원룸 하나 크기 소장에 펴 발라 영양분을 흡수하는 과정이다"

음식물은 위에서 위산 및 효소와 뒤섞이고 1~2mm 이하로 부서져 위 아래쪽에 난 구멍을 통과한다. 한번 위에서 처리되면 그때부턴 음식물이라고 부르기 어렵다. 가끔 토사물을 보면 음식물의 형체가 거의 남아 있지 않은 걸 볼 수 있다. 이걸 미즙靡汁, chyme이라고 부른다. 소 곱창 안에 들어 있는 게 미즙과 비슷하다.

이제부터는 본격적인 영양분 흡수가 시작된다. 지금까지 입과 위는 거의 흡수를 하지 않았기 때문이다. 사실 대장도 내용물을 저장하고 수분을 흡수하는 역할을 할 뿐이다. 요컨대 6.5m의 소화관 파이프라인 중에서 실질적으로 흡수가 이뤄지는 곳은 소장뿐이고 나머지는 보조에 불과하다. 그래서 콧줄이나 관을 뚫어 위에 음식을 넣어도 영양분을 흡수하는 덴 전혀 지장이 없다. 대장 일부를 잘라도 마찬가지다.

소장은 지름 3~4cm의 파이프다. 뱃속에 빼곡히 구겨져 있을 땐 길이가 1.5m 정도이지만 펼치면 약 7m로 늘어난다. 여기서 2~3m를 잘라내도 대부분의 영양분을 흡수할 수 있지만, 절반 이상을 잃으면 영양 결핍이 온다. 소장 내부를 보면 융모가 1mm 정도 높이로 점막을 뒤덮고 있다. 현미경으로 관찰하면 바닥에서 손가락이 튀어나온 것처럼 생겼다. 표면적을 넓히기 위해서다. 융모가 있으면 같은 공간에서 원통 구조일 때와 비교해 500배 정도의 표면적이 확보된다. 소장의 전체 면적은 30m^2정도로, 거의 원룸 하나 크기다.

담즙

담즙은 하루에 1L 정도가 나오는데, 97%는 수분이고, 나머지는 담즙산과 기타 성분으로 되어 있다. 십이지장에서 미즙과 섞인 담즙은 회장에서 대부분 재흡수된다. 담즙은 노폐물을 배출하는 기능을 하기도 한다. 적혈구의 주성분인 헤모글로빈은 수명을 다하면 비장에서 파괴된다. 이 부산물이 갈색빛의 빌리루빈(담즙의 색소를 이루는 등황색 또는 붉은 갈색의 물질. 노화된 적혈구가 붕괴될 때 헤모글로빈이 분해되어 생긴다)이 되어 간에 모였다가 담즙으로 배출된다. 대변이 어두운 색을 띠는 이유도 이 때문이다. 우리가 하얀 밥만 먹어도 대변은 갈색빛을 띨 수밖에 없다. 그러나 간기능에 문제가 생기거나 담즙이 배출되지 못하면 몸이 갈색빛이 되는 황달이 온다. 피부가 노랗게 뜨고 우리 몸에서 가장 밝은색을 띠는 눈의 흰자위가 갈색으로 변한다. 혈액 속 빌리루빈이 증가했다는 뜻이다. 이렇게 되면 신장에서 빌리루빈을 걸러서 내보내기 때문에 소변이 더 노래지는데, 이에 반해 대변 색깔은 밝아진다.

여기서 하루 1.5L의 장액이 분비되어 점막을 적신다. 그러니까 소화란, 음식물을 잘게 부수어 미즙으로 만든 뒤 소화액으로 처리하고 원룸 하나 크기의 소장에 펴 발라 영양분을 흡수하는 과정이다.

소장은 십이지장-공장-회장으로 이뤄지는데, 이 1.5m 구간에서 영양분이 흡수된다. (내시경이 내려갈 수 있는 한계이기도 한) 십이지장은 위 바로 아래 있고, 그 길이가 손가락 열두 개를 합친 너비라고 해서 이런 이름이 붙었다. 하지만 실제 길이는 30cm 정도라, 이러한 명명에는 논란이 있다.

십이지장은 담즙과 췌장의 소화액이 나오는 곳이다. 이들이 음식물과 함께 1.5m를 행진하면서 영양분이 흡수된다. 담즙은 쓴맛이 나는 초록색 액체로, 약알칼리(pH 8.5)다. 위산으로 범벅된 미즙을 중화시키기 위해 알칼리성을 띠는데, 이렇게 중화시켜야만 소화효소가 작동한다. 알칼리는 지방을 유화해서 흡수하기 쉬운 형태로 만들기도 한다. 구토를 막 시작했을 땐 내용물이 시큼하지만, 계속 하다 보면 쓰디쓴 액체가 나오는 이유가 바로 이 담즙 때문이다.

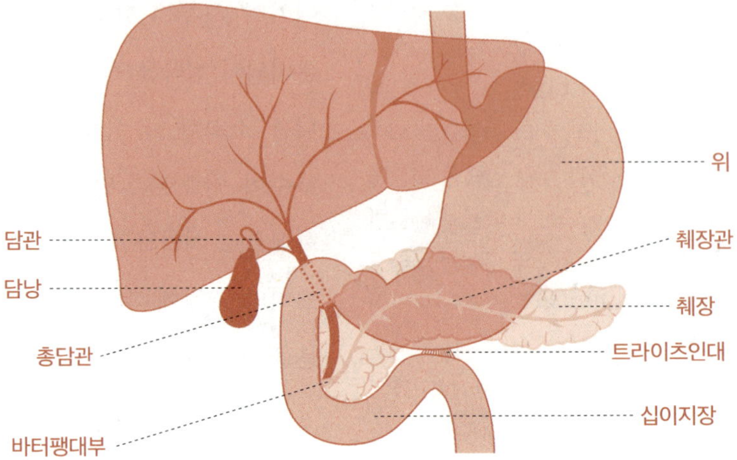

담즙과 췌장액이 나오는 담도

담즙은 간에서 만든다. 그래서 간즙이라고 불러도 무방하다. 담낭(쓸개)은 담즙을 모아두었다가 내보내는 역할만 하고, 다른 화학적 작용은 하지 않는다. 대신 50cc 정도의 액체가 항상 고여 있기 때문에 돌이 많이 생기고 염증도 빈번하다. 담석이 생겨 통증을 일으키거나 염증이 생기면 담낭을 제거해도 몸에 문제가 없다('쓸개 빠진 놈'이 될 뿐이다). 다만 담낭이 있을 땐 음식물이 들어와야 담즙이 분비되지만, 담낭이 없어지면 식사 타이밍과 관계없이 담즙이 나온다. 그래서 담낭 제거술을 받은 환자들은 설사나 소화불량을 겪기도 한다.

췌장은 소화액 분비에서 결정적인 역할을 한다. 췌장액(췌장즙)은 단백질, 지방, 탄수화물을 쪼개 소장에서 흡수될 수 있도록 돕는다. 특히 아밀라아제는 췌장에서도 분비되어 탄수화물을 녹인다.

담즙과 췌장액은 총담관간에서 만들어진 담즙과 담낭에서 나오는 담관이 합쳐져 십이지장으로 주입되는 관에서 섞여 같이 십이지장에 있는 바터팽대부ampulla of Vater, 담관과 췌장관이 합류하면서 십이지장과 만나는 곳라는 구멍으로 나온다. 췌장은 염증이 자주 생기는 장기이기도 하다. 췌장은 단백질 소화효소를 배출하는데, 췌장 자체도 단백질이기 때문이다. 췌장은 췌장액에 소화되지 않도록 스스로를 지키지만, 췌장액이 저류되면 보호막이 파괴되고 염증이 생긴다. 술을 자주 마셔서 췌장관이 좁아지거나 담석으로 바터팽대부가 막히면 췌장액이 잘 빠져나가지 않는다. 이렇게 췌장염이 생기면 장기 자체가 소화돼버리기 때문에 엄청난 고통이 따른다.

췌장염이 만성화되면 주기적으로 아플뿐더러, 소화기능이 떨어지고 인슐린부전까지 와서 당뇨병이 야기된다. 췌장기능이 떨어지면 지방, 단백질, 탄수화물순으로 소화기능이 떨어진다. 그럼에도 췌장기능이 10%만 남을 때까진 정상적인 소화가 가능하다. 췌장암이 쉽게 발견되지 않는 이유다. 게다가 췌장은 인체 중심부에 있기 때문에 암이 생기면 쉽게 전이된다. 그래서 췌장암을 최악의 암이라고들 한다.

십이지장에서 담즙, 췌장액과 섞인 미즙은 공장과 회장을 만난다. 둘은 본격적으로 영양분을 흡수하는 곳으로, 형태가 비슷해 위치로 구분된다. 십이지장은 30cm를 내려와 공장으로 넘어가는 지점에서 트라이츠인대Treitz ligament를 만나 옷걸이에 걸린 모양으로 내려온다. 트라이츠인대는 상하부 위장관 및 공장과 회장을 나누는 경계다. 트라이츠인대 아래로 내려간 음식물은 특별한 사정이 있지 않은 한 역류하기 어렵다. 위장관 출혈을 다루는 임상의에게는 이곳이 진단의 중요한 경계 지점이 되기도 한다. 트라이츠인대 위쪽에서 출혈이 발생하면 환자는 붉은 혈액을 토한다. 만약 토하지 않는다면 혈액은 소장과 대장을 지나면서 변을 흑색으로 만든다. 흑색변은 위궤양으로 출혈이 발생했을 때 나타나는 대표적인 증상이다. 반면 트라이츠인대 아래쪽에서 출혈이 생기면 소화가 덜 되어 붉은 혈변이 나온다. 그래서 흑색변엔 위내시경, 혈변엔 대장내시경이 필요하다. 한편 소장에서 출혈이 생기는 경우는 극히 드물다. 소장에는 암도 거의 생기지 않는다. 식도암, 위암, 대장암을 들어봤어도 소장암은 들어본 적이 없을 것이다.

우리 몸의 수분

우리가 먹는 음식물에는 다량의 수분이 포함되어 있다. 물은 100% 수분이고 과일이나 채소는 90%가 수분이며 고기는 60% 정도가 수분이다. 우리가 1.5kg의 음식을 먹는다고 할 때 여기에는 보통 1L 이상의 수분이 포함되어 있다. 그런데 인간은 하루에 물도 따로 1L를 섭취하고, 침도 1L쯤 분비한다. 여기에 위액과 담즙과 췌장액과 장액을 합치면 대략 10L 정도가 소장으로 들어온다. 그중 8L 정도는 소장에서 흡수되고 1.7L는 대장에서 흡수되며 나머지 300mL 정도만 대변으로 배출된다. 대변의 70%는 수분이고 나머지 100g만이 유기물이다. 몸은 그야말로 우리가 먹은 것을 남김없이 흡수하기에, 이 100g의 대변엔 소화되지 않는 섬유질, 죽은 박테리아나 유화되지 않은 약간의 지방, 단백질만 들어 있다. 탄수화물은 거의 내보내지 않는다.

회장의 말단에는 회맹판회장과 맹장 연결부의 기능적 판으로, 맹장으로 돌출하는 주름이 있다이 있어 역류를 막는다. 하루 약 2L의 미즙이 소장에서 회맹판을 거쳐 대장으로 내려간다. 대장은 주로 수분을 재흡수하는 역할을 한다. 성인의 하루 대변량은 300g 정도이므로 대장은 1.7L의 수분을 재흡수해야 한다. 막 대장으로 넘어온 미즙은 거의 물설사 형태다. 대장에 염증이 있으면 이 상태에서 수분 흡수가 제대로 되지 않아 설사를 하게 된다. 병원에 온 환자들은 이를 "대변이 물처럼 쭉 나왔어요" "항문으로 소변을 보는 것 같았어요" 정도로 표현한다. 사실상 대변의 원형이 그대로 나오는 것이다. 설사는 박테리아를 흡수하지 않고 내보내는 방어 과정이기도 하다. 그러나 대변과 함께 많은 양의 수분이 배출되므로, 설사가 있을 땐 반드시 수분과 전해질을 보충해주어야 한다.

수분은 인체를 이루는 근원이다. 우리 몸은 많은 수분을 섭취한 뒤 분비와 배설을 거치며 이를 재흡수한다. 컴퓨터가 전기에너지를 사용하듯, 우리 몸의 70%를 이루는 수분은 전신을 순환하면서 장기를 가동시킨다. 점막의 수분이나 세포외액세포의 외부를 둘러싸고 있는 액체 등은 인체를 보호하기도 한다. 살아 있는 세포는 수분으로 가득차야만 화학작용이 일어난다. 이렇게 소중한 수분을 날려보내면 안 되므로 몸은 수분을 재흡수하려 노력한다. 대장은 이 일에서 큰 역할을 한다.

"간은 영양소의 저장, 유통을 맡은 우리 몸의 화학 공장이다"

소장에서 흡수된 영양분은 미세혈관에 실려 간으로 들어온다. 이 피는 소장을 한 차례 지나온 정맥혈로, 소장에서 간으로 들어갈 때 문맥 구조를 거친다. 소장에 넓게 분포한 혈관이 한데 모여서 간으로 들어가는 것인데, 영양분이 듬뿍 담긴 혈액이 지나는 이 혈관을 간문맥이라고 한다. 간문맥의 영양소는 2500억 개의 간세포가 활동하는 간으로 입성한다. 간은 병렬 구조다. 간세포는 독립된 사무실을 차려 각자 맡은 일을 수행한다. 만약 간세포가 손상되면 이웃 간세포가 사무실을 복구해준다. 덕분에 간은 잘라내도 그만큼 다시 자란다. 프로메테우스가 간을 쪼아먹히며 영원히 고통받는 이유다. 간은 15%만 남아도 기능을 수행하면서 원래 크기로 자라날 수 있다. 다만 간질환이 전격성간부전fulminant hepatic failure, FHF으로 진행된 경우에는 간기능을 다른 장비나 요법으로 대체할 수 없다. 심장은 물리적인 펌프로 돌릴 수 있고, 신장은 삼투압을 이용하는 기계로 대체할 수 있지만, 간의 화학작용은 대체가 불가능하다. 그래서 간이 완전히 망가졌을 땐 간이식만이 해결책이다. 간은 '피로의 원인'이라고 알려져 있지만, '술을 해독한다' 정도로만 회자되기엔 너무나 많은 일을 한다. 간은 영양소의 저장, 유통을 맡은 우리 몸의 화학 공장이다.

우리는 3대 영양소를 에너지원으로 쓴다. 몸은 이들을 최대한 간단한 구조로 부숴서 흡수한다. 탄수화물은 입에서 아밀라아제로 1차 분해된 뒤 췌장액과 장액을 만나 단당류로 쪼개져 소장에서 흡수된다. 단백질은 위산과 펩신에 의해 분해돼 폴리펩타이드가 되고, 췌장효소를 만나 아미노산이 되어 소장(십이지장과 공장)에서 흡수된다. 지방은 췌장의 리파아제에 의해 지방산으로 쪼개진 뒤 담즙과 섞여 물에 녹은 형태로 소장(공장)에서 흡수된다. 요약하자면 소화관이 영양소를 흡수하는 최종 형태는 단당류, 아미노산, 지방산이다. 아마 '흡수가 빠른' 스포츠 음료에서 이 이름들을 보았을 것이다. 장은 음식물을 쪼개서 이 세 가지 형태로 만든 뒤 물에 녹여서 혈관으로 흡수한다. 병원에서 맞는 '영양 주사'도 결국 단당류, 아미노산, 지방산을 물에 녹여 정맥으로 주입하는 것이다. 그 외에 십이지장은 철, 칼슘 등의 무기질을 흡수하고 회장 말단은 비타민 B12와 담즙을 재흡수하는데, 이들이 기능을 하지 못하면 비타민이나 무기질 주사를 필수적으로 맞아야 한다. 이 모든 영양분은 일단 간으로 간다.

“탄수화물은 글리코겐 형태로 저장된다. 단백질은 아미노산 단위까지 분해된 뒤 흡수된다”

탄수화물은 단당류로 분해되어 소장에서 흡수된 뒤 간에서 포도당으로 변환되었다가 글리코겐 형태로 저장된다. 글리코겐은 간에 100g 정도 저장되는 고분자 탄수화물이다. 혈당이 정상치인 80mg/dL라고 할 때 인체의 혈액이 5L이므로 800mg/L×5L로 계산하면 포도당 4g이 혈액에 녹아 있는 셈이다. 탄수화물은 1g당 4kcal이므로 총 16kcal의 에너지다. 50kg 여성이 4분만 걸으면 전부 소모되는 양이다. 그래서 간은 끝없이 일해서 혈당을 채워야 한다. 미리 일을 해서 당을 풀어놓으면 당뇨가 오고, 나태하게 있다 당을 늦게 풀면 저혈당이 와서 뇌에 에너지가 부족해 의식을 잃고 쓰러지게 된다. 해서 간은 실시간으로 글리코겐을 녹여 포도당으로 만들어야 한다. 그러니까 피곤하고 기운이 안 나면 정말 ‘간 때문’일 수 있다. 그런가 하면 ‘한국인은 밥심’이라는 말도 있다. 탄수화물의 중요성을 강조한 문구인데, 실제로 밥을 안 먹고 오래 일하거나 운동하면 글리코겐이 모두 소모된다. 이렇게 되면 단백질이나 지방은 에너지로 변환하는 데 시간이 오래 걸리므로 몸에 극심한 피로가 온다. 이것이 마라토너들이 30km 지점에서 겪는 글리코겐 소모다. 그래서 마라토너들은 달리는 중간에도 탄수화물을 보충해주곤 한다.

단백질은 아미노산 단위까지 분해된 뒤 흡수된다. 한우를 구워 먹든, 삼겹살이나 치킨을 먹든, 생선이나 달걀이나 두부를 먹든, 단백질 보충제를 먹든, 일단 소화관은 단백질을 아미노산으로 분해해서 간으로 보낸다. 단백질 섭취는 바람직한 행위지만, 비싼 단백질이라고 해서 몸에 더 결정적인 기여를 하는 것은 아니다. 간은 아미노산을 이용해 근육을 구성하는 액틴과 미오신을 만들거나 대사에 필요한 호르몬 및 화학물질을 합성한다. 아미노산은 콜라겐조직인 손발톱, 머리카락, 피부를 이루기도 한다. 간은 아미노산을 이용해 혈액을 응고시키는 물질도 만든다. 또 삼투압을 유지하거나 호르몬 및 비타민을 운반하는 알부민도 만든다. 단백질은 유일하게 분자식에 질소가 포함된 영양소로, 대사산물로 암모니아가 나온다. 간은 이들을 물에 녹는 요소로 만들어 신장으로 내보낸다. 간기능이 떨어지면 암모니아 배출이 저하되어 간에 독성이 퍼져 의식이 흐려지는 간성뇌증hepatic encephalopathy이 온다. 또 알부민이 떨어지면 몸이 붓고 복수가 차며, 빌리루빈 대사가 되지 않으면 몸이 가렵고 무력해지면서 황달이 온

탄수화물, 지방, 단백질의 구조

탄수화물은 탄소를 골격으로 산소와 수소가 적당히 결합한 것이고, 지방 또한 탄소를 골격으로 산소와 수소가 적당히 결합한 것이다. 탄수화물과 지방은 구성 분자가 같다. 간은 포도당이 남으면 지방으로 바꿀 수 있다. 지방은 저장 효율이 더 좋기 때문이다. 그래서 탄수화물을 많이 먹으면 지방간이 되거나 피하지방을 합성해 전신의 지방층이 두꺼워진다. 한마디로 밥만 많이 먹어도 살이 찐다. 한편 단백질은 탄소, 산소, 수소에 질소가 붙은 구조다. 단백질과 질소 분자는 인체에 필수적이지만 독성이 있기 때문에 간에서 처리해주지 못하면 다양한 증상이 생긴다.

다. 전신이 담즙 색과 비슷하게 검누런 색으로 변하는 것이다. 이때 관장을 하면 그나마 요소와 암모니아가 빠져나가 의식만은 되찾을 수 있다.

지방 흡수 및 대사도 간의 업무다. 탄수화물은 물에 녹는 반면, 지방은 녹지 않기 때문에 흡수 과정이 다르다. 지방산 분자가 작으면 알부민과 결합해서 그대로 간으로 갈 수 있지만, 대부분의 지방산은 유화되어도 물에 섞이지 못해 체액이 순환하는 림프절로 대사된다. 하지만 결국엔 혈액을 만나 심장을 거쳐서 간으로 들어온다. 지방은 간 대사를 거치지 않고 한 번 순환되기 때문에, 고지질성 식품을 먹고 채혈하면 가끔 지방이 낀 혈액이 나오기도 한다. 간은 지방산으로 콜레스테롤과 중성지방, 지질단백질 등을 만들고 남는 지방을 전신으로 보내서 지방조직을 합성한다.

간은 필수 무기질인 비타민 A, B12, D, E, K와 구리, 망간, 철, 아연, 코발트 등을 저장하기도 한다. 또 소장까지 살아남은 세균이 흡수되어 간까지 건너오면 간의 쿠퍼 세포에서 살균한다. 우리가 복용하는 모든 약 또한 일차적으로 간으로 가서 분해 작용을 거친 뒤 혈액으로 들어간다. 그래서 내복약을 개발하려면 간에서 한 차례 분해된 상태로도 약효를 발휘하는지 테스트해야 한다. 정맥 주사로 약을 맞는다면 일차적으로 간에서 분해되지 않으므로 조금 더 소량을 써도 된다. 대부분의 약은 간에서 분해되므로 과하게 복용할 경우 간독성이 1차 부작용으로 나타날 수 있다. 대표적인 약이 타이레놀과 같은 아세트아미노펜 계열의 진통제다. 물론 이 와중에 간은 술을 분해하기도 한다. 이렇게 써놓고 보면 술을 분해하는 것은 간의 극히 일부 업무다. 간을 너무 혹사시키면 안 되는 이유다. 극단적인 경우 소장 전부가 제 기능을 하지 못해도, 간이 필요로 하는 영양분만 주사로 잘 배합해 정맥으로 넣어주면 한동안 생존할 수 있다. 하지만 그렇게 해도 악성 지방간을 막을 수 없기 때문에 결국엔 간이식이 필요하다.

관장을 마친 환자는 의식을 어느 정도 되찾았다. 버둥거리던 환자가 침착해지자 응급실이 고요해졌다. 문득 큰 소리가 났다. 응급실 바깥에서 간호사 선생님이 사람이 쓰러졌다고 외치고 있었다. 뛰어나갔더니 젊은 남성이 드러누워 있었다. 응급실 호출 벨을 누른 뒤 어지럽다는 말을 남기고 기절했다고 했다. 몸을 흔들어도 의식이 없었고 목에선 맥이 느껴지지 않았다. 심정지였다. 그를 들쳐업고 카트에 실어 가슴을 누르며 소생실로 들어왔다. 침대에 눕히자마자 그에게 올라타서 즉시 정식으로 심폐소생술을 시행했다. 환자의 몸이 누운 채로 흔들렸다. 삽관해서 인공호흡기를 걸어놓는 동안 머릿속이 빠르게 돌아갔다. 심정지가 왜 발생했을까. 동행자 없이 혼자 온 사람이었다. 그가 남긴 말은 "어지럽다"는 한마디였다. 심장엔 전기신호가 남아 있었지만 맥이 느껴지지 않았다. 심근경색일까? 왜 가슴이 아프다는 말이 아니라 어지럽다는 말이었지? 뇌출혈일까? 뇌출혈이 맞다면 여기까지 걸어올 수가 없었을 텐데. 재빨리 응급 피검사를 지시했지만 결과가 나오기까지 10분은 필요했다. 그의 흉부가 심폐소생술로 요동하고 있었다. 더 빨리 심정지의 원인을 알아내야 했다. 얼굴이 유독 창백해 보였다. ……혹시? 나는 장갑을 끼고 환자의 항문에 손가락을 넣었다. 점막이 파열되어 있진 않았지만, 손가락을 빼자 변 색깔이 석유처럼 검었다. 역시, 그를 살려낼 방법이 있었다.

> “대장은 맹장에서 시작해 상행결장, 횡행결장, 하행결장, S자결장을 지나 직장으로 이어진다. 대장은 무수히 많은 미생물로 가득차 있다”

대장의 맨 첫 번째 부위는 맹장이다. 대장내시경으로 거꾸로 거슬러 올라가면 막혀 있기 때문에, ‘눈멀 맹盲’ 자가 붙어 맹장盲腸이 되었다. 맹장의 시작점에는 돌기 형태의 구조물이 붙어 있는데, 이곳이 염증으로 유명한 충수돌기다. 맹장에 붙어 있으므로 충수돌기까지 맹장으로 통하기도 한다(의사들끼리도 충수돌기절제술을 ‘맹장 수술’이라고 부를 때가 있다). 충수돌기는 어떤 기능도 없는, 진화 과정에서 남은 돌기 형태로 추측된다. 충수돌기의 역할을 찾아내려고 많은 연구가 이뤄졌지만, 아직까지는 이를 입증할 증거가 불충분하다. 어릴 때의 면역에 기여한다는 약간의 근거가 있을 뿐이다. 충수돌기에 염증이 생겼다고 당장 오른쪽 아랫배가 아픈 건 아니다. 우선 내장의 통각수용기가 자율신경계로 통증을 모아서 불편감을 만든다. 이를 내장통visceral pain이라고 한다. 내장통은 통증이 한곳에 모여서 올라가므로 전반적인 배의 불편감만 느낀다. 덕분에 충수돌기염 초기 환자는 속이 좋지 않다는 정도의 증상만을 호소한다. 염증이 커지면 그제야 복강을 자극해서 일반적인 체성통somatic pain이 온다. 이때 오른쪽 아랫배를 눌렀다 떼면 확실히 통증이 느껴진다. 이렇게 충수돌기에 염증이 생기면 복통이나 복막염을 일으키기에 수술로 제거해야 한다.

오른쪽 아랫배의 맹장에서 시작된 대장은 네모를 그리며 전체 복부를 크게 한 바퀴 돈다. 각각 상행결장, 횡행결장, 하행결장, S자

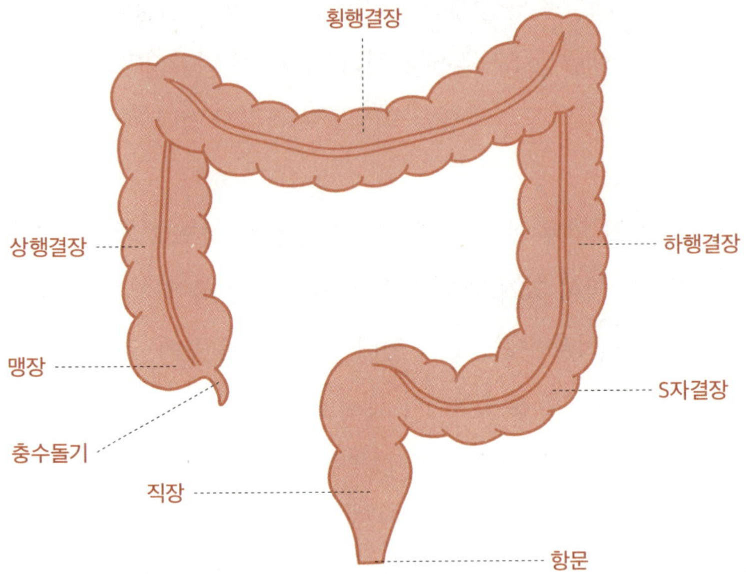

대장의 구조

결장이라고 한다. 기능 차이는 거의 없고 S자결장을 포함해 주행 방향이 곧 이름이다. S자결장에서 이어져 항문까지 연결되는 15cm 길이의 직장이 대장의 마지막 구간으로, 직진 주행해서 직장이라고 부른다. 완전히 대변이 된 소화물은 직장에서 뭉쳐 있다가 배출되기 때문에 일명 '똥 모양'은 직장의 내부 모양이라고 할 수 있다. 변기에 앉아 힘을 주면 맨 처음 '똥 모양'의 직장 내용물이 쏟아지고, 재차 힘을 주면 S자결장에 있는 내용물—미처 '똥 모양'을 갖추지 못한 대변—이 나온다. 대장은 위가 팽창되면 자극된다. 그래서 아침을 먹을 때 똥이 마려운 경우가 많다. 대장에 들어온 내용물이 똥이 되어 나오기까지는 2~3일이 걸리는데, 대체로 여성이 남성보다 하루쯤 더 걸린다. 내용물이 대장에 오래 머물러 발효가 길어질 순 있겠으나, 성별에 따른 영양 흡수 차이는 없다.

대장은 무수히 많은 미생물로 가득차 있다. 소화란, 음식물에 있는 미생물을 위산으로 죽인 뒤 우리 몸의 미생물을 덧씌워 내보내는 일이기도 하다. 대변 1g에는 세균 약 400억~1000억 마리가 들어 있다. 우리가 똥을 한 번 싸면 조 단위의 세균이 빛을 본다. 면역허용균우리 몸의 면역계가 공격하지 않는 상재균은 우리가 이미 영양을 흡수한 미즙을 양분 삼아 끝없이 증식한다. 면역허용균은 대부분 대장에 들어 있다. 그중 가장 유명한 것이 대장균이다. 대장균은 발효와 일부 소화를 돕고, 다른 대장 상재균들은 수용성 비타민을 재흡수한다.

대장 상재균은 동물과 공생하면서 생존하는 방식을 택했다. 특히 초식동물은 장내 세균 없이는 풀을 소화시킬 수가 없다. 장내 세균은 동물의 소화관에 살면서 증식하다가 분변을 통해 다른 동물에게로 옮겨간다. 초식동물의 대변 성분을 분석해보면 먹은 풀의 양보다 세균의 양이 더 많다. 인간도 대장 내 미생물 없이는 소화를 해낼 수 없다. 그래서 항생제를 많이 투여하면 장내 세균총에 문제가 생겨 오히려 더 심한 설사를 할 때도 있다. 항생제 남용이 문제가 되는 이유 중 하나다. 이럴 때는 건강한 사람의 대변을 환자의 대장에 투여해서 정상 세균총 회복을 돕기도 한다. 똥도 약에 쓰는 시대인 것이다. 그래도 대장균은 오염의 대명사다. 한 사람당 수백조 개씩 배출하고, 물에 쉽게 녹아들뿐더러 잘 번식한다. 그러다가 소장에 들어가면 심한 장염을 일으킨다. 그래서 수질오염 검사의 첫 번째 지표는 늘 대장균 검출량이다.

여기서 초식동물의 소화를 살펴보면 흥미롭다. 동물이 가장 먼저 먹기 시작한 것은 풀이다. 하지만 나무줄기나 잎 등의 섬유소는 먹어서 그대로 소화시킬 수 없다. 우리가 섬유소를 섭취하면 섬유질 구조의 세포벽을 녹일 수 없어서 그대로 배출되는데(그래서 샐러드가 다이어트에 좋다), 초식동물도 마찬가지다. 이 섬유질을 녹이는 것은 초식동물의 위 안에 공생하는 세균이다. 초식동물의 장내 상재균은 면역허용균으로, 섬유질의 세포벽을 부순다. 세균의 도움을 받아 섬유질을 소화하면 이것은 포도당이 된다. 이들을 다시 다른 세균이 발효시켜 지방산, 아미노산, 비타민 등으로 합성한다. 그래서 소는 풀만 먹어도 모든 영양소를 얻을 수 있고, 이 영양소는 지방과 단백질이 되어 소를 살찌운다. 장에서 풀이 발효되는 과정에서 다량의 메탄과 이산화탄소가 발생되기도 하는데, 그 양이 어마어마해서 소 한 마리당 하루에 약 250L의 가스를 배출한다. 이로 인해 축산은 대기오염과 기후위기의 원인으로 지목되기도 한다.

“방귀나 대변에서는 특유의 냄새가 난다.
질소의 독성이 이 냄새의 주범인데,
단백질이 대사될 때 생기는 질소화합물인
인돌, 스카톨, 암모니아 등이 주 구성 성분이다”

한편 인간은 아무 풀이나 먹을 수 없는 대신, 다양한 식재료와 조리법을 활용할 수 있다. 가열을 한다고 해서 식물의 세포벽을 녹일 순 없지만, 식재료들이 조금 더 소화하기 쉬운 형태로 변하면서 맛

있어진다. 생쌀에 생고기를 먹어도 살 수는 있지만, 갓 지은 밥에 구운 고기를 먹는 편이 맛도 좋고 소화도 더 잘된다. 불을 발견한 인간은 소화에 드는 에너지를 줄여 지능 발달에 활용했다. 장 길이의 차이도 여기서 발생했다. (그렇다면 소도 가열된 음식을 먹는 게 소화에 더 좋을까? 당연하다. 그래서 농촌에서는 풀과 콩깍지 등을 넣고 소죽을 쒀서 먹인다.) 인간은 식물 조직을 초식동물처럼 완벽하게 소화할 수 없다. 식물성 식품에는 우리가 소화할 수 없는 섬유질이 섞여 있다. 콩이나 과일, 밀, 고구마, 옥수수 등을 먹으면 그 성분의 일부는 소장에서 흡수되지 않고 대장에서 장내 미생물에 의해 발효된다. 그 과정에서 세균은 수소와 이산화탄소를 만들어내는가 하면, 이 둘을 결합해 메탄을 생성하기도 한다. 이들 가스는 일부 혈중으로 흡수되어 호흡으로 배출되지만, 상당한 양이 방귀로 배출되기도 한다. 방귀가 많이 나오는 걸 피하고 싶다면 이들 식품을 줄여야 한다.

후각은 유해한 물질을 피하도록 프로그래밍되어 있다. 영양분은 거의 없는 데 반해 세균은 엄청나게 많이 들어 있는 대변을 친숙하게 느껴서는 안 된다. 방귀나 대변에서는 특유의 냄새가 난다. 질소의 독성이 이 냄새의 주범인데, 단백질이 대사될 때 생기는 질소화합물인 인돌, 스카톨, 암모니아 등이 주 구성 성분이다. 몸을 만들기 위해 단백질 위주의 식사를 한다면 대변 냄새도 더 날 수밖에 없다. 육류가 주식인 문화권에 사는 사람들에게서 특유의 체취가 나는 이유도 여기에 있다. 그 밖에 황 분자도 냄새의 주범이다. 마늘에 들어 있는 알리신에는 황 성분이 있어 마늘을 먹으면 특유의 냄새가 난다. 달걀은 단백질인 데다 황 성분까지 포함하고 있어 냄새가 더 심하다. 장에 출혈이 있는 사람이 달걀을 먹은 뒤 피가 달걀과 섞이면 혈액의 단백질 성분도 함께 발효되어 냄새가 한층 더 심해질 것이다. 이렇게 식습관에 따라서 고유한 체취가 생기는 것은 당연한 일이며, 식습관이 바뀌면 자연스럽게 체취도 바뀐다.

배출된 대변에서 의학적으로 이상이 발견되는 경우는 드물다. 대변의 모양, 냄새, 무른 정도, 색깔 등은 상식선에서 대체로 정상 범주에 든다. 애초에 음식물이 발효되고 뭉쳐진 게 대변이기 때문에 잘 배출되기만 하면 일반적으로 정상이라고 본다. 따라서 물기가 많거나 색이 이상할 때만 문제가 있는지 살펴보면 된다. 대변은 아무것도 먹지 않았을 때도 나올 수 있다. 위와 장의 세포가 끊임없이 탈락하며, 소화액에도 유기질이 들어 있기 때문이다. 기관지로 들어오는 박테리아 등의 세균은 가래로 뭉쳐져 자연스럽게 소화관으로 넘어온다. 이는 인간에게 허용된 자가식인self-cannibalism으로, 우리 몸의 일부를 소화관 안쪽으로 탈락시킨 뒤 흡수해서 재순환하는 것이다. 자궁 안에만 있는 태아도 자가식인을 한다. 양수의 상피세포와 점액을 소화시키기 때문에 아무것도 먹지 않은 상태에서도 태변을 보는 것이다. 만삭아 및 과숙아는 태변을 들이마셔서 '태변흡인증후군meconium aspiration syndrome, MAS'을 일으키기도 한다.

이렇게 우리가 먹은 것은 긴 여정을 지나 항문으로 나간다. 항문은 대표적인 괄약근으로, 괄약근 하면 항문을 떠올리는 사람도 많다. 항문 괄약근은 대변이 나가지 않게 조이는 역할을 한다. 항문에는 내괄약근과 외괄약근이 있는데, 우리가 힘을 주고 움직일 수 있는 것은 외괄약근뿐이다. 외괄약근에는 센서가 있어서 가스가 찬 게 감지되면 항문을 약간만 열어서 나갈 길을 터준다. 물이 많이 섞인 대변이면 빨리 길을 트라고 소리를 지른다. (가능할 경우) 명령을 거부하면 변은 다시 올라가서 수분을 더 흡수해 내려온다. 하지만 돌려보내서 별로 득이 될 것이 없으므로 항문이 소리를 지르면 길을 터주는 편이 옳다. 항문 괄약근은 소변을 보는 괄약근과 한 개로 이어져 있으므로 대변을 볼 때는 자연스럽게 소변도 나온다(반대로 소변을 볼 때는 다행히 대변을 참을 수 있다).

항문 피부는 점막이 아니라 평범한 피부로, 항문 안쪽까지 연결되어 있다. 그래서 항문에는 땀도 나고 털도 자라며 간지러울 때도 있다. 항문에 힘을 많이 주면 조직이 울혈을 일으키거나 붓는다. 너무 굵은 대변을 보면 찢어지거나 염증이 생기기도 한다. 치질이나 치핵, 치루 등이 이렇게 생긴다. 이런 증상들은 항문에 손을 넣어서 확인할 수 있다. 물론 대변 색깔을 확인하기 위해 손을 넣기도 한다. 다시 말하지만, 일반적으로 빨간 피가 묻어 나오면 하부 위장관 출혈, 검은 변이 확인되면 상부 위장관 출혈이다.

· · · · ·

환자는 상부 위장관 출혈이 있었다. 다만 진행이 느려 스스로 알아차리지 못했다. 어지럽다고 말한 것은 빈혈 때문이었을 것이다. 눈을 재빨리 열어보았더니 결막이 창백했다. 위장에서 피가 쏟아지는데 참고 참고 참다가 죽기 직전에 응급실 벨을 눌렀고, 그 후 심정지가 온 것이다. 그에게 당장 피를 쏟아부어야 했다. 일단 혈액 테스트를 하고 유니버설 혈액을 쓰겠다고 했다. 유니버설 혈액이란, Rh- O형 혈액으로 모든 혈액형에 테스트를 하지 않고 쓸 수 있으며 수혈해도 거부반응이 없다. 혈액실에 상황을 설명하자 바로 혈액을 보내주겠다고 했다. 나는 즉시 환자의 허벅지에 수혈용 굵은 관을 꽂았다. 심정지 16분 만에 그에게 수혈을 시작할 수 있었다. 26분째에는 혈액을 그에게 맞는 B형 Rh+로 바꾸었다. 여덟 팩의 혈액을 맞은 후, 심정지 40분 만에 그가 눈을 떴다. 병원 문 앞에서 쓰러진 덕에 생명을 되찾은 셈이었다.

"여기…… 병원인가요?" 목숨을 건진 그가 처음으로 내뱉은 말이었다. (술은 조금 마셨지만) 건강에 이상이 없었던 그는, 일주일 전부터 어지러웠고 검은 변이 계속 나왔으나 건강에 이상이 있다고는 생각지 못했다고 했다. 병원에 가야겠다고 생각만 하다가 이제야 오긴 했는데, 어떻게 응급실에 왔는진 기억나지 않는다고 했다. 그야말로 생명의 버저비터를 누른 셈이었다. 항문에 손가락을 넣어보지 않았더라면 환자는 심폐소생술만 받다가 사망했을 수도 있었다. 하지만 충분한 혈액을 확보했으니, 이제는 위험에서 벗어났다. 방금 알약 포장지를 빼낸 내시경 팀이 와서 위궤양을 확인하고 지혈술을 시행하면 될 것이었다.

환자의 아내에게 연락해 그가 살아났음을 알렸다. 보호자는 곧 도착한다고 했다. 그사이에 복통 환자들을 확인했다. 설사 복통1은 수액으로 호전되었다. 오른쪽 아랫배 복통2는 맹장 수술을 받아야 했다. 윗배 복통3은 역시 담석이 맞았다. 황달 복통4는 안타깝게도 담관암이었다. 음주 복통5는 췌장염이 맞아서 조금 더 센 진통제를 맞고 입원했다. 그새 내시경 팀이 목숨을 건진 환자를 중환자실에 입원시켰다. 그들은 기록을 확인하더니 고개를 저으며 정말 극적으로 살아났다는 말을 남겼다. 이제 상황이 어느 정도 정리되었다. 정신을 너무 쏟다 보니 내 뱃속 상태를 잊고 있었다. 문득 나아진 것도 같았다. 환자가 살아났으니 오늘은 퇴근하고 맛있는 것을 먹고 싶었다. 단백질에 탄수화물을 묻혀서 지방에 튀긴 치킨이 생각났다. 아, 치킨은 왜 늘 먹고 싶을까. 오늘 하루 종일 무리한 위장과 대장에게 "잘 부탁해"라고 소리치면서라도 입에 넣고 싶었다. 양념을 잔뜩 바른 치킨을 입에 넣으면 소화기는 군말하지 않고 물리적으로 부수고 화학적으로 쪼갠 뒤 세균과 협동해서 양분을 흡수할 것이다. 비록 탈은 자주 나지만, 소화기 덕분에 우리는 에너지를 얻어 숨을 쉬고 운동도 하며 대화하고 사랑을 나눈다. 사람은 결국 먹어야 산다. 다 먹고살자고 하는 일이다. 그래, 정했다. 인간은 같은 실수를 반복한다. 오늘 야식은 치킨이다.

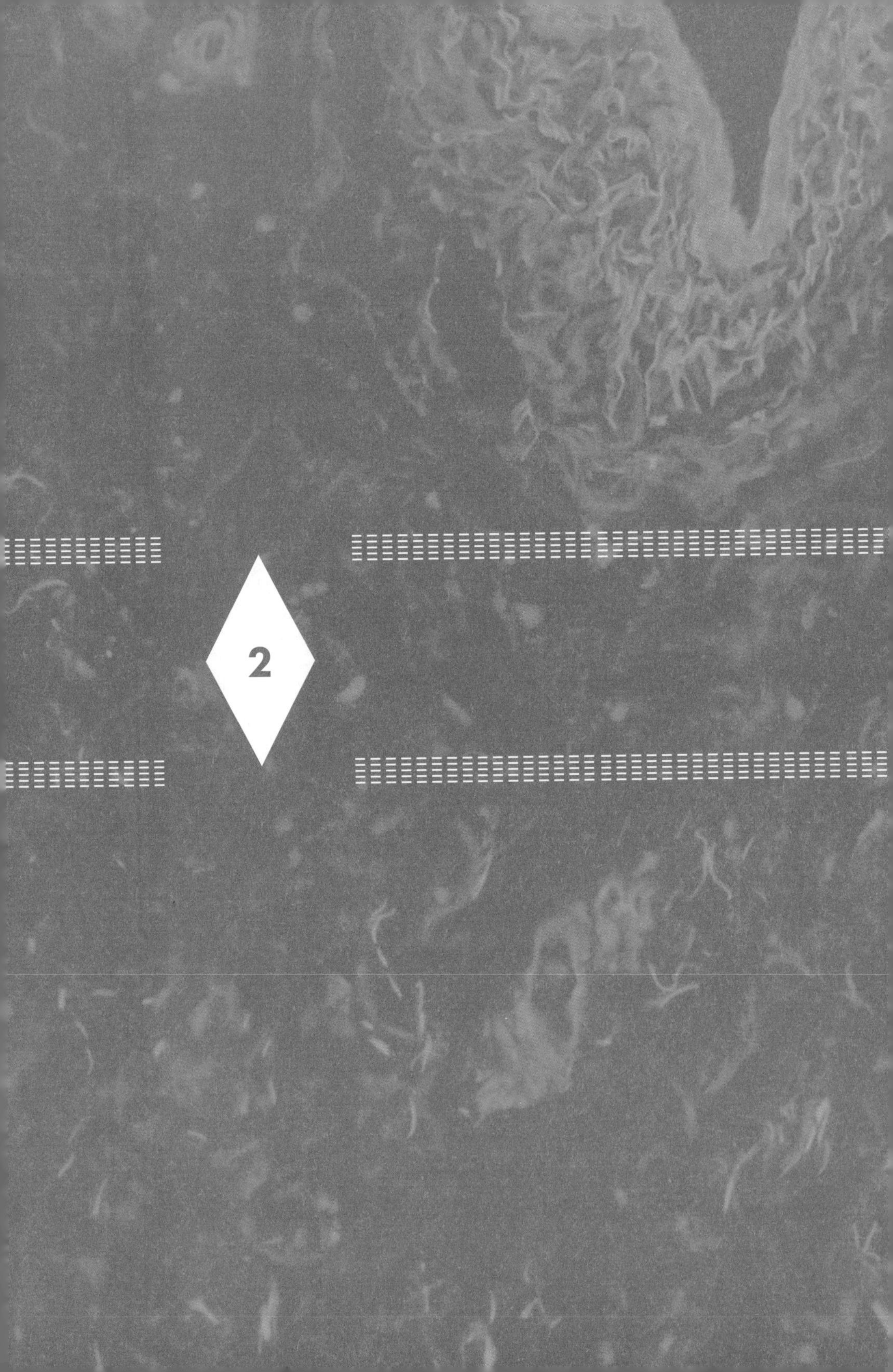

2

생체조직으로 만들어진 반영구 모터

심장
HEART

Fig. 1

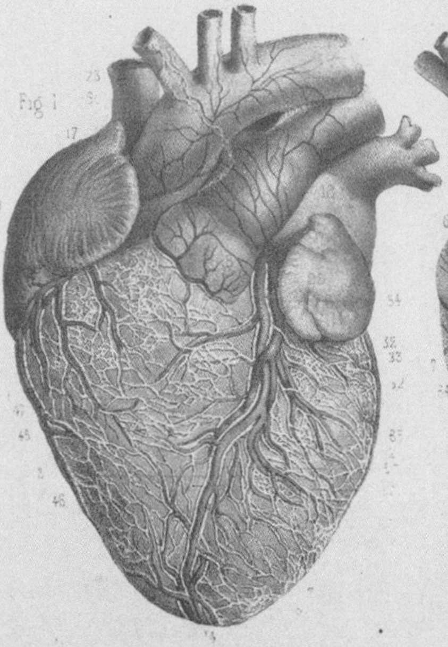

Fig. 3

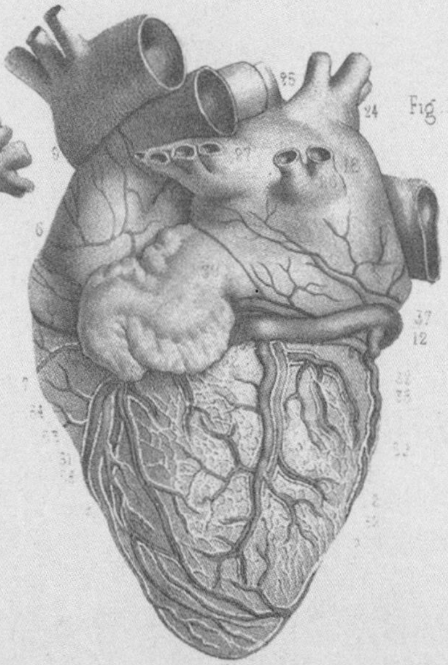

Fig. 2

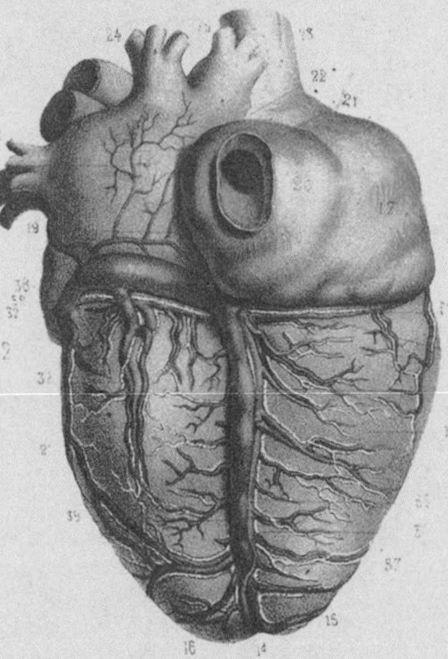

Fig. 4

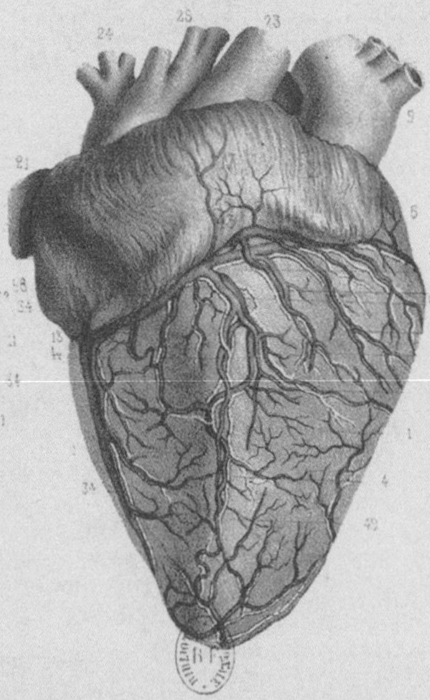

느닷없이 응급실에 흉통을 호소하는 환자가 도착한다. 가슴이 찢어질 것 같다고 소리친다. 환자를 즉시 중환 구역에 눕힌다. 한눈에 봐도 몸집이 거대하다. 비만은 많은 질병의 위험 인자다. 50대 후반인 환자는 내가 묻는 말에 간신히 신음 섞인 대답을 한다. 그에겐 고혈압과 당뇨가 있었다. 그 외의 병은 진단받은 적이 없다고 했다. 술을 마신다는 그의 셔츠 주머니에는 연초가 들어 있다. 불과 두 시간 전 그는 운전을 하다가 흉통을 느꼈다. 어쩌다 지나가듯이 느껴지는 통증이라기에는 그 정도가 너무 심했다. 누군가 가슴을 마구 찢고 누르는 것 같았다. 평생 단 한 번도 응급실에 간 적이 없었지만, 이번에는 가야 했다.

환자를 중환 구역에 눕히자마자 심전도를 확보한다. 양쪽 팔과 다리에 전극을 하나씩 연결하고, 가슴에 여섯 개의 전극을 붙인다. 동시에 혈관을 확보하고 혈액 샘플을 채취한다. 붉은 피가 빠져나온다. 나는 청진기를 그의 가슴에 댄다. 심장이 정상적으로 박동하는 소리가 들린다. "두둥— 두둥—." 이윽고 심전도 기계에서 열두 개의 선이 지나는 그래프가 출력된다. 심근경색이다. 모든 의료진이 다시 분주해진다. 산소를 연결하고 필요시 삽관을 준비한다. 나는 조영술 담당의에게 연락한 뒤 몇 가지 약을 처방한다.

갑자기 응급실을 찢는 듯한 비명이 들린다. 환자는 모든 근육을 써서 얼굴을 일그러뜨리고 있다. 통증이 극심해지니, 아프다고 소리치는 일 외에 별달리 할 수 있는 게 없다. 혈관으로 모르핀을 투여했지만 고통은 줄어들 기미가 안 보인다. 흉통을 호소하는 소리가 재차 응급실에 울려 퍼진다. 모든 이의 마음이 다급해진다. 사람은 너무 극심한 통증을 느끼면 기억과 함께 다른 신체 감각을 상실한다. 이 환자는 모든 감각과 이성을 소거하는 통증을 느끼고 있다. 통증은 위험신호다. 인간이 통증을 느끼는 데는 반드시 이유가 있다. 몸 어딘가에 이상이 발생했으니까 불편하고 아픈 느낌이 드는 것이다.

환자는 더이상 내 말에 대답하지 않는다. 의식이 흐려지고 있다. 지금 이 순간 그는 죽음에 가까워지고 있다. 나는 이렇게 인간이 죽는 순간을 여러 번 경험했다. 누군가의 심장이 멈추려고 하면 오감이 소리친다. 응급실 의료진에게 가장 잘 발달된 감각이다. 이 감각에 반응하는 것이 우리의 존재 이유다.

환자의 몸에는 무엇인가 커다란 이상이 있다. 심장이 멈출 것 같다. 순간적으로 그의 부릅뜬 눈동자가 풀렸다. 손으로 짚고 있던 사타구니에서 맥이 느껴지지 않는다. 환자의 시선이 초점을 잃고, 전신의 힘이 풀려 손발이 처지며, 심전도는 평행을 그린다. 심정지다. 가슴을 눌러야 한다.

당장 환자에게 올라타서 두 손을 모아 흉골을 누른다. 그는 그대로 누워서 내 손을 받아낸다. 심폐소생술 덕분에 그의 뇌가 피로 적셔진다. 혈액을 공급받은 뇌가 순간적으로 깨어난다. 심장은 여전히 멈춘 상태이지만, 극심한 고통이 돌아온다. 그는 버둥대며 가슴을 짓누르는 손길에서 자꾸만 벗어나려 한다. 간신히 고통만을 느낄 수 있는 뇌 상태다. 나는 심박을 확인하기 위해 잠시 압박을 멈춘다. 심전도는 여전히 일직선이다. 잠시 압박이 멎으니 환자는 다시 의식을 잃고 축 늘어져버린다. 말 그대로 사망 상태다. 흉부를 다시 압박한다. 그도 다시 꿈틀대기 시작한다. 다른 장기는 아직 살아 있지만 심장은 멎은 상태다. 그러나 심장이 멎었다는 이유 하나만으로 다른 장기도 살아 있을 수 없게 된다. 이 손을 멈추는 순간 그는 죽는다. 이대로 영원히 가슴을 압박한대도, 그는 차츰 죽음과 가까워질 것이다. 하지만 나는 그를 살려내야 한다.

"혈액은 전신에 산소를 공급하고 심장으로 돌아온다.
이것이 순환의 기본이다"

모든 것은 피 한 방울에서 시작되었다. 생명체가 세포 한 개로 이루어져 있다면 혈액도 혈관도 심장도 필요치 않다. 액체는 확산물질이 높은 농도에서 낮은 농도로 이동하는 현상. 가령 혈액의 산소 농도가 세포의 산소 농도보다 더 높다면 세포는 확산작용으로 산소를 공급받을 수 있다하므로 수분이 자연스럽게 그 하나의 세포로 스며든다. 하지만 생명체가 수많은 세포의 집합이라면 확산만으론 생명을 유지할 수 없다. 모든 세포는 수분을 갈구한다. 그래서 수분을 통해 영양을 공급하는 혈액과, 혈액을 순환시키기 위한 혈관이 생겨났다. 인체는 37조 개 세포의 집합이다. 우리 몸의 미세혈관은 액체의 확산작용으로 37조 개 세포에 영양을 전달한다. 하지만 혈관 속 액체가 같은 자리에 고여 있다면 그 주변의 세포에만 액체가 확산되어 모든 세포가 실시간으로 영양분을 받을 순 없을 것이다. 혈액은 이동해야 한다. 즉, 혈액을 흘려보낼 동력원인 심장이 있어야 한다. 그렇게 혈액, 혈관, 심장이 동시에 탄생했다. 이로써 영원한 순환이 시작됐다.

순환계는 혈액이 순환하는 닫힌 공간이다. 혈액은 물리적으로 구획된 공간 안에 있어야만 펌프의 힘을 받아 순환한다. 공간이 구획되어 있지 않으면 혈액은 사방으로 흩어질 것이다. 혈액을 흘려보낼 공간은 빈 빨대 모양이 가장 효율적이다. 따라서 혈관은 자연스럽게 탄력 있는 파이프 모양이 되었다. 이 파이프를 통해 혈액은 우리 몸 구석구석 산소와 에너지를 배달한다. 이것이 닫힌 공간인 순환계다. 순환계 안에는 혈액이 조금의 빈 공간도 없이 가득 채워져 있다. 순환계는 혈관들의 연결이자 집합으로, 그 가운데 심장은 가장 크고 두꺼운 혈관이요, 주된 동력원이다.

혈액의 첫 번째 역할은 산소 공급이다. (혈액은 산소와 이산화탄소 등의 기체 분압을 제외하면, 머리끝부터 발끝까지 대체로 균질한 조성組成

을 지닌다. 코피도 마침 코점막을 흐르던 피일 뿐이다.) 철은 산소와 쉽게 결합했다 떨어지므로 혈액의 주성분으로 선택되었다. 산소와 결합하면 붉은색을 띠는 철의 특성상, 지구상 대부분의 동물은 피가 빨갛다. 몸의 경계가 파괴되었을 때 흘러나오는 혈액은 그래서 붉은색을 띤다. (한편 온도가 낮은 환경에서 철과 산소의 화합물은 점성이 높아진다. 그래서 심해에 사는 오징어나 낙지는 철 대신 구리 결합을 사용하고, 그런 까닭에 피도 파랗다.) 혈액의 철 분자는 전신에 산소를 공급하고 심장으로 돌아온다. 심장에서 나온 동맥혈은 맑고 진하게 붉고, 심장으로 들어가는 정맥혈은 탁하게 붉은 이유다. 이것이 순환의 기본이다.

심장은 인체에서 가장 먼저 기능하는 기관이다. 즉, 순환에서 모든 것이 시작된다. 모체가 잉태한 후 3주만 지나도 태아에게서 박동하는 심장을 찾을 수 있다. 생명의 진정한 첫 징후는 혈액의 순환이다. 단세포인 아메바보다 고등한 모든 생명체는 심장의 발생으로 생을 영위하기 시작한다. 몸길이가 0.2mm밖에 안 되는 총채벌레도 현미경으로 들여다보면 작은 심장을 가지고 있다.

“심장은 근육의 힘으로 안에 들어 있는 피를 쥐어짜고 이완하는 운동을 반복한다”

심장은 혈액에 화학적인 변화를 가하지 않고 단지 혈액을 물리적으로 이동시키는 역할을 한다. 그렇다고 양수기처럼 일정한 압력으로 피를 뿜어내진 못한다. 심장은 생체이므로, 근육의 힘으로 안에 들어 있는 피를 쥐어짜고 이완하는 운동을 반복한다. 그래서 맥박이

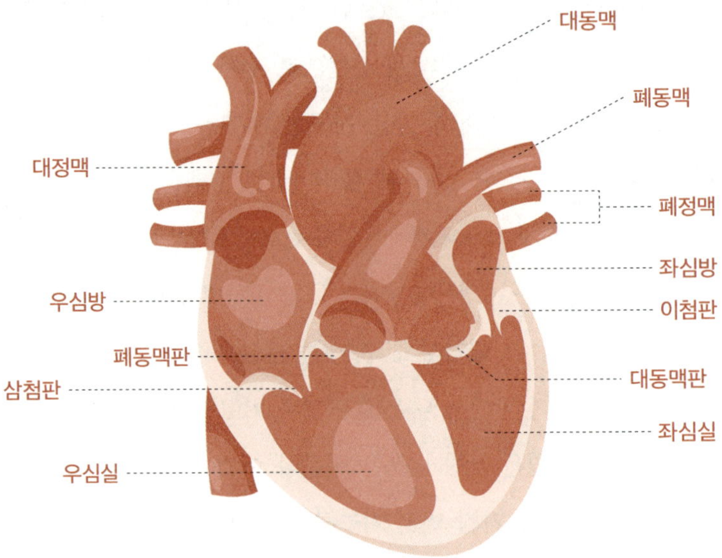

심장의 구조

존재한다. 목이나 손목이나 사타구니에서 만져지는 박동은 심장이 일하고 있다는 증거다.

그런데 심장이 단순한 주머니 형태의 근육덩어리로 수축과 이완만 반복한다면, 물풍선을 주먹으로 쥐었을 때처럼 피가 사방으로 퍼질 것이다. 하지만 순환에는 방향이 있어야 기능도 있다. 심장에 판막이 있는 이유다. 혈액을 짜낼 때 뒷문을 닫아주면 앞문으로 피가 흘러나간다. 이 방식을 통해 심장은 대동맥으로 모든 피를 쏟아낸다. 심장의 펌프질 덕분에 순환은 매우 빠른 속도로 이뤄진다.

한편 인체는 혈액을 40% 이상 잃어버리면 생명이 위태로워진다. 심한 외상을 입으면 일차적으로 혈관이 손상되어 출혈이 발생

혈액의 순환

대동맥에서 나온 피는 갈라지면서 동맥, 세동맥, 모세혈관으로 흩어졌다가 세정맥, 정맥, 대정맥 순으로 모여서 심장으로 돌아온다. 여기서 사실상 확산으로 물질을 교환하는 피는 모세혈관에 들어 있는 혈액의 5%에 불과하다. 나머지는 그저 흐른다. 모세혈관은 머리카락의 10분의 1 정도 두께다. 적혈구 한 개의 직경과 비슷한 수준이다. 적혈구는 세포의 지척에서 확산작용으로 산소를 공급한다. 세포가 생존하려면 혈관을 통해서 산소를 공급받아야 한다. 이 모세혈관을 굳이 뽑아서 전부 늘어놓으면 그 길이가 6000km쯤 된다. 인체 어디를 찔러도 피가 나는 것은 6000km에 달하는 혈관이 몸 구석구석에 퍼져 있기 때문이다.

하고 혈액 부족으로 사망하게 된다. 우리 몸을 흐르는 혈액은 대략 5L이므로 사망에 이를 정도의 실혈은 약 2L, 우유팩 단 두 개 분량이다. 그래서 인체는 혈액을 잃어버리지 않으려고 한다. 실혈은 사망과 직결될 수 있거니와, 혈액을 추가로 만드는 일도 생존에 불리하기 때문이다. 따라서 출산, 월경 등의 특정한 상황이 아니면 인체는 혈액을 외부로 허비하지 않는다. 소변, 대변, 콧물, 눈물, 객담, 토사물 등에 혈액이 섞여 나오는 것은 정상이 아니다. 복강이나 흉강 내에 출혈이 발생하면 심한 통증이 유발된다. 인체는 모든 출혈에 반응해 필사적으로 지혈하려 한다.

인간이 80세를 산다고 가정했을 때, 심장은 일평생 대략 30억 번 피를 쥐어짜내야 한다. 심장이 멈추는 순간 사망이다. 평소에 우리는 심장이 일하고 있음을 인지하지 못하지만, 심장은 우리가 태어나기도 전, 발생 3주부터 일을 해왔다. 잠시 눈을 감고 주의를 기울이면, 심장이 박동하는 걸 느낄 수 있다. 사랑하는 사람을 만났거나 설레는 일이 생겼거나 운동을 격렬히 할 때도 심장이 뛰는 걸 느낄 수 있다. 심장이 존재감을 드러내는 건 그때뿐이다. 한데 그런 심장이 멎으려고 할 때, 단 한 번도 경험해보지 못한 절체절명의 순간이 찾아오려 할 때는 그 무엇보다 더한 고통이 찾아온다. 심장에 이상이 생겼을 때 발생하는 통증은 인간이 느낄 수 있는 고통 중 제일 심하다고 알려져 있다. 의사 입장에선 다행이다. 환자가 병원에 안 오려야 안 올 수가 없다.

심장의 기능은 뇌기능과 직결된다. 심장은 엄청난 압력으로 뇌에 혈액을 공급한다. 만약 순간적으로 목 위의 구조물이 사라진다면, 이 압력에 의해 우리의 동맥혈은 중력을 거슬러 위로 1m 이상 솟구칠 것이다. 심장은 매 순간 뇌를 만족시켜야 한다. 뇌세포는 예민해서 산소가 공급되지 않으면 3초 내에 기능을 잃어버리기 때문이다. 심장이 멈추면 뇌는 전원이 뽑힌 컴퓨터와 비슷해진다. 이때 우리는 호흡하거나 존재를 인식하는 일을 그만두고 무의 세계로 접어든다. 그래서 심장이 뛴다는 말은 오래전부터 '생존'과 동의어로 사용되어왔다.

박출계수ejection fraction

심장에서 가장 중요한 구조는 대동맥과 연결된 좌심실이다. 좌심실은 대동맥으로 피를 뿜어낸다. 정상적인 심장은 한 번 쥐어짤 때 좌심실에 있는 혈액의 절반 정도를 내보낸다. 이를 박출계수라고 하는데, 50~60%가 넘으면 정상이고 40% 미만은 기능 부전이다. 박출계수가 낮다는 건 심장의 효율이 떨어진다는 뜻으로, 이 상태를 심부전이라고 한다. 말기 심부전의 박출계수는 10~15%로, 이 정도가 되면 숨이 차고 거동이 불편해지며 오래 생존하기 어렵다. 좌심실은 140mL의 혈액을 머금고 있다가 한 번 수축할 때 70mL를 방출한다. 그리고 심장은 1분에 약 70번 뛴다. 따라서 좌심실에서는 분당 대략 5L의 혈액이 나온다. 그런데 인체의 혈액도 5L다. 방금 심장에서 나간 적혈구 분자는 1분 뒤 다시 심장으로 돌아온다. 우리가 운동을 하면 심장도 빨리 뛰어서 혈액 방출량도 많아진다. 이때 적혈구 분자는 1분에 두세 번, 많으면 네 번까지도 돌아온다.

이렇게 심장이 멈춰버리는 상황을 막기 위해 인간은 심폐소생술을 발명했다. 심정지가 왔을 때 심폐소생술은 절대적으로 필요하다.

심정지 환자에게 심폐소생술을 시행하지 않으면 100% 사망하기 때문이다. 심폐소생술은 좌심실을 짓눌러서 대동맥으로 피를 보냄으로써 심장의 기능을 대신해주는 지극히 물리적인 행위다. 좌심실을 가장 효율적으로 누를 수 있는 위치는 흉골 중앙인데, 손의 압박이 적어도 5cm 깊이까지는 들어가야 좌심실이 눌린다. 손바닥을 가슴 정중앙에 얹고 중력 방향으로 힘껏 짓누른다. 그리고 심장이 박동하듯 리듬에 맞춰 눌렀다 이완하기를 반복해야 한다(압력을 가해 누르고만 있으면 순환이 일어나지 않는다). 그래서 심폐소생술을 할 때는 '분당 100회 이상, 5cm 이상의 깊이'를 강조한다. 이렇게 심장의 피를 짜주면 대동맥으로 흘러나간 피는 알아서 전신을 순환한다. 하지만 아무리 잘 눌러봐야 심폐소생술로 얻을 수 있는 박출계수는 10% 정도다. 이론상 흉강을 열고 심장을 직접 손으로 짜면 최적의 박출계수를 얻을 수 있겠지만, 그건 수술방에서나 가능한 일이다. 박출계수가 10%에 불과할 때, 인간은 얼마 버티지 못하고 죽는다.

"방금까지 뇌가 살아 있었던 젊은 사람입니다.
이대로 포기할 수 없습니다"

나는 심폐소생술을 계속한다. 환자의 흉골에는 압박이 분당 100회 이하로 떨어지면 경고음이 나는 패드가 붙어 있다. 패드를 직각으로 사정없이 눌러대는 와중에, 내 턱끝으로 흘러내린 땀이 그의 가슴 위로 떨어진다. "적당한 속도입니다. 심폐소생술을 유지하십시오." 죽어가는 사람의 얼굴을 바라보며 흉부를 압박하노라면, 그의 생사

여탈권이 내게 쥐여진 듯한 느낌을 받는다. 이건 수십 년을 한다고 해도 무뎌지는 감각이 아니다. 아드레날린이 분출된다. 내 희망과는 별개로 환자는 미동조차 없다. 그의 손발이 내가 힘을 주는 대로 따라 움직인다. 심폐소생술 한 사이클은 2분이다. 한 사이클을 마치면 잠시 멈추고 심장을 확인한다. 환자의 가슴에서 손을 떼자 흔들리던 심전도가 다시 평행을 찾는다. 다른 의료진이 그의 흉부에 달라붙고, 나는 잠시 땀을 닦는다.

손을 환자의 사타구니에 대자 약하게 맥이 돈다. 심폐소생술 덕에 순환계가 인위적으로 가동하고 있다. 박출계수는 10% 정도일 것이다. 나는 잠시 전산을 열어 처음에 시행한 검사 수치를 확인한다. 심장근육의 효소 수치는 정상이다. 빈혈도 없다. 신장 수치(크레아티닌creatinine)와 나트륨, 칼륨 등의 전해질 수치도 괜찮았다. 장기부전이나 기타 원인이 아니다. 순전히 급성 심근경색으로 인한 심정지다. 여느 때처럼 운전을 하다가 갑자기 심근경색이 찾아왔고, 그렇게 멈춘 심장은 여전히 작동하지 않고 있다. 그는 죽음으로 향하는 중이다.

환자의 아내가 찾아왔다. 처음 만나는 사람에게 가장 나쁜 소식을 전하는 일은 아무리 해도 익숙해지지 않는다. 나는 소생실 문 밖으로 잠시 나간다. "자세히 말씀드리긴 어렵지만, 현재 남편분 심장이 멎은 상태입니다." 순간 소생실에서 큰 소리로 나를 부른다. "선생님!" 뛰어들어가자 평행선이 파형을 가지고 요동치고 있었다. 아무도 환자에게 손을 대지 않았는데도 그랬다. 나는 소리친다. "브이핍Vfib, 심실세동. 심실이 무질서하고 불규칙하게 수축하는 상태입니다. 200J차지!" 제세동기(심장충격기)를 맞춰서 세팅하고 충전을 누른다. 기계는 전력을 모으는 데 시간이 걸린다. 빨간불이 들어오자 젤을 발라 패드를 양손에 쥔다. 왼손의 패드는 오른쪽 윗가슴에, 오른손의 패드는 왼쪽 아래 흉부에 댄다. "모두 물러나세요." 모두가 환자의 몸에서 떨어지자 나는 사인을 외치며 버튼을 누른다. "클리어," 200J의 전기에너지가 환자의 흉부를 훑고 지나간다. 충격으로 그의 전신이 퉁 하고 튀어 오른다. 잠시 맥이 느껴질 듯했으나 심전도는 다시 평행으로 돌아온다. 여전히 심폐소생술을 시행 중이다. 하지만 환자는 더이상 움직이지 않는다. 2분 뒤 손을 떼자 같은 리듬이 반복된다. 소생실 안이 소란스러운 가운데, 바깥에선 아내의 비명소리가 들린다. 나는 재차 200J의 전기를 쏜 뒤 다른 의료진에게 전화를 건다.

"지금 에크모extracorporeal membrane oxygenation, ECMO(체외막산소공급기). 심장이나 폐의 기능이 저하되어 기존 방법으로는 생명 유지가 어려울 때 일시적으로 기능을 도와주는 장치 걸어야 합니다. 방금까지 뇌가 살아 있었던 젊은 사람입니다. 이대로 포기할 수 없습니다!"

"심장은 근육과 전기의 조합으로 유체 역동이 계산된 기관이다"

심장은 평생 30억 번의 오차 없는 박동을 한다. 아무리 완벽하게 만든 차라도 엔진을 10년쯤 켜놓고 연속 주행하면 시동이 한 번쯤은 꺼진다. 그러나 인간의 심장은 80년을 뛰어도 시동이 꺼지지 않는다. 이 놀라운 노동을 생체조직이 수행한다. 여기에는 효율적이고 완벽한 순환을 위한 근육·신경의 구조와 유체 역동이 필요하다. 우선 30억 번을 쉬지 않고 수축하면서 한 번 쥐어짤 때 혈액을 1m쯤 솟구치게 만들 수 있는 강력한 근육이 있어야 한다. 알다시피, 푸시업이나 플랭크를 해보면 1분도 채 버티기 어렵다. 그냥 서 있기만 하는 것도 평생은 무리다. 이렇게 근육은 피로를 느끼지만, 심장근육만은 예외다. 심근은 매우 특수한 근육이다.

인체 근육에는 두 종류가 있다. 하나는 순간적으로 수축하는 힘을 발휘하지만 조금만 사용해도 강직이 오고 피로해지는 골격근이다. 푸시업이나 플랭크를 할 때 쓰는 근육이 이에 해당된다. 우리 의지대로 움직일 수 있기 때문에, 퍼스널 트레이닝을 받거나 마라톤을 뛰거나 기타 일상생활을 할 때 이 근육이 쓰인다. 또하나는 내장에서 수축하는 내장근이다. 내장근은 반응속도가 느리고 우리 의지와 상관없이 움직인다. 우리는 뱃속에 있는 내장을 마음대로 움직여서 배열할 수 없다. 자궁을 수축시키거나 요관을 쥐어짤 수도 없다. 내장근은 느릿느릿 꾸물거리듯이 움직이는 대신, 피로해지지 않고 지치지도 않는다.

심장근육은 이 둘을 조합한 제3의 근육이다. 심장근은 골격근처럼 수축하면서도 피로해지지 않아야 한다. 결정적으로 우리 뇌가 심장에 명령을 내릴 수 있어서는 안 된다. 만약 그게 가능하다면 멈추라는 명령을 내리는 즉시 우리는 죽고 말 것이다. 고로 심장근은 골격근을 사용하지만 피로를 느껴서도, 명령을 따라서도 안 되는 인체 유일의 근육이다.

심근에는 에너지를 생성하는 미토콘드리아와 미오글로빈근육세포 안에 있는 붉은 색소 단백질로, 철을 함유하고 있으며 산소를 저장하는 구실을 한다이 유난히 많다. 영양분을 끝없이 소비하면서 30억 번의 노동을 해야 하기 때문이다. 그 외에 트로포닌, 크레아틴키나아제 등의 효소도 심근에 다수 분포한다. 심근경색으로 심근이 파괴되면 이런 물질들이 혈액으로 흘러든다. 그래서 피검사로 심근경색을 진단할 수가 있다. 다만 심근경색이 발생해도 두 시간 정도는 지나야 혈중에서 검출되기 때문에, 발생 후 얼마 지나지 않아 병원을 찾았을 때는 피검사를 해도 그 결과만 보곤 심근경색을 진단하기 어렵다. 같은 이유로, 흉통이 심한 환자의 피검사 결과가 정상일 때는 두세 시간 간격을 두고 다시 검사를 시행한다.

근육은 신호가 있어야 움직인다. 모든 근육은 신경과 연결되어 전기자극 신호를 받아 수축한다. 그런데 제3의 근육인 심장은 특수한 임무를 띠므로, 반영구적으로 전기신호를 생성하는 발전기와 이에 맞는 회로를 따로 마련했다. 심장 우측 윗부분에 자리한 동방결절이라는 곳에서는 심장을 뛰게 하는 신호를 생성해 정해진 박자에 이를 신경회로로 흘려보낸다. 1분에 심장이 70번 뛴다고 하면 발전기는 70회의 신호를 보내는데, 교감신경·부교감신경의 영향을 받아서 맥박을 빠르거나 느리게 만들기도 한다(하지만 푸시업을 할 때처럼 직접 교감·부교감 신경에 지시를 내릴 수는 없다). 동방결절에서 만들어진 전기는 좌측 아래 방향으로 흐른다. 이 전기를 따라서 심장근육이 수축한다. 그러니까 심장은 한덩어리로 한 번에 수축하는 것이 아니라 각 부위가 리듬에 맞춰 순서대로 수축한다. 즉, 오른쪽 위에서 왼쪽 아래로 전기신호가 전달되면 심방과 심실이 차례로 수축한다. 이 순서대로 혈액은 역동한다.

심장에서 발생하는 전기는 우리가 컴퓨터를 쓸 때 사용하는 전기와 같다. 이렇게 일상생활에서 사용하는 전기와 차이가 없으므로, 심장에는 외부 신호에 제멋대로 반응하는 일을 막는 장치가 필요하다. 모든 근육은 수축 뒤 반응하지 않는 불응기refractory period, 한번 자극을 받은 근육이나 신경의 조직이 연속되는 자극에 반응을 나타내지 않는 짧은 시기를 갖는데, 심근은 보통의 골격근보다 불응기가 100배 더 길다. 이 안전장치가 없었다면 누군가는 형광등을 교체하다가 심근 수축으로 급사했을 것이다. 인체에서 이렇게 강력한 전기를 꾸준히 사용하는 기관은 심장이 유일한데, 우리는 이 전류를 포착할 수 있다. 사지와 가슴에 전류측정기를 부착해서 전기가 어떤 파형으로 흐르는지 파악하는 심전도를 통해서다.

심전도electrocardiogram, ECG

심전도는 3차원으로 흐르는 전기를 열두 개의 전극이 그려진 2차원 종이 한 장으로 표현한다. 심근경색이라면 심전도에서 전류가 심실 부분을 지날 때 높낮이가 바뀐다. 그래서 심전도를 쓰면 피검사보다 훨씬 더 빨리, 주사를 찌르지도 않고 심근경색을 진단할 수 있다. 전극을 붙여서 얻는 검사이므로 통증도 전혀 없다. 그뿐만 아니라 동방결절로 인한 리듬의 변화나 이전에 발생한 심근경색의 흔적까지도 찾을 수 있다.

한편 심장박동의 리듬이 변하는 질환을 통틀어 부정맥이라고 한다. 부정맥은 말 그대로 정상이 아닌 맥이다. 사랑하는 사람을 만나서 심장이 빠르게 쿵쾅거리는 것은 정상적인 생리반응이지 부정맥은 아니다. 다만 똑같이 사랑에 빠지더라도 가끔 맥이 엇박자로 뛰는 느낌이 들면 부정맥일 가능성이 높다. 부정맥은 건강한 사람에게도 발견되는 흔한 것부터, 불규칙적으로 뛰거나 언제든 갑자기 심장을 멈추게 하거나 현재 사망 상태인 것까지 양상이 다양하다. 조기흥분증후군preexcitation syndrome도 부정맥의 일종이다. 알쏭달쏭한 이름이지만, 전기신호가 들어오기도 전에 심실이 흥분하는 질환이라고 생각하면 된다. 심실이 제 차례가 아닌데 수축하면 급사 가능

심장박동기pacemaker

심장은 수많은 종류의 부정맥에 대비해 백업 회로를 만들어두었는데, 판막을 제외한 모든 구조가 백업 회로가 될 수 있다. 따라서 동방결절이 망가져도 심방의 다른 곳이 알아서 동방결절의 역할을 한다. 이렇게 다른 곳이 동방결절을 대체해주지 못할 때에는 심실이 스스로 알아서 전기신호를 내고 뛴다. 하지만 이 정도가 되면 정상적인 순환이 어렵다. 그래서 동방결절 기능 부전 시에는 심장박동기, 이른바 페이스메이커(심장근육을 전기로 자극하여 심한 느린맥박徐脈에서 심장박동률을 증가시키는 데 쓰이는 전기장치. 심장이 생명 유지에 필요한 자발적인 수축을 하지 못할 때 일정한 속도로 전기적 자극을 보내준다)를 삽입한다. 심방 부근에 전극을 꽂으면 심장박동기는 1분에 60번 정도 전류를 흘려보낸다. 건전지를 사용하기 때문에 대략 10년간 사용하고 배터리를 교체한다.

성이 있다.

가장 치명적이면서도 제법 흔하게 발생하는 부정맥은 앞에서도 언급했던 브이핍, 즉 심실세동이다. 심근경색으로 전기 기판에 문제가 생겨 심실에서 전기신호가 맴도는 상태다. 이때 심장은 잔떨림만 반복할 뿐 펌프질, 즉 순환 기능을 하지 못한다. 브이핍이 발생하면 강한 전류를 흘려보내 심장을 재부팅해주어야 한다. 제세동기를 사용해 심장의 오른쪽 위에서 왼쪽 아래 방향으로 전기를 흘려주면 심장이 컴퓨터처럼 리셋되는 것이다. 다양한 부정맥에 대처해야 하는 병원에서는 수동으로 제세동을 한다. 다만 부정맥이 아닐 경우에는 드라마에서처럼 심장에 전기충격을 가할 이유가 전혀 없다.

심장은 근육과 전기의 조합으로 유체 역동이 계산된 기관이다. 심장과 한몸으로 일하는 기관은 폐다. 심폐소생술, 심폐지구력, 심폐기능 등등…… '심폐'라는 관형어가 앞에 붙는 게 자연스럽게 여겨지는 이유다. 두 기관은 물리적으로 한줄기로 붙어 있으면서 같이 일을 한다. 심장이 방을 네 개 가지고 있는 것은 폐와 연결되기 때문이다. 심장은 산소를 소진한 정맥혈을 모아서 폐로 보낸 뒤에 산

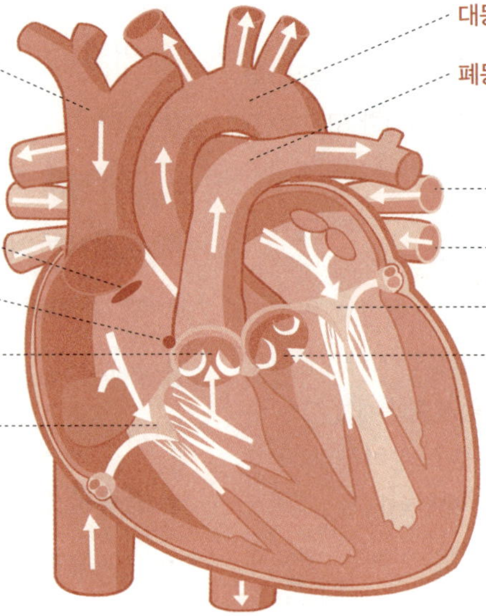

심장판막과 혈액의 흐름

소를 머금은 피로 돌려받는다. 피가 서로 섞이면 안 되기 때문에 심장에는 과학 시간에 우리를 괴롭히던 우심방, 우심실, 좌심방, 좌심실, 삼첨판, 대동맥판, 폐동맥판, 이첨판 등이 필요하다. 한쪽 문을 닫고 방을 짜주면 열린 문으로 피가 넘어가는 구조다. 그래서 판막도 방을 넘어갈 때마다 하나씩 총 네 개가 있다. 판막은 일방통행 구조다. 혈액을 쏘면 열리고 압력이 줄어들면 닫힌다. 또한 판막은 무동력 구조물이다. 우리 몸은 판막을 인위적으로 조종하지 않는다. 순수한 유체동력만으로 판막이 닫히고 열리면서 피를 다음 공간으로 나아가게 한다. 완벽한 공학적 설계다.

심방과 심실은 서로 리듬에 맞춰 이완과 수축을 반복한다. 심실 두 개는 붙어 있기 때문에 우심실과 좌심실이 동시에 수축한다. 그때 대동맥판과 폐동맥판이 열려서 피를 대동맥과 폐동맥으로 보낸다. 모든 심실이 수축할 때 모든 심방은 이완하고, 반대로 모든 심실이 이완할 때 모든 심방은 수축한다. 이 과정에서 판막이 두 개씩 교차해서 동시에 닫히기 때문에 심장에서는 '두둥' 하는 소리가 난다. 첫 번째 '두'는 이첨판과 삼첨판이 닫히는 소리이고 두 번째 '둥'은 대동맥판과 폐동맥판이 닫힐 때의 소리다. '둥' 뒤에는 잠시 쉬는 타이밍이기 때문에, 심장은 '두둥— 두둥— 두둥—' 하는 리듬으로 뛴다. 심장에 청진기를 가져다 대는 이유는 판막 소리를 듣기 위함이다. 정상적인 심장이라면, 판막 외 부위에선 소리가 나지 않는다.

판막

판막은 동력을 사용하지 않는 구조물이기 때문에 인체는 에너지를 아낄 수 있다. 게다가 혈액을 공급할 필요가 없어서 심근경색에도 영향을 받지 않는다. 네 개의 판막 중 하나라도 10초만 안 열리면 혈액순환이 안 돼 즉사한다(다행히 안 닫히는 경우는 즉사하지 않는다). 이 또한 30억 번을 뛰기 위한 안전장치다. 한편 판막에도 여러 질환이 발생한다. 제대로 닫히지 않으면 판막역류증, 제대로 열리지 않으면 판막폐쇄증이다. 다시 말하지만, 판막은 무동력이므로 똑같이 만들어주면 인공으로 대체할 수 있다. 그래서 인공판막은 가장 먼저 개발된 대체 장기다. 고어텍스Gore-tex로 만든 판막은 혈액이 4억 번쯤 지나가면 닳아서 교체해야 한다. 강철로 만들면 닳지는 않지만 혈전 발생 위험이 커서 평생 와파린warfarin(혈액응고에 관여하는 프로트롬빈의 농도를 감소시키는 작용을 하는 항응고제)을 복용해야 한다. 이 점을 감안하면 동력을 사용하지 않고 자연적으로 재생되는 판막은 위대한 생체 구조다.

심근은 전기신호와 더불어 전해질 분극도 사용한다. 우리가 먹는 음식이나 자연계에 많이 존재하는 나트륨, 칼륨, 염소(클로라이드), 칼슘 등이 모두 심근의 흥분에 작용한다. 심장의 운동은 체내 전해질 농도에 민감하게 영향을 받는데, 그 영향이 심한 경우 심전도가 특징적인 형태를 보이기도 한다. 가장 민감하게 영향을 받는 증상은 고칼륨혈증hyperkalemia이다. 모든 전해질 농도가 극단적으로 높아지거나 낮아지면 위험하지만, 칼륨 농도가 유의미하게 높아지면 심장은 분극이 차단되어 그길로 멎어버린다. 그래서 인간을 포함한 포유류를 안락사할 때 사용되는 물질이 염화칼륨이다. 염화칼륨은 칼륨과 염소가 결합된 단순한 화합물이지만 치명적인 독성이 있다. 앰플 하나만 주사해도 사망할 수 있으므로 의료법상 눈에 잘 띄게 레이블링하여 별도의 금고에 보관해야 한다.

많은 에너지를 필요로 하는 심장은 항상 혈액으로 가득차 있지만, 실상은 커다란 혈관일 뿐이라서 에너지를 흡수해 사용하지 못한다. 대신 대동맥으로 피를 쏘자마자 혈관을 따로 빼내서 심장 내에서 사용한다. 자동차로 비유하자면, 엔진이 연료를 머금고 있다가 바깥으로 보내준 다음 따로 관을 만들어 그 연료를 빼돌리면서 가동되는 것과 같은 구조다. 이 혈관들은 왕관 모양을 하고 있어 관상동맥이라고 부른다. 심장근육을 먹여 살리는 관상동맥은 심장만큼이나 중요하다. 그 구조를 보면 좌측과 우측이 있는데, 좌측만 두 갈래로 갈라진다. 이 세 갈래의 혈관이 인접한 심근에 혈액을 공급하면서 왕관 모양을 이룬다. 여기에 문제가 생기면 관상동맥질환이다. 가령 혈전으로 관상동맥이 막히면 심근에 피가 가지 않아서 경색이 온다. 이것이 심근경색이다.

심근경색은 현대에 들어 단일 질환으로서는 가장 많은 사람을 죽이는 질환이다. 심근에 경색이 오면 심장의 움직임이 저하되고 운동이 뒤틀린다. 인체는 이때 느껴지는 고통을 최대치로 설정해두었다. 그 고통은 대체로 가슴을 도려내거나 찢어발기는 것 같다고

스텐트stent

스텐트 시술은 획기적으로 인간의 수명을 늘렸다. 전 세계 의사들은 무수한 관상동맥을 뚫고 있다. 하지만 혈관의 내구성이 떨어져서 무한히 많은 개수를 넣을 수는 없다. 관상동맥 세 개가 전부 막힌 일명 '스리 베슬3 vessel'까지 진행되면, 허벅지나 팔에서 혈관을 캐낸 다음 관상동맥에 이어서 덧대주어야 한다. 이것이 관상동맥우회술CABG로, 흉부외과에서 가장 많이 하는 수술 중 하나다. 심근경색이 오면 엄청나게 아프고 죽을 수도 있으니까 그게 무서워서 관상동맥을 미리 뚫어놓고 싶다는 생각을 하는 사람도 있을 것이다. 실제로 스텐트 시술이 개발된 뒤 미국에서 아무 증상이 없는 사람들까지 관상동맥 시술을 받는 게 유행했다. 조지 부시 대통령도 그렇게 시술을 받았으나, 결국 전혀 효과가 없었다는 점이 밝혀졌다. 평소 혈행 관리가 가장 과학적인 예방이다.

표현된다. 이때 심근이 너무 심하게 뒤틀려서 박출계수가 떨어지면 장기적으로 심기능이 저하된다. 심근경색으로 전기 기판이 마비되면 심실세동으로 인해 즉시 순환이 멎어버린다. '가슴을 움켜쥐고 쓰러져 죽었다'고 표현되는 순간이다.

오래 살고 싶다면 관상동맥이 오래 뚫려 있어야 한다. 그런데 관상동맥 내부는 구조만 봐선 다른 혈관과 구별되는 특성이 없다. 관상동맥에 흐르는 피라고 해서 다른 혈관 내 피와 다르지 않다. 그래서 일반적으로 혈관 건강을 지키는 법을 따르면 관상동맥질환을 예방할 수 있다. 흡연, 음주, 고콜레스테롤, 과체중, 고혈압, 고혈당 등은 모든 혈관의 적이다. 높은 혈압이 혈관에 무리를 주거나, 혈당이 높아서 점성이 커진 혈액이 침전물을 만들거나, 콜레스테롤이 혈관 벽에 쌓이면 관상동맥이 막힐 확률이 높아진다. 다행히 관상동맥을 뚫는 치료가 있다. 허벅지의 굵은 동맥으로 와이어를 밀어넣으면 순환 구조상 심장으로 들어가게 된다. 관상동맥을 찾아 이 와이어를 넣고 조영제를 써서 어느 부분이 막혔는지 확인한다. 그리고 그 부분에 '스텐트'를 삽입해 혈관을 넓힌다. 이것이 일명 '심장에 스텐트를 넣는' 시술이다. 하지만 심정지 상태에서는 어느 부분이 막혔는지 알 수 없다. 스텐트 시술도 심장이 뛰고 있어야만 가능하다.

심장은 의외로 이식수술이 가능하다. 심장은 펌프 역할만 하는 기관이라 이식하면 잘 생착한다. 흉강을 모두 노출시킨 뒤에, 임시 펌프(인공 심폐기)로 심장기능을 대체하고, 3초 이내에 출입구를 교체해서 다른 심장을 연결하면 된다. 심장이식수술을 위해서는 공여자가 사망한 후 재빨리 심장을 꺼내서 옮겨야 한다. 또 캐낼 때 심박을 조절하는 부교감신경을 끊어야 하므로 이식된 심장은 정상적인 심장처럼 자율신경계의 조절을 받지 못한다. 그래서 어떤 상황에도 분당 100회 정도로 뛴다(동방결절의 내재적인 리듬이 분당 100회 정도이기 때문이다). 심장이식 후 수혜자는 평생 면역억제제를 복용해야 한다. 반대로 생착에 실패했을 경우에 이미 심장을 떼어냈기 때문에 환자가 사망할 수밖에 없다. 그렇더라도 달리 해볼 수 있는 게 없는 말기 심부전에서 이식은 유일한 생존 방법이다. 완벽한 인공 심장은 아직 개발 중이며, 모터를 이용해서 보조하는 대체 요법들이 임상에서 적용되고 있다.

이런 질문도 가능할 것이다. 심장의 일이 물리적인 '펌프질'에 국한된다면, 일시적으로 심장의 입구와 출구를 연결해서 양수기처럼 모터를 돌려 심장기능을 대체할 수도 있지 않을까? 혹은 몸밖에서 동맥과 정맥을 연결시켜 모터로 피를 순환시키는 장치가 있다면 이론상 심장기능을 대체하는 것 아닌가? 정확히 이 또한 가능하다. 그 기계가 바로 에크모다.

·:·:·:·

"에크모를 달아야 합니다. 미리 에크모 관을 삽입하겠습니다. 기계 작동과 중환자실 치료가 필요합니다. 심박이 돌아오지 않아서 조영술은 당장은 불가능할 것 같습니다."

담당 교수님은 즉시 다른 의료진까지 호출해서 에크모를 준비하겠다고 했다. 에크모는 의료진의 철저한 집중 감시가 필요한 장치다. 나는 시간을 아끼기 위해 미리 관을 확보하겠다고 했다. 내 앞에는 직경 8mm의 에크모용 굵은 관 두 개가 놓였다. 환자의 허벅지에서 동맥을 먼저 찾아야 했다. 초음파를 대면 동맥과 정맥을 명확히 구분할 수 있지만, 시간이 없었다. 일단 심폐소생술 시에 미약하게 느껴지는 맥박으로 동맥을 찾아 관을 넣었다. 관은 몸 중앙으로 들어갔다. 이어서 반대쪽 사타구니에서 동맥 옆에 있는 정맥을 찾아 관을 넣었다. 시술을 하는 동안에도 심폐소생술은 계속되어야 했다. 이제 그에게는 심폐소생술 기계가 붙어서 사람의 손을 대신해줄 것이었다. 에크모 담당 의료진이 도착하고, 나는 대기실에서 보호자를 찾았다. 보호자는 부축을 받고 간신히 일어서 있었다.

"빨리 말씀드리겠습니다. 급성 심근경색입니다. 혈전이 관상동맥을 불시에 막는 질환입니다. 3분의 1은 병원 밖에서 급사하고, 3분의 1은 병원에서 죽고, 3분의 1만이 무사히 살아나는 매우 위험한 병입니다. 환자분이 다행히 응급실에 스스로 찾아오시긴 했지만, 도착 5분 만에 심정지가 발생했습니다. 저희는 가능한 의학적 처치를 모두 시행했지만 심박이 돌아오지 않아서,

심장기능을 대체하는 기계를 달 예정입니다. 나중에 회복된다면 관상동맥에서 혈전을 제거해보겠습니다. 저희가 할 수 있는 치료는 다 해보겠습니다."

"알겠습니다. 감사합니다, 선생님."

보호자는 전혀 실감이 나지 않는다는 듯한 얼굴로 몇 가지 서류에 서명을 했다. 우리는 환자가 죽음에 매우 가까이 다가갔다는 사실을 알고 있었다. 하지만 아직 사망을 선고한 것은 아니었다. 죽음이 확정되지 않은 상황에서, 보호자는 그 어떤 사실도 믿지 못하는 듯 보였다. 우리가 해야 할 일은 어떻게 해서든 환자를 죽음에서 삶 쪽으로 데려오는 일이다. 보호자에게도 가족을 최대한 이전 모습 그대로 만날 수 있게 해주어야 했다.

에크모 기계가 분주하게 돌아가고 있었다. 이제 심폐소생술은 더이상 의미가 없다. 심박이 없어도 에크모가 순환을 대체해 혈액에 산소를 공급하고 동력을 전달하는 중이다. 환자는 긴 싸움을 위해 중환자실로 올라갔다. 나는 크게 한숨을 쉬었다. 오늘 밤에도 누군가에게 닥친 위기의 순간을 넘겼다. 불과 두 시간 전까지 운전을 하고 있던 환자는 심장박동이 멎고 의식을 잃어버린 채 중환자실에 누워 있게 되었다. 하지만 제 발로 병원에 올 수 있었던 것만 해도 기적이다. 잘못되었다면 그는 지금 영안실에 누워 있었을 것이다. 운명은 끝없이 교차한다. 의료진은 그 운명을 조금이라도 희망 쪽으로 끌어오기 위해 노력하는 존재다.

응급실의 새벽이 지났다. 이튿날 아침 내 손으로 흉부를 눌렀던 환자를 찾아갔다. 그는 중환자실에 조용히 누워 있었다. 기록지에는 그의 심장이 자발적으로 움직이기 시작했다고 적혀 있었다. 급성기가 지나 심장의 전기회로가 심근경색에 어느 정도 적응해 안정된 것이었다. 엊저녁의 사투가 헛되지만은 않았다. 곧 관상동맥 조영술을 시행해서 혈전을 찾아 제거하고 스텐트를 삽입할 것이다. 그 후에 초음파로 정확한 심장 박출량을 측정해야 한다. 필연적으로 심부전이 올 것이기 때문이다. 한번 손상된 심근은 다른 근육과 달리 회복되기 어렵고, 심부전도 조절이 가능할 뿐 나아지지 않는다. 심장의 손상은 어떤 사람도 영원히 살 수 없다는 사실을 상기시키는 것 같다.

환자의 사타구니에서 약하게 맥이 느껴졌다. 심장에서 만드는 전류도 다시 측정되고 있었다. 이 커다란 기계장치와 많은 사람의 노력이 그에게 순환을 되찾을 시간을 벌어준 것이었다. 지금처럼 심장 박출량만 유지된다면 그는 에크모를 제거하고 의식을 되찾을 수 있다. 그렇게 인간은 죽음에 저항하고 순환은 계속된다. 가끔은 순환을 재탄생시키기도 한다.

나는 중환자실 환자 명단 창을 열었다. 아직 심장이 뛰고 있는 열여섯 명의 이름이 떴다. 이 병원에서도 천 개에 가까운 심장이 아직 뛰고 있다. 생체조직으로 만들어진 반영구 모터일 뿐이지만, 심장이란 이름은 생명과 동의어로 통한다. 심장은 특수한 심근, 무동력 판막, 전기회로, 전해질 작용이 고도의 유체역학을 이루며 기막히게 작동하는 생명의 근원 그 자체다. 우리 생을 지탱하는 단 하나의 경우의수, 그것은 우리 가슴 안에서 뛰고 있는 심장이다.

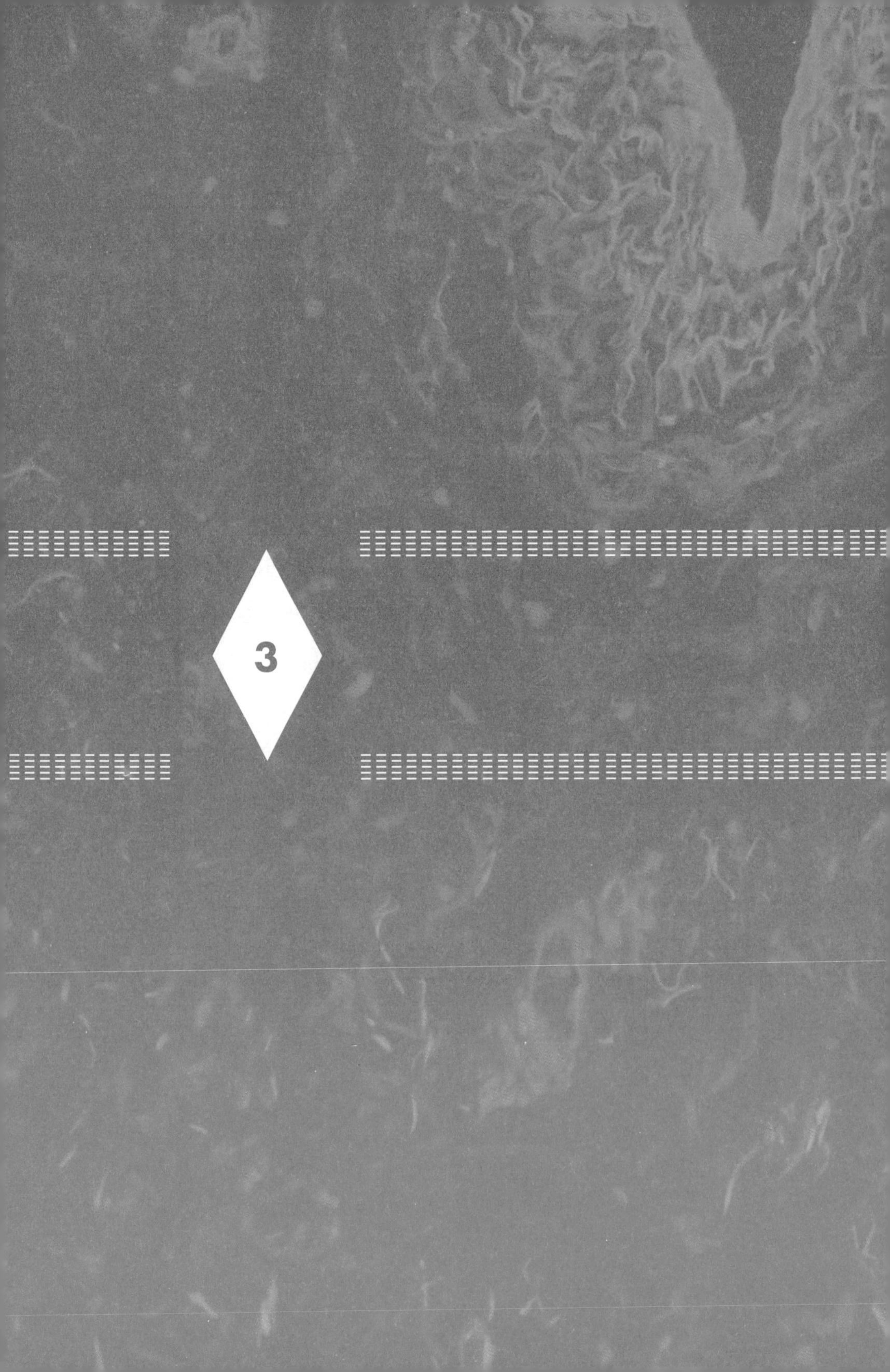

3

한껏 열린 통풍로 속
산소 교환

호흡
RESPIRATORY SYSTEM

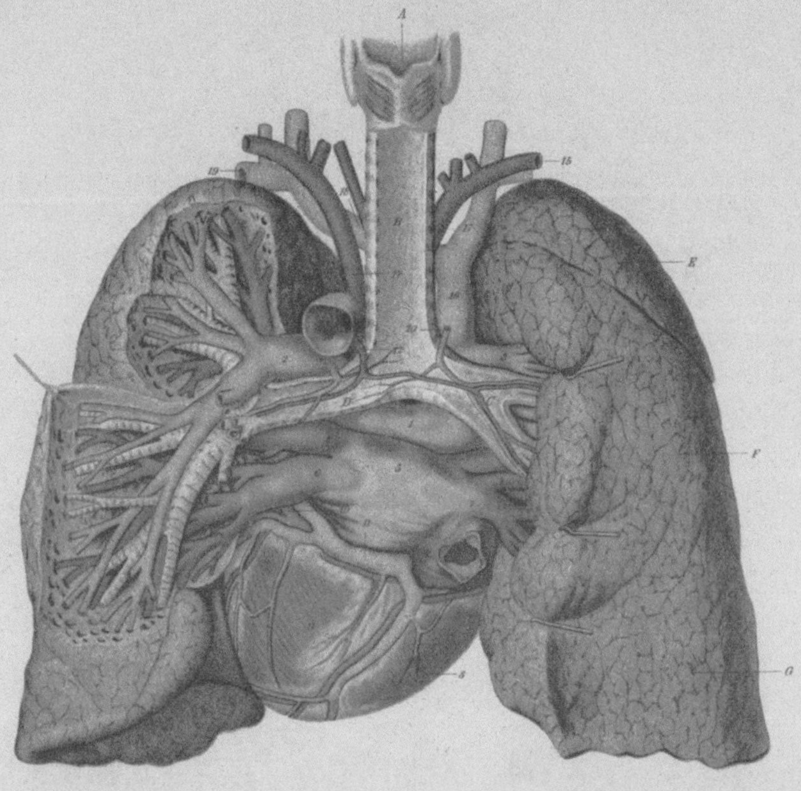
A
19
15
E
F
G
8

며칠 전부터 감기 기운이 있었다. 처음에는 목이 칼칼하더니 점차 어지럽고 열감이 느껴졌다. 침을 삼킬 때마다 목이 따끔거렸다. 출근하자마자 타이레놀 두 알을 먹었다. 이번 환절기도 그냥 넘어갈 수 없구나. 병원에 근무하는 사람이라면 유행하는 감기를 피할 수가 없다. 그 시절 가장 유행하는 감기 바이러스를 지닌 환자가 전부 병원에 모이기 때문이다. 특히 가장 유행에 민감한 직종은 소아과 의사다. 그들을 보면 최신 감기가 어떤 양상을 띠는지 파악할 수 있다. 이번 감기는 특별히 인후통이 심했다. 코로나19가 유행일 때, 돌아가면서 앓아누웠던 기억이 떠올랐다. 그래도 약 기운이 도는지 몸살이 조금은 나아졌다.

구급대에서 다급히 전화가 왔다. 한 남자가 말다툼을 하다 식칼에 맞았다고 했다. 환자는 상처에서 공기가 빠져나가는 통에 숨쉬길 곤란해하고 있었다. 다행히 상처는 한 군데뿐이었다.

잠시 후 환자가 왼쪽 흉부에 커다란 거즈를 덮은 채 카트에 실려 왔다. 상황을 어느 정도 복기해보면, 자상 치료의 가닥을 잡을 수 있다. 나는 소생실에서 멸균 장갑을 끼면서 생각했다. 상대가 오른손잡이일 가능성이 높을 테니 식칼에 찔린 곳은 왼쪽 흉부일 것이고, 회칼이 아니라 일반 식칼이므로 깊이 들어가진 않았을 것이다. 환자는 숨이 가빠 괴로워했고, 낯빛이 창백했으며, 통증도 심하게 느끼는 듯했다. 거즈를 여니 열상이 드러났다. 환자가 숨을 쉴 때마다 상처에서 핏방울이 튀었다. 흉강목과 횡격막 사이의 부분이 열려 있다는 명백한 징후였다. 나는 상처에 손가락을 넣었다. 식칼은 네 번째와 다섯 번째 갈비뼈 사이를 비집고 들어가서 박혔다. 그 사이로 흉강 안쪽이 만져졌으나, 촉감만으로는 찢어진 폐와 구별되지 않았다.

환자는 숨을 몰아쉬면서 식은땀을 흘렸다. 산소가 부족한 게 틀림없었다. 상처에 거즈를 올려놓고 급하게 테이프를 붙이되, 삼면에 붙이고 한쪽은 일부러 남겨두었다. 이렇게 하면 공기가 빠져나가긴 하지만 들어가진 않아서 폐가 펼쳐진다. 소생실에는 흉관 삽입이 미리 준비되어 있었다. 왼쪽 아래 흉부를 촉진해서 여덟 번째와 아홉 번째 갈비뼈 사이를 표시했다. 장갑을 낀 손가락이 땀으로 축축해졌다. 환자가 숨이 가빠 발버둥을 치는 바람에 약간의 진정제를 썼다. 숨이 잦아들면서 여유가 생겼다. 국소마취제를 넉넉히 주사한 뒤에 갈비뼈 사이의 근육을 찢었다. 공기가 새어나오자 겸자를 잡고 흉관을 꽂았다. 흉관 반대편이 연결된 체스트 튜브로 약간의 혈액이 흘러나오며 공기가 빠져나오는 소리가 났다. 다행히 손상 정도에 비해 출혈량은 많지 않아서, 자상을 덮은 거즈가 완전히 젖지 않았다. 이제 한숨 돌릴 수 있었다.

의식이 가물거리는 환자에게 이제 거의 다 되었다고 소리쳤다. 산소마스크를 쓴 환자는 약간 편안해진 듯 보였다. 이번에는 자상에 국소마취를 하고 상처를 커다랗게 봉합할 차례였다. 손가락 두 개가 들어갈 정도의 길이라 몇 바늘만 꿰매면 되었다. 나는 커다랗고 둥근 바늘을 상처와 직각이 되게 돌린 다음 한 땀 한 땀 매듭을 지었다. X-ray를 보니 기흉이 심했지만 혈흉심장, 폐, 혈관의 손상으로 흉강 내에 혈액이 괸 상태은 심하지 않았다. 지혈제를 사용하고 환자를 CT실로 보냈다. 칼이 폐에 닿으면 출혈이 생길 수밖에 없지만, 심한 정도는 아니었다. CT상으로 봐도 혈흉이 심하지 않았다. 수술방에서 폐와 혈관을 봉합하지 않아도 회복될 것 같았다. 다른 징후도 안정적이었다. 급하게 소식을 듣고 찾아온 환자의 아내에게 상태를 설명했다.

그런데 중환 구역에 환자가 한 명 더 들어왔다. 숨을 몰아쉬는 할머니였는데, 요양원 침상에서 자리보전하고 있다고 했다. 파킨슨병Parkinson's disease에 뇌졸중으로 거의 거동하지 못하는 환자였다. 어제부터 열이 나고 기침과 가래가 많아졌다고 했다. 환자의 손가락 끝에 산소포화도 측정기를 끼웠다. 수치가 너무 낮았다. 손목을 더듬어서 맥박을 느낀 뒤에 주사기를 찔러서 붉은 동맥혈을 뽑았다. 1분 뒤 동맥혈 검사 결과가 나왔다. 산소가 부족하고 이산화탄소 농도는 높은 pH 7.15의 호흡성 산증이었다. 나는 눈살을 찌푸렸다. X-ray에서는 양쪽 폐가 하얗게 변해 있었다(X-ray의 원리상 공기에 가까울수록 검게 찍힌다. 공기주머니인 폐는 정상이라면 검게 찍혀 나와야만 한다). 양쪽 폐의 흡인성 폐렴일 수도, 일반적인 세균성 폐렴일 수도 있었다. 환자는 숨을 쉴 때마다 몸을 뒤틀었고, 산소마스크를 써도 여전히 산소포화도가 오르지 않았다. 할머니는 가슴뿐 아니라 배까지 눈에 띄게 들썩이며 연신 식은땀을 흘렸다. 손발은 하얗게 변했고 숨을 쉬느라 목 근육까지 사용하는 것 같았다. 마스크에서 맹렬히 뿜어져 나오는 산소로도 더이상 버틸 수 없었다. 할머니에게 산소, 산소가 부족했다.

> "대기 중의 산소는 하루 2만5000번의
> 호흡을 통해 혈액에 녹아든다.
> 호흡은 우리 몸의 대사 조절에 큰 역할을 한다"

인간에게는 산소가 절대적으로 필요하다. 물론 생존에는 영양분과 무기질과 수분도 필요하다. 몸은 이들을 다양한 방법으로 저장하고 꺼내 쓰는데, 그중에서도 산소의 저장량은 1분이면 동나버린다. 특히 뇌는 산소가 없으면 3초 내에 기능을 잃는다.

누구나 초등학교 때 가장 소중한 존재가 무엇인지 적어보라는 선생님의 말에 답을 떠올려본 기억이 있을 것이다. 대부분의 아이는 부모님을 적지만, 드물게 산소를 적는 아이가 있다. 선생님도 부모님도 좋아할 만한 답은 아니지만, 아이 입장에선 정말 산소가 소중해서 적은 답이다. 잠깐이라도 숨을 참아본 적이 있으면 알 것이다. 가슴이 답답해지며 어지럽고 마치 죽을 것만 같이 정신이 아찔해진다는 걸. 숨이 멎으면 죽게 된다는 사실을 우리는 본능적으로 느낄 수밖에 없다. 숨을 쉬기만 하면 언제든 얻을 수 있는 청량한 산소, 이 얼마나 소중한 존재인가.

지구가 탄생했을 때 대기에는 질소와 이산화탄소만 존재했다. 지구에 처음 등장한 식물은 이산화탄소와 햇볕을 이용해 번성했고 그 과정에서 산소를 배출했다. 20억 년 정도 식물이 이산화탄소를 산소로 바꾼 뒤, 5억 년 전 처음 대사에 산소를 이용하는 동물이 탄생했다. 그 동물은 진화해 약 30만 년 전 호모사피엔스가 되었다. 지금 우리는 식물이 20억 년 동안 지구에 남긴 산소를 마시고 있다.

몸이 산소를 흡수하는 과정을 호흡이라고 한다. 산소는 투명하고 무색무취하며 대기 중에 떠다닌다. 인체는 산소를 기체 상태 그대로 뇌와 심장에 넣어 사용할 수 없다. 반드시 액체에 녹인 형태로만 사용할 수 있다. 하지만 산소는 물에 쉽게 녹지 않는다. 물을 떠놓아도 그 안의 산소는 기화되어 나오고 고압으로 쏜다고 해도 거의 용해되지 않는다. 그런데 호흡을 하면 대기 중의 산소를 혈액에 녹일 수 있다. 비록 산소가 혈액에 녹아들고 있다는 사실조차 낯설게 다가올 만큼 자연스럽게 이뤄지는 게 호흡이지만 말이다.

숨을 들이켜는 것만으로 산소를 혈액에 녹이려면 물리·화학적 장치가 있어야 한다. 그러려면 우선 넓은 면적이 필요하다. 세숫대야 면적과 수영장 면적은 용해시킬 수 있는 양이 다르다. 폐는 최대한의 면적을 이용하기 위한 물리적 구조로 되어 있다. 우리가 숨을 들이켜면 공기는 기도에서 두 갈래의 기관지로 갈라진다. 그다음엔 기관세지, 말단기관세지, 호흡기관세지, 폐포관으로 갈라진다. 이런 식으로 스물두 차례 갈라지면 약 800만 개의 갈림길(분지branch)이 생긴다. 자연계에서 널리 발견되는 프랙털 도형 형태다. 프랙털은 한정된 공간에서 표면적을 최대한으로 확보할 수 있는 구조다. 그렇게 갈라진 끝에 최종적으로 만나는 폐포낭은 둥그런 구조로 표면적을 넓히게 되어 있다. 대신 폐포 벽은 세포 한두 개 두께로 얇아진다. 이러면 한 사람의 폐 면적은 테니스 코트 정도 크기가 된다.

이제부터는 압력이 작용한다. 물리적으로 밀폐된 공간을 만들어야만 압력으로 기체를 액체에 녹일 수 있다. 폐는 하나의 출입구를 제외하곤 외부와 완벽히 차단되어 있다. 몸은 그 통로를 이용해 음압과 양압을 반복해서 혈액에 산소를 녹인다. 압력을 걸지 않으면, 즉 호흡을 하지 않으면 1분에 1mL의 산소도 몸안으로 들어가지 않는다(숨을 안 쉬고 가만히 있어보면 알 수 있다). 그런데 폐에는 근육이 전혀 없다. 수의근도 불수의근도 없어서 폐는 우리 뇌의 명령을 듣지 않는다. 폐는 폐포낭이 잔뜩 들어 있는 흐물거리는 주머니일 뿐이다. 이 밀폐된 공간에 압력을 걸어주는 것은 흉강이다.

“ 흉강은 폐를 작동시키면서 보호하는 물리적 방패다. 흉강과 폐는 딱 붙어서 하루 2만 5000회 미끄러진다. 우리 몸이 호흡할 때 폐가 아니라 흉강을 움직이는 것은 고도로 계산된 결과다 ”

흉강은 갈비뼈와 횡격막으로 막힌 공간이다. 갈비뼈에 막힌 모습이 새장을 연상시킨다고 해서 영어로 cage(새장)라고 부른다. 갈비뼈 사

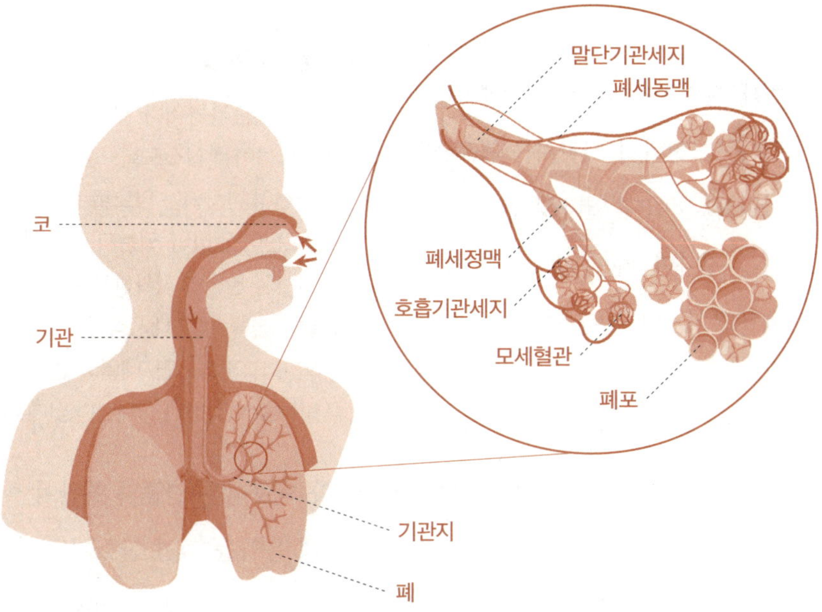

호흡기의 구조

이사이에선 호흡근(갈빗살)이 '숨쉬기 운동'을 한다. 아랫부분의 횡격막(갈매기살)은 해부학적으로 복강과 흉강을 나누면서 위아래로 움직인다. 숨을 들이쉬어보자. 가슴이 부풀며 앞으로 나올 것이다. 동시에 횡격막은 아래로 내려간다. 이렇게 흉강이 쭉 팽창하면 음압이 걸린다. 자연스럽게 입과 코로 공기가 빨려들어온다. 우리는 입과 코로 공기를 빨아들여서 숨을 쉬는 것이 아니다. 입을 아무리 뻐끔거리고 코를 아무리 벌름거려도 가슴을 가만히 두면 아무 일도 일어나지 않는다. 흉강에 음압이 걸려야만 공기를 빨아들일 수 있다. 압력 차이로 공기를 빨아들이므로 선풍기 바람의 미약한 압력이 우리의 호흡을 방해할 리 만무하다. 고로 선풍기 틀고 자도 안 죽는다.

폐로 들어온 공기는 열다섯 번째 갈림길에서부터 혈액에 흡수된다. 그 전까지 기관지는 통로 역할만 할 뿐이다. 열다섯 번째 갈림길을 지나면 약 4억8000만 개의 폐포낭이 있다. 여기에는 산소를 쓰고 돌아온 혈액이 대기하고 있다. 심장은 폐동맥을 통해 산소 분압이 낮은 혈액을 폐포낭에 집결시켜놓는다. 폐포낭은 일종의 혈관이지만 두께가 0.0001mm 정도로 얇다. 여기에 음압을 걸면 산소가 세포막cell membrane을 통과해서 혈액에 녹아든다. 이것이 피가 '맑아지는' 과정이다. 반대로 숨을 내쉴 때는 이산화탄소가 혈액에서 폐포로 이동해 몸밖으로 배출된다. 날숨은 흉강 압력이 빠지는 과정이므로 들숨보다 에너지 소모가 상대적으로 더 적다.

산소포화도의 측정

병원에서는 손가락이나 귓볼에 산소포화도 측정기를 붙여서 산소포화도를 측정할 수 있다. 적외선이 반사되는 양으로 산소와 결합한 헤모글로빈이 얼마나 되는지 가늠해서 측정하는 기계다. 완벽히 정확하지는 않고, 적외선으로 빨간 점을 쏜다. 내시경이나 시술을 받을 때 네일이 되어 있으면, 네일이 센서의 빛 투과를 방해해 측정값이 실제보다 낮게 나온다.

혈액은 94%가 수분이고, 나머지 성분은 혈장이다. 혈장 안에서 산소를 운반하는 것이 적혈구다. 적혈구에는 철로 만든 헤모글로빈이 들어 있다. 헤모글로빈은 대기 중의 산소와 결합하는 핵심 물질로, 헤모글로빈이 없다면 호흡 자체가 무의미하다. 헤모글로빈 수치가 떨어지는 빈혈 환자는 산소 부족으로 숨이 차다. 헤모글로빈 한 개는 네 개의 산소를 껴안을 수 있다. 적혈구 한 개에는 헤모글로빈 2억5000만 개가 들어 있다. 고로 적혈구 하나당 산소 분자 10억 개가 들어간다. 혈액 1μL(0.001mL)에는 적혈구 500만 개가 있으므로 여기 들어 있는 산소 분자의 수는 5000조 개다. 액체 한 방울이 0.05mL라고 할 때, 똑 하고 떨어지는 피 한 방울에 25경 개의 산소 분자가 들어 있는 셈이다.

혈액은 산소와 결합하는 헤모글로빈의 반응성과 산소 압력 차이로 인한 확산작용으로 순식간에 많은 산소 분자를 잡아 온다. 이 과정은 자연계의 물리법칙을 이용할 뿐이므로 에너지 소모도 적다. 하지만 보조할 수 있는 구조가 필요하다. 일단 폐포낭은 크기가 매우 작고 항상 축축하게 젖어 있다. 여기에 물을 뿌리고 하루에 2만5000번 구겼다 펴면 폐포낭은 표면장력으로 쪼그라들 것이다. 이를 억지로 펼치려면 엄청난 에너지가 소모된다. 그래서 폐 안쪽에선 비누와 비슷한 인지질 성분의 계면활성제가 나와 표면장력을 억제한다. 폐가 부드럽고 미끌미끌하게 펴지도록 하는 것이다. 사람이 물에 빠지면 기관지로 공기 대신 물이 들어온다. 물은 질식을 유발할뿐더러 폐 안쪽의 계면활성제를 씻어낸다. 그래서 익수자의 폐는 쪼그라든 상태로 염증반응을 보인다. 익수자를 물에서 건져내더라도 계면활성제가 다시 분비되기까지는 시간이 소요된다.

흉강은 폐를 작동시키면서 보호하는 물리적 방패다. 흉강과 폐는 딱 붙어서 하루 2만5000회 미끄러진다. 이때 마찰이 발생하기 때문에 윤활액이 필요하다. 이번에는 거꾸로 표면장력을 이용해야 하기 때문에 흉강에서 수분이 나온다. 이 표면장력 때문에 흉강과 폐는 항시 딱 붙어서 같이 커지고 같이 작아진다. 우리 몸이 호흡할 때 폐가 아니라 흉강을 움직이는 것은 고도로 계산된 결과다. 일단 폐가 직접 움직인다면 근조직이 함께 움직여야 하므로 효율이 떨어진다. 또 폐근육을 담당하는 신경이 마비된다면 즉시 사망할 수 있으니 흉강을 움직이는 편이 리스크를 줄일 수 있어 유리할 것이다. 그래서 폐는 의외로 수동적인 기관이 되었다.

하지만 흉강과 폐는 층이 달라 분리될 수 있다. 흉강은 근육질의 벽이지만 폐는 공기주머니다. 따라서 작은 구멍만 생겨도 폐는 터져서 바람 빠진 풍선처럼 쪼그라든다. 이걸 기흉pneumothorax이라고 한다. 공기낭이 터지거나 폐가 심한 타박상을 입거나 칼에 찔려 찢어지면 발생한다. 폐가 터지면 압력이 제대로 가해지지 않으므로 산소 교환능이 떨어지고 숨이 찬다. 그래서 기흉이 의심되면 갈비뼈 사이로 호흡근을 찢고 폐와 흉강 사이에 흉관을 넣는다. 흉관 반대편을 물에 담가두면 공기가 빠져나오기만 하고 거꾸로 들어가진 못한다. 이렇게 한동안 두면 폐가 자연스럽게 펴진다. 폐도 다른 기관과 마찬가지로 알아서 지혈되고 상처도 메꿔진다. 폐는 두 개이기 때문에 기흉은 대체로 치명적이지 않으나, 양쪽 폐에 자상을 입거나 한쪽 폐에 찬 공기가 압력을 가해 심장이나 반대쪽 폐를 압박하면 심정지가 발생할 수 있다. 의학 드라마의 단골손님인 긴장성 기흉tension pneumothorax 환자다. 이런 상황에서는 의사인 주인공이 급박하게 갈비뼈 사이를 찢는 모습을 볼 수 있다.

호흡은 우리 몸의 대사 조절에 큰 역할을 한다. 폐포낭은 산소를 흡수하면서 이산화탄소를 배출한다. 사실 우리는 산소보다 이산화탄소 분압에 더 예민하다. 우리가 숨을 오랫동안 참고 나서 가장 급하게 하는 행동은 공기를 들이마셔 산소를 보충하는 게 아니라, 숨을 내쉬면서 이산화탄소를 내보내는 것이다. 이산화탄소 분압은 부교감신경에 영향을 줘서 호흡수를 조절하는 역할을 한다. 그래서 체내에 이산화탄소가 쌓이면 숨이 가빠진다. 이산화탄소 분압은 신장과 연계해서 산-염기 농도를 조절하기도 한다. 피에 녹으면 이산화탄소는 산성을 띠고, 산소는 염기성을 띤다. 그래서 숨을 많이 쉬면 피가 염기성이 되고 적게 쉬면 산성이 된다. 이 수치는 폐에서 교환을 마친 동맥혈로 정확히 확인할 수 있다. 그래서 숨이 찬 환자에게는 동맥혈 검사가 필요한데, 동맥이 피부와 가장 가까이 지나는 손목이나 사타구니 쪽 혈관에서 채혈이 이뤄진다. 우리가 내뿜는 공기 중에 이산화탄소가 얼마나 들어 있는지 측정하는 호기말 이산화탄소분압측정기capnometer도 산소포화도측정기와 더불어 보조로 사용할 수 있다. 그러나 가장 확실한 것은 역시 동맥혈 검사다.

호흡부전이나 심정지 상황에선 당연히 혈액이 산성이 된다. 숨을 쉬지 않기 때문이다. 감염으로 대사성 산증metabolic acidosis, 대사와 관련된 원인으로 혈액의 pH가 7.35 미만인 상태. 정상치는 7.35~7.45다이 오면 산을 중화시켜야 하므로 호흡이 가빠진다. 반대로 구토를 많이 했을 때는 몸에서 산이 빠져나가므로 뇌가 호흡을 억제한다. 평소 우리 몸은 혈액을 약알칼리성인 pH 7.4로 유지한다. 레몬즙같이 시큼한 음식을 아무리 먹어도 pH에는 변화가 없다. 폐와 신장과 뇌의 노력 덕분이다. 반면 폐기능엔 이상이 없는데 정신적으로 스트레스를 받아 숨을 몰아쉬면 혈액이 염기성이 된다. 공포에 질리는 경험을 하거나 직장에서 한소리를 들어도 비슷한 상태가 된다. 혈액이 염기성이 되면 전해질 불균형으로 근육이 마비되어 손발이 저리며 이산화탄소 농도가 떨어져 두통이 오고 어지럽다. 이것이 전형적인 공황장애 증상이다. 이때 달리기를 하면(그게 가능하다면) 산소가 소모되고 이산화탄소가 쌓이므로 공황장애 증상이 나아진다.

심장과 폐가 멈추면 사람은 빠른 시간 내에 죽는다. 그런데 심장을 멈추는 것은 불가능하지만, 호흡은 일시적으로 멈출 수 있다. 호흡은 자율주행 차량의 크루즈모드와 비슷하다. 잊어버리고 있으면 알아서 숨을 쉬지만 스스로 컨트롤하는 기능 또한 있다. 그렇다면, 최선을 다해 숨을 참으면 자의로 목숨을 끊을 수도 있을까? 이것은 불가능하다. 호흡을 극단적으로 참으면 이산화탄소 분압이 증가하고 산소 포화도가 떨어지면서 뇌가 가역적 손상을 입고 의식이 통제할 수 없는 수준으로 떨어진다. 그런 와중에도 호흡중추는 마지막까지 작동하므로, '호흡을 멈춰라'라는 지시가 거두어지고 우리 몸은 다시 숨을 쉬면서 마침내 의식을 되찾게 된다. 그러니까 일부러 심장을 멈추게 해서 죽을 수 없는 것과 마찬가지로 호흡을 그만둬서 죽을 수도 없다. 다만 의식을 잃고 임사 비슷한 것을 체험할 수는 있을 것이다.

"폐에 염증이 생기면 산소 교환이 원활히 이뤄지지 않는다. 감염까지 동반되면 생체 능력은 더 떨어진다"

하루 2만5000번의 호흡을 하는 동안, 몸안에 들어온 공기가 지나는 모든 벽은 축축한 점막이다. 그런 까닭에 병원체가 인간을 매개로 삼는다면 호흡기가 가장 유리한 경로일 수밖에 없다. 공기 중에 있던 병원체가 목에 정착하면 인두에 염증이 생긴다. 이 염증으로 인해 목이 칼칼하다가 열이 나고 몸살이 온다. 몸살감기라고 생각하고 병원에 가면 인두염이라는 말을 들을 것이다. 기도 윗부분이라서 '상'기도 감염이다. 어려운 말 같지만 이것도 감기다. 여기서 병원균이 더 내려가면 '하'기도 감염으로, 기관지염이나 폐렴이 된다. 폐렴은 소아와 노인에게 흔하게 발생하는 질환이다. 소아는 물리적으로 기도가 짧아서, 노인은 면역력이 떨어져 있기 때문에, 상기도 감염이 아래로 번지기 쉽다. 물론 균이나 바이러스를 호흡하지 않으면 감기에 걸리지 않는다. 그래서 바이러스가 생존하기 어려운 극지의 환경에서는 감기에 좀처럼 걸리지 않는다.

보통의 기후에서 폐렴은 구조적으로 쉽게 발생할 수밖에 없다. 폐는 매일 1만3000L의 공기를 마셔야 하기 때문에, 염증이 쉽게 발생할 수밖에 없는 기관이다. 폐렴은 아이들이 소아과를 찾는 주된 이유이자 노인 사망의 주요 원인이다. 폐 내부는 축축하고 따뜻해서 균이 번식하기 좋다. 호흡기는 인체의 면역기능이 집중된 곳이지만, 면역력이 떨어졌을 때 가장 취약해지는 곳이기도 하다. 호흡기에 병원균이 자리잡으면 인간은 배양 숙주가 되고, 숨쉴 때마다 병원균을 배출한다. 인간은 사회적 동물이기 때문에 병원균은 자연스럽게 다른 개체에게 옮겨가 증식할 수 있다. 코로나19가 한창이었을 때 우리 모두가 마스크를 쓰고 있었던 이유다. 수많은 사람이 감염된 뒤 유행이 지나갔던 것처럼, 한번 걸린 감염병에는 면역이 생긴다. 하지만 지구상엔 코로나바이러스 이외에도 무수히 많은 병원체가 있을 뿐 아니라 이들이 변신까지 하기 때문에(코로나19도 변형된 바이러스다), 인간은 평생 감기에 걸릴 수밖에 없다.

한국인 사망 원인 가운데 폐렴은 암과 심혈관질환 다음 순위다. 폐에 염증이 생기면 해당 부위에서 산소 교환이 원활히 이뤄지지 않는다. 감염까지 동반되면 생체 능력은 더 떨어진다. 그래서 점차 숨이 차다 저산소증이 온다. 산소가 부족해지면 사람은 더 큰 힘으로 숨을 쉬려고 한다. 평소엔 흉강의 움직임만으로 호흡하지만, 산소가 모자라면 복근과 목 근육까지 호흡에 동원한다. 이렇게 호흡에 보조 근육을 사용하는 것은 매우 위험한 징후다. 온 힘을 다해 숨을 쉬어야 한다는 건 다른 말로 숨이 끊어지기 전이라는 뜻이다. 이렇게 되면 저산소증으로 손발이 차게 식고 근육을 많이 쓰느라 식은땀이 난다. 의학의 도움을 받지 못했던 과거에 이런 상태에 빠진 환자를 기다리는 건 죽음뿐이었다. 하지만 인류는 결정적인 두 가지 치료법을 개발했다. 하나는 균을 죽이는 항생제를 쓰는 방법, 다른 하나는 인공적으로 산소를 넣어주는 방법이다.

인공호흡을 위해서는 어떤 방식으로든 압력을 가해 공기를 폐에 넣어주기만 하면 된다. 처음 인간이 생각한 것은 다른 사람이 입으로 공기를 불어넣어주는 방법이었다. 심폐소생술 교육 때 배웠고, 가끔 드라마에 나오기도 하는 인공호흡은 훌륭한 산소 주입법이다. 교육을 받아본 사람들은 대상자의 '입을 꽉 막고' '흉강이 부풀도록' 숨을 불어넣으라고 배웠을 것이다. 호흡의 음압과 양압을 그대로 만들어주는 것이다. (한편 최근 심폐소생술 교육에선 성인 대상 인공호흡이 빠졌다. 보통 사람들은 유사시에 완벽한 인공호흡을 실행하기 어려우므로, 심폐소생술만 유지하는 방향으로 방침이 바뀌었기 때문이다. 반면 의료인에게는 여전히 심정지 환자에 대한 인공호흡이 권고된다.)

병원에서는 도구를 사용한다. 마스크를 씌우면 압력을 사용해 공기를 넣어줄 수 있다. 입에 딱 맞는 형태의 마스크(백밸브마스크 bag-valve-mask, BVM)를 씌우고 공기 주머니(엠부백)를 짜는 것이다. 마스크는 공기가 새지 않게 턱과 같이 붙들어야 한다. 그 상태에서 엠부백을 짜서 입과 코에 양압을 걸어주면 환자의 폐에 공기가 들어간다. 엠부백은 수동형 인공호흡기라고도 한다. 이보다 더 확실한 방법은 기관내삽관endotracheal intubation, 기도 유지가 어려운 환자, 호흡기능을 상실한 환자 또는 수술을 위해 전신마취를 하는 환자인 경우, 기도를 확보하고 호흡을 조절할 목적으로 기관 내에 관을 밀어넣는 것이다. 기관내삽관을 할 때는 일단 라링고스코프laryngoscope라는 후두경으로 환자의 기도를 찾아낸다. 그리고 빨대 모양의 튜브를 입으로 넣어 기도에 삽입한다. 튜브는 기관을 통해 직접 폐와 연결된다. 이 관으로 엠부백을 짜거나 자동 인공호흡기를 연결하면 저산소증을 해결할 수 있다. 이 상태에서는 폐와 흉강의 움직임을 의사가 기계로 조절할 수 있다. 다만 기도가 막히기 때문에 환자는 말을 하거나 식사를 할 수 없게 된다.

1900년대 이전에는 이 모든 것이 존재하지 않았다. 인공호흡으로 사람을 한없이 살려둘 수도 없었다. 호흡을 위해 인류가 처음으로 만든 것은 강철폐iron lung(음압인공호흡기)였다. 환자의 몸을 그대로 강철 통 안에 넣고 리듬에 맞춰 벽을 바깥으로 당겨 음압을 거는 것이다. 이 안에 들어가면 강제로 호흡당하는 느낌을 받는다. 강철폐는 소아마비로 호흡근이 마비된 환자에게 사용됐다. 하지만 호흡근이 자발적으로 회복되지 않는 경우 평생 강철폐 안에서 살아야 했다. 이 기계는 얼마 전까지만 해도 의료 현장에서 쓰였다. 얼마 전 의학사에서 강철폐를 사용한 것으로 유명했던 한 환자가 사망했다.

후두경과 기관내삽관이 개발된 것은 1940년대였다. 하지만 자동으로 공기를 짜주는 인공호흡기는 없었다. 그래서 계속 엠부백을 짜주어야 했다. 그렇게 의사와 의대생과 기타 의료진과 자원봉사자까지 밤새 돌아가면서 환자의 산소백을 짰다. 그러다 1950년대에 드디어 자동 인공호흡기가 개발되었다. 현대의 인공호흡기는 전력을 이용하며, 다양한 모드로 환자의 폐기능을 대체한다. 전력 공급이 끊기면 중환자가 즉시 사망할 수 있으므로, 인공호흡기를 사용하는 모든 병원은 비상용 발전기나 여분의 전력을 확보하고 있다. 그러나 이것도 여의치 않으면 의료진이 달려가서 1940년대 이전처럼 엠부백을 짜야 한다. 후두경, 기관내삽관과 자동 인공호흡기는 오늘날 의사들의 가장 큰 무기다.

**"심박이 느려지고 있었다.
숨이 막혀 죽어가는 일련의 과정이었다.
어떻게든 그를 살려내야 했다"**

요양병원에서 온 할머니를 수면제로 재웠다. 환자는 이제 의식을 잃고 똑바로 누워만 있었다. 추가로 근이완제를 쓰자 호흡하려는 노력이 사라졌다. 나는 백벨브마스크를 들고 할머니의 턱에 맞춘 뒤 호흡 리듬에 따라 짜려고 노력했다. 환자의 폐가 엠부백의 공기로 부푸는 것이 보였고 산소포화도가 약간 올라갔다. 침대를 높이고 환자의 머리맡에 섰다. ㄱ 자 모양의 후두경으로 입술과 치아를 열었다. 얼굴을 거꾸로 맞대고 환자의 입속을 들여다보는 동작은 항상 조금 어색했다. 혀뿌리를 위쪽으로 걷자 12시 방향으로 후두개가 보였다. 블레이드 끝으로 후두개까지 걷자 미약하게 떨리는 성대와 기도가 보였다. 그 안쪽이 폐로 이어지는 검은 구멍이었다. 50cm쯤 되는 튜브를 그 구멍으로 밀어넣었다. 다행히 튜브는 잘 들어갔다. 23cm 지점까지만 넣은 다음 그 끝을 인공호흡기에 연결했고, 환자의 잔존 호흡에 맞춰 압력을 걸어주는 모드를 선택했다. 기계가 양압과 음압을 번갈아서 걸었다. 주입되고 나오는 공기가 안정적이었다. 할머니는 말을 할 수 없었지만 한결 편안해 보였다. 동맥혈 검사에서도 산소와 이산화탄소 농도가 정상 범주로 돌아가고 있었다. 중환자실에 입원한 뒤 항생제가 잘 듣는다면 며칠 뒤엔 퇴원할 수 있을 것 같았다.

중환자가 많은 날이었다. 자상 환자와 폐렴 환자가 각각 중환자실로 입원했다. 양쪽 다 경과가 좋았다. 새롭게 기운을 내보려고 숨을 한 차례 크게 내쉬었다. 감기 기운 때문인지 약간 어지러웠다. 그런데 또 숨이 찬 환자가 왔다. 젊은 여성이었고, 최근에 스트레스를 많이 받았으며, 어지러우면서 숨이 잘 안 쉬어진다고 했다. 다른 지병은 없었다. 흔한 공황장애 환자 같았다. 나는 환자의 흉부를 청진기로 청진했다. 호흡음이 높고 공기가 빠져나가는 소리가 났다. 처음에는 공황장애 환자처럼 보였으나, 천식 환자였다. 나는 청진기를 귀에서 빼자마자 환자에게 말했다. "천식입니다." 20대 환자는 깜짝 놀라는 듯했다. "처음 듣는 얘긴데요." "이전에도 비슷한 증상이 있진 않았나요? 지금부터는 숨이 차면 천식이라는 걸 염두에 둬야 합니다. 일단 저희가 드리는 호흡기를 불면 나아질 겁니다." 속효성 기관지확장제일시적으로 기관지를 확장해주는 약제로, 대표적인 성분으로는 살부타몰 등이 있다를 처방했다. 환자는 처음엔 어색해 보였지만 곧 능숙하게 호흡기를 불었다. 잠시 뒤에 면담하자 숨쉬기가 한결 편해졌다고 했다. "천식은 자연스럽게 나아질 수 있으므로 조절만 잘하시면 됩니다." 성인이 되어 천식을 진단받은 흔치 않은 경우였다.

그다음에도 젊은 남성이 호흡곤란으로 왔다. 최근에 발목을 다쳐 수술받고 누워서 쉬고 있는데 자꾸만 숨이 차다고 했다. 걸을 수 없는 환자라서 구급 카트에 실려 온 환자는 숨이 차다는 사실에 의아한 것 같았다. 괜찮아지겠거니 했지만 몸에서 자꾸 이상이 느껴져서 끝내 구조를 요청했다고 했다(난생처음 119에 건 전화였다). 나는 이번에도 흉부에 청진기를 댔으나, 호흡음은 정상이었다. 천명음 또한 전혀 없었다. 열도 나지 않았고 X-ray에서도 폐는 깔끔했다. 건장한 체격의 환자라서 숨이 찰 이유가 딱히 없을 듯했다. "누워만 있으니까 답답하고 스트레스 받아서 그럴까요? 저도 제가 숨이 차는 이유를 잘 모르겠어요." "검사를 좀 해봐야 할 것 같습니다." 동맥혈 검사에서는 산소 수치가 적잖이 떨어져 있었다. 혹시나 하는 생각에 CT를 처방했다. 역시나 폐색전증이었다. 그것도 양쪽 폐동맥이 모두 막혀 있었다. "119 신고해서 병원 오길 잘하셨습니다. 젊은 사람들이 수술받고 움직이지 않으면 생길 수 있는 폐색전증입니다. 주사로 혈전 녹이는 약을 맞고 중환자실에 입원해야 합니다. 이거, 급사할 수도 있는 병입니다." 원인을 찾은 환자는 뜻밖의 진단에도 치료가 가능하다는 말에 오히려 안도하는 표정이었다.

그러곤 한숨 돌리기도 전에 중년 남성이 목 앞쪽을 부여잡고 들어왔다. 벌써 불길한 모습이었다. 심한 고열이 나면서 목이 불편해 왔다고 했다. 그는 대화가 불가능했고 뜨거운 감자를 물고 있는 것처럼 볼이 부풀어 있었다. 구급차에 몸을 실을 때만 해도 그나마 말은 할 수 있었다고 했다. 이틀 전부터 감기 기운이 심하다가 숨이 막히는 기분이 들어서 신고를 했는데, 숨이 넘어갈 듯 보여서 구조대가 응급실로 밀고 온 것이었다. 일단 목에 심한 염증이 생긴 것 같았다. 환자를 얼른 침대에 눕혔다. 산소마스크를 씌우고 산소포화도와 동맥혈 검사를 체크하려고 하는데, 환자가 앉아 있지를 못했다. 모든 생체 징후가 흔들렸다. '이런, 급성 후두염이 확실하다.' 그는 모든 치료를 뿌리치고 자리에서 벌떡 일어났다. 그러곤 눈알이 튀어나올 정도로 컥컥댔다. 손발은 실시간으로 하얗게 변해갔고, 환자는 침대 난간이며 의료 기구를 내리치기 시작했다. 질식이었다. 우리는 숨이 막혀 몸부림치는 그를 억지로 붙잡았다. 식은땀을 뚝뚝 흘리던 그는 손발이 풀려나가더니 급기야 경기를 일으키면서 덜덜 떨기 시작했다. 검은자가 뒤로 넘어갔다. 뇌가 저산소증 상태에 진입하고 있었다.

일단 환자의 떨리는 얼굴을 붙들었다. 후두경을 들고 목을 열었다. 염증으로 인후두가 심하게 부어서 후두경이 거의 들어가질 않았다. 원래 목이 어떤 형태였는지조차 알 수 없었다. 염증으로 가득차서 누르면 터져버릴 것 같았다. 찐득한 초록색 가래가 흘러나와 부푼 인후두 사이를 메꾸고 있었다. 석션으로 가래를 제거해도 부푼 인후두는 그대로였다. 기관내삽관은 불가능했다. 나는 고개를 들어 그의 몸에 간신히 붙여놓은 심박측정기의 모니터를 보았다. 심박이 느려지고 있었다. 질식으로 죽어가는 일련의 과정이었다. 어떻게든 그를 살려내야 했다. 곧바로 그의 앞쪽 목을 더듬었다. "빨리 메스, 메스 주세요. 윤상갑상막절개cricothyroidotomy, 윤상갑상막을 칼로 절개한 후 절개창을 통해 작은 튜브를 삽입하는 수술 하겠습니다."

> "기관지에 들어간 유기물은 염증을 발생시키면서
> 녹거나 흡수되거나 배출된다.
> 사레 들린 침이나 물, 음식, 벌레 따위는 가래가 된다"

어떤 이들은 도로변을 오가거나 탄광에 살고, 또 어떤 이들은 먼지가 풀풀 날리는 공장에서 일한다. 대기는 순수하지 않다. 대기 중에는 세균과 바이러스와 이물질이 떠다닌다. 이것들은 크기도 종류도 천차만별이다. 그런데 폐포낭은 구조상 막힌 주머니dead end다. 이물질이 빠져나갈 곳이 없다. 그래서 폐는 이물질이 들어오면 가벼운 염증반응을 일으켜 이것들을 뭉친다. 그리고 섬모를 움직여 공기가 들어오는 방향과 반대로 역류시킨다. 이렇게 염증이 뭉친 것이 가래다. 우리는 끝없이 호흡하므로 가래도 끝없이 나올 수밖에 없다.

폐는 가래의 처리를 위장에 의탁했다. 가래는 우리가 인지할 수 없게, 부지불식간에 처리된다. 기도로 나온 가래는 틈이 나면 자연스럽게 식도로 넘어간다. 입을 지나가지 않으니 맛이 느껴지지 않는다. 가끔 헛기침을 하거나 콜록거리다 가래를 삼킬 때도 있지만, 괜찮다. 가래가 들어오면 위는 다른 음식물과 함께 이를 소화해버린다. 물론 가래를 뱉어낼 수도 있다. 하지만 평소에 생리적으로 늘 삼키는 것이므로 반드시 뱉어낼 필요는 없으며 그런다고 건강에 특별히 도움이 되지도 않는다. 반면 폐렴이 있다면 염증을 빨리 배출하기 위해서 가래를 뱉어내려 노력하는 편이 훨씬 더 이롭다. 이 객담으로 배양검사를 해서 원인균을 찾아낼 수도 있다.

폐가 가장 흔하게 흡수하는 화학물질은 담배 연기다. 담배 연기는 음압을 타고 폐포낭까지 빨려들어간다. 연기 속 물질들은 아주 얇은 미세혈관 내부로 흡수된다. 앞서 말했듯 호흡은 테니스 코트 넓이의 미세혈관에 기체를 압력으로 펴 바르는 것이므로, 호흡기로 들어온 물질은 혈관 주사보다도 더 빠르게 우리 몸에 퍼진다. 그래서 담배 연기를 들이마시면 뇌에서 니코틴이 즉시 효과를 발휘한다. 대마초 등의 마약류 또한 마찬가지다. 연기는 기관지에 염증을 일으키므로 가래를 많이 발생시킨다. 또 흡연은 미세 폐포낭에 화학물질 반응을 일으키는 행위이기 때문에 암 발생 확률이 높아진다. 담배는 포장지에 쓰인 대로 발암물질의 집합체다.

그 밖에 석면, 라돈, 크롬, 비소 등에 기관지가 반복적으로 노출되어도 폐암이 유발된다. 이 물질들 또한 대체로 담배에 다 들어 있다. 특히 유기물이 불에 탈 때 온도가 낮거나 산소가 불충분하면 그을음이 난다. 이때 발생하는 것이 이산화탄소에서 산소가 하나 빠진 일산화탄소다. 일산화탄소가 기관지로 들어가 혈액과 닿으면 헤모글로빈은 산소보다 일산화탄소에 먼저 결합한다. 일산화탄소는 산소를 나눠주지 않고 헤모글로빈의 결합 자리만 차지한다. 이렇게 일산화탄소를 몇 번만 호흡하면 뇌에 산소가 부족해져 의식을 잃게 된다. 화재 현장에서 발생하는 인명 피해는 대부분 일산화탄소 중독으로 인한 질식사다. 같은 원리로 연탄을 때던 시절에도 질식사가 자주 발생했다. 담배 연기에서도 일산화탄소가 나와서 일시적으로 두통이 유발된다(전자담배는 연소되지 않아 일산화탄소가 나오진 않지만, 그렇다고 연초보다 더 낫다고 하기엔 아직 근거가 불분명하다). 일산화탄소 중독에는 고압산소치료를 한다. 순수한 산소를 고압으로 주입해 일산화탄소를 제거하는 것이다. 그 밖에 호흡기를 통해 인체에 영향을 미치는 다양한 화학약품도 있다. 대표적인 피해 사례가 가습기 살균제 사태다.

기관지에 들어간 유기물은 염증을 발생시키면서 녹거나 흡수되거나 배출된다. 사레 들린 침이나 음식, 벌레 따위는 폐에 들어가 가래가 된다. 다만 플라스틱 따위의 무기물은 녹지도 않고 배출되기도 어렵다. 특히 아이들은 후두개 힘이 약하므로 장난감이나 볼펜

뚜껑, 스프링, 옷핀, 견과류, 콩, 치아 같은 것들이 기도로 잘 넘어간다. 이것들은 기관지 내시경으로 제거해야 한다. 철이나 배터리는 부식까지 일어나므로 수술을 해서라도 제거해야 한다. 하지만 기관지 내시경이 개발되지 않았을 때는 이런 이물질을 평생 가지고 살기도 했다.

노인도 떡이나 구토물이 기도로 잘 넘어간다. 특히 말랑말랑한 떡은 기도 모양에 맞게 변형되기 쉬워 매우 위험하다. 기침은 사레가 들렸을 때 기도의 압력을 높여서 음식을 빼내려는 몸의 반응이다. 이렇게 기침을 해도 소용이 없고 기도가 완전히 막히면 '하임리히법'으로 복부를 눌러 기도에 압력을 가해 빼낼 수도 있다. 한편 기관지로 토사물이 들어간 경우에는 노년층에서 흔히 사망을 일으키는 흡인성 폐렴이 발생한다. 기실 이 정도로 후두개의 힘이 떨어지면 의사는 이를 환자의 수명이 다해가는 징후로 본다.

**“폐에는 다양한 질환이 발생한다.
그래서 폐는 생존에 필수적인 기능의 열 배에 달하는
여분 기능을 갖추고 있다”**

천식도 폐에서 발생하는 대표적인 질환이다. 천식은 폐의 기능이 떨어지는 질환이 아니라, 기관지가 일시적으로 좁아지는 질환이다. 공기가 잘 안 들어가서 숨이 찬 것이다. 기관지가 좁아지니 압력이 높아져서 숨소리의 피치(높이)가 올라간다. 천식 환자는 숨쉴 때 쌕쌕거리는 높은 소리가 나는데, 이 소리를 한국어로는 천명喘鳴(쌕쌕거

림), 영어로는 wheezing이라고 한다. 성인을 청진해서 이 소리가 들리면 대부분 천식으로 진단할 수 있다. 천식은 인간을 매우 오랫동안 괴롭혀온 질병이다. 흡연, 대기오염, 미세먼지 등이 모두 원인일 수 있다고 이야기되지만 아직 결정적인 원인은 밝혀진 것이 없고, 따라서 완전한 치료법 또한 없다. 소아·청소년 때 천식을 앓다가 성인이 되면 자연스럽게 호전되는 경우가 많아서, 천식은 몸이 항원에 적응하는 일종의 알레르기 반응으로 이해된다.

정의상 천식은 일시적이고 가역적인 질환이다. 평소에는 별다른 증상이 없다가 악화되면 숨쉬기가 괴로워지는데, 앞의 환자 사례처럼 속효성 기관지확장제를 투여하면 호전을 보인다. 기관지에 직접 흡수되어야 효과가 있으므로 치료제도 호흡기 형태다. 이것이 천식 환자가 늘 가지고 다니는 네뷸라이저nebulizer다. 중증 천식에는 염증을 줄이는 스테로이드가 효과를 보인다. 천식의 만성적인 형태가 만성 폐쇄성 폐질환chronic obstructive pulmonary disease, COPD이다. 똑같이 기관지가 좁아지지만 만성이라 회복되지 않는다. 만성 폐쇄성 폐질환은 확실히 먼지나 오염원에 만성적으로 노출되면서 발병한다. 이 질환이 있으면 평소에도 숨이 차다가 감기 기운이 있을 땐 더 악화된다. 치료엔 기관지확장제에 항생제, 스테로이드가 사용된다.

폐섬유화pulmonary fibrosis는 기관지가 아니라, 폐 자체에 문제가 생기는 병으로, 폐포낭이 죽어서 굳어지고 흔적만 남아서 기능하지 않게 된다. 특발성 폐섬유화idiopathic pulmonary fibrosis는 명확한 원인 없이 섬유화가 진행되는 것이다. 안타깝게도 '원인 불명'이 가장 흔하다. 그 외 석면, 규소, 방사선, 암, 감염 등이 원인이 되기도 한다. 이 병은 특히 광부 등 분진이 많은 작업장에서 일하는 사람들에게 유독 잘 발생하며, 당연히 담배와도 연관이 있다.

폐색전증pulmonary thromboembolism 또한 폐에 생기는 대표적인 질환이다. 폐색전증은 폐 자체의 문제라기보다 폐혈관의 문제다. 심장은 폐에 정맥혈을 쏴서(폐동맥) 폐포낭의 미세혈관으로 공급한 뒤, 맑게 만든 피를 받아서(폐정맥) 전신으로 보낸다. 그런데 혈관 어딘가에 혈전이 생기면 구조상 폐동맥에 걸리게 된다. 폐동맥은 갈수록 점점 더 좁아지는 형태이기 때문에, 혈전으로 쉽게 막힐 수밖에 없다. 이렇게 색전증이 생기면 폐에 혈액이 공급될 수 없으므로 막힌 부분의 폐기능이 사라진다. 폐색전증을 유발할 수 있는 인자로는 암, 흡연, 음주, 비만, 당뇨, 감염, 심장질환 등 일반적으로 혈전 발생과 관련된 요인이 있다. 폐색전증은 혈전으로 발생하는 질환 중 심근경색 다음으로 흔하고 치명적인데, 혈전이 양쪽 폐를 막아 폐기능을 집어삼키면 급사에 이를 수도 있다. 간혹 수술, 출산 등을 마친 건강한 사람이 급사하는 원인이기도 하다. 폐색전증은 일반적인 혈전질환처럼 직접 제거하거나 혈전 용해제를 사용해 치료한다.

폐에는 이렇게 다양한 질환이 생길 수 있다. 그래서 폐는 생존에 필수적인 기능의 열 배에 달하는 여분 기능을 갖추고 있다. 4억 8000만 개의 폐포낭 가운데 4800만 개만 기능해도 생존할 수 있다는 얘기다. 폐 한쪽을 제거하고 나머지 한쪽이 절반만 기능해도 살 수 있는 것이다. 게다가 호흡은 기체와 액체 사이의 가스 교환이므로 압력이 걸리자마자 대부분의 반응이 일어난다. 다시 말해, 숨을 아주 짧게 쉬어도 호흡이 가능하다는 얘기다. 우리는 끝없이 호흡 중이라고 생각하지만, 사실 산소 교환은 순식간(초반 10%)에 완료된다. 가령 숨을 빠르게 들이쉬고 멈췄다가 아주 빠르게 내뱉어도 숨이 전혀 차지 않는다(평소에 일부러 이걸 해본 사람은 없겠지만 말이다). 덕분에 수영할 때 수면 밖으로 잠깐씩만 나와 호흡해도 계속 헤엄칠 수 있다. 다만 한번 파괴된 폐포낭은 다시 복구되지 않는다. 어렸을 때 폐질환을 앓았거나 암, 기흉 등으로 수술을 받으면 폐에 영원히 흔적이 남는다(그래서 건강검진 때마다 "폐에 흔적이 있네요"란 얘기를 듣는다). 폐가 90% 이상 파괴되었을 때는 폐이식밖에 방법이 없다.

"기도는 식도보다 앞에 있으며 주행할 때 목 앞쪽 피부와 가까운 곳을 지난다. 그래서 목 가운데에 구멍을 뚫는 기관 절개가 가능하다"

호흡기의 또다른 치명적인 약점은, 입구와 출구가 같다는 점이다. 교환을 마친 공기가 모두 빠져나오지 않았는데 새로운 공기가 들어와서 두 공기가 필연적으로 섞인다. 산소를 흡수한 공기는 다른 쪽으로 나가고 기도로는 계속 신선한 공기만 들어왔다면 훨씬 더 효율적이었을 것이다. 잘 상상이 안 가겠지만, 높은 고도에서 비행해야 하는 조류의 폐 모양이 이렇다. 우리는 조류와 같은 조상을 가지고 있지만, 지상 생활에 적응하면서 흉강 내 공간을 정리하다가 오히려 비효율적인 구조를 갖게 되었다. 아마 조류와 같은 호흡기를 그대로 유지했더라면, 고지대 거주에 더 유리했을 뿐만 아니라 비행에도 더 쉽게 적응했을 것이다.

이 구조 때문에 인간은 질식에 취약해졌다. 기도가 막히면 사망을 피할 수 없다. 후두염이 매우 위험한 질환이 된 까닭이 여기에 있다. 감기에 걸리면 보통 목이 아프고 열이 난다. 하지만 숨쉬기가 답답하고 목뒤가 불편한 증상까지 있다면 급성 후두개염일 가능성이 있다. 감기 기운이 있는데 목이 막혀서 불편한 느낌이 동반되면 즉시 병원에 가보아야 한다. 병원에서는 X-ray나 후두경으로 진단할 수 있지만, 증상만으론 일반 감기와 구별하기 까다롭기 때문이다. 후두염이 심해지면 기도가 막혀 사망에 이르기도 한다. 이때도 호흡을 위해 반드시 입으로 공기를 넣어줄 필요는 없다. 어차피 공기가 폐에 닿기만 하면 되니까. 또 기도는 식도보다 앞에 있으며 주행할 때 목 앞쪽 피부와 가까운 곳을 지난다. 그래서 목 가운데에 구멍을 뚫는 기관 절개가 가능하다.

응급의학과 의사는 유사시에 대비해서 항상 자기 목을 어루만지고 다닌다. 가끔 영화에서 숨을 쉬지 못할 때 제 목에 볼펜으로 구멍을 내는 장면이나, 목이 막힌 환자를 구조하기 위해 목에 구멍을 뚫는 장면이 나오는데, 이게 바로 윤상갑상막절개다. 목에 구멍을 낼 수 있는 부위는 두 군데로 정해져 있다. 목에서 만져지는 목젖 바로 아래의 윤상갑상막과 그보다 더 아래 윤상연골 하방의 기관이다(다른 부분은 갑상선[갑상샘] 등의 구조물이 손상되므로 절개가 불가능하다). 이렇게 기관 절개된 쪽으로 튜브를 연결하면 환자가 숨을 쉴 수 있다. 하지만 이쪽의 구멍으로 공기가 새어나가 말을 할 수 없게 된다(혹은 말을 할 때마다 구멍을 막아야 한다). 구강을 통한 삽관이 오래되면 점막에 협착이나 염증이 생긴다. 그래서 2주 이상 인공호흡기를 사용하려면 기관 절개가 필요하다. 이때는 윤상연골 아래쪽을 절개한다. 몇 년 정도는 안정적으로 사용할 수 있기 때문이다. 반

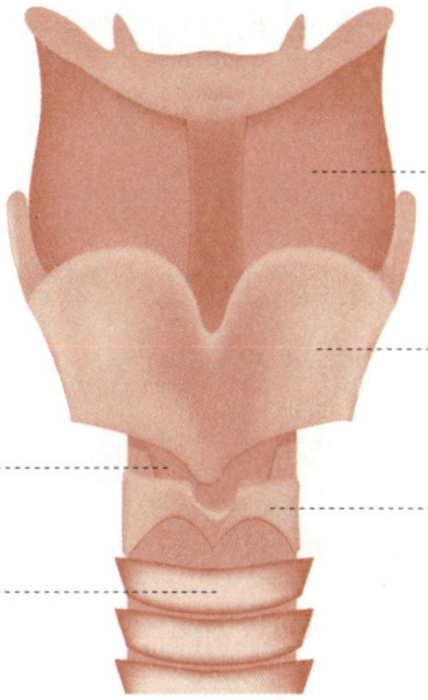

후두의 구조

면 재빨리 기도를 확보할 수 있는 곳은 윗부분의 윤상갑상막이다. 삽관이나 기관 절개를 받았던 사람은, 스스로 산소를 호흡할 수 없어 누군가의 도움이 없었더라면 사망했을 사람이다. 달리 말해 그 흉터가 남은 사람은 그런 상황을 이기고 호흡을 할 수 있게 된 사람이다. 이렇게 급하게 기관 절개가 필요한 경우는 일상생활에서 거의 볼 수 없다. 병원에서는 아주 가끔 볼 수 있지만 말이다.

∴∵∴

그의 눈은 완전히 풀려 있었다. 경동맥의 맥박이 약했다. 심정지가 20초쯤 남은, 아니 거의 지금 심정지라고 봐도 무방한 상태였다. 목에서 튀어나온 부분 아래쪽에 칼을 넣어 윤상갑상막을 절개했다. 피부를 열자 붉은 조직이 나왔다. 염증이 섞여 부풀어 있었다. 박리하자 다행히 연골이 만져졌다. 칼을 쑤셔넣어 그 자리를 열었더니, 공기가 맹렬히 지나가며 핏방울이 튀었다. 칼로 자른 자리를 있는 힘껏 벌린 다음 튜브를 아래쪽으로 넣었다. 숨이 튀어나왔다. 성공했다. 이쪽으로 공기를 주입하면 되었다.

윤상갑상막절개 부위에 삽입된 튜브를 고정하는 동안 동맥혈 검사를 동시에 진행했다. 그제야 확인한 동맥혈 검사 결과는 이산화탄소 분압이 엄청나게 높아서, 기도가 막혀 사망 직전인 환자의 상태를 그대로 보여주었다. 튜브에 엠부백을 연결해서 산소를 불어넣자 환자의 흉강이 부풀었다. 수면제는 일부러 더 쓰지 않았다. 산소가 공급되면서 점차 혈색이 돌아왔다. 그의 회복을 기다리며 한동안 옆에서 산소를 불어넣었다. 환자는 목이 절개된 채 눈을 떴다. 그리고 나를 '보고' 있었다. 그와 눈이 마주쳤다. 내가 엄지를 들자 그도 엄지를 들었다. 그의 뇌가 살아 있었다. 기도가 안정적으로 확보되었으므로, 그는 생존이 확정되었다. 흉터는 남겠지만, 후두의 염증만 가라앉는다면 튜브를 빼고 온전히 일상으로 돌아갈 것이다. 나는 엠부백을 인공호흡기로 교체했다.

이제 CT로 염증 범위를 확인한 뒤 중환자실에 입원할 차례였다. 처방을 내면서 숨을 크게 몰아쉬었다. 약효가 다했는지 몸살 기운이 올라오면서 콜록콜록 기침이 났다. 이마에서 식은땀을 닦아냈다. 침을 삼켰더니 그제야 목이 아픈 게 느껴졌다. 긴박한 순간이 다 지나갔다. 오늘따라 그 당연한 호흡이 너무나 간절한 사람들이 다녀갔다. 나는 다시금 숨을 크게 몰아쉬었다. 무리 없이 폐포낭으로 산소가 들어오고 폐포낭에서 이산화탄소가 빠져나갔다. 중환자실에 입원한 환자들과 천식 환자의 상태를 재차 확인했다. 동맥혈 검사 수치는 모두 안정적이었다.

이 모든 상황을 맞닥뜨리는 와중에도 나는 당연하게 호흡하고 있었다. 그러나 아무리 절박하게 원해도 누군가에게는 저절로 이뤄지지 않는 게 호흡이었다. 호흡은 우리가 당연하다고 여기는 것이 실은 가장 소중한 것임을 일깨워준다. 호흡이 잠시라도 불연속적이었더라면, 생명체는 남아나지 않았을 것이다. 사람들은 특별한 경우가 아니면 호흡을 의식하거나 호흡에 집중하지 않는다. 대부분의 순간 숨을 쉰다는 인식조차 없이 숨을 쉰다. 하지만 숨쉬기를 잊어서 사망하는 사람은 없다. 그렇게 산소는 우리가 의식하지 않는 순간에도 우리 몸에 생명을 불어넣는다. 그리고 폐는 숨이 멎는 순간까지 우리 몸에 산소를 녹여낸다.

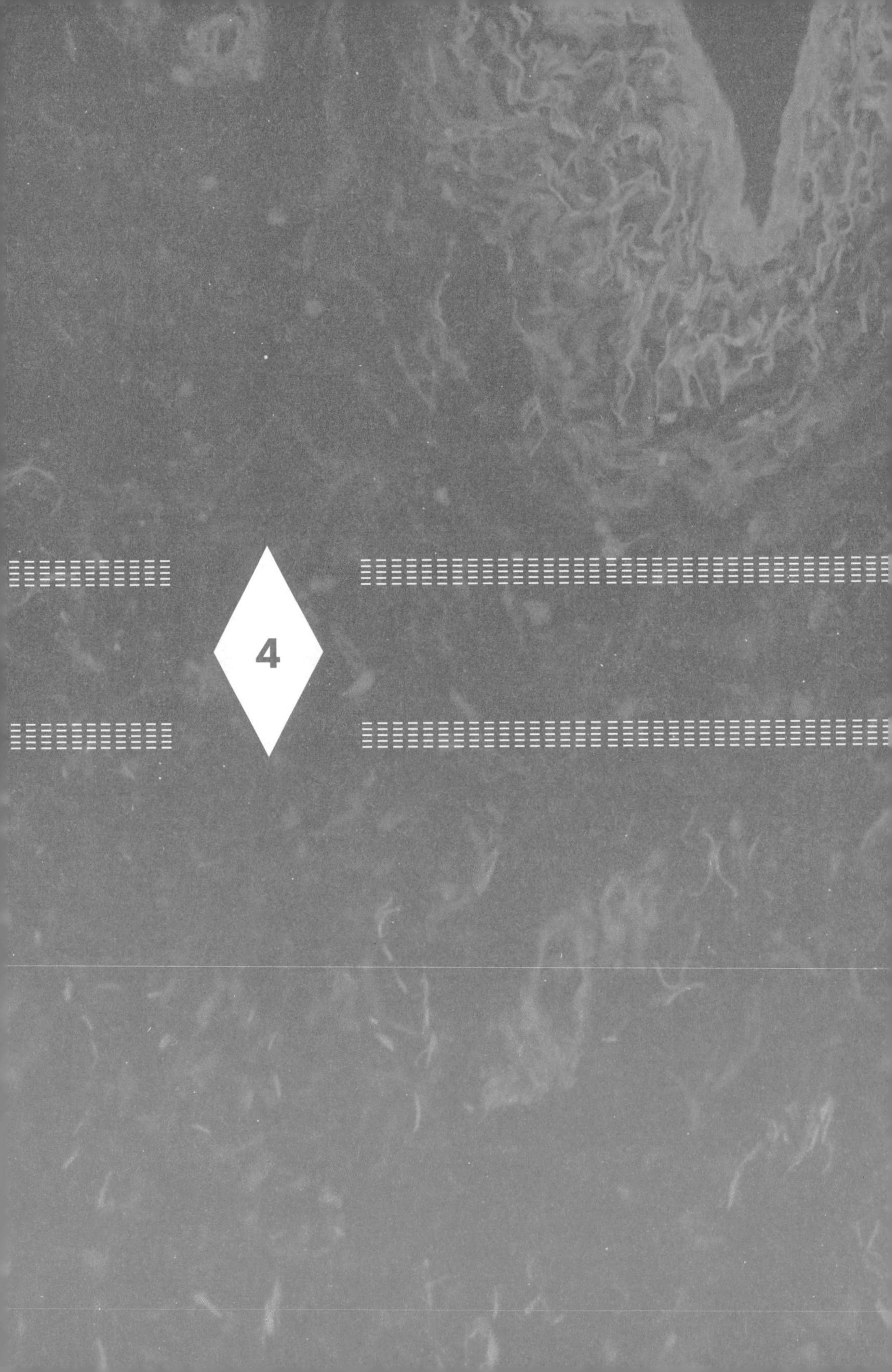

4

대사 쓰레기의 깔대기 장치

신장
KIDNEY

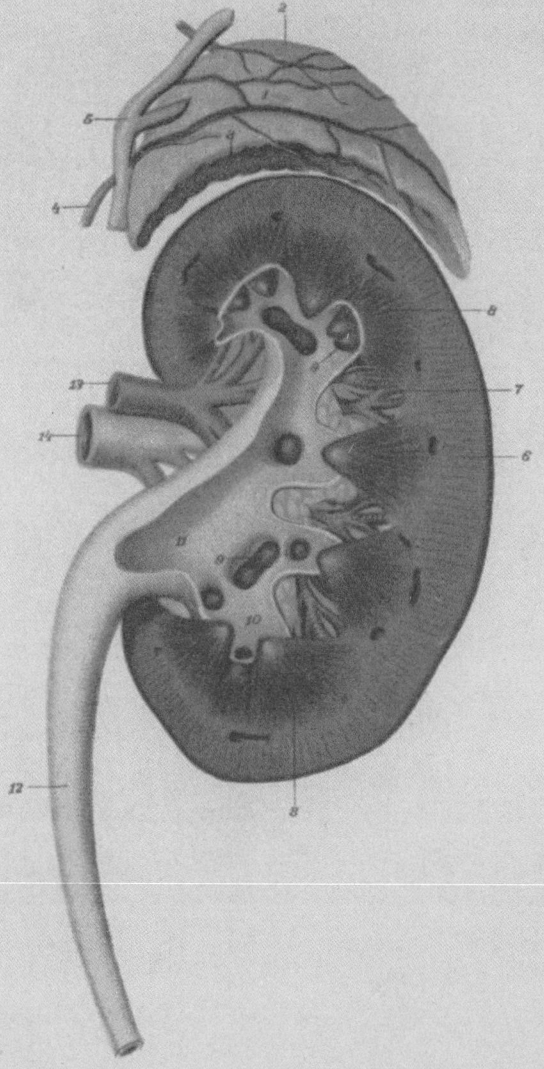

2
5
4
8
13
7
14
6
11
9
10
12
8

커피를 한 잔 뽑아서 자리로 돌아왔다. 벌써 두 잔째 아이스커피였다. 근무로 쌓인 피로가 잘 풀리지 않아서 카페인이 절실했다. 세상의 고통이 모이는 직장에서 일하려면 정신을 차려야 했다. 세상에서 가장 심한 아픔을 느끼는 사람이 찾아오는 곳이 응급실이다. 여기서 나는 사람들을 가장 아프게 만드는 것이 무엇인지를 자꾸만 목격해야 한다. 중년 남성이 구급 카트에 실려 왔다. 깔끔한 와이셔츠에 정장 차림이었지만, 그는 통증을 참지 못하고 소리치고 있었다. 깨끗하게 면도된 턱으로 침이 흘러내렸다. 너무 아파 침을 삼킬 여력조차 없는 듯했다. 별다른 상처나 다친 곳이 없는 걸로 보아, 일상생활을 하다가 갑자기 실려 온 모양이었다. 옆에는 그의 직장 동료로 보이는 사람이 무슨 일인지 파악되지 않는다는 듯 걱정스러운 표정을 하고 서 있었다. 환자의 아내가 곧 응급실에 도착할 거라고 했다.

카트에 누워 있는 그에게 물었다. "어디가 아픈가요." 그는 오만상을 찌푸린 채 간신히 오른쪽 옆구리를 더듬거렸다. 나는 주먹을 쥐고 그의 오른쪽 옆구리를 한 차례 툭 때렸다. "으악!" 환자는 순간 몸에 힘을 주고 매서운 눈길로 나를 쏘아보았다. "평소에 앓던 병도 없고, 이렇게 아팠던 적도 없었지요?" "네…… 도대체……?" 그는 통증이 너무 심해서 말도 제대로 하지 못했다. 중년 남성에게 갑자기 발생하는 극도로 심한 통증, 매우 흔하게 마주하는 질환이었다. "요로결석인 것 같습니다. 진통제 드리고 검사해보겠습니다. 곧 나아지실 겁니다. 지금처럼 아프진 않을 거예요."

아니나다를까, 그의 소변검사에서는 혈액이 검출되었다. 잠시 뒤 CT를 보니 오른쪽 요로에 2mm 정도의 작고 빛나는 돌이 있었다. 진통제를 맞고 품위를 되찾은 환자는 빛나는 돌을 보고 원망스러워하며 말했다. "이제 좀 괜찮아졌는데, 이거 하나 때문에 이렇게 아플 수가 있나요? 차라리 애를 낳는 게 낫겠어요. 잘은 몰라도요." "중년 남성에게 흔하게 발생하는 요로결석입니다." "제가 할 수 있는 게 뭔가요? 평생 다시는 안 겪고 싶습니다. 지금이라도 당장 빼낼 수 있나요?" "충격파로 깨볼 수는 있는데 크기가 작아서요. 그냥 빠져나가게 두면 대부분 저절로 사라집니다. 진통제를 드리겠습니다. 물을 많이 드시면 도움이 됩니다." 그는 통증이 완전히 가시진 않은 듯한 표정으로 알았다고 답했다.

커피를 두 잔이나 마신 까닭인지 문득 화장실에 가고 싶어졌다. 응급실로 돌아오자 할아버지 한 분이 카트에 실려 와 있었다.

해진 티셔츠에 후줄근한 고무줄 바지 차림이었다. 평소 기력이 없었던 듯 보이는 할아버지는 핏줄이 불거진 마른 손을 휘저으며 소리치고 있었다. "스물네 시간 동안 오줌을 못 쌌어요. 원래 전립선이 있어요. 터질 것 같아요." 요로결석은 앓아보지 못했지만 소변을 참았을 때 어떤 느낌이 드는지는 알았기에, 환자의 괴로움을 짐작할 수 있었다. 할아버지는 배에 손만 대도 힘들어했다. "어르신, 빨리 소변 빼드릴게요."

평소에도 소변 조절이 쉽지 않았는지, 할아버지의 바짓가랑이에서는 소변이 발효된 특유의 냄새가 났다. 너무 심한 고통이 왔을 때도 존엄을 잃어버릴 수 있지만, 소변 조절이 쉽지 않을 때도 존엄이 흔들린다. 할아버지는 아랫배를 손으로 감싼 채 벌벌 떨고 있었다. 환자를 침대에 옮기고 배뇨 세트를 준비했다. 장갑을 끼고 왼손으로 성기를 붙잡아 요도를 드러나게 한 뒤 그 주변을 모두 소독했다. 오른손으로 요도관을 들고 젤을 바른 뒤 요도에 꽂았다. 요도관이 30cm 이상 진입하자 갑자기 환자의 표정이 편안해졌다. 우리가 화장실에서 느끼는 그 안도감이 얼굴에서 전해졌다. 짙은 호박색 소변이 도뇨관에서 힘차게 쏟아졌다.

"인간은 소변으로 요소를 배설한다.
요소는 곧 암모니아로 분해되어 지린내가 난다"

신장은 소변을 만든다. 그 외에 몇 가지 기능이 더 있지만, 우리가 기억할 신장의 기능은 하나다. 소변을 만드는 것.

소변은 대표적으로 불결한 액체다. 그래서 공공장소에서 소변을 본다는 건 몰상식한 행동으로 여겨지고, 타인에게 모욕을 주려고 소변을 뿌리기도 한다. 하지만 사실 소변은 무균이다. 우리의 혈액이 무균이기 때문이다. 소변은 배설 직전까지 혈액이었던 100% 혈액 추출물이다. 신장은 혈액을 걸러 소변으로 만든다. 사실상 소변과 혈액은 신장을 통과했다는 차이만 있을 뿐 뿌리가 같다.

동물은 소변을 봐야 한다. 정확히는 소변을 배설해야 한다. 배설excretion과 배출emission은 다르다. 배설은 오줌을 누는 것이고, 배출은 똥을 싸는 것이다. 교양 있게 말하자면, 배설은 우리 몸이 성분을 조절하는 것이고, 배출은 내용물을 물리적으로 내보내는 것이다. 1장에서도 말했지만, 땀을 흘리거나 침을 흘려도 배설이다. 하지만 똥을 싸는 것은 명백히 배출이다.

일단 모든 생명체가 소변을 배설해야 하는 것은 노폐물 때문이다. 노폐물이란 우리에게 필요하지 않은 물질이다. 3대 영양소 가운데 탄수화물과 지방은 배설할 필요가 없다. 그것들은 소중한 에너지원이므로 끝까지 활용해야 한다. 그러지 못하면 몸에 이상이 있다는 신호다(가령 소변으로 탄수화물이 나오면 당뇨다). 생명체가 소변을 배설해야 하는 궁극적인 이유는 단백질 때문이다. 단백질은 탄수화물이나 지방과 다르게 질소를 포함하고 있고, 쓰임을 다하면 재활용하기 어렵다. 요컨대, 질소화합물의 배설이 신장의 1차 목표인 것이다. 그런데 동물이 진화 과정에서 단백질을 이용하지 않고 소변을 보지 않는 선택을 했다면? 그것은 원천적으로 불가능하다. 생명의 기원인 DNA(엄밀히는 RNA)가 단백질이기 때문이다.

수명을 다한 DNA나 단백질은 일차적으로 암모니아NH_3라는 대사산물을 발생시킨다. 세균부터 인간까지 모든 생명체의 유전정보는 DNA나 RNA에 담겨 있다. 그래서 모든 생명체는 암모니아를 배설해야 생존할 수 있다. 어류는 암모니아를 그대로 배설한다. 물 안에 살고 있으므로 언제든지 배설이 가능하며 희석도 잘되기 때문이다.

다만 연골어류는 일부러 몸에 요소를 저장했다가 삼투압을 조절한다. 대표적인 어종이 홍어와 상어다. 이들을 볕에 말리면 요소가 암모니아로 분해되면서 특유의 소변 냄새가 나는데, 암모니아에 항균 효과가 있어 살이 상하지 않고 보존된다. 그 덕에 우리는 톡 쏘는 소변 냄새를 풍기는 삭힌 홍어를 별미로 먹을 수 있다. 삭힌 상어도 맛이 비슷하지만, 홍어만큼 대중적이진 않다. 다른 생선을 홍어처럼 삭혔다간 그대로 썩어버릴 것이다. 뭍으로 올라온 생명체는 소변을 참을 필요가 생겼으므로 암모니아를 독성이 적은 요소urea, CH_4N_2O의 형태로 저장했다가 배설한다. 포유류는 어류처럼 암모니아를 배설하며 희석할 수 없기에, 소변을 참았다가 일시에 내보낸다. 그래서 간은 암모니아를 요소로 바꾸어 저장했다가 신장을 통해 배설한다. 간기능이 떨어지면 암모니아가 요소로 바뀌지 않으므로 뇌에 독성이 온다. 간성뇌증이다.

조류, 파충류 등은 질소를 하얀색 결정인 요산uric acid, $C_5H_4N_4O_3$

으로 바꿔서 배출한다. 요소를 이용하면 수분 때문에 몸이 무거워지기 때문이다. 길에서 볼 수 있는 비둘기 '똥'이 회백색인 것은 그 때문이다(조류는 소변과 대변을 섞어서 배설강으로 내보낸다. 이 배설물은 오줌도 되고 똥도 된다). 인간은 소변으로 요소를 배설한다. 요소는 곧 암모니아로 분해되어 지린내가 난다. 배설된 이후에는 세균이 번식하기 쉬우므로 냄새가 심해진다. 아무리 무균이라도 소변엔 당연히 위생상의 문제가 있다.

인간은 질소를 요산의 형태로도 배설한다. 요산이 혈액에 섞여 돌아다니다가 관절에 돌 형태로 뭉치면 통풍gout이 된다. 통풍은 인간을 매우 불행하게 만드는 질환으로, 이름부터 바람에 스치기만 해도 아프다는 뜻이다. 요산은 신장에서도 뭉쳐서 결석이 된다. 이것이 요로로 내려오다가 좁아진 부위에 걸리면 요로결석으로 급경련통(疝痛) colic이 온다. 몸에 생기는 돌은 대체로 엄청난 통증을 유발한다.

결석이 생기면 요로에 일시적으로 염증이 발생한다. 소변을 내보내기 위해 요로가 수축하고, 소변이 역류하면서 신장이 붓기도 한다. 결석이 요로를 긁어서 혈뇨도 보인다. 이 모든 것이 안 그래도 심한 통증을 배가한다. 인간의 5%는 평생에 한 번 이상 요로결석을 앓는다. 그러니 갑자기 옆구리가 엄청나게 아프다면 올 것이 왔다고 생각해야 한다. 평소에 물을 많이 마시면 요산이 미리 씻겨 내려가서 요로결석을 예방하는 데 도움이 된다. 맥주를 마시면 도움이 된다는 속설이 있지만 탈수를 유발해서 오히려 좋지 않다. 요로결석은 다시 떠올리기 싫을 정도로 무섭게 아프기 때문에, 발병하면 의사 말을 잘 듣게 된다. 그럼에도 절반 이상의 환자에게서 재발한다.

평소에 물을 많이 마시는 것은 요로결석이나 통풍이 없는 사람에게도 좋은 습관이다. 인체의 70%는 수분이다. 인간은 적어도 하루 2L의 수분을 섭취해야 하고, 그만큼 배설해야 한다. 이는 궁극적으로, DNA와 생체 부산물에서 나오는 질소화합물을 배설해야 하기 때문이다. 이것은 생명의 기원과 관련이 있다. 지구 생명체는 물속 유기물에 전류가 떨어지면서 단백질이 배열되어 우연처럼 DNA(RNA)가 되면서 탄생했다. 생명의 태초에는 수분과 단백질, 질소가 있었다. 우리의 모든 세포에 DNA가 존재한다는 사실, 그리고 끝없이 물을 마셔 소변으로 배출해야 하는 이유, 이 둘은 생명 탄생의 배경과 결합되어 있다.

> **"오염된 음식으로 인한 장염과 탈수, 그에 따른 신부전입니다. 급성 신부전은 인간이 죽어가는 마지막 과정에서 역사상 가장 많이 앓아온 질환입니다"**

"하루에 물을 페트병 열 개씩 마셨다고요?"

"우리 아들이 ADHD가 심해요. 물을 못 마시게 하면 막 답답하다고 소리를 지르고 화를 내거든요. 어떻게 막을 방법이 없어요. 아무리 못 마시게 해도 화장실에 안 보낼 수는 없잖아요. 보내면 몰래 화장실 수도꼭지에서 벌컥벌컥 물을 삼켜요. 워낙 땀을 많이 흘리고 맨날 뛰어노니까 괜찮을 것 같았죠. 그런데 어제부터 기력이 떨어지는가 싶더니, 의식이 흐려졌어요."

할아버지한테서 1L나 되는 소변을 뽑아내고 나니, 초등학교 고학년쯤 돼 보이는 아이가 와 있었다. 몸집이 커서 거의 성인만 했다. 짧게 깎은 머리에 땀이 송골송골 맺혀 있었다. 아이는 이름을 부르거나 자극을 줘서 깨워봐도 별다른 반응이 없었다. 갑자기 뇌출혈이 온 게 아니라면 물을 많이 마신 게 원인인 듯싶었다. 일단 생체징후를 확보한 뒤 혈액검사를 내고 머리 CT를 찍었다. CT상 뇌출혈은 없었으나 뇌에 부종이 있었다. 혈액검사에서는 삼투압과 나트륨 수치가 매우 낮게 나타났다.

"물을 너무 많이 마신 탓인 듯합니다. 오랜 기간에 걸쳐 꾸준히 많이 마신 것 같습니다. 수분이 빠져나갈 때 소금기도 빠져나가면서 뇌세포가 붓고 의식이 떨어진 겁니다. 고농도 식염수를 투여하면서 중환자실에서 깨어날 때까지 봐야 합니다. 물을 과하게 마셔 발생한 매우 드문 상황입니다. 의식 회복을 기대해볼 수 있겠지만, 깨어나면 ADHD 치료를 엄격하게 받아야 할 것 같습니다." 어머니는 중환자실이라는 말에 황망해했다. 물을 많이 마신다고 뇌가 붓고 의식을 잃는다니, 쉽게 연관 짓기 어려웠을 것이다.

나는 화장실에 다시 다녀왔다. 화장실에 자주 갔더니 목이 말랐다. 물 한 모금 마실 틈도 없이 다음 환자가 왔다. 차림새가 한눈에 봐도 열대지방에서 돌아온 신혼부부였다. 설사를 심하게 해서 한국에 돌아오자마자 응급실로 왔다고 했다. 환자를 진료하러 갔더니 남편은 설사하러 가서 자리에 없고, 아내만 있었다. "배에서 뷔페를 먹었어요. 아마 그것 때문인 것 같아요. 익히지 않은 해산물이 많았어요. 먹을 때는 맛있었죠. 적당히 먹으라고 했는데, 남편이 많이 먹더니 그날 밤부터 설사를 하더라고요. 배도 아프고 열도 났고요. 곧 한국에 가니까 조금만 버티자면서 견뎠는데, 오는 비행기에서도 거의 화장실에 앉아 있었어요."

환자는 좀처럼 화장실에서 나올 생각이 없었다. 간신히 타이밍에 맞춰 면담을 할 수 있었다. 건장한 체격이었지만, 기운이 하나도 없어 보였다. 안색이 창백했고, 입안을 보자 혀가 완전히 말라붙어 있었다. "그 바닷가재 때문인 것 같아요. 아니, 조개도 있었는데 맛이…… 술이랑 먹다 보니까…… 제가 의심을 했어야 했는데." "일단 장염인 것 같습니다. 그런데 혹시 소변은 잘 나오나요?" "아뇨, 대변은 조금씩 나오는데 소변은 하나도 안 나와요." "엄청난 탈수입니다. 느낌이 안 좋으니까 빨리 검사하겠습니다. 그리고 화장실 갈 때도 수액 달고 가셔야 합니다."

환자에게 1L쯤 되는 수액을 모조리 쏟아부었다. 이것만으로도 증상은 한결 나아질 것이었다. 검사를 해보니 역시 신장 수치가 높았다. 전해질 수치도 정상이 아니었다. 장염의 최종 단계, 신부전이었다. "설사를 많이 해서 신장기능이 망가졌습니다. 중환자실에 가셔야 합니다." 신혼여행에서 돌아오자마자 중환자실로 직행해야 한다는 통보에 부부는 망연자실했다. "설사를 해서 신장기능이 떨어졌다고요?" "항생제랑 수액 요법이 발견되기 전인 100년 전이었다면, 아마 돌아가셨을 겁니다. 오염된 음식으로 인한 장염과 탈수, 그에 따른 신부전입니다. 신부전은 인간이 죽어가는 마지막 과정에서 역사상 가장 많이 앓아온 질환입니다."

“ 급성 신부전의 대표적 원인은 탈수다.
탈수가 오면 혈액량이 줄어든다. 그러면 신장의 미세혈관이
허혈성 손상을 입어 신장기능이 떨어진다 ”

배설이 필요한 두 번째 이유는 항상성을 유지하기 위해서다. 인간의 혈액은 pH 7.4의 산성도와 나트륨, 칼륨, 칼슘, 염소 등의 적당한 전해질 수치를 유지해야 한다. 그런데 이와 관련된 물질의 공급은 날마다 다르고 불규칙적이다. 우리가 저녁으로 해물탕을 국물까지 마시고 젓갈이 듬뿍 들어간 김치를 먹고 소금으로 조미된 김을 먹는다고 해도 고나트륨혈증은 오지 않는다. 신장이 나트륨을 많이 배설하기 때문이다. 소변의 95%는 수분이다. 나머지 5% 중 60%는 요소와 요산이고, 그 외에 나트륨, 칼륨, 염소, 칼슘 등도 들어 있다. 이렇게 인간은 신장으로 항상성을 조절하기 때문에 사막에 고립되거나 바다에 표류하거나 매몰된 건물에 갇히거나 기아 상태가 돼도 견딜 수 있고, 원푸드 다이어트를 할 수도 있다. 우리가 따로 지시하지 않아도 신장은 알아서 우리를 지켜준다.

하지만 그런 신장 능력에도 한계가 있다. 신장은 하루에 최대 20L까지 소변을 만들 수 있는데, 물을 이보다 더 많이 마시면 수분이 몸에 쌓일 수밖에 없다. 게다가 소변은 맹물로 배설될 수 없고 무조건 일정량 이상의 나트륨을 함유하기 때문에 이렇게 나트륨이 빠져나가고 나면 전해질이 보충되어야 한다. 그러지 않으면 삼투압이 낮아져서 세포막이 파괴된다. 뇌세포는 삼투압의 영향을 가장 예민하게 받기 때문에 가장 먼저 손상된다. 매우 드문 경우이지만, 물을 지나치게 많이 마시면 뇌세포가 파괴되어 영구적인 손상을 입기도 한다. 오랫동안 음식물을 섭취하지 않고 물만 마셔도 비슷한 상황이 발생할 수 있다. (조난을 당해 음식 없이 물만 있는 상황에 놓이면 소변을 모아 암모니아를 공기 중으로 날려보낸 뒤 다시 섭취해서 전해질을 보충하라는 팁이 있다. 일명 '조난 가이드'에 단골로 나오는 얘기지만, 실제 해볼 일은 없어야 할 것이다.)

물을 안 마시거나 탈수가 되는 상황도 위험하다. 수분 섭취가 줄어들면 신장은 소변을 최대한 농축해서 소변이 끈적해진다. 이런 경우라도 일정 분량의 노폐물이 배설돼야 하기 때문에, 소변은 어쨌든 계속 몸 바깥으로 나가야 한다. 한편 호흡과 대사 과정에서도 수분이 날아간다. 그래서 물을 마시지 않으면 인간은 사흘 정도밖에 버티지 못한다. 정확히는 탈수가 진행되면서 신장에 혈액이 공급되지 않아 사구체신장 겉질부의 모세혈관이 실로 만든 공 모양을 이룬 작은 조직체로, 혈액을 여과하여 혈구나 단백질 이외의 성분을 사구체낭으로 보내 소변을 만든다가 파괴되면서 소변에 피가 섞여 나오고, 칼륨이 대사되지 않아 심장마비가 온다. 수분 공급 없이 얼마나 버틸 수 있는가는 신장의 농축력에 달려 있다. 건조한 지방에 사는 동물은 염분을 극도로 농축한다. 사막캥거루쥐는 소변을 하루 몇 방울만 배설하므로, 물을 거의 마시지 않아도 살 수 있다. 체액의 비중을 높이고 농축된 요산으로 노폐물을 내보내는 것이다. 하지만 인간이 이렇게 만들어졌다면 통풍과 요로결석에 더 자주 시달렸을 테니 아마 더 불행했을 것이다.

물은 생명의 근원이다. 그래서 구갈 기전은 대단히 강력하다. 갈증은 세상 어떠한 간절한 욕망과도 비할 수 없이 강하다. 뇌는 나트륨과 삼투압의 영향을 받아 물을 마시라고 갈급하고 엄중한 명령을 내린다. 그러면 우리는 목이 마르다는 감각 외에는 어떤 것도 느낄 수가 없다. 구갈은 생존과 직결되기 때문에, 숲에 홀로 고립된 아이도, 심한 치매나 각종 뇌질환에 걸려 판단력이 흐려진 사람도 어떻게든 물을 찾아 마신다. 단지 물을 마시지 않아 사망하는 일은 그래서 매우 드물다. 그렇더라도 탈수를 견디려고 하면 안 된다. 탈수는 만병의 근원이다. 병원에서도 탈수가 있으면 수분을 보충하기 위해 수액부터 놓는다. 소변색이 진하면 소변이 농축되고 있다는 증거이므로 빨리 수분을 섭취해야 한다.

탈수는 신기능이 갑자기 나빠지는 급성 신부전의 대표적 원인이다. 탈수가 오면 혈액량이 준다. 그러면 신장의 미세혈관이 허혈성 손상을 입어 신장기능이 떨어진다. 심한 설사, 구토, 음주, 감염 등은 신부전의 가장 흔한 원인이다. 그 외에 결석이 요로를 막아도 급성 신부전이 온다. 이때는 소변이 역류해서 신장이 제 기능을 할 수 없다. 하지만 신장은 두 개이고 요로결석이 양쪽에 동시에 생기기는 어렵기 때문에, 이로 인해 급성 신부전이 오는 경우는 드물다(만약 신장이 하나뿐이라면 신부전을 더 조심해야 할 것이다).

깨끗한 물을 얻기 어려웠던 옛날에는 장염으로 인한 탈수가 빈번했다. 콜레라나 장티푸스는 오랜 시간 악명을 떨치며 수많은 사람의 목숨을 앗아갔다. 설사를 할 땐 물과 음식을 줄여야 한다는 잘못된 의학 상식도 문제였다. 다행히 상하수도가 분리되고 수액과 항생제가 개발되었고, 이제 의학이 접근할 수 있는 환경에서는 콜레라도 장티푸스도 더이상 생명을 위협하지 못한다. 역사상 인구 증가에 가장 큰 기여를 한 것은 깨끗한 물이다.

“그에겐 주요 장기가 모두 작동하지 않는 다발성 장기부전이 온 걸로 보였다. 이 모든 것은 신장기능을 대체해야 해결된다”

두 환자 모두 중환자실로 올라갔다. 문득 목이 말라 시원한 물을 한 잔 마시고 돌아오니, 기운이 없어 보이는 중년 여성이 침대에 누워 있었다. 체온이 40℃ 이상으로 측정된 환자는, 몸에 힘이 없고 구토 증세가 있다고 했다. “감기 기운 있었나요?” “없었는데요.” 나는 이번에도 환자의 오른쪽 옆구리를 툭 때려보았다. 좀 전의 남성보다는 덜했지만, 이번에도 환자는 몸을 비틀고는 나를 원망스럽게 쏘아보았다. “혹시 혈뇨가 나오고 소변볼 때 아프지 않았나요?” “제가 원래 방광염 증세가 조금 있어요.” “그 방광염이 오른쪽 신우신염으로 올라온 것 같습니다. 열이 많이 나셨을 겁니다. 검사 결과 확인한 뒤 입원해서 항생제 치료를 받도록 하지요.” 예상대로 환자의 소변검사에서는 백혈구가 잔뜩 검출되었다.

어느 틈에 체육복을 입은 20대 초반 남성이 대기실에 앉아 있었다. 격투기 도복 같기도 했다. 비슷한 차림을 한 체격 좋은 남성이 같이 왔다. “복싱 스파링을 했는데, 실전처럼 했거든요. 끝나고 나서 옆구리가 많이 아프다고 해서 왔어요.” 둘에게선 땀냄새가 났다. 환자가 고개를 저었다. “아이고 호되게 맞았습니다.” “어디가 가장 아픈가요.” 옆에 있던 남성이 말했다. “여기저기 다 때렸는데 가드를 뚫느라 옆구리도 많이 때렸어요. 관장님이 옆구리를 치면 가드를 뚫을 수 있다고 했거든요.” “그런 기술을 막 알려줘도 괜찮은 겁니까.” “키드니 펀치kidney punch, 복싱에서 신장이 위치한 옆구리를 가격하는 기술로, 신장에 직접적인 해를 입힐 수 있어 반칙이다라고, 필살기인데요." "빨리 CT 찍어보겠습니다."

이번에는 내가 고개를 저으며 자리로 돌아왔다. 소변검사에서는 불안하게 혈뇨가 나왔다. CT를 찍자 신장 일부분이 터져 있었다. 오른손잡이 인증이라도 하듯 왼쪽 신장만 터진 채였다. 환자와 보호자를 불러 말했다. "콩팥이 깨졌습니다. 여기 보이시죠. 오른쪽 훅이 주범입니다. 장기 손상이니까 빨리 고소하시죠." 둘은 정말 친한 친구 사이인지 오히려 웃었다. 술자리 안줏거리가 생겨서 도리어 기쁘다는 듯, 환자가 대답했다. "오, 이렇게 스파링을 하면 막 장기가 깨지고 그러는군요. 네, 변호사 선임하겠습니다." "……절대 안정이 필요합니다. 입원하세요."

석 잔째 커피가 절실할 정도로 피곤했다. 한동안 배가 아프고 열이 나는 복막 투석 환자 외에는 특별한 환자가 없었다. 투석액이 감염되어 생긴 복막염이었다. 환자는 배를 누르기만 해도 고통을 호소했다. 최근 당뇨로 눈이 나빠진 그는 투석액을 위생적으로 관리하지 못했다고 했다. 항생제를 쓰기로 하고 근무를 마무리하려던 참에, 심정지가 임박한 환자가 온다고 했다. 얼른 캔커피 하나를 새로 땄다.

구급 카트에 실려 온 50대 남성은 얼굴이 검고 호흡이 가빴다. 딸이 울상을 지으며 말했다. "아버지랑 둘이 살아요. 끝까지 병원에 가지 않겠다고 우기셨어요." "평소 별다른 지병은 없으신가요?" "병은 없는데, 술을 많이 잡수세요. 하루에도 소주 두세 병은 꼬박꼬박 드시거든요. 추위를 많이 안 타는 편인데, 요 며칠 조금 춥다고 하시더라고요. 제가 하도 보채니까 이번엔 병원에 가겠다고 했는데, 일을 다녀오니 쓰러져 계셨어요."

오늘 두 번째로 의식이 없는 환자였다. 환자는 넘어갈 듯 숨을 몰아쉬었다. 그야말로 죽기 직전에 온 것 같았다. 왼쪽 폐 소리만 이상했다. 흉부 X-ray를 찍자 왼쪽 폐가 온통 염증으로 덮여 있었다. 동맥혈 검사 결과 산증이 심했고 산소가 부족했다. 나는 일단 환자의 기도를 확보했다. 입안에 가래가 잔뜩 끼어 있었다. 호흡기를 세팅하고 소변줄을 꽂았다. 소변은 단 한 방울도 나오지 않았다. 최악이었다. 신기능이 마비되었거나 신장에 충분한 혈액이 공급되지 않고 있었다. 여기서 수액을 많이 쓰면 수분이 몸밖으로 나가지 못해 폐부종을 일으킬 것이다. 피검사를 확인하자 과연 크레아티닌 수치가 6을 넘긴 상태였고 크레아티닌은 크레아틴의 대사산물로 오줌을 통해 배설된다. 정상 혈중 농도는 0.50~1.4 mg/dL다 간수치도 올라 있었다. 이 모든 수치가 설명해주듯, 환자는 의식이 없었다. 술을 많이 마셔서 산증이 진행되고 면역력이 떨어져 폐렴이 생기면서 결국 주요 장기가 모두 작동하지 않는 다발성 장기부전이 온 걸로 보였다. 이 모든 것은 신장기능을 대체해야 해결된다. 그래야 어떻게든 생존 가능성이 있다. "사타구니에 꽂을 수 있는 투석용 정맥관을 준비해주세요. 그리고 빨리 중환자실에 연락해주세요. CRRT continuous renal replacement therapy, 지속적 신대체요법. 비교적 느린 혈류 속도로 24시간 투석을 연속해서 돌리는 요법 필요한 환자가 있다고."

**"1500L를 여과해서 130L의 원뇨를 만들고,
이를 다시 걸러서 1.5L의 최종 소변을
만드는 것이 신장의 일이다"**

신장은 두 개다. 콩팥이라고도 부른다. 콩처럼 생겼고 팥 색깔이라서 콩팥이다. 매우 명쾌하고 직관적인 이름이다. 콩팥은 12cm 길이, 150g의 무게로 양쪽 옆구리에 들어 있는데, 오른쪽 신장은 간 때문에 약간 낮게 붙어 있다. 둘은 위치가 반대고 모양도 약간 다르지만 기능은 완벽히 같다. 위치상 옆구리를 때리면 당연히 신장이 상할 수 있다. 반대로 신장에 문제가 생기면 옆구리를 쳤을 때 아프다. 대표적인 질환이 요로결석과 요로감염이다.

신장은 단 세 개의 관으로 몸과 연결되어 있다. 신동맥, 신정맥, 요관이 그것이다. 신장이식수술은 복잡할 것 같지만 이 세 개의 관만 연결하면 끝난다. 혈액은 신동맥으로 들어갔다가 신정맥으로 나온다. 그 과정에서 신장은 혈액으로 소변을 만들어 요관으로 내보낸다. 체내 혈액은 하루 300번씩 신장을 통과한다. 우리 몸에는 5L의 혈액이 있으므로 하루 1500L의 혈액이 신장에 일감으로 주어지는 셈이다. 분당 1L 페트병 하나를 가득 신장에 들이붓는 양이다.

신장은 소변을 생성하는 네프론腎元, nephron. 척추동물에서, 콩팥을 구성하고 있는 가느다란 관 모양의 구조물. 콩팥의 구조와 기능상의 최소 단위로, 콩팥 깔때기와 그에 연결되는 세뇨관으로 이루어져 있다으로 되어 있으며, 한쪽당 120만 개씩 갖고 있다. 네프론은 몇 단계 과정을 거쳐 최종적으로 소변을 만든다. 그 첫 번째 관문은 사구체다. 사구체는 일차적으로 혈액을 '여과'한다. 거름종이나 정수기처럼 피를 걸러내는 과정이다.

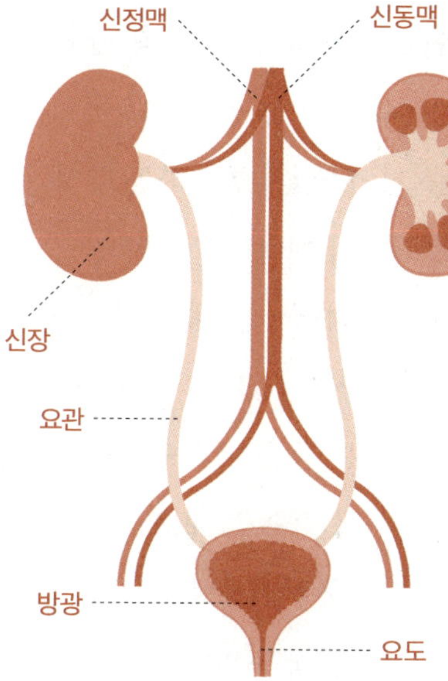

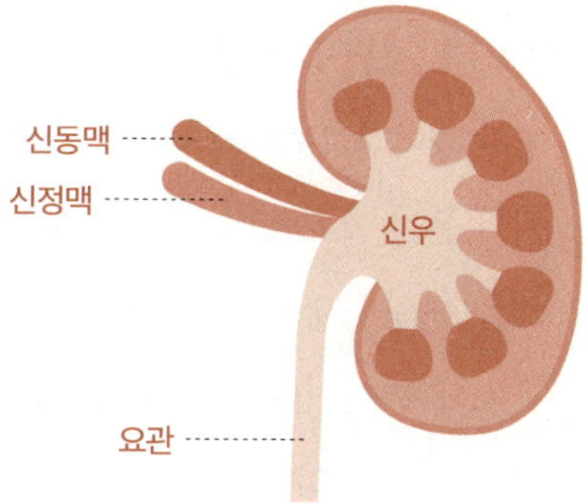

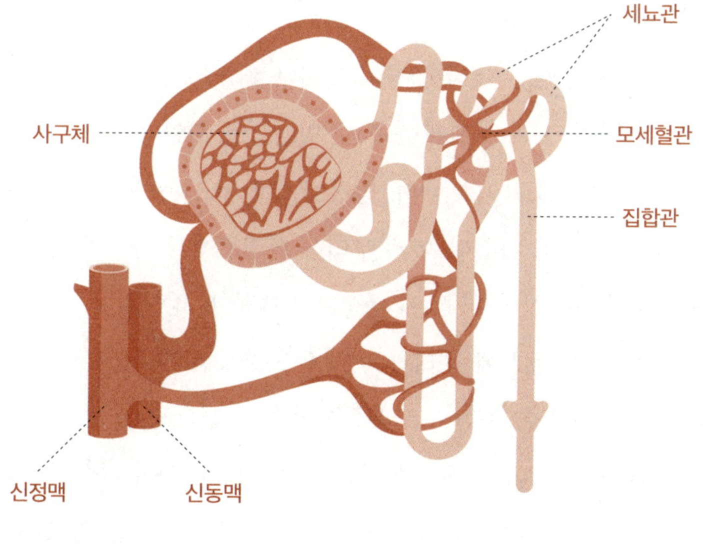

신장의 구조(위)와 네프론의 구조(아래)

이때 분자가 큰 혈액 내 세포나 단백질은 사구체를 통과할 수 없고 물과 요소는 통과한다. 이렇게 일차적인 소변이 하루 130L씩 만들어지는 원뇨原尿, primary urine다. 사구체는 여과작용을 통해 효율적으로 원뇨를 만든다. 여과는 혈액이 필터를 자연스럽게 통과하는 과정일 뿐이므로, 1500L를 걸러 130L로 만드는 데 에너지가 거의 들지 않는다. 소변에서 혈액세포나 단백질이 검출되면 사구체에 문제가 생긴 것이다. 130L의 원뇨는 두 번째 관문인 세뇨관을 통과한다. 여기서 온갖 호르몬이 작용해 수분, 전해질, 당분 등을 재흡수하고 노폐물을 분비해서 1~2L의 소변만 남긴다. 우선적으로 내보낼 것은 요소와 요산이다. 그리고 몸 상태에 맞게—가령 매운탕에 파김치를 올려 먹었다면 나트륨을 더 내보내고, 물을 하루 20L씩 마셨다면 수분을 덜 흡수하는 식으로—항상성을 유지하게 된다. 요컨대, 1500L를 여과해서 130L의 원뇨를 만들고, 이를 다시 걸러서 1.5L의 최종 소변을 만드는 것이 신장의 일이다. 세뇨관까지 통과한 최종 소변은 신우에 모여서 요관을 통해 방광으로 모인다. 방광은 화학적 기능이 없는 소변 주머니다. 방광에 모인 소변은 우리의 지시에 맞춰 요도를 타고 나간다. 이게 우리가 화장실에서 하는 일이다.

대사 과정에서 산이 더 많이 생성되기 때문에, 정상적인 소변은 약한 산성을 띤다. 여기에 우리가 무얼 먹는지에 따라 산성도는 조절된다. 당(탄수화물)은 소변으로 배설할 이유가 없으므로 재흡수해야 한다. 그런데 혈당이 너무 높아지면 소변에 당이 섞여 나온다. 이것이 당뇨다. 지방도 배설할 필요가 없지만, 너무 많이 섭취했을 땐 일시적으로 지방뇨가 나올 수 있다. 반면 단백질은 일시적으로라도 나오면 안 된다. 이는 단백뇨라고 부르고, 앞서 말했듯 사구체에 문제가 생긴 것이다. 항이뇨호르몬anti-diuretic hormone, ADH. 뇌하수체 후엽에서 분비되는 호르몬으로 신장의 수분 흡수를 촉진하여 체내 수분량을 늘이는 역할을 한다. 동시에 혈관을 수축시키는 작용이 있어 혈압을 높이기도 한다은 이 과정에서 우리 몸의 수분량을 조절한다. 알코올은 항이뇨호르몬의 작용을 차단해서 이뇨작용을 한다. 맥주를 많이 마시면 화장실에 자주 가느라 결국 마신 것보다 더 많은 수분을 배설하게 된다. 이렇게 수분이 빠져나가기 때문에 간밤에 술을 마시면 아침에 목이 마르다. 카페인도 마찬가지로 항이뇨호르몬의 작용을 차단한다. 차나 커피를 많이 마시면 화장실에 가고 싶어진다. 둘은 현대인을 화장실로 자주 보내는 기호식품이다.

사구체가 원뇨를 만들어내는 비율은 신장기능을 그대로 보여주는 척도다. 사구체 여과율glomerular filtration rate, GFR은 100cc 정도가 정상이다. 하지만 사구체가 얼마만큼의 원뇨를 만드는지는 측정하기 어려우므로 건강검진에서는 신장 수치 두 개를 주로 확인한다. 혈중 요소질소blood urea nitrate, BUN와 크레아티닌이다. 소변으로 요소가 잘 빠져나가지 못하면, 혈중 요소질소 농도가 올라갈 것이다. 혈중 요소질소는 신기능을 반영하지만, 일시적으로 단백질을 많이 먹었거나 기타 여러 요인이 있을 때에도 상승할 수 있다. 가장 정확한 수치는 앞에서도 언급했던 크레아티닌으로, 일명 '신장 수치'다. 크레아티닌은 신장과는 전혀 관련이 없는 물질이지만, 근육에서 일정량 생성되고 사구체에서 정해진 비율대로 여과된다. 그래서 사구체가 기능을 하지 못하면 혈액에 크레아티닌이 많이 남는다. 크레아티닌 수치가 2mg/dl가 넘어가면 신부전이며, 4~5mg/dl로 유지되면 신대체요법을 고려해야 하는 수준이다.

“신장이 두 손을 들고 항복하면
그때부터는 본격적인 죽음이 시작된다.
혈액의 전해질이 날뛰고 pH는 산성이 된다.
삼투압이 조절되지 않고 산성도와 전해질이 변하면
모든 장기는 기능을 잃어버린다”

소변은 따뜻하고 영양분이 있어 균이 번식하기 쉽다. 요로감염은 폐렴 다음으로 흔하게 발생하는 감염이다. 보통 해부학적 구조 때문에 여성에게서 더 자주 발생한다. 요로감염에 걸리면 방광벽과 요도에 염증이 생겨 소변을 참기 어려우며 볼 때마다 따갑고 피가 섞여 나온다. 여기까지는 항생제로 금방 치료가 된다. 하지만 균은 요로를 따라서 쉽게 역행한다. 균이 요관을 거슬러 가서 신우에 들어가면 신장에도 자연스럽게 염증을 일으키므로 급성 신우신염이 된다. 혈액이 하루 300회 지나는 신장에 도달한 균은 전신으로 퍼져나가 면역반응을 일으켜서 환자는 열이 많이 난다. 연령이 높아질수록 소변 배설 후 깔끔하게 처리하기가 어렵고 탈수로 소변이 농축되어 요로감염이 잘 생긴다. 남성은 여성에 비해 요도가 길어 요로감염이 덜 발생하지만, 전립선염에 걸리면 잘 낫지 않고 이것이 요로감염으로 쉽게 번지곤 한다. 요로감염이 발생하면 세균과 맞서 싸워야 하므로 소변에서 백혈구가 발견된다.

몸은 신장을 보호하기 위해 지방 아래 꼭꼭 숨겨두었다. 부드러운 포장재가 많이 들어간 단단한 장기를 상상하면 쉽다. 하지만 그렇다 해도 갈비뼈로 보호되는 폐나 간보다는 상하기 쉬운 위치다. 네프론이 터지면 소변에 피가 섞여 나올 수 있다. 교통사고나 추락

사고처럼 심한 충격이 가해지면 신장이 완전히 깨져서 제거해야 할 때도 있다. 외부 충격으로 신장뿐 아니라 신동맥이나 요관이 손상되기도 한다. 인체는 이런 일을 방지하려고 신장과 연결된 혈관을 몸 안쪽으로 배치한 다음 지방으로 둘러쌌다. 옆구리를 맞으면 엄청나게 아픈 이유도 결정적으로 여기에 있다.

120만 개의 네프론은 미세혈관 덩어리다. 네프론은 한번 파괴되면 다시 자라나지도 새로이 생겨나지도 않는다. 나이가 들면 네프론이 하나둘씩 수명을 다한다. 특히 당뇨, 고혈압, 고지혈증 등 혈관에 안 좋은 질환은 네프론에도 영향을 미친다. 만성 신부전의 원인 1위가 당뇨이고 2위가 고혈압이다. 당뇨는 혈액을 끈적하게 만들어 전신의 미세혈관에 염증을 유발하고 혈관을 손상시킨다. 고혈압 또한 높은 압력으로 미세혈관을 파괴한다. 그래서 당뇨와 혈압을 오래 앓으면 미세혈관이 밀집해 있는 신장과 망막에 손상이 집중된다. 기타 다양한 유전질환과 약물도 신장에 영향을 미친다.

신장기능 손실에 대비하기 위해 우리에겐 두 개의 신장이 있고, 신기능의 기능적 비축분은 약 10배다. 이 비축분까지 소진하고 신기능이 20~30%만 남으면 그때부터 전신 증상이 나타나기 시작한다. 우선 질소 노폐물이 체내에 돌아다니므로 요독증이 온다. 암모니아 독성으로 인해 피부가 가렵고 손발이 저리고 머리가 멍해진다. 그리고 삼투압이 조절되지 않아 몸이 붓는다. 또한 전해질 불균형으로 구토와 설사가 잦아지며 조혈 호르몬 부족으로 만성 빈혈이 오고 심장질환이 유발된다. 요독증은 성기능장애와 골다공증까지도 유발한다. 신장에 문제가 생기면 다른 모든 장기에 영향이 간다. 이렇게 신기능 저하가 3개월 이상 지속되면 만성 신부전이다. 신기능이 10% 정도 남으면 그때부터 장기 생존이 어려워진다.

만성 신부전에는 악화를 늦추는 치료밖에 없다. 최종 신대체요법을 찾아내지 못했을 때는, 만성 신부전이 오면 고칼륨혈증에 이은 심장마비로 죽음을 맞아야 했다. 하지만 지금은 신기능이 10% 아래로 떨어지면 신장이식과 투석을 고려할 수 있다. 이식은 타인의 신장을 혈관 두 개와 요관 하나로 연결하는 것이다. 신장이식의 역사는 약 50년밖에 되지 않았다. 평생 면역억제제를 먹어야 하지만 이식을 받으면 삶의 질이 훨씬 더 나아진다. 이식을 받을 수 없다면 투석을 해야 한다.

투석

투석은 신장의 일을 대체하는 것으로, 혈액을 걸러서 질소화합물인 노폐물과 수분, 전해질을 빼내준다. 투석 방법에는 복막 투석과 혈액 투석이 있다. 복막 투석은 복막에 투석액을 넣어서 삼투압으로 질소 노폐물과 전해질이 투석액으로 흘러나오게 하는 것이다. 하지만 복강에 균이 들어가기 쉬우므로 관리가 어렵고, 노폐물이 충분히 배출될 때까지 하루 여덟 시간 동안 투석액을 넣었다 빼야 한다. 혈액 투석은 투석기에 혈액을 통과시켜 수분과 노폐물을 빼내는 것이다. 하루 네 시간이면 되지만, 혈액을 몸밖으로 빼냈다 다시 집어넣는 과정이 괴로울뿐더러, 이렇게 순환시키려면 충분한 혈액의 압력을 얻을 수 있는 동정맥루도 필요하다. 이런 모든 기술로도 신장 기능을 최대 20%까지 대체할 수 있을 뿐이다. 게다가 투석 환자는 짜게 먹으면 전해질이 쌓여 대사에 영향이 가고 몸이 붓는다. 고로 평생 싱겁게 먹어야만 하고 삼투압 조절이 어려우며 노폐물이 쌓인 상태로 살아갈 수밖에 없다. 이 모든 것이 이유가 되어, 투석 환자의 10년 생존률은 50% 정도밖에 되지 않는다.

신부전은 급격한 죽음의 징후이기도 하다. 각종 중환자는 최종적으로 다발성 장기부전으로 상태가 극도로 악화되는 경우가 많다. 이름대로 모든 장기가 망가지는 질환인 다발성 장기부전에는 여러 원인과 형태가 있지만 결정적인 분기는 신장의 기능이다. 인체는 감염, 패혈증, 약물, 외상, 면역 저하 등이 원인이 되어 죽음의 과정에 접어들게 된다. 이때 신장은 노폐물을 배출하고 전해질을 교정하고 산성도를 유지하면서 마지막까지 죽음에 저항한다. 그러나 신장이 두 손을 들고 항복하면 그때부터는 본격적인 죽음이 시작된다. 혈액의 전해질이 날뛰고 pH가 산성이 된다. 삼투압이 조절되지 않고 산성도와 전해질이 변하면 모든 장기는 제 기능을 유지할 수 없다. 결국 다발성 장기부전을 진단받은 환자 가운데 절반 이상이 사망에 이르게 된다. 신장의 죽음은 곧 본체의 죽음이다. 다만 뇌나 심장, 폐와 달리 최후까지 버티다가 천천히 죽음에 이른다는 차이가 있을 뿐이다.

다발성 장기부전의 원인이 노환이나 치료할 수 없는 질환인 경우 의사는 사망을 선언할 것이다. 하지만 신장이 갑자기 나빠졌다면 기능을 대체하면서 회복을 노려볼 수 있다. 이것이 CRRT, 지속적 신대체요법이다. 혈액을 네프론과 비슷한 필터에 통과시켜 적혈구나 혈액세포는 그대로 보존하고 요소와 전해질을 빼내는 것이다. 또 신장이 그러듯 여과량을 조절할 수도 있다. 물론 체내 혈액을 모조리 뽑아다가 기계에 돌리고 다시 넣어주는 것은 매우 번거로운 일이다. 혈액 응고를 막는 약품을 써야 하고, 공기 방울을 제거하고 적당한 압력을 유지해야 하며, 칼슘 농도를 따로 맞춰야 하고, 매질도 갈아주어야 한다. 당연히 전류를 공급해서 모터도 돌려야 한다. 복잡한 과정을 거쳐야 하지만, 인간이 한 장기의 기능을 흉내라도 낼 수 있게 된 것도 위대한 일이다. 인류가 CRRT 요법을 개발한 지는 50여 년밖에 되지 않았다. 이로써 또 한번 많은 인간이 생을 얻었다.

· · · · · ·

크레아티닌 수치가 높았던 환자의 사타구니에 주사기를 꽂아 와이어를 넣었다. 산소 분압이 낮은 검은 피가 콸콸 쏟아져 나왔다. 곧 와이어를 따라 카테터를 넣었다. 음료수를 마실 때 쓰는 빨대만큼 굵은 카테터가 신체 중앙의 정맥에 거치되었다. 여기서 마음껏 피를 뽑고 넣을 수 있었다. 때맞춰 중환자실에서 커다란 CRRT 기계를 밀고 내려왔다. 환자의 소변통은 그때까지도 비어 있었다. 혈압이 오르내렸고 의식 수준은 더욱 떨어졌다. 환자는 신장이 일하지 않는 상태를 버티지 못하고 있었다. 출입구를 연결하자 CRRT 모터가 웅 소리를 냈다. 검은 혈액이 기계로 빨려 들어갔다가 다시 환자의 몸으로 들어가기 시작했다. 내 몸체만 한 기계가 혈액 속 노폐물을 거르고 있었다.

깊은 안도의 한숨이 터져나왔다. 환자의 심장이 멈추기 전에 간신히 CRRT를 연결하는 데 성공했다. 기저질환이 없었으므로 신장기능만 도와주면 나머지는 회복될 확률이 높았다. 환자의 딸을 불러 기계를 보여주며 말했다. "정말 위험할 뻔했습니다. 폐렴은 항생제로 치료하고 신장기능은 이 기계가 대체할 겁니다. 중환자실에서 회복되면 하나씩 제거하겠습니다. 그리고 이제부터 아버님이 말을 안 들으시면 더 크게 혼내야 합니다. 일찍 오셨으면 이런 사태까지 안 왔을 거예요." 딸은 안도하며 감사를 표했다.

이렇게 증상이 있어도 고집스럽게 병원에 오지 않으려고 저항하는 사람들이 있다. 하지만 그렇게 병을 키우다 언젠가는 의식을 잃고 죽음과 가까워져 응급실을 찾게 된다. 그리고 그곳에는 고집스럽게 환자의 죽음에 저항하는 의료진이 있다.

마지막으로 나는 반짝이는 CRRT 기계가 열심히 돌아가는 걸 보았다. 우리 몸의 혈액이 이 커다란 기계를 전부 통과해서 몸 안으로 들어오는 일을 고작 주먹 하나 크기의 신장이 하고 있다니. CRRT는 인간이 우리 몸의 여과 기관과 미세혈관을 조금이라도 흉내내보고자, 호르몬의 작용을 조금이라도 재현해내고자 노력한 결과물이다. 그리고 그 노력이 최후의 저항이 되어 기적적으로 사람을 살려내고 있다. 새삼 엄청난 양의 혈액을 걸러내면서 에너지 소모도 적고 특별한 세팅을 안 해도 알아서 작동하는 신장이 소중하게 느껴졌다. 불현듯 내 양쪽 옆구리를 쓰다듬어보았다.

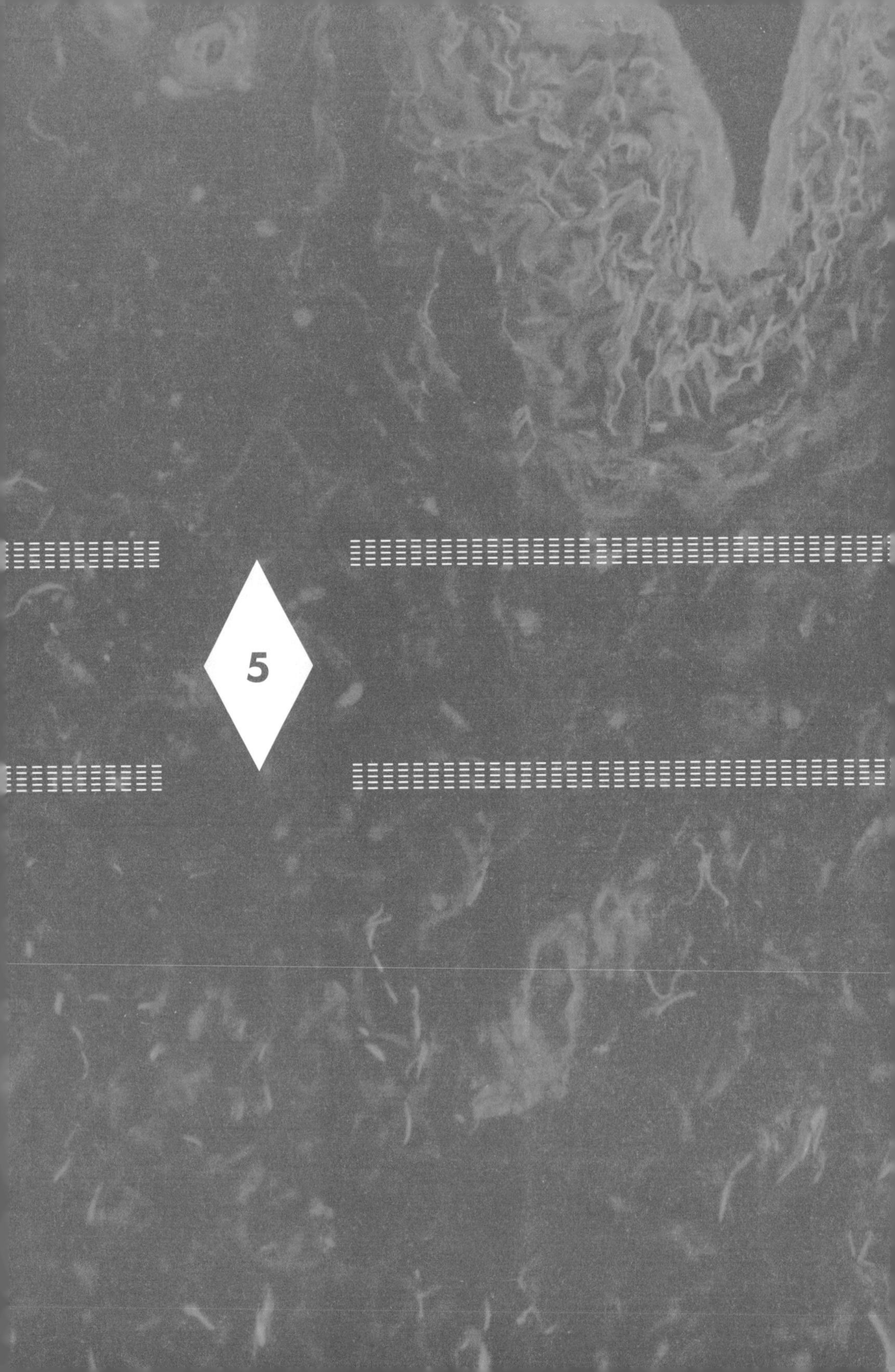

5

호르몬과 신경전달물질, 37조 개 세포를 조절하는 일

내분비

ENDOCRINE SYSTEM

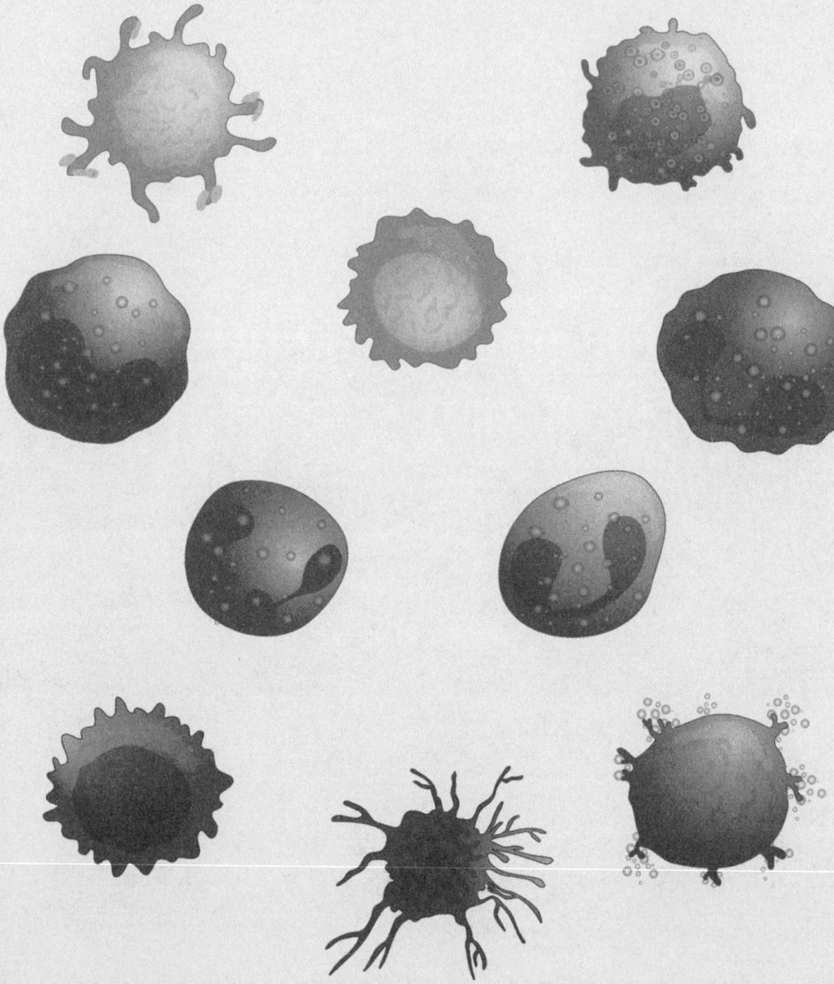

"코드 블루. 코드 블루. 지하 1층 MRI실."

방송을 듣자마자 응급실에서 뛰어나갔다. '코드 블루'는 심정지 환자 발생을 알리는 신호다. 발생 장소는 MRI실이었다. 병동이나 중환자실이면 근무하는 의사들이 있겠지만, 지하 1층 MRI실엔 상주 의사가 없기 때문에 1층에 있는 내가 가봐야 했다. 세 계단씩 성큼성큼 뛰어내려가 한달음에 MRI실에 도착했다. MRI실과 가까운 영상의학과의 의사가 먼저 와 있었다. 그보다 먼저 온 간호사가 심폐소생술을 하고 있었고, 다른 의료진은 기관내삽관과 약물 투여를 할 수 있도록 카트를 밀고 왔다. 환자의 머리맡으로 가서 기관내삽관을 하자 CPR 팀으로 등록된 내과의사와 해당 환자의 주치의가 도착했다. 카트에서 에피네프린을 꺼내 정맥으로 투여하자 4분 만에 심장박동이 돌아왔다. 환자의 의식도 같이 돌아왔다. 주치의는 중환자실로 이송할 예정이라면서 상황 종료를 알렸다. 나도 가운 자락을 털면서 응급실로 복귀했다.

원내에선 심정지가 흔하게 발생했다. 누구라도 심정지 환자를 발견하면 원내 방송국에 연락해서 코드 블루를 방송하기로 약속되어 있었다. 병원 스피커로 코드 블루가 울리면 담당 의료진이 뛰어가서 환자에게 조치를 취하는 시스템이다.

나는 숨을 고르면서 수간호사 선생님에게 말했다.

"환절기라 그런지 코드 블루가 잦네요."

"맞아요. 어제도 그제도 한 건씩 있었는데. 그런데, 선생님은 코드 블루 말고 다른 신호 들어본 적 있나요?"

"있는 건 알지만 들어본 적은 거의 없어요."

"코드 레드, 코드 옐로, 코드 핑크, 코드 그린, 코드 그레이, 코드 블랙, 코드 퍼플도 있어요. 선생님도 다 아시지요?"

"그런 게 있는 줄은 알지만, 뭔지는 사실 잘 몰라요. 코드 레드는 뭔가요?"

"화재 발생이요."

"아하⋯⋯ 일리가 있네요. 코드 핑크는요?"

"유괴 사건이요."

"코드 블랙은요?"

"자연재해."

"지진이나 쓰나미 같은 거요? 코드 그린은요?"

"폭발물 위협이요."

"난리 났네요. 너무 미국 설정을 그대로 가져온 거 아닌가요. 코드 퍼플은요."

"그건 위험인물 출현이요."

"안 되겠다. 못 외우겠어요. 10년간 한 번도 방송 나오는 걸 들어본 적도 없고."

"어떤 부모가 아이를 잃어버려서 코드 핑크가 뜬 적이 있어요. 11년 전엔가. 5년 전 병동 발전기 터졌을 때는 코드 레드가 떴었고요. 그래서 정기적으로 교육하잖아요. 신분증 뒤에도 적혀 있고요. 알아두어야 해요."

신분증 뒤편에는 색깔별 코드가 적혀 있었다. 유괴, 자연재해, 폭발물 위협, 위험인물 출현 등은 대단히 드물게 발생하는 상황이었다. 그럼에도 수많은 사람이 오가는 병원에서는 각종 사건 사고가 일어날 수 있다. 이에 대비해 1000명이 넘는 직원이 주어진 역할을 다하며 환자의 안전을 도모한다. 돌발적으로 사건이 벌어지면 담당 직원이 즉시 일을 처리해 환자와 보호자의 안전을 확보하는 체계가 있어야만 한다. 물론 평소에 이 체계를 숙지하는 일은 쉽지 않지만 말이다.

"세포가 주변에 신호를 보내면 '주변 전달', 먼 곳까지 전달하면 '원격 전달'이다. 주변 전달엔 신경전달물질이, 원격 전달엔 호르몬이 분비된다"

우리는 수많은 세포로 이루어져 있다. 그 수를 정확히 셀 수는 없지만 대략 37조 개 정도라고 알려져 있다. 하루 평균 3300억 개의 세포가 교체된다. 세포는 모두 독립된 존재로, 하나하나 핵과 DNA를 지니고 있고 세포막을 경계로 각자의 역할을 한다. 이들이 기능별로 모여서 장기가 되고, 장기가 모여 일을 함으로써 인간이 살아갈 수 있게 된다.

세포끼리는 의사소통이 필요하다. 세포가 저마다 외따로 일하면 인간의 생명 활동은 성립하지 않는다. 안구세포와 발가락세포처럼 멀리 떨어져 있어도 통일된 지시 체계가 있어야 한다. '냉장고에 가서 물을 꺼내 와' 같은 명령이 있으면, 우리 몸의 세포들은 서로 협동해서 이를 수행한다. 이러한 명령에는 여러 종류가 있다. '당을 높이고 혈압을 낮추자' '땀을 흘려서 열을 식히자' 같은 순간적 생체 변화에 관한 게 있는가 하면 '이차성징을 하면서 팔다리를 늘리자' '배란을 할 때가 됐다' 등의 중장기적 생체 변화에 관한 것도 있다. 하지만 우리가 아무리 코어근육에 힘을 주며 이런 생체 변화를 일으켜보려 한들, 당을 높이거나 이차성징을 시작하거나 배란일을 예약할 순 없다. 세포끼리 긴밀하게 소통하면서 몸이 알아서 이를 수행하기 때문이다.

37조 개의 세포 사이에는 신호 전달 방법이 있다. 첫 번째는 직접 연결이다. 세포는 물리적으로 붙어 있기도 하지만, 화학적으로도 붙을 수 있다. 직접 연결된 세포들은 상시 소통할 수 있는 다리를 놓아서 물질을 바로 교환한다. 직접 연결된 세포끼리는 신호가 곧장 전달된다. 심장, 신경, 안구 등의 세포는 직접 연결로 빠른 소통을 한다. 특히 심장 회로(전도계conduction system)엔 일반적으로 초당 1회쯤 신호가 지나가는 경로가 있어 심장은 평생 이 경로를 이용한다.

신경조직도 필요시 빠르게 지시를 전달한다. 하지만 한 세포와 직접 연결될 수 있는 것은 인접한 세포뿐이다.

그 외 세포들은 세포 고유의 기능인 분비를 이용한다. 분비란 세포 내부에서 무엇인가를 내보내는 것이다. 가령 사우나에서 우리 몸의 땀샘세포는 수분에 전해질을 섞어 땀을 분비한다. 이렇게 분비를 하는 세포는 이름 뒤에 '샘(선腺)'이 붙는다. 두피에 있는 피지샘(피지선)은 머리카락에 기름을 바른다. 우리가 머리를 감아야 하는 것도 이 피지샘 때문이다. 성적으로 흥분했을 때 여성의 점액샘은 윤활액을 내보내고 남성의 쿠퍼샘은 쿠퍼액을 내보낸다. 이들은 몸 바깥으로 물질을 분비하므로 외분비다. 반대로 인체 내로 물질을 분비하면 내분비다. 한 세포에서 내보낸 물질이 다른 세포막을 뚫고 들어가서 지시를 전달하는 것이다. 이를 간접 연결이라고도 한다. 내분비 영역에서, 세포가 주변에 물질을 뿌리면 '주변 전달'이다. 사람이 쓰러졌다고 소리치면 이 소리를 듣고 다른 사람이 달려오는 것과 같은 이치다. 이때 사용되는 물질을 신경전달물질이라고 한다. 신경전달물질은 신경계에서 주변 세포에 신호를 전달한다. 한편 원내 방송으로 사람이 쓰러졌다고 방송할 수도 있다. 그러면 멀리서도 사람들이 달려올 것이다. 이렇게 신호가 먼 곳까지 전달되면 '원격 전달'이다. 이때 사용되는 물질이 바로 호르몬이다.

내분비샘에선 호르몬을 만들어 혈액으로 보낸다. 혈액은 1분 안에 전신을 한 바퀴 돌 정도로 빠르게 순환한다. 이때 해당 호르몬과 관계없는 세포는 그대로 하던 업무에 열중한다. 하지만 특정한 표적 세포는 혈중 호르몬을 감지하고 그 지시에 따른다. 호르몬은 고유의 기능이 있으며 몇 분에서 몇 시간 정도만 작용하다가 간에서 분해된다. 우리는 호르몬의 짧은 생애를 이용해서 몸을 절묘하게 조정한다. 우리의 생체리듬, 생애 주기는 대부분 호르몬으로 조절된다.

호르몬의 존재가 밝혀진 지는 100년 정도밖에 되지 않았다. 현재까지 알려진 호르몬은 80여 종인데, 이는 아민, 펩티드, 스테로이드 등 세 종류로 분류된다. 각각 질소, 아미노산, 지방 계열이다. 호르몬은 종류별로 구조가 비슷해서 다른 종種끼리도 공유가 가능하다. 인간이 맞는 인슐린(펩티드)은 개한테서 처음 추출되었고, 아나볼릭 스테로이드는 황소의 고환에서 추출되었다. 고등동물의 호르몬은 그 구조 그대로 사용되었는데, 대신 우리 몸의 표적세포를 바꿔 다른 기능을 이용하는 식으로 진화했다. 그래서 인간이 동물의 호르몬을 맞아도 반드시 동물에게서 작용하는 것과 같은 효과가 나타나지는 않는다.

호르몬의 작용은 신비롭고 오묘하다. 하나의 호르몬이 하나의 기능을 하면서 스피커 볼륨처럼 세기가 조절되는 식이 아니다. 호르몬이 많이 분비되면 다른 수용체에 결합해 오히려 부작용이 일어난다. 원내 방송이 너무 시끄러우면 귀를 막아버리는 이가 있는 것과 같은 이치다. 반대로 호르몬이 나오지 않으면 대체 호르몬이 나오거나 엉뚱한 증상이 발생한다. 사람이 쓰러지는 걸 보면 원내 방송이 안 나와도 누군가는 도움을 주러 오거나, 소통이 안 되어 혼란이 생길 것이다. 가령 스트레스를 담당하는 부신호르몬이 부족하면 갑자기 전신 피부가 검어진다. 이 호르몬이 과다 분비되거나 부족하면 매우 피곤해지기도 한다. 또한 호르몬은 상호작용한다. 두 개 이상의 호르몬이 더 커다란 효과를 내기도 하고, 두 개 이상의 호르몬이 있어야만 비로소 효과가 발생하기도 하며, 하나의 호르몬이 그다음

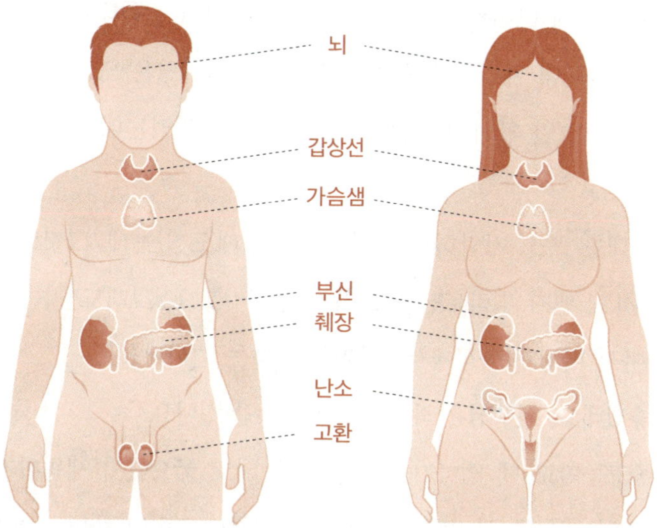

우리 몸의 내분비계

호르몬을 억제해서 기능을 조절하기도 한다. 사람이 극도로 흥분하거나, 이차성징을 시작하거나, 출산 뒤 모유가 나오게 되는 것은 모두 이런 작용을 통해서다.

“메시처럼 성장호르몬을 맞지 그랬어요”

코드 블루 이후에는 병원이 조용했다. 심정지 환자가 중환자실에서 안정을 찾은 모양인지 더이상의 방송은 없었다. 우리는 막간을 이용해 이런저런 수다를 떨었다. 한 간호사 선생님이 최근에 휴가를 다녀온 이야기를 꺼냈다.

"저 유럽에 다녀왔는데 시차 조절이 안 돼서 졸리네요."

"원래 3교대 야간 근무를 하는데, 여행 시차랑은 또 다르죠?"

"네, 잠이 안 와서 비행기에서 멜라토닌을 먹었는데 그래도 효과가 없었어요."

"안대를 쓰고 가만히 있으면 잠이 올 때도 있는데, 그것도 쉽지 않죠. 저도 왠지 멜라토닌은 효과가 없더라고요. 그래도 저는 다리가 짧아서 비행기 좌석에서도 편히 잘 자는 편이에요."

"좋겠네요. 선생님은 왜 그렇게 키가 안 컸나요?"

"중고등학교 때 엄마가 밥 먹으라는데도 굶으면서 새벽까지 세상 고민하느라 못 잤더니 키가 안 자랐어요. 그런데 유난히 하반신이 안 자라서……."

"안 그래도 저 유럽에서 축구 보고 왔는데, 메시처럼 성장호르몬을 맞지 그랬어요."

"그게 말처럼 쉽나요. 메시는 2년 동안 주사 맞았다는데, 우리 때는 그런 치료도 많이 없었고요."

"그런데 요즘 A 선생님 살 빠진 거 보셨나요? 주사 맞으셨대요. 10kg쯤 빠졌다던데."

무용해 보이는 대화를 나누다 보니, 어느덧 점심시간이었다. 슬슬 배가 고파졌다.

> “성장호르몬은 아미노산 수송을 증가시키고 단백질 합성을 촉진해 조직과 기관을 성장시킨다”

처음 호르몬을 발견했을 때 우리는 중앙집권체제를 상상했다. 뇌에 내분비를 담당하는 부서가 있었기 때문이다. 이곳은 뇌 중앙에 있는 '시상' 아래에 있어서 '시상하부'라는 이름이 붙었다. 여기서 신호를 보내면 뇌하수체를 통해 호르몬이 전신으로 전달된다. 뇌하수체는 뇌의 '하수', 즉 뇌 아래쪽으로 늘어져 있는 0.5g쯤 되는 기관인데, 전신으로 신호를 전달하기 위해 뇌 바깥으로 나와 있다. 덕분에 뇌하수체 수술은 코로 내시경을 집어넣어서 할 수 있다. 뇌하수체는 혈액으로 호르몬을 보내 표적 기관을 자극한다. 가령 부신피질자극호르몬은 부신피질을, 갑상선자극호르몬은 갑상선을, 난포자극호르몬은 난포를 자극한다.

뇌하수체의 절반은 성장호르몬을 생산하고 유통한다. 성장호르몬은 일명 '키 크는 호르몬'으로, 실제 몸을 키우라는 지시를 내린다. 시상하부에서 성장호르몬을 방출하라고 지시하면 뇌하수체가 성장호르몬을 만들어 내보낸다. 반대로 소마토스타틴somatostatin, 성장호르몬억제인자. 세포 증식에 관여하는 펩티드 호르몬으로 수많은 이차호르몬의 분비를 방해하기도 한다을 내면 뇌하수체가 성장호르몬을 억제한다. 성장호르몬은 아미노산 수송을 증가시키고 단백질 합성을 촉진해서 조직과 기관을 성장시킨다. 성장호르몬은 밥을 굶었을 때 지방을 분해해서 간에 넣어 혈당을 올리는 등 대사에도 관여한다. 성장호르몬 분비는 밤에 잠들면 증가하고 주간에는 감소하며, 고단백 식사를 해서 아미노산이 흡수되어도 증가한다. 그러니까 키를 키우는 좋은

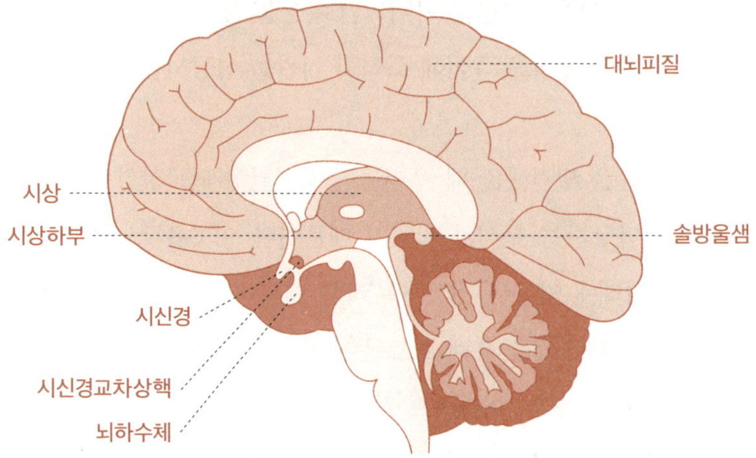

시상하부와 뇌하수체

방법은 성장기 때 고단백 식사를 하고 밤에 빨리 자는 것이다.

성장기 때는 뼈의 끝판이 열려 있다. 이 부분이 '성장판'이며, 성장호르몬은 안쪽 연골을 단단한 뼈로 만들어서 점차 뼈 길이를 늘리는 역할을 한다. 이렇게 뼈는 끝부분이 길어지는 게 아니라 안쪽에서부터 자라면서 늘어난다. 그런데 뇌하수체에 종양이 생기면 성장호르몬이 비정상적으로 많이 만들어져 키가 지나치게 커지게 된다. 이것이 거인증gigantism이다. 성장판이 닫힌 뒤에도 성장호르몬이 과다하게 분비되면 뼈가 옆으로 자라면서 불거진다. 그래서 턱 부위가 길어지고 손발가락 관절이 두꺼워지며 피부가 거칠어지면서 연조직근육, 근막, 인대, 피부, 지방 등 장기나 뼈를 둘러싼 조직이 자란다. 이것이 말단비대증acromegaly이다. 키가 큰 거인증이나 턱이 긴 말단비대증 환자들은 비슷한 인상을 준다. 같은 내분비질환이 있다 보니 호르몬의 영향으로 닮아가는 것이다. 이 질환들은 성장호르몬을 억제하는 소마토스타틴 주사를 맞거나, 코로 내시경을 집어넣어 종양을 제거하는 수술을 해서 치료할 수 있다.

반대로 뇌하수체 기능부전으로 성장호르몬이 나오지 않을 수도 있다. 이 경우 대사작용은 다른 호르몬이 도울 수 있지만 키는 크지 않는다. 이를 왜소증dwarfism이라고 부른다. 이럴 때도 성장호르몬을 사용해 키를 키울 수 있다. 성장호르몬은 펩티드라서 위장에서 녹아버리기 때문에 주사로 투여한다. 성장호르몬 주사로 키울 수 있는 키는 5~7cm다. 그러나 외부에서 호르몬을 투여하면 부작용이 발생할 수 있고, 더구나 왜소증이 성장호르몬 문제가 아닐 가능성이 더 높다. 그래서 성장호르몬을 주사로 맞을 때는 주의해야 한다.

“눈이 빛을 감지하면 시상하부에서 멜라토닌 배출을 감소시킨다”

한편 시상하부 뒤에 입주한 솔방울샘(송과체)은 생리작용을 조절하는 내분비기관이다. 솔방울샘은 멜라토닌을 분비해 수면 주기를 조절한다. 멜라토닌은 우리를 졸리게 하는 호르몬이다. 솔방울샘은 시상하부에 있는 시신경교차상핵suprachiasmatic nucleus, SCN으로 제어되어, 눈이 빛을 감지하면 시상하부에서 호르몬 분비를 감소시킨다. 그래서 낮에는 멜라토닌 분비가 억제되다가 어두워지면 증가해서 한밤중에 최고조에 달한다. 솔방울샘은 인간이 지구의 낮과 밤에 적응하기로 하고, 빛을 그 근거로 삼기로 했음을 알려준다. 덕분에 어두운 방에 갇혀서 며칠만 보내면 낮과 밤을 분간할 수 없게 된다. 또한 이 능력은 망막의 레티날 색소를 필요로 하기 때문에, 시각장애인은 수면 리듬 조절이 어렵다. 이때도 멜라토닌 약제를 써서 수면 조절에 사용할 수 있다. 멜라토닌은 짐승을 겨울잠에 빠지게도 하는 강력한 호르몬이다.

> "갑상선은 몸의 기초대사율을 조정한다. 하지만 혈중에 요오드가 없다면 갑상선은 티록신을 만들 수 없다"

갑상선도 내분비기관이다. 갑상선은 몸의 기초대사율을 조정한다. 우리는 추운 곳에도 더운 곳에도 간다. 또 육체적으로 노동을 할 때가 있고 집에 누워서 쉴 때도 있다. 그때마다 우리가 소모하는 칼로리와 필요한 대사 속도가 다르다. 갑상선호르몬은 우리 몸의 재생 속도를 지정하는 역할을 한다. 물론 기초대사의 기본값에는 개인차가 있다. 대사율이 낮게 설정되어 있으면 비만이 되기 쉽고, 높게 설정돼 있으면 많이 먹어도 살이 안 찐다. 과학적으로 많이 먹어도 살 안 찌는 체질이 있는 것이다.

갑상선은 목 앞에 있어서, 손으로 목을 감싸면 만져진다. 방패 모양이라 갑甲상선이며 내분비샘 중에선 가장 커서 20g 정도 된다. 갑상선은 티록신thyroxine이라는 호르몬으로 기초대사율을 조정하는데, 단백질 속의 티로신tyrosin에 요오드를 붙여서 티록신을 만든다.

티록신은 단백질 합성을 자극하고 세포호흡을 증가시켜 대사 속도를 빠르게 늘린다. 뇌하수체와 갑상선은 피드백을 주고받는 관계다. 뇌하수체가 갑상선자극호르몬thyroid stimulating hormone, TSH으로 갑상선을 자극하면, 갑상선은 티록신을 내보내고, 티록신을 감지한 뇌하수체가 TSH 분비를 중단한다. 이렇게 우리는 정해진 기초대사율을 유지한다.

하지만 혈중에 요오드가 없다면 갑상선은 티록신을 만들 수 없다. 그래도 뇌하수체는 호르몬을 계속 보내고, 갑상선은 자극에 시달리며 크기가 커진다. 요오드 섭취가 부족하면 목이 부어서 혹처럼 보이는 풍토병인 갑상선종goiter이 온다. 특히 요오드는 해조류에 많이 들어 있으므로, 갑상선 기능 저하는 내륙 지방에서 많이 발생한다. 티록신이 부족하면 기초대사가 떨어져서 체중이 증가하고 항시 졸리고 활동이 느려지며 기억력이 저하되고 우울해진다. 그뿐만 아니라 피부가 건조해지고 머리카락이 거칠어지며 말이 우둔해지고 손발이 붓는다. 적고 보니 어쩐지 현대인 모두가 가지고 있는 증상인 것 같다. 호르몬은 이렇게 전신에 두루 영향을 미친다. 우울증, 치매, 갱년기, 산후 증상, 스트레스와 분간되지 않으므로, 이런 증상이 있을 때 정확한 진단을 받기 위해선 갑상선 검사를 해봐야 한다.

티록신은 신경계 발달에도 영향을 미친다. 특히 생후 3~6개월 뇌 발달을 촉진시키므로, 이때 진단을 놓치면 영구 지체장애를 얻을 수도 있다. 갑상선 저하의 또다른 원인은 자가면역질환인 하시모토갑상선염Hashimoto's thyroiditis이다. 이 질환은 티록신 복용으로 치료할 수 있다. 한편 자가면역으로 갑상선항진증이 오는 질환은 그레이브스병Graves' disease이라고 한다. 증상은 갑상선저하증과 거의 반대로 나타나서, 활동량이 증가하며 항시 더위를 느끼고 맥이 빨리 뛰며 신경이 과민해지고 집중력이 떨어지면서 체력 소모가 심해 근력이 약화된다. 자가면역질환으로 안구 돌출이 유발되기도 한다. 저하증과 항진증은 모두 불규칙한 월경과 난임, 조기 유산이나 선천적 기형 등을 유발한다. 모자람과 넘침이 같은 증상으로 이어지는 셈이다.

갑상선은 암이 잘 생기는 기관으로 유명하다. 하지만 갑상선종양은 악성이어도 생존에 거의 영향을 미치지 않는다. 갑상선은 암에 걸려도 그 범위가 일부에 국한되는 경우가 많아 기능에 대체로 영향을 받지 않는다. 갑상선암 진단이 점차 늘어나고 있는 것은 진단 기술의 발전 덕분이다. 갑상선 제거 수술은 위험하지 않다. 다만 제거하면 평생 티록신을 복용해야 한다. 그래서 '갑상선암을 반드시 찾아내 수술해야 하는가'는 의학계의 난제다. 아직은 그래도 악성 암이므로 제거하는 것이 추세다.

"나는 호르몬의 강렬한 지배를 받는 중이었다"

점심시간 전, 응급실은 조용했다. 식사를 하고 돌아오면 좋을 타이밍이었다. 그런데 접수처가 갑자기 시끄러워졌다. 낮술을 마시고 구타를 당한 뒤 얼굴에 피를 흘리는 환자라고 했다. "사람이 아픈데 돈부터 내라고 지랄들이야." 의료진이 접수를 부탁하자 화가 난 모양이었다. 만만치 않은 환자임이 분명해서, 나는 접수처로 나가 그를 설득했다. "접수를 하셔야 제가 전산에 처방을 넣을 수가 있어요. 안 하시면 애초에 진료가 불가능해요."

어찌어찌 접수를 하고 온 그는 대기실에 앉자마자 소리쳤다. "빨리 와보지도 않고 뭐하는 거야?" 그러더니 이글거리는 눈빛으로 나를 쏘아보며 누군가와 큰 소리로 통화하기 시작했다. 먹지도 않은 밥에 체할 지경이었다. 그가 휴대전화로 누군가에게 욕설을 내뱉는 동안, 얼굴을 소독하고 상처를 확인했다. 환자의 입에선 술냄새가 났고 욕을 지껄일 땐 밥알이 튀어나왔다. 봉합할 상처는 없었으나 눈두덩이가 팅팅 부어 있었고 코는 휘어 있었다. 코뼈가 부러져 코피를 흘린 모양이었다. 얼굴에 흐른 피를 닦고 찰과상을 소독한 뒤 X-ray와 CT 처방을 냈다. 그는 촬영을 하고 돌아오자마자 화를 냈다. "도대체 언제 끝나. 내가 지금 얼마나 바쁜 사람인데. 빨리 가서 이 자식을 확!" CT를 보니 주먹에 맞은 코뼈는 심하게 무너진 상태였고 눈 쪽엔 약간의 안와골절까지 있었다. 나는 식은땀을 흘리며 그에게 최대한 차분히 설명했다. "추후에 수술이 필요합니다. 코 풀지 마시고 부기가 가라앉으면 성형외과에 방문해 수술받으셔야 할 거고요. 염증이 심해지면 스테로이드 치료를 고려해야 합니다……." 그렇게 이르곤 퇴원 처방을 냈다. 그런데 이내 접수처가 다시 시끄러워졌다. 환자가 분노에 차서 문을 부수고 있었다. 대낮부터 잔뜩 취해서 얼굴에 붕대를 감은 채 고성을 지르는 모습이, 그야말로 분노의 화신 같았다.

"네가 하라는 대로 접수했더니 돈 내놓으라잖아, 이거 완전히 미쳤구먼."

"치료비를 안 내시겠다고요?"

"내가 지금 구타 피해자잖아. 피해자는 돈을 낼 필요가 없지. 당연한 거 아냐. 당신들이 날 때린 놈을 잡아다가 돈을 받든가 해야지."

"저희가 공권력이 없는데 어떻게 그렇게 합니까? 일단 치료비를 지불하고, 이후에 그쪽이랑 합의하셔야죠."

"지금 피해자 인권을 무시하네. 처음부터 마음에 안 들더라니. 고객한테 돈부터 내라고 하지를 않나."

"저희가 그런……."

"여기 서비스 엉망이네. 고객이 피를 흘리는데 빨리 와보지도 않고, 돈만 밝히고, 설명도 느려 터졌고."

순간 입이 바짝 마르고 머리털이 쭈뼛 서는 것 같았다. 식욕이 달아났고 심장이 쿵쾅거리면서 동공이 커졌다. 아마 혈압과 혈당도 치솟았을 것이다. 머릿속에서 공습경보가 띠용띠용 울리면서 그동안 만나온 분노의 화신들에 대한 두려움이 되살아났다. 경고 메시지가 자동 재생됐다. '무시무시한 환자다…… 얼른 피해야 한다!' 나는 호르몬의 강렬한 지배를 받는 중이었다.

"부신의 수질은 신경계의 지시를 받고, 피질은 호르몬의 지시를 받는다"

뇌하수체는 부신의 기능을 조절한다. 부신은 신장 위에 놓여 있다. 부신을 뜻하는 영어 단어 'ad-renal' 역시 신장 위에 놓여 있다는 뜻이다. 신장이 두 개이므로 부신도 두 개다. 부신은 아드레날린을 분비하는 것으로 유명하다. 이 호르몬을 처음 발견한 일본인 과학자가 영단어 ad-renal에 'in'을 붙였다. '아드레날린이 방출된다'란 말 그대로 '옆구리에 있는 신장 위 부신에서 호르몬이 분비된다'

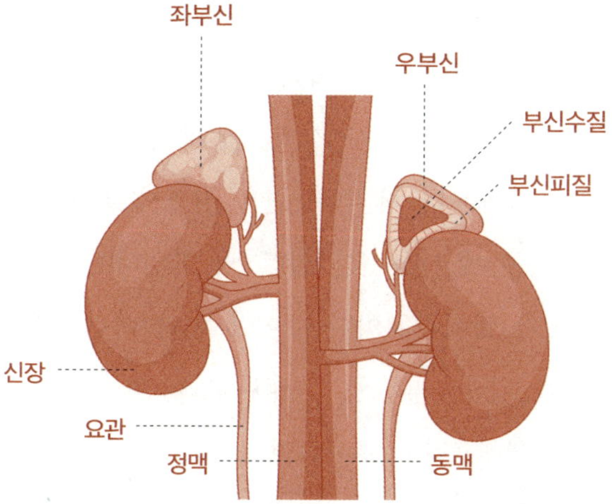

신장과 부신

는 뜻이다. 같은 호르몬을 발견한 미국 과학자는 여기에 에피네프린 epinephrine이란 이름을 붙였다. 역시 신장(nephros) 위에서(epi-) 나오는 호르몬(-ine)이라는 뜻이다.

부신은 바깥쪽과 안쪽으로 구별된다. 바깥쪽은 피질, 안쪽은 수질이다. 둘은 붙어 있지만 다른 기관에 가깝다. 수질은 신경계의 지시를 받고 피질은 호르몬의 지시를 받기 때문이다. 부신수질은 교감신경의 지시를 받아 에피네프린(아드레날린)-노르에피네프린-도파민을 분비한다. 셋은 비슷한 작용을 하는 카테콜라민catecholamine, C. A. 호르몬인데, 강도가 다르다. 이들은 위기 상황이 발생했을 때 우리를 각성시킨다. 스트레스 상황에서 카테콜라민이 분비되면 심장박동이 빨라지고 관상 동맥 혈관이 열리고 호흡수가 증가하고 대사율도 증가한다. 뇌신경 역치가 저하되면서 경각심이 생기고 정신이 또

렷해진다. 이는 교감신경 항진과 같은 효과다. 그러니까 이들은 신경계의 지시를 받아 교감신경계를 돕는 호르몬이다.

카테콜라민 호르몬은 너무 강력하기 때문에 병원에서는 최후의 수단으로만 사용된다. 에피네프린은 심정지 환자의 멈춘 심장을 다시 뛰게 하는 데 사용된다. 심정지에 유일하게 효과가 입증된 약물로, 반감기가 짧아 3분마다 주어야 한다. 아나필락시스 쇼크 anaphylactic shock, 심한 쇼크 증상처럼 과민하게 나타나는 전신성 항원-항체 반응가 왔을 때에도 에피네프린을 투여하면 심장을 뛰게 해서 쇼크사를 막을 수 있다. 패혈증 쇼크에도 카테콜라민을 사용하는데, 반감기 때문에 천천히 소량만 들어가게 해야 한다(다만 카테콜라민은 심장을 포함한 혈관을 강하게 수축시키는데 말초 혈관이 오랫동안 수축되면 혈행이 줄어들어 손가락이나 발가락이 괴사될 수 있다). 부신수질에 종양이 생기면 카테콜라민 분비가 자극되어 심장이 두근거리고 혈압이 오른다. 가끔 고혈압의 원인을 검사하다가 부신수질 종양이 발견되기도 한다.

바깥쪽의 피질은 콜레스테롤로 스테로이드를 만든다. 지방인 콜레스테롤은 호르몬을 만드는 핵심 성분이다. 뇌하수체는 부신피질자극호르몬 adrenal corticotropic hormone, ACTH으로 부신피질을 자극한다. 피질은 코르티코-스테로이드를 분비한다. 이들은 종류별로 신장이나 생식기에 작용하지만, 우리에겐 당류-코르티코-스테로이드가 가장 중요하다. 이 호르몬은 포도당을 합성해서 혈당을 올리고 지방을 분해하며, 결정적으로 전신의 염증반응을 억제한다. 우리가 "병원에서 스테로이드 치료받았어"라고 할 때 그 스테로이드다.

“스트레스를 받으면 스테로이드가 나온다. 부정적 스트레스가 만성화되면 스테로이드는 뇌에 영구히 영향을 미친다”

스트레스를 받으면 뇌하수체에서 ACTH 분비가 촉진되면서 부신피질에서 스테로이드가 나온다. 스트레스의 종류는 다양하다. 감염, 외상, 화상 등의 물리적 상황은 물론 누군가 나에게 분노를 표출하는 것과 같은 정신적 상황도 우리 몸에 가해지는 스트레스다. 이때 몸은 당류-스테로이드의 분비를 평상시의 여섯 배까지 높여서 정신을 각성시키고 염증반응을 줄인다. 일반적인 염증은 상처 회복에 도움이 되지만, 치명적인 손상이나 전신 화상으로 인한 심한 염증반응은 오히려 목숨을 위태롭게 만들 수 있기 때문이다. 감염, 외상, 화상, 스트레스 정도에 따라 인체는 스테로이드를 차등 분비해 염증을 줄인다. 병원에서는 앞서 말했듯 ‘항염’을 위해 스테로이드를 사용한다. 대표적으로 피부과에서 염증이 심할 때 처방하는 스테로이드 연고가 있다.

하지만 스테로이드는 부작용이 있다. 외부에서 스테로이드가 많이 들어오면 ACTH의 분비가 억제되어 부신피질

스테로이드의 사용

스테로이드는 수많은 질환의 치료제로, 염증을 줄일 수 있는 최종 수단이다. 사람에게는 원인을 알 수 없는 수많은 자가면역질환이 발생한다. 알레르기성 피부염도 그중 하나인데, 스테로이드는 피부염의 훌륭한 치료제다. 알레르기로 일어날 수 있는 모든 질환, 큰 수술, 포도막염, 면역억제 상태, 항암제 부작용에도 사용된다. 락스나 양잿물을 마셔서 위가 염증을 일으킬 때나 호흡기질환의 악화에도 사용된다. 코로나19로 인한 증상이 악화되었을 때도 염증을 줄이기 위해 스테로이드가 사용되었다. 우리 몸에서 자연스럽게 분비되는 호르몬은 이렇게 중요한 약제로 쓰인다.

이 위축된다. 밖에서 일을 해주니까 해당 기관이 줄어드는 것이다. 부신피질 위축은 콜라겐 합성 감소, 뼈 흡수 등을 일으킨다. 뇌하수체나 부신피질의 종양으로 스테로이드가 많이 분비돼도 비슷한 부작용이 생긴다. 이를 쿠싱증후군Cushing's syndrome이라고 한다. 이 질환을 앓게 되면 면역기능이 저하되어 감염에 취약해지고 뼈가 약해지며 피부가 건조해지고 갈라지며 혈압 조절이 되지 않고 감정이 불안정해진다. 또 지방 합성이 촉진되기 때문에 살이 쪄서 비만이 되며 어깨에 지방혹이 생기고 얼굴이 붓는다. 이렇게 부은 얼굴을 '달덩이얼굴moon face'이라고 하는데, 장기간 스테로이드 치료를 받으면 생기는 부작용이다. 스테로이드 치료를 받는 환자는 다들 얼굴이 부어 있다.

스테로이드는 뇌에도 영향을 미친다. 우리가 정신적으로 부정적 자극을 받으면 스테로이드가 분비된다. 위기에서 탈출해야 하기 때문이다. 그런데 부정적 스트레스가 만성화되면 스테로이드는 뇌의 기억 중추에 이를 각인시킨다. 이 상황을 기억에 저장해두었다가 비슷한 상황이 발생하면 재빨리 벗어나기 위함이다. 누구나 어릴 때 무서웠거나 억울했던 기억을 몇 개쯤 떠올릴 수 있을 것이다. 특히 자극에 민감한 유년기에 부정적인 스트레스에 반복적으로 노출되면 뇌가 변화되어 우울증에 잘 걸리고 수동적인 성격이 되며 자기 통제 능력을 상실할 수 있다. 또 스테로이드 효과로 인슐린 저항성이 악화돼 혈당이 올라가고 당뇨가 유발된다. 학대 피해자는 이렇게 정신적, 육체적으로 파괴된 채 트라우마를 안고 살아간다.

구타 피해자이자 응급실 업무방해 가해자를 보안요원이 데리고 나갔다. 나는 무사히 위기 상황에서 탈출했다. 스테로이드와 카테콜라민 분비가 줄어들자 배가 고파져서 식당에도 다녀올 수 있었다.

소화가 다 되어갈 무렵, 몸집이 크고 생김새가 우락부락한 남성이 응급실을 찾았다. 요즘 심장이 불규칙하게 빨리 뛰면서 기분이 이상하다고 했다. 심전도에 부정맥, 정확히는 심방세동이 찍혀 나왔다. 20대 초반에 부정맥이 생기는 것은 조금 의아한 일이었다. 환자를 다시 검진하러 갔는데 누가 봐도 '스테로이드'를 사용한 몸집이었다. 누운 자세에서도 그의 전완근과 대퇴직근은 매우 성을 내고 있었다.

"부정맥입니다. 혹시 운동하시나요?"

"아, 네. 몸 만들어서 대회 나가려고 준비하고 있습니다."

"혹시 근육 키우는 약물을 맞으신 적이 있나요?"

"네. 도움받으면서 운동하고 있습니다."

본인이 원해서 약물을 맞은 거라면 경찰에 신고해야 하는 불법은 아니었다. 근육을 키우는 약은 중독성 마약이 아니기 때문이다. 다만 의사의 처방전 없이 자체 유통해서 주사를 놓는 행위에 불법의 소지가 있을 뿐이다.

"약물 때문에 심장에 부작용이 온 것 같습니다. 투여를 중지하고 심장 전문의에게 상담을 받으셔야 할 것 같습니다."

"더이상 맞으면 안 된다는 건가요? 대회 날짜가 얼마 남지 않았는데요."

"약물로 심장질환까지 왔습니다. 저로선 더이상 사용하시면 안 된다고 권고할 수밖에 없네요."

약을 중지해야 한다는 말에 그가 눈을 무섭게 부릅떴다. 몸집이 위협적인 환자는 말투도 공격적이었지만, 다행히 내 말을 알아듣는 눈치였다. 약을 줄이고 심장 쪽 검진을 받아보겠다고 했다. 그는 큰 동작으로 꾸벅 인사한 뒤 퇴원했다.

한숨 돌리는 동안, 고통에 몸부림치는 젊은 여성이 실려 왔다. 평소에도 월경통이 심한데 오늘따라 더 심해서 구급대를 불렀다고 했다. 주기상 월경통이 심한 시기였고, 아랫배에 국한해서 아프다고 했다. 다른 질환일 가능성은 희박했다. 진통제를 주겠다고 하고 자리로 돌아와서 간호사 선생님에게 물었다.

"저는 잘 몰라서…… 월경통이 그렇게 아픈가요?"

"아프긴 한데 보통 구급차 부를 정도는 아니죠."

나는 일반적인 진통제를 처방했다. 매일 수많은 환자에게 처방하는 비스테로이드성 항염제였다. 약이 잘 듣는지 환자는 평온한 표정으로 걸어서 집에 갔다.

뒤이어 10대 여학생이 접수했다. 한 시간 전 성관계를 했고 피임약을 받으러 왔다고 했다. 정답이 정해져 있는 건 아니지만, 나는 이런 상황에선 피임약을 처방하는 편이었다. 그리고 환자에게 이 일이 당혹스러운 기억으로 남지 않도록 최대한 친절하게 설명하려 노력했다. "약은 한 알이에요. 이건 강력한 호르몬 제제입니다. 몸을 임신이라고 속여서 수정란이 착상되지 않게 방해하는 거예요. 성관계 뒤 72시간 내로 복용하면 피임에는 거의 성공합니다. 다만 울렁거리거나 부정출혈이 생기는 등 부작용이 있습니다. 구토하면 약을 다시 먹어야 하니까 병원에 방문하시고요. 잘 알겠지만, 되도록 자주 먹진 않도록 하세요." 학생은 인사하고 응급실을 떠났다. 중환자는 없었지만, 유난히 정신이 없는 날이었고 당이 떨어지는 것 같았다.

"생식샘은 난자, 정자, 정액 등을 몸 바깥으로 배출하는 외분비샘이자, 콜레스테롤로 만든 성-스테로이드 호르몬을 분비하는 내분비샘이다"

내분비기관에는 우리의 생식샘도 있다. (다시 한번 151쪽의 그림을 떠올려보자.) '남성호르몬'과 '여성호르몬'은 실생활에서 자주 언급된다. 생식 자체도 모두 호르몬작용의 결과다. 생식샘은 난자, 정자, 정액 등을 몸 바깥으로 배출하는 외분비샘이자, 콜레스테롤로 만든 성-스테로이드 호르몬을 분비하는 내분비샘이다. 남성의 정소(고환)와 여성의 난소는 서로 대응하는 분비샘이다. 정소는 남성호르몬을 만든다. 이 종류를 안드로겐이라고 한다. 테스토스테론은 대표적인 남성호르몬이다. 이들은 '남성'을 만드는 역할을 한다. 고환을 발달시키고 남성의 이차성징을 발현하며 사춘기 이후 정자를 생성한다. 또 남성 하면 일반적으로 연상되는 특징에도 관여한다. 굵은 목소리, 근육의 발달, 성욕과 함께 위험 추구 성향과 공격적인 성격도 테스토스테론의 영향이다. 익히 알려진 대로 탈모에도 영향을 미친다. 이 호르몬 중에서 가장 유명한 것은 처음 황소의 고환에서 추출한 아나볼릭 스테로이드anabolic steroid다. 이 스테로이드는 병원에서 처방하는 당류-스테로이드가 아니라, 근육을 키울 때 쓰는 스테로이드다. 부신에서 나오는 스테로이드와는 완전히 다른 호르몬이다.

남성의 생식 과정은 특별한 주기를 필요로 하지 않는다. 그래서 남성은 정소에서 꾸준히 안드로겐을 만든다. 하지만 여성의 생식은 주기를 필요로 한다. 그래서 난소는 직접 호르몬을 만들지 않고, 대신 난소 안의 여포와 황체가 주기에 따라 호르몬을 만든다. 여성은 태어날 때 이미 난소에 200만 개의 난모세포를 가지고 태어난다. 이들이 선별되어 초경 때는 4만 개만 남는다. 난소는 매달 하나의 우성난모를 골라서 난자로 만들어 배출한다. 여성은 평생 400개의 우성난모를 난자로 만든다. 여포는 난모를 품고 있는 주머니다. 난모가 난자가 되어서 배출되면 여포는 성숙해서 황체가 된다. 시상하부는 월경주기에 맞춰 여포자극호르몬follicle-stimulating hormone, FSH으로 여포를 자극하거나, 황체형성호르몬luteinizing hormone, LH으로 황체를 자극한다. 자극받은 여포에서 나오는 호르몬은 에스트로겐이고, 황체에서 나오는 호르몬은 프로게스테론이다. 임신이 되면 황체는 퇴화하지 않고 계속 호르몬을 내보낸다. 이들은 자궁내막의 두께와 배란, 임

아나볼릭 스테로이드

남성호르몬의 일종인 아나볼릭 스테로이드는 단백질을 합성해서 근육을 키우는 효과가 있다. 1950년대에 발견되어 체육계에 커다란 영향을 미쳤다. 아나볼릭 스테로이드를 맞은 인간은 근육량, 근력, 지구력, 스피드, 회복 능력까지 월등해졌다. 운동을 하지 않아도 근육이 생기는 수준이었다. 부작용이 있어서 일반적으로 의학에서는 아나볼릭 스테로이드를 치료약으로 사용하지 않는다. 하지만 운동선수에게는 암암리에 처방되었는데, 스포츠계에 일대 파동을 일으킨 뒤로 공정한 승부를 위해 사용이 금지되었다. 아나볼릭 스테로이드의 부작용은 광범위하다. 호르몬의 영향으로 성격이 공격적으로 변하고 장기적으로 사용하면 성기능이 저하된다. 심장근육은 발달하지만 혈관 발달은 되지 않아 스테로이드를 오래 사용하면 심장질환으로 사망에 이를 수 있다.

신 유지 등을 결정한다.

여성호르몬 역시 '여성'을 만든다. 이들은 여성의 이차성징, 유방 발달, 완경 등을 결정한다. 또한 근육 합성, 면역, 뇌기능, 지혈, 장 운동, 지질대사, 정신건강 등에 관여한다. 남성호르몬 및 여성호르몬은 각 성별의 전유물이 아니다. 여성이라도 부신에서 남성호르몬이 나오며 이는 근합성, 모발, 성욕 등에 관여한다. 특히 성충동은 남성호르몬의 역할이다. 그래서 생리적으로 남성의 성적 충동이 훨씬 더 높을 수밖에 없다. 남성의 정소에서는 여성호르몬을 일부 합성해서 면역, 뇌기능, 지질대사, 정신건강 등에 관한 생리작용을 한다. 남성이 갱년기가 되면 여성호르몬 비율이 높아져서 그 영향을 받는다는 말은 틀린 말이 아니다. 물론 여성이 한 달 주기로 변화하는 호르몬의 영향을 받는다는 말에도 일리가 있다.

의학이 합성한 성호르몬은 문명에 커다란 영향을 끼쳤다. 가장 혁신적인 호르몬제는 단연 경구피임약이였다. 프로게스테론은 황체에서 임신을 유지할 때 분비되는 호르몬이다. 경구피임약으로 프로게스테론을 꾸준히 복용하면 몸은 이를 임신 상태라고 혼동해서 황체자극호르몬을 차단하고 배란을 막는다. 평소에 피임약을 먹지 않았더라도 일시적으로 프로게스테론을 고용량으로 복용하면 이미 임신이 된 것으로 혼동하여 수정란의 착상을 막을 수 있다. 이것이 사후 피임약이다. 피임약은 성생활과 여성의 사회 참여에 커다란 영향을 미쳤다. 여성호르몬제는 배란이 반복될수록 유발되기 쉬운 자궁내막암, 난소암, 골반염의 발생을 줄여주지만, 혈전과 간질환, 유방암 등의 발병률을 높이는 것으로 밝혀졌다. 피임약은 월경주기를 규칙적으로 조절하는 치료제로도 쓰이며, 배란 시에 발생하는 통증도 줄여준다.

뇌하수체 후엽 또한 성 역할을 맡은 호르몬을 분비한다. 뇌하수체 후엽은 신장에서 수분을 재흡수하는 항이뇨호르몬과 자궁 수축 및 젖샘의 발달을 담당하는 옥시토신을 분비한다. 병원에서는 출산 시 산모의 자궁 수축을 돕기 위해 옥시토신을 투여한다. 수유하는 여성이 젖을 먹일 때도 옥시토신이 나온다. 안정감, 사랑, 애정을 느낄 때 뇌하수체 후엽에서 분비되는 옥시토신은 일명 '사랑의 호르몬'으로도 불린다. 누군가를 껴안거나 성관계 시 쾌감을 느낄 때도 옥시토신이 분비된다. 하지만 외부에서 옥시토신을 맞았을 때는 안정감이나 사랑을 느끼지는 않는다. 이런 걸 보면 인간을 쉽게 조종할 수 없어서 다행이란 생각이 든다.

성유인물질 페로몬

1903년생 아돌프 부테난트는 성호르몬 합성의 선구자였다. 그는 『파브르 곤충기』를 좋아했다. 특히 큰공작나방 암컷을 사방이 막힌 철조망에 가둬두었는데도 밤에 수컷 나방 40마리가 몰려들었다는 대목이 그의 눈길을 끌었다. 파브르는 암컷이 성유인물질을 내보낸다고 확신했다. 부테난트는 이 성유인물질을 실제로 찾아보기로 마음먹었다. 그래서 누에 50만 마리의 생식샘만을 따로 모아서 최초로 성유인물질을 추출했고, 그로부터 3년 뒤 이 물질은 '페로몬'으로 명명되었다. 페로몬은 곤충을 비롯한 동물 등이 성적 유혹을 위해 공기 중에 내뿜는 물질이다.

인간에게도 페로몬이 존재한다는 가설은 매우 흥미로웠기에, 사람들은 이를 찾으려고 했다. 어떤 물질의 영향이라도 받은 듯이 사랑에 빠지는 순간이 실제로 존재하기 때문이었을 것이다. 하지만 수많은 실험에도 인간의 성호르몬은 인체 내부에서만 작용했고, 페로몬은 은유적인 표현으로만 남았다. 어쨌든 아돌프 부테난트는 2만L나 되는 남성의 소변에서 최초로 안드로스테론을 분리했으며, 여성호르몬인 프로게스테론 또한 최초로 분리 추출해냈다. 그는 이 공로를 인정받아 노벨화학상을 수상했다.

“지방에서 분비되는 호르몬인 렙틴은 식욕을 억제한다”

호르몬의 존재가 발견된 뒤로도 오랫동안 의학계는 이들을 중앙집권의 전유물이라고 생각했다. 하지만 곧 지방자치의 증거들이 발견됐다. 일단 지방fat 조직에서도 호르몬이 분비된다. 우리 몸에 비축된 지방질은 거의 순수한 지방으로, 끓이면 불순물이 없는 기름이 된다. 그런데 놀랍게도 이 순수한 지방은 우리 몸에서 내분비기관으로 작동한다. 일단 지방은 에스트로겐 합성을 돕는다. 그래서 여성이 너무 마르면 월경 불순이 온다. 또 지방이 축적되지 않으면 사춘기와 초경이 늦어진다. 생존을 위해서 생식을 늦추는 것이다. 한편 지방에서 분비되는 호르몬인 렙틴은 식욕을 억제한다. 생각해보면, 몸에 지방이 많으면 건강에 안 좋으니 식욕을 억제하는 게 마땅하다. 인류는 체중 감소를 위해 렙틴을 분리해서 투여했지만, 식욕 억제에 실패했다. 역시 인간은 쉽게 조종할 수 없었다.

하지만 다이어트 약은 인류에 매우 이로운 것이었다. 소화기에서 식욕을 조절하는 호르몬이 나올 것이라고 예측했고, 실제로 위장에서 다양한 호르몬이 분비되는 것을 발견했다. 그중 그렐린은 공복 시에 분비되어 식욕을 자극하는 호르몬이었다. 하지만 이번에도 그렐린으로 인간의 체중을 늘리려는 시도는 실패로 돌아갔다. 식욕을 조절하는 일은 매우 복잡했다. 그러다가 인크레틴incretin 호르몬이 발견됐다. 인크레틴은 음식물이 위장관에서 소장으로 넘어가는 속도를 늦추는 호르몬이었다. 이 호르몬을 맞으면 포만감이 오래 지속될 것이었다. 인크레틴 유사체로 실험을 진행한 끝에, 드디어 다이어트에 효과가 있는 주사가 만들어졌다. '오젬픽'이나 '위고비'로 알려진 이 약물은 인크레틴 유사체로 다이어트에 엄청난 효과가 있어 많은 사람의 삶을 바꾸고 있으며, 심지어 뇌에도 작용해서 식욕을 억제하고 포만감을 유발한다는 사실까지 밝혀졌다.

그 밖에도 호르몬과 비슷한 역할을 하는 자가분비조절자가 있다. 먼 곳의 세포를 조절하는 것이 아니라 주변 세포에 소리쳐서 신호를 보내는 그룹이다. 자기가 분비해서 스스로를 조절한다고 하여 자가분비조절자다. 대표적인 자가분비조절자로 사이토카인cytokine 그룹이 있다. 성장 및 세포 분열을 촉진하기 때문에 성장인자growth factor, GF라고도 하는 이들은 세포 사멸과 면역에도 영향을 미친다.

신호물질이 다른 조직까지 넘어가면 주변분비조절분자라고 한다. 가장 유명한 것으로 프로스타글란딘prostaglandin이 있다. 이들은 크게 통증, 발열, 염증에 관여한다. 또 배란과 자궁 수축에도 작용해서 과다 생성되면 조기진통이나 월경통을 일으킨다. 또 위액 분비를 억제하고 혈액을 응고시키며 기관지 수축을 일으킨다. 프로스타글란딘을 억제하면 이 모든 증상이 반대로 조절된다. 그 원리를 이용한 약이 바로 타이레놀과 아스피린을 비롯한 일반적인 진통제다. 복용하

항염제와 진통제

지금까지 인간이 발견한 항염제는 두 종류다. 하나는 스테로이드이고 또다른 하나는 비스테로이드 항염제non-steroidal-antiInflammatory drugs, NSAIDs다. 비스테로이드 항염제의 일종인 아스피린은 혈액 응고 억제 효과가 있어 뇌졸중을 막기 위해 쓰이기도 한다. 하지만 부작용으로 위염이나 천식을 유발할 수 있다. 지금까지 인간이 발견한 진통제도 두 종류로, 하나는 비스테로이드 항염제고 또다른 하나는 마약이다. 그래서 진통제를 일반 진통제와 마약성 진통제로 구분하기도 한다. NSAIDs가 개발되지 않았더라면, 우리는 스테로이드와 마약을 달고 살아야 했을 것이다.

면 통증, 발열, 염증이 줄어들고 특히 월경통이 완화된다(다만 타이레놀은 항염 효과는 거의 없다). 이들은 인류가 개발한 첫 번째 항염제다.

“우리 모두가 평생 조절해야 하는, 바로 그 호르몬이었다”

오늘따라 젊은 환자만 온다는 생각을 하고 있는데, 고령의 남성이 실려 왔다. 의식을 잃은 남편을 아내가 발견했다고 했다. 구급차가 도착하자마자 찍어본 혈당은 32였다. 심한 저혈당이었다. 환자는 불러도 일어나지 않았다. “으” 하는 소리를 냈지만 이름을 물어도 답하지 못하는 기면 상태였다. 당뇨로 만성 신부전을 앓는지 팔에 투석관이 보였다. 나는 그를 침대에 눕혀 20% 포도당 용액을 투여했다. 소화 과정을 거치지 않고 직접적으로 혈당을 높이는 수액이었다. 환자가 의식을 되찾는 데는 1분도 채 걸리지 않았다. 그는 바로 깨어나서 말했다. “또 저혈당으로 쓰러졌나 보네요.” “기억이 없으십니까?” “요즘은 약간 어지럽다는 느낌만 있다가 바로 쓰러지네요.” 아내가 옆에서 덧붙였다. “남편이 혈당이 높아지는 걸 너무 무서워해요. 그래서 당뇨약을 먹고 밥을 굶고 운동을 해요. 요즘은 오히려 저혈당으로 가끔씩 쓰러져요.” 나는 대답했다. “고혈당만큼 저혈당도 안 좋아요. 잘 아시겠지만, 적당히 잘 관리하셔야 합니다.”

스테이션으로 돌아오자, 이번에는 체격이 큰 30대 남성이 실려 왔다. 의식을 잃은 상태로 어머니에게 발견됐다고 했다. 어머니는 아들이 3일 전에 방에 들어가는 모습을 보았는데, 이후에는 보지 못했다고 했다. 한참 조용해서 방문을 열어보았더니 아들이 의식을 잃은 상태로 쓰러져 있었다. 환자는 당뇨를 앓았는데, 최근 술을 많이 마셨고 담배를 피웠으며, 직장 내 스트레스가 심했다고 했다. 그는 숨을 거칠게 몰아쉬고 있었으며 사지가 퉁퉁 부어 있었다. 정강이 쪽 상처에서는 진물이 흘러나왔다. 며칠 전 술을 마시고 정강이를 부딪혔다고, 어머니가 말했다. 가슴팍을 때려보아도 환자는 미동하지 않았다. 정황상 혈당이 엄청나게 높을 것임이 분명했다. 나는 급하게 소리쳤다.

"빨리 환자 혈당 찍어주세요."

"하이high입니다."

환자의 손가락을 핀으로 찌르고 나온 핏방울을 기계에 올려놓은 간호사 선생님이 소리쳤다. 기계가 측정할 수 있는 한계를 넘어간 수치였다. 아마 극도의 스트레스에 음주까지 하면서 당 조절을 전혀 하지 않은 것 같았다. 침대로 그를 옮기고 손목에서 동맥혈을 뽑아 검사했다. pH 6.7이 찍혔다. 극심한 대사성 산증이었다. 눈살이 찌푸려졌다. 소변줄을 넣었지만, 신장에서는 소변을 한 방울도 만들지 않았다. 급하게 수액을 공급했지만 의식은 돌아오지 않았다. 게다가 혈압은 떨어지고 맥이 너무 빨랐다. 검사실에서 케톤이 극단적으로 높다고 연락이 왔다. '당뇨성 케톤산증'이었다. 그야말로 사망 직전에 발견된 것이었다. 혈압이 계속 떨어졌다. 카테콜라민 주사를 준비할 시간이었다. 그에 앞서 그에게 간절히 필요한 약물이 있었다. 우리 모두가 평생 조절해야 하는, 바로 그 호르몬이었다.

“랑게르한스섬은 췌장의 내분비조직으로 한 사람당 100만 개쯤 존재한다. 이중 90%는 글루카곤과 인슐린을 분비해 혈당을 조절한다”

췌장은 소화액을 내보내 음식물을 소화시킨다. 소화액은 소화관으로 분비되는데, 소화관 안쪽은 엄밀히 말하면 몸 바깥이므로, 외분비로 분류된다. 췌장 질량의 99%는 외분비를 담당한다. 그리고 나머지 1%가 내분비를 담당한다. 소화에 관여하는 췌장은 식욕과 관련된 호르몬을 내보낸다. 결정적으로 췌장은, 혈당을 조절한다.

랑게르한스섬은 췌장의 내분비조직으로 한 사람당 100만 개쯤 존재한다. 이중 90%는 글루카곤과 인슐린을 분비해 혈당을 조절한다. 글루카곤은 간에 쌓인 글리코겐을 포도당으로 분해해 혈당을 높인다. 또 지방을 분해하고 케톤체를 형성해 세포호흡을 위한 에너지원을 만든다. 반대로 인슐린은 포도당을 글리코겐으로 바꿔서 간과 조직에 넣는다. 또 세포가 당을 에너지로 사용할 수 있게 도우면서 혈당을 낮춘다. 둘은 서로 조절하면서 혈당을 유지한다.

혈액 내 당분은 뇌와 적혈구의 에너지가 된다. 우리 몸은 탄수화물, 지방, 단백질을 분해해서 에너지를 생성하고 혈당을 유지한다. 이중 지방은 글루카곤이, 탄수화물(당)은 인슐린이 분해한다. 혈당 조절의 일차 목표는 저혈당을 막는 것이다. 저혈당이 오면 뇌에 에너지가 부족해져 기절하기 때문이다. 어떤 생명체건 기절하면 위험한 상황에 처하게 된다. 그래서 지금까지 언급한 글루카곤, 스테로이드, 성장호르몬, 에피네프린, 갑상선호르몬 등은 모두 이렇게 치명적인 저혈당을 막기 위해 혈당을 올리는 작용을 한다. 위기 상황에 대비해 일단 혈당을 높여 에너지를 만드는 것이다. 또 몸은 저혈당을 방지하기 위해 우리가 '당 떨어진다'라고 표현하는 증상으로 신호를 보낸다. 그래서 밥을 안 먹으면 기운이 빠지고 어지럽고 손발이 떨린다.

우리 몸은 혈당을 낮추는 호르몬을 인슐린 하나로 통일했다. 그래서 혈액 내 당을 사용하는 중차대한 역할이 온전히 인슐린에 맡겨지게 되었다. 혈당이 높아지지 않는 이유는 단 하나, 인슐린 때문이다. 인슐린이 일을 못하면 혈당이 높아지고 신장에서 이를 거를 수 없어 소변으로 당이 배출된다. 당뇨는 오래전부터 인간을 괴롭혀 온 질병인데, 이집트 상형문자에서도 이와 관련한 기록을 찾을 수 있다. "물을 많이 마시고 소변을 많이 보면서 소변에서 단맛이 나는 사람이 있다."

이렇게 선천적으로 인슐린부전을 앓는 사람들이 있다. 자가면역질환으로 인슐린 분비 세포가 작동하지 않는 것이다. 인슐린이 분리되기 전, 1900년대까지 선천성 당뇨는 죽음과 동의어였다. 인슐린이 나오지 않으면 당을 에너지로 쓸 수 없어서 고혈당이 유지된다. 그러면 지방을 분해해서 에너지로 만들어 근육에 공급해야 하고, 대사물로 케톤이 생성된다. 케톤은 산성 물질로, 혈액의 산-염기 균형을 파괴한다. 인슐린 없이는 어떤 방법으로도 이 기전을 막을 수가 없다. 이를 제1형 당뇨라고 하는데, 10대에 본격적으로 발병하기 시작한다. 인슐린 발견 전에는 혈당을 올리지 않기 위해 환자를 단식원에 모아놓고 탄수화물과 칼로리를 제한했다. 환자는 몰래 식사를 하면 대사성 산증으로 죽었고, 먹지 않으면 영양실조로 죽었다.

마침내 랑게르한스섬이 발견되고, 이 섬에서 무엇인가 분비된다는 사실이 밝혀졌다. 그렇게 최초의 호르몬이 발견되면서 췌장이 혈당을 조절한다는 사실도 알려졌다. 분명히 이 섬에서 혈당을 낮추는 물질이 나올 것이었다. 사람들은 랑게르한스섬의 분비물에 일단 인슐린이라는 이름을 붙였다. 그리고 1921년, 캐나다의 프레더릭 밴팅이 개의 췌장으로부터 드디어 인슐린을 추출해냈다. 이걸 단식원에서 꿈도 희망도 없이 굶고 있는 아이들에게 주사했더니, 결과는 대성공이었다. 아이들은 밥을 먹어도 부작용이 없었고 바로 살이 붙었다. 이로써 인류는 마침내 혈당을 조절할 수 있게 되었다.

랑게르한스섬Langerhans islets

독일의 의대생이었던 파울 랑게르한스는 1869년 췌장에 있는 섬 모양의 구조물을 발견했다. 보통의 세포 구조는 벽 형태로 일렬로 붙어 있다. 그런데 랑게르한스섬은 세포덩어리가 섬처럼 고립된 모양이었다. 왜 이런 구조인지 당시로서는 이해할 수 없었기에, 일단 랑게르한스섬이라는 이름을 붙였다. 1900년대에 와서야 이 섬에서 인슐린이 분비된다는 사실이 밝혀졌다.

1900년대까지 인간의 평균 수명은 40세였다. 이때까지는 제1형 당뇨가 문제였다. 하지만 평균 수명이 늘어날수록 인슐린의 약점이 드러나게 되었다. 혈당을 낮추는 단일 호르몬인 인슐린은 나이가 들수록 기능이 떨어지면서 내성이 생겼다. 그래서 나이가 들면 자연스럽게 혈당이 올라갔다. 고열량 음식을 섭취하는 현대 식습관에도 인슐린은 완벽히 적응하지 못했다. 결국 인간의 늘어난 수명과 바뀐 식습관으로 인해 제2형 당뇨가 유발되었다. 당뇨와 고혈압은 노년기의 대표적인 만성질환이다.

당뇨는 고혈당이 유지되는 질환이다. 저혈당이 오면 즉시 기절하지만, 일시적인 고혈당은 증상이 없다. 그런데 혈당이 급격히 오른 상태가 유지되면 단식원에 있던 아이들이 그랬듯 케톤이 쌓여 산증이 온다. 환자는 산증으로 뇌가 작동하기 어려워 의식을 잃어버리고, 산증을 보상하기 위해 숨을 몰아쉬게 된다. 당뇨성 케톤산증은 치료받지 않으면 사망에 이르는 무서운 증상으로, 당뇨를 진단받고도 증상이 없어 당을 조절하지 않는 환자들에게 올 수 있다. 음주나 스트레스, 감염도 당뇨성 케톤산증을 일으키는 주 요인이다.

반면 혈당이 적당히 높은 상태로 오래 지속되면 장기적인 합병증이 온다. 고혈당은 혈액의 점도를 높여서 피를 끈적하게 만들고 미세혈관의 압력을 높인다. 결국 앞서 설명했듯 망막과 신장 등 미세혈관이 많은 장기가 가장 먼저 망가진다. 당뇨를 조절하지 않으면 투석을 받게 되고 시력에도 문제가 생긴다. 또 말단으로 가는 피가 줄어들어 말초신경병이 동반되고, 심근경색, 뇌혈관질환 등의 발생 위험이 높아진다. 그뿐만 아니라 염증이 생겨도 잘 아물지

밴팅의 인슐린 분리

1921년 제1차세계대전에 참전했다 돌아온 캐나다의 정형외과 의사 프레더릭 밴팅은 런던에서 개원을 준비 중이었다. 하지만 진척이 늦어지자 웨스트민스터대학에서 탄수화물 대사에 관한 강의를 하기로 했다. 관련 지식이 없었던 밴팅은 존 매클라우드가 쓴 당뇨병과 랑게르한스섬에 대한 논문을 읽다가, 문득 개의 췌장을 묶어서 조직을 퇴화시키면 인슐린을 추출할 수 있다는 가설을 세웠다. 그는 캐나다로 돌아가 존 매클라우드를 찾아갔고, 가설을 설명한 다음 실험실을 빌려달라고 요청한다. 매클라우드는 계획서가 너무 엉성하다며 거절했지만 밴팅은 거듭 요청했고, 마침 휴가 기간이었던 매클라우드는 그에게 8주간 실험실과 실험 개와 조수를 빌려주고 휴가를 떠났다. 밴팅은 개를 두 군으로 나눠서 한 군에서 췌장을 망가뜨려 당뇨를 유발하고 다른 군에서는 췌장을 묶어 물질을 추출했다. 그런 다음 이를 당뇨를 유발한 군에 주사했더니, 놀랍게도 효과가 있었다. 인류 최초로 인슐린을 분리해 당뇨 치료에 활용한 순간이었다. 1923년 그는 이 공로로 노벨생리의학상을 받았다. 그뿐만 아니라 최단 기간 연구로 노벨상을 받은 기록까지 세웠다. 의학사의 위대한 업적은 이렇게 우연처럼 이루어졌다.

않으며, 당뇨발 당뇨병을 앓는 환자의 발에 생기는 신경병으로, 구조적 변형, 궤양, 감염, 혈관질환 등의 증상을 통칭한다을 썩어서 잘라내는 경우도 많다. 성기능 장애도 생길 수 있다.

당뇨를 해결하는 방법은 간단하다. 당을 조절하면 된다. 초기 당뇨엔 췌장과 인슐린을 보조하는 약을 복용한다. 약으로 조절되지 않으면 유일한 치료제는 인슐린이다. 인슐린은 단백질이라 주사로 맞아야 한다(의료계는 필사적으로 먹는 인슐린을 개발하고 있다). 그래서 예방이 매우 중요하다.

체중이 많이 나가면 인슐린의 부담이 올라가는 한편 효과가 떨어진다. 고로 살을 빼야 한다. 당을 순간적으로 높이면 인슐린 부담이 늘어나므로 설탕, 과당 등이 들어간 단 음식은 피해야 한다. 운동을 하면 근육에서 포도당을 소모해서 혈당이 감소하고 인슐린 기능이 개선된다. 요컨대 당뇨 예방법은, 건강하게 먹고 규칙적으로 운동하면서 체중을 조절하는 것이다. 단순하지만 어려운 일이다. 현대인은 생리적으로 당뇨를 피할 수 없다. 미리 인슐린부전에 대비를 해야 한다.

그에게 정맥으로 인슐린을 투여했다. 몸에서 간절히도 원했던 호르몬이었을 것이다. 인체에서 분비되는 인슐린은 곧 사라지지만, 의학 기술로 조합해낸 인슐린은 오랫동안 효과를 보일 것이었다. 저혈당이 되지 않도록 네 번에 걸쳐 조금씩 혈당을 정상치까지 올렸다. 탈수를 교정하고 당을 희석시키기 위해 식염수도 3L 넘게 투여했다. 산증을 바로잡기 위해 염기성 물질인 중탄산염까지 세 시간에 걸쳐 투여하자, 환자의 생체 수치가 모두 정상으로 돌아왔다. 그에게 말을 걸었다. 의식이 명료한 걸 보니 기운을 다시 차린 모양이었다. 확실히 숨이 덜 차 보였다. 그는 병원에 온 기억이 없다고 했다. 전신의 부기가 빠지려면 시간이 필요했다. "고혈당이 오래돼서 합병증이 왔습니다. 살날이 많이 남았으니 미리미리 인슐린을 잘 맞으셔야 합니다. 평생 당 조절이 필요합니다. 당뇨를 동반자라고 생각해야지 이런 일을 안 겪습니다."

산-염기, 전해질, 혈당, 케톤, 혈압, 맥박, 의식 등의 다양한 변수를 고려해서 치료하다 보니 시간이 훌쩍 지나 있었다. 환자가 안정을 찾자 내 혈당이 떨어지는 것 같았다. 의국 냉장고에서 사과주스를 꺼내 마셨다. 시원하고 달달한 액체가 위장을 채웠다. 췌장에서 인슐린이 분비되고 포도당이 에너지로 변환되니 머리가 조금 맑아지는 것 같았다. 분노의 화신, 피임약, 남성호르몬과 혈당까지, 정신없는 날이었다.

응급실로 돌아와 의식을 되찾은 환자에게 꾸준히 인슐린이 투여되도록 처방을 냈다. 환자는 중환자실에서 어렵지 않게 회복할 것이었다. 나는 인슐린 앰플을 보았다. 의학은 이 호르몬 하나를 분리해서 엄청나게 많은 이의 생명을 연장했다. 인간의 내분비샘은 혈관이라는 훌륭한 전달망으로 수많은 호르몬과 신경전달물질을 적재적소에 보내 상호작용을 하게 하고 이로써 37조개의 세포를 조절한다. 인체의 내분비샘을 다 합쳐도 손바닥만한 크기밖에 안 된다. 그중 한 가지 내분비 체계를 인위적으로 조절하는 데만도 수많은 사람이 달려들어야 했다. 모두가 같은 목표로 물질을 분비하며 의견을 교환하는 37조 개 세포의 총합인 인간. 그들이 또다른 인간을 구하고자 오늘도 응급실에서 분주했다.

6

질병으로부터의 자유

면역
IMMUNE SYSTEM

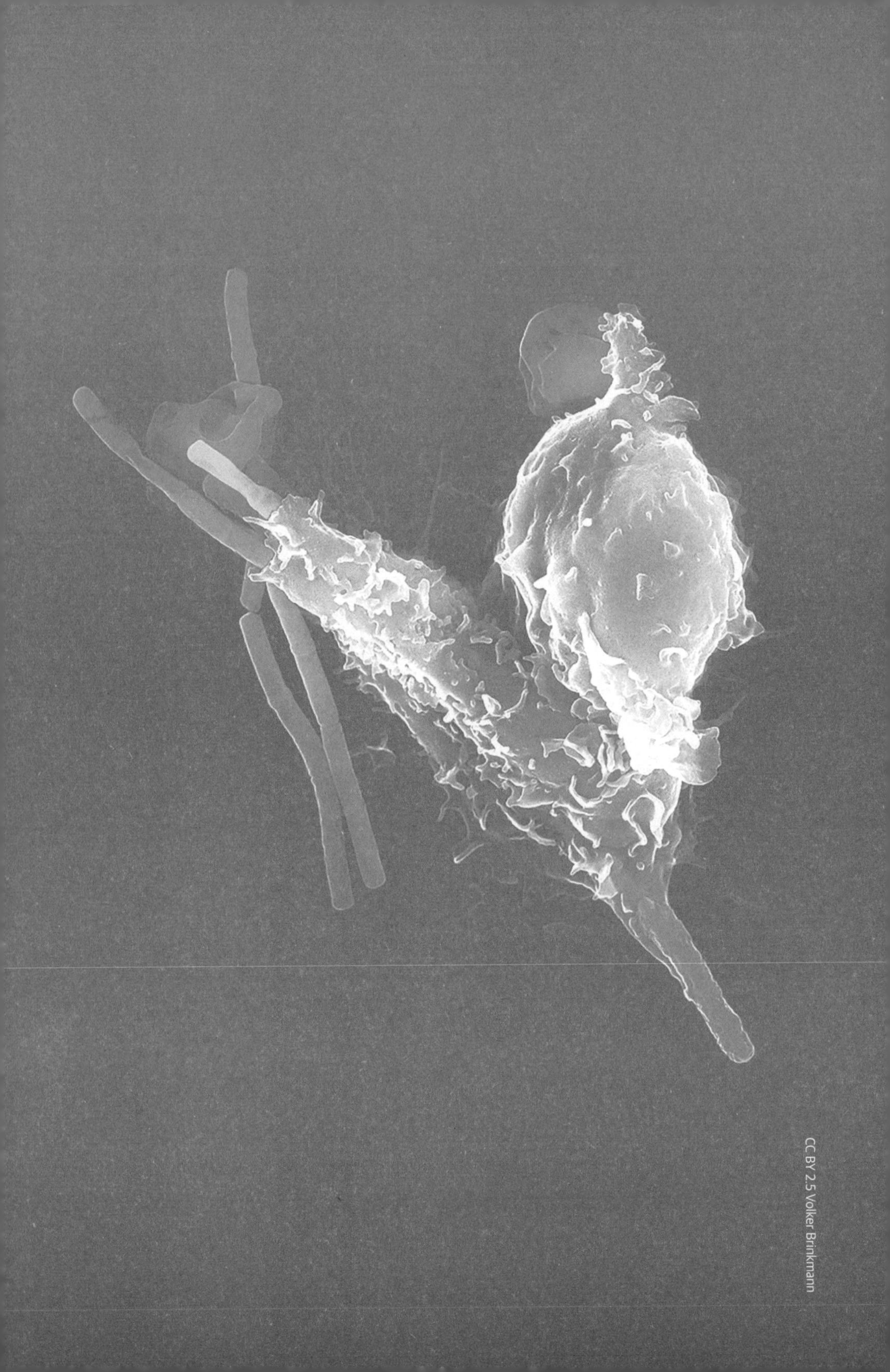

"우리 아이 면역력 주사 놔주세요."

"놔드릴 수 없습니다."

보호자와 한창 실랑이를 하던 참이었다.

"애가 면역력이 이렇게 떨어지는데요? 맨날 골골대고 기운이 없어요. 원래도 아토피가 심해서 항상 허벅지건 팔이건 벅벅 긁고 있다니까요. 그러는 걸 보면 정말 속이 타요. 요새 집 앞 병원에서 면역력 주사 많이 광고하던데, 여기 온 김에 한 방 놔주세요."

"여긴 면역력 주사라는 게 없어요. 애초에 면역력이라는 건 측정할 수 있는 게 아닙니다. 영양을 공급할 수는 있지만 면역력을 올려주는 약은 없어요. 그리고 결정적으로 환자분 면역력엔 아무런 문제가 없습니다."

"아니, 딱 봐도 면역력이 떨어져 있잖아요. 일부러 주기 싫어서 그러시는 거죠. 다른 선생님은 잘만 주신단 말이에요."

중학교에 다니는 아들과 같이 온 보호자였다. 평범한 감기라서 적당히 약만 처방하려 했지만, 수액을 강력히 원해서 환자를 침대에 눕힌 참이었다. 환자는 마른 체형이었고, 아토피가 심하긴 했다. 하지만 이를 근본적으로 개선하는 면역 주사란 의학적으로 존재하지 않았다.

"면역력 주사를 맞으려면 다른 병원에 가보세요. 여기는 그런 게 없습니다."

그렇게 말하곤 내친김에 퇴원 처방까지 내버렸다. 뒤이어 한 할아버지가 진료를 접수했다. 만성 폐질환이 있어서 계절마다 폐렴에 걸리는 환자였다. 내원 기록이 많아서 차트만 봐도 인사가 나올 정도였다. 환자는 폐렴에 걸리는 순간을 잘 알아차렸다. 그는 환절기에 열감이 있거나 기침이 나오면 때맞춰 응급실에 방문했다. X-ray로 보니 역시 폐렴이 진행되고 있었다. 나는 침대에 담담히 누워 있는 환자에게 다가갔다.

"이번에도 폐렴이 맞지요? 염증 수치가 높은가요?"

"딱 작년만큼 높네요. 환절기라서 면역력이 떨어지는 시기예요. 이럴 땐 보통 사람들도 감기에 잘 걸리는데 어르신은 폐질환이 있어서 면역력이 더 떨어지니까 조심하셔야 합니다. 이번에도 잘 넘기셔야죠. 저번처럼 입원해서 치료받으세요."

. . . . . .

> "면역이라는 인체의 작동 기전이 있었다.
> 면역을 얻으면 해당 질병으로부터 자유로워진다"

'면역'이란 말은 실생활에서 애매한 개념으로 쓰인다. 면역이란 게 눈에 보이지도 않고 그 능력을 측정할 수도 없기 때문이다. 게다가 우리가 면역력을 끌어올리기 위해 할 수 있는 것도 없다. 가령 백신을 맞은 뒤 항체 형성을 위해 스쿼트나 푸시업을 해도 소용이 없다. 감기를 빨리 낫게 하겠다고 정신을 집중해 전신의 기를 모을 수도 없다. 면역은 게임 내의 패시브 스킬passive skill처럼 자동적으로 발현되는 작용이다.

그래서 우리 몸의 면역기능에는 아직 밝혀지지 않은 부분이 많다. 면역을 설명하기 위해서는 면역이라는 개념이 이해되어온 지난한 역사를 빼놓을 수 없다. 면역을 뜻하는 영단어 immunity의 어원인 라틴어 immunis는 일, 의무 등에서 자유로워진다(면제된다)는 뜻이다. 면역을 얻으면 해당 질병으로부터 자유로워진다. 흑사병이 유럽 인구의 절반을 휩쓰는 와중에도 누군가는 그 병에 걸리지 않았다. 그리고 한번 감염된 사람도 다시 걸리지 않았다. 오랫동안 인류의 목숨을 앗아간 천연두, 홍역 등의 전염병도 마찬가지였다. 이것은 눈에 보이는 사실이었지만, 그때만 해도 사람들은 이게 신의 뜻인지 생명체의 반응인지 알지 못했다. 그래서 몇 가지 사건을 해석해가며 면역이 무엇인지를 이해해야 했다.

지금이 130년 전이라고 가정해보자. 피를 많이 흘려서 혈액이 부족한 사람이 있다. 그런데 피는 다른 사람에게도 흐른다. 어차피 사람의 혈액이니까, 이걸 피가 부족한 사람의 혈관에 주사로 주입하면 안 될까? 그렇게 누군가의 피가 다른 사람의 혈관으로 들어갔다. 그런데 피를 받은 사람은 대략 50%의 확률로 사망했다(물론 짐승의 혈액도 넣어보았다. 사망률은 100%였다). 왜 죽었을까? 왜 하필 50%의 확률이었을까? 이것이 ABO 혈액형과 관련이 있다는 사실은 1901년에야 밝혀졌다. 이전에는 이유를 알지 못한 채 생존을 기도할 수밖에 없었다. 그렇다면, 화상으로 피부가 없어져버린 자리에 다른 사람의 피부를 이식하는 건 어떨까? 이 경우엔 100%의 확률로 이식한 피부가 죽었다. 신장이 기능을 잃었는데, 다른 사람의 신장을 이식하는 건? 이번엔 99%의 확률로 사망했다. 그때까지 알려지지 않았던, 면역이라는 인체의 작동 기전이 있었던 것이다. 소화관에 밥을 넣으면 힘이 나거나, 눈은 보고 귀는 듣는 것처럼, 면역도 분명 우리 몸에서 어떤 기능을 했다.

"알레르기 환자가 자기 몸을 가지고 룰렛을 하시다뇨"

젊은 여성이 얼굴이 팅팅 부어서 대기실로 들어왔다. 입술이 하도 두꺼워져서 만화에 나오는 오리 캐릭터 같았다. 눈두덩이도 심하게 부어서 눈이 잘 안 떠질 지경이었다. 혈압은 정상을 유지하고 있었고, 숨이 차거나 목이 막히지도 않았다. 다만 눈이 부어 앞이 잘 보이지 않고, 얼굴 감각이 이상하다고 했다. 얼굴만 봐도 피부가 얼마나 당길지 짐작이 갔다.

"원래 알레르기가 있으세요?"

"새우 알레르기가 있어요."

"오늘 그러면 혹시 새우 먹었나요?"

"……네."

그는 응급실까지 찾아와서는, 약간의 웃음기를 띠며 말했다. 자기가 생각해도 조금 한심한 모양이었다.

"그런데 100% 알레르기는 아니에요. 올라올 때도 있고 안 올라올 때도 있거든요. 룰렛 게임 같다고나 할까."

"그냥 안 드시면 되잖아요."

"그게 쉽지 않죠. 새우 맛있잖아요. 골라서 먹기는 불편하고. 올해는 단 한 번도 알레르기가 안 올라왔어요. 늘 조마조마하는 마음으로 먹는데…… 친구가 시킨 새우만두가 너무 맛있어 보이길래."

이번에는 나도 웃음이 나왔다. 웃으니까 땡땡 부은 얼굴도 친근하게 느껴졌다.

"세 개쯤 먹었더니……."

"네. 아시겠지만 알레르기 주사랑 수액 맞으면 점차 가라앉을 거예요. 그리고, 새우 먹지 마세요. 자기 몸을 가지고 룰렛을 하시다뇨."

"네, 알겠습니다. 선생님."

그는 부은 얼굴로 마지막까지 방글거리며 침대로 향했다.

그다음 환자의 차트는 매우 복잡했다. 40대 여성으로 류마티스 내과에 오랫동안 다닌 걸로 기록돼 있었는데, 다발성 관절염 때문에 전신이 아프다고 했다. 양쪽 다리는 통통 부었고, 온몸의 피부가 빨갛게 부어오른 데다, 얼굴도 달처럼 빵빵했다. 숨이 종종 가쁘고 입안에 뭐가 자주 난다고 했다. 처방약도 종류가 엄청나게 많았다.

차트상으론 루푸스lupus도 의심되며 다발성근염polymyositis도 동반된다고 적혀 있었고, 그 외에 각종 복잡한 피검사와 기록지가 있었다. 응급실에는 다리를 접질려서 왔다. 다리가 늘 부어 있어서 감각이 떨어지니 발을 잘 헛디딘다고 했다. 발목은 다른 곳보다 더 부은 채 파랗게 멍이 들어 있었다. 열감이 있고 아프다고 했다. X-ray상 골절은 보이지 않아 부목만 대주었다.

"발목을 접질리는 바람에 염증반응이 생긴 거예요. 골절은 아니고요. 움직이지 말고 잘 쉬셔야 합니다. 현재 드시는 약은 그대로 드시고요."

환자가 퇴원하는 것을 보면서 안도했다. 다른 증상이 있었더라면 류머티즘 전문의에게 도움을 요청해야 할 뻔했다. 나는 환자가 퇴원한 뒤에도 그의 차트를 계속 들여다보았다. 옆에서 간호사 선생님이 물었다.

"류마티스내과 기록은 봐도 잘 모르겠어요. 약간 외계어 같달까요."

"원래 사람 이름 붙은 질환은 파악이 어려워요. 발견한 사람부터, 모르겠으니까 일단 자기 이름을 붙여놓은 거고요. 이게 전부 원인이 분명하지 않은 증상이라, 환자분이 정말 힘드실 것 같네요."

그다음으로 구급대 카트를 타고 실려 온 사람은 완고한 인상의 중년 남성이었다. 그는 기운이 없고 어지럽다고 했다. 화장실에서 의식을 잃고 쓰러져 아내가 119에 신고했다. 다행히 의식은 회복했지만 혈압이 낮았다. 앓고 있던 병도, 최근에 감기 기운이 있었거나 몸이 안 좋았던 적도 전혀 없다고 했다. 단순한 미주신경성 실신vasovagal syncope 같았다. 일단 필요하다고 생각되는 검사를 해보기로 했다.

검사에서는 특별히 이상이 없었다. 하지만 혈압이 오르지 않았다. 수액을 쓰는데도 오르지 않아서 승압제 투여를 고려해야 할 판이었다. 뭔가 이상해서 환자에게 물으러 갔다. 원래 혈압이 낮은 편이냐고 물었더니, 전혀 아니라고 했다.

"지병도 정말 전혀 없으시고요?"

"없는데요. 맥주에 항염작용이 있다고 해서 평소에 많이 마시는 거 말고는……."

"일단 술은 염증을 일으키지, 항염작용을 하진 않습니다. 잘못 아셨어요."

내가 바로잡자 그의 아내가 머뭇거리며 끼어들었다.

"저기, 남편이 평소에 혼자 수액을 맞아요. 오늘도 맞았어요."

"어느 병원에서 맞으십니까?"

"혼자 맞아요. 어디선가 구해서요. 몸에 좋다면서."

아내가 수액 사진을 보여주었다. 아미노산과 포도당이 들어간 수액이었다.

"의료인도 아닌데 이걸 스스로 놓는다고요? 어디서 사신 건가요? 보관은 어떻게 하십니까?"

"그냥 인터넷에서 수액 키트를 사다가 맞아요."

"당 들어간 수액은 오래되면 상해요. 세균이 자랍니다. 세균을 키워서 몸속에 넣는 거나 마찬가지예요. 그러면 면역반응으로 혈압이 떨어지죠. 이러다 쇼크로 죽어요. 큰일납니다."

"솔직히…… 우리 아저씨가, 이걸 가족들한테 몇 번 놓아서 비슷하게 병원 실려 간 적도 있어요. 그래서 이제 다른 사람한텐 안 놔요. 자기한테만 놓지요."

> "'자가면역'은 세포가 분열하면서 스스로를 적으로 인식하고 염증반응을 일으키는 것을 말한다"

몸은 많은 외부 물질과 접한다. 피부의 상피세포는 외부 접촉을 차단하는 역할을 하지만, 가끔 상처가 생기는 것까지 막을 수는 없다. 입과 코와 눈의 점막은 본디 외부에 노출되어 있다. 외부 물질은 항시 내부로 들어올 준비를 하고 있다. 또 인간은 호흡하는 중에 깨끗하지 않은 공기를 마실 때도 있다. 음식물 또한 마찬가지다. 음식물에는 칼로리가 되는 물질 외에도 많은 것이 섞여 있다. 그런가 하면 피부에는 상재균이 득시글거린다. 인체 내부에도 균이 2kg 정도나 들어 있다. 인공적으로 합성된 다양한 화학약품도 매일 피부에 닿는다. 그래서 인간은 외부 물질과 잘 지내야 한다.

만약 인간이 항시 대기에 과민 반응한다면, 지구에서 살 수 없었을 것이다. 먼지나 음식물에도 마찬가지다. 개나 고양이, 담배나 생선, 오징어에도 민감하다면 어떻겠는가? 애인과 입을 맞췄다고 입술이 부풀어올라도 곤란하다. 우리는 이런 것에 과민 반응하지 않고 살아간다. 이런 방식으로 모든 것을 관용적으로 받아들이면 안 될까? 그건 안 될 일이다. 외부 물질에 세균과 바이러스가 뒤섞여 있으면 위험하기 때문이다. 녹농균, 폐렴구균, 페스트균, 콜레라균, 일본뇌염바이러스, 코로나바이러스 따위가 우리 몸에 들어오는 물질에 섞여 있으면, 반응을 보여야 할 것이다.

면역의 출발은 피아의 식별이다. 나와 내가 아닌 것을 우선 파악해야 한다. 또 나와 공생하는 세균이나 동식물도 통과시켜야 한다. 일반적인 타인과의 접촉에까지 반응할 필요도 없다. 하지만 타인의 혈액이 내 혈액과 직접 섞이거나, 내 장기가 타인의 것으로 바뀐다면, 상식적으로 무턱대고 반길 일은 아닐 것이다. 그럴 땐 반응이 있어야 한다. 그뿐만 아니라 세상엔 명백히 나쁜 균도 있다. 저항이 없다면 이들은 우리 몸안에서 증식할 것이다. 그러니 일단 외부 병원균이 들어오면 우리 몸은 이에 맞서 싸워야 한다.

한데 피아의 식별부터 혼란을 가져오는 경우가 있다. 우리 몸이 우리 자신에게 면역반응을 일으키는 것이다. 인간의 몸은 복잡하고 면역계는 더더욱 복잡하다. '자가면역'은 세포가 분열하면서 스스로를 적으로 인식하고 염증반응을 일으키는 것을 말한다. 이로 인해 일어나는 질병이 류머티즘이다(류머티즘은 원인 불명의 자가면역질환을 모두 포함하는 개념으로, 어원이 되는 고대 그리스어 rheumatízomai는 '흐르는 병에 걸리다'를 뜻한다. 고대 그리스인은 '나쁜 체액'이 몸 구석 구석에 흘러 질병과 통증을 일으킨다고 생각했다). 전신성경화증systemic sclerosis, 루푸스, 다발성근염, 베체트병, 염증성 장질환inflammatory bowel disease, 모야모야병moyamoya disease, 가와사키병Kawasaki disease 등이 여기에 속하는데, 이런 질환을 통틀어 자가면역질환이라고 부른다. 자기 몸을 면역계가 스스로 공격하는 자가면역질환은 원인 기전이 복잡하다. 폐렴이나 신부전처럼 직관적으로 어디가 어떻게 아플 거라고 콕 집어 명시하기 어려워서, 사람 이름을 딴 병이 많은 것도 특징이다. 자가면역질환은 오랫동안 진행되며 치료가 어렵다. 환자는 염증을 줄이기 위해 결국 스테로이드를 달고 살 수밖에 없고, 그러다 보니 이런저런 부작용에 시달린다. 이렇게 삶의 질을 떨어뜨리기 때문에 면역질환은 의사들 사이에서 가장 발병하지 않길 바라는 병으로 꼽히기도 한다.

우리 면역계는 외부 물질에도 반응한다. 새우, 달걀, 꽃가루, 집먼지진드기, 갑각류, 견과류, 고양이 털 등은 인체에 대체로 해가 없다. 적어도 이들과 조화롭게 지내는 편이 우리에게 유리하다. 그래서 대다수 사람의 면역계는 이런 물질에 반응을 보이지 않는다. 하지만 일부 사람의 면역계는 여기에 반응해, 피부가 가렵고 빨갛게 붓고 열감이 돌고 재채기가 나는 증상을 유발한다. 특히 얼굴에 반응이 올라오면 피부가 얇은 입술이나 눈꺼풀이 잘 붓는다. 심하면 기관지가 좁아져서 천식 증상이 나타나기도 한다. 이 모든 것을 알레르기라고 통칭한다. 그중 피부에 나타나는 증상이 만성 피부질환이 되면 따로 아토피성 피부염atopic dermatitis이라고 한다. 알레르기는 일반적으로 치명적인 해가 없는 물질에 대한 과민 반응을 일컫는다.

정리하면, 자가면역질환과 알레르기는 면역계가 공격하지 않아도 되는 것을 공격할 때 발생하는 질환이다. 둘은 질환의 경과 자체가 만성적이고, 완벽한 치료법도 없어서 유독 민간요법이 많이 시도된다.

“면역계가 필수적으로 공격해야 하는 대상은, 일단 병원체다. 면역력이란 기본적으로 외부에서 침입한 병원체에 저항하는 능력을 뜻한다”

다음은 치명적인 물질과 싸울 차례다. 면역계가 필수적으로 공격해야 하는 대상은, 일단 병원체다. 면역력이란 기본적으로 외부에서 침입한 병원체에 저항하는 능력을 뜻한다.

본질적으로 모든 생명은 균으로부터 시작되었다. 세균은 지구에서 가장 성공적으로 정착한 생명체로, 탄생한 이래 단 한 번의 위기도 없이 번성했다. 우리도 수많은 세균의 도움을 받아 진화했다. 그래서 인간의 면역계는 수많은 세균을 허용한다. 이들은 장 내부에서 소화를 돕거나 피부에서 상재균으로 살아간다. 한 사람의 몸안에는 2kg 정도의 미생물이 면역계의 허가를 받고 살아간다. 개수로도 우리 몸의 총 세포 수와 맞먹는다. 이들까지는 면역계에서 통과된다.

하지만 좋은 균만 있는 건 아니다. 인간의 면역계는 병원체와 오랫동안 전쟁을 펼쳐왔다. 병원균이나 바이러스 또한 인간을 숙주로 삼아 생존하려는 생명체이기 때문이다. 세균은 인간의 면역계와 싸우면서 세력을 넓히다가 다른 인간에게로 옮겨가는 전략을 써왔다. 상재균인 척 잠복기를 가지다가 면역력이 약해지면 증식하는 변형 전략도 있다. 이 모든 게 세균이나 바이러스가 일으키는 전염병의 패턴이다.

전염이 가장 쉬운 경로는 호흡기다. 우리는 끝없이 호흡한다. 축축하고 따뜻한 점막은 항시 외부에 노출되어 있다. 기침할 때 비말이 퍼져나가 다른 인간에게 옮겨가기도 쉽다. 그래서 우리는 감기에 자주 걸리고 기침과 가래 증상도 흔하게 나타난다. 그다음으로 쉬운 전략은 소화관을 이용하는 것이다. 인간은 끝없이 먹고 끝없이 싼다. 분변을 통해 몸 바깥으로 나가면 다른 인간의 손에 묻거나 음식에 섞여 다시 누군가의 위장으로 들어갈 수 있다. 거기서 위산과의 싸움을 이겨내면 장에서 증식해 또다시 분변으로 배출될 수 있다. 그래서 인간은 끝없이 배탈이 나고 균 배출(세균의 번식)을 위해 설사를 한다.

이 밖에도 숙주에 기생하는 다양한 전략이 있다. 병원체가 간에서 번식하고 위장관을 통해 배출되어 다른 사람의 간으로 들어가면 간염바이러스다. 쇠나 흙 같은 곳에서 오랫동안 비활성 상태로 있던 병원체가 몸에 들어가 증식하면 '파상풍'에 걸린다. 이 균은 근육에서 살아가면서 근육을 마비시키기에 예방 주사를 권한다. 보툴리누스Clostridium botulinum라는 균도 비슷한 특성을 가지는데, 인간들은 미용 목적으로 이 균을 약하게 만든 보톡스Botulinum toxin, Botox를 얼굴에 놓는다. 다른 동물에게 기생하던 병원균이 인간한테 옮겨 올 수도 있다. 쥐벼룩에 기생하던 페스트균, 고양이에게 기생하는 톡소플라스마, 모기에게 기생하는 말라리아 등이 그 예다.

병원체에 감염되면 몸은 이들을 물리쳐야 한다. 그러기 위해 체온을 높여 균이 증식하기 어려운 환경을 만들고, 면역에 관여하는 세포를 모아서 싸움을 벌인다. 이 과정에서 우리 몸은 피로해지거나 열이 나거나 목이 아프거나 기침을 하거나 팔다리가 붓고 고름이 차거나 설사를 하는 등 병원체에 대한 반응을 보인다. 감염에서 회복되면 몸은 이 사실을 기억한다. 곧 면역을 획득하고 해당 병원체의 위협으로부터 자유로워지는 것이다. 반대로 병원체도 힘의 전략과 균형을 필요로 한다. 숙주가 면역을 획득하면 병원체는 살아갈 수가 없다. 조용히 숨어 있거나 그 전에 도망쳐야 한다. 병원체 입장에서 최악의 상황은 감염된 숙주가 죽어서 번식 기회를 잃어버리는 것이다. 그래서 병원체는 면역계와 타협하면서 힘을 조절하는 방법을 익힌다.

병원체를 분류하자면, 좋은 놈과 나쁜 놈이 있다. 그런데 이상한 놈도 있다. 처음 조우하는 이상한 놈은 가장 위험한 병원체다. 인간의 몸은 상대를 식별해서 공격할 준비가 되어 있지 않고, 병원체도 힘 조절이 안 되기 때문이다. 최근 인간에게 가장 큰 영향을 미친 병원체는 코로나19 바이러스로, 2019년에 처음 출현했기 때문에 면역을 가진 사람이 없었고, 바이러스도 힘 조절이 안 되었다. 그 결과 전 세계적으로 700만 명이 죽었다. 엄청난 숫자이지만, 역사적으로 보면 (팬데믹치곤) 피해가 적은 편에 속한다. 14세기에 유행한 흑사병은 유럽 인구의 절반 이상인 5000만 명을 죽였고, 전 세계적으론 2억 명의 사망자가 발생했다. 또 이 유럽인들은 신대륙을 '발견'해서, 천연두, 홍역, 인플루엔자 등으로 대다수의 아메리카 원주민을 죽음에 이르게 했다. 면역은 이렇게 우리 생사를 결정한다. 그러니까, 당연히 혈관에 균을 주사해서 우리의 면역을 실험해선 안 된다.

"정상적이지 않죠. 백혈구가 많다고 좋은 게 아닙니다"

셀프 수액을 맞은 환자는 두 시간쯤 있다가 아직 혈압이 올라오지도 않았는데 집에 가겠다고 소란을 일으켰다. 나는 무슨 일이 일어날지 모른다고, 사망 가능성이 있다고 수차례 그를 설득했다. 초기 반응은 지나갔으니 사망하지는 않겠지만, 이렇게 수액을 계속 맞다간 언젠가 일이 날 것 같았다. 그는 결국 각서를 쓰고 퇴원했다.

다음은 암 환자였다. 유방암으로 항암치료를 받고 있었는데 열이 난다고 했다. 항암치료 중 열이 나는 환자는 무조건 격리해야 했다. 면역이 없는 상태에서 감염이 발생한 것이기 때문이다. 다행히 기침이나 설사 등의 증상은 없다고 했다. 50대 여성 환자는 따뜻해 보이는 비니를 쓰고 있었고 열두 번째 항암이라 응급실 방문도 익숙해 보였다. 나는 마스크를 단단히 쓰고 격리실로 들어갔다.

"항암 주사 3일 차니까, 백혈구 수치가 떨어질 때네요. 확인하고 격리 병동에 입원하시죠."

"이번에는 백혈구가 몇 개일까요? 항암 맞으면 면역이 떨어져서요, 원. 저 애초에 면역력 떨어져서 암도 생긴 거잖아요."

"일리가 있는 말씀이긴 하네요. 입원 전에 백혈구 늘리는 주사도 놔드릴게요."

"저 선생님, 독감 예방접종도 해야 하는데, 괜찮을까요?"

"몸이 좀 괜찮아지면 맞으세요."

"보톡스도 맞아야 하는데, 이건요?"

"그건 꼭 맞으셔야 합니까? 어쨌든 건강이 우선입니다."

유방암 환자는 백혈구가 μL당 다섯 개밖에 없어서, 면역이 거의 무방비 수준이었다. 격리실에 보내서 미리 감염원과 차단한 게 천만다행이었다. 환자는 최저 기록이 열 개였는데, 경신했다고 농을 던졌다. 그에게 입원 처방을 냈다.

조금 있으니 20대 남성이 응급실을 찾았다. 평소 앓던 병 없이 건강했는데, 구내염이 생긴 뒤 낫지를 않는다고 했다. 동네 이비인후과에서 약을 받아 먹었는데도 그대로라 응급실까지 왔다고 했다. 단정한 차림새의 환자는 발열에 시달렸는지 식은땀이 목덜미에 송골송골 맺혀 있었다. 왜 응급실까지 왔는지 알 것 같았다. 입을 열었는

데 입안이 하얗게 얼룩덜룩 헐어 있었다. 속으로 탄식이 나왔다. '저런, 에이즈다.'

나는 검사를 해보겠다고 하고 환자를 침대로 안내했다. 혈액검사 수치가 좋지 않을 것이 분명했다. 더 중요한 건 폐였다. 곧 흉부 X-ray에서 하얀 음영이 잔뜩 찍혀 나왔다. 아니나다를까, 인간면역결핍바이러스human immunodeficiency virus, HIV 간이 키트에선 양성이 나왔다. 환자에게 사실대로 말할 수밖에 없었다. "지금 입이며 폐며 모두 진균 감염입니다. 쉽게 말해 곰팡이인데, 정상적으로 면역이 작동하는 상황에서는 감염이 안 됩니다. 이건 후천성 면역결핍증, 일명 에이즈입니다. 키트에서도 양성이 나왔습니다. 성 접촉으로 옮는 경우가 많으니, 파트너에게 반드시 알리셔야 하고요. 일단 입원해서 급성기 치료를 해야 합니다. 그리고 보건소에 등록하면 무료로 치료받을 수 있어요. 요즘은 기대수명이 높아져서 치료만 잘 따르면 됩니다."

응급실에서 에이즈가 발견되면 마음이 편치 않았다. HIV는 완전히 제거할 수 없고 몸속에 평생 잠복하기 때문에 어쩔 수 없이 삶을 바꾸어버리는 바이러스다. 내 조심스러운 설명을 들은 환자는 무엇인가 짐작하고 있었던 건지 크게 놀라지 않는 눈치였다.

다음 환자는 건장해 보이는 40대 중반 남성이었다. 요즘 기력이 없고 몸살 기운이 있었는데 갑자기 정신을 잃고 쓰러졌다고 했다. 얼핏 들어서는 과로에 지친 평범한 환자 같았다. 하지만 방금 HIV 감염 환자를 만난 터라, 괜히 불길한 기분이 들었다. 두부 CT와 기본적인 피검사 등을 지시하고, 한 시간 뒤 결과를 확인했다. 순간 또 혼자서 탄식을 뱉었다. "이런……." 백혈구가 μL당 100만 개였다. 검사실에 전화해서 숫자를 다시 한번 확인했다. 정말로 100만 개였다. 또다시 입 밖에 내기 고역스러운 얘길 하러 가야 했다. 환자는 무표정하게 천장을 보고 누워 있었다. 그에게 드라마에서나 나올 법한 대사를 건네야 했다.

"요즘 많이 피곤하거나 열이 나지 않으셨나요?"

"안 그래도 많이 피곤했습니다. 육아와 일을 병행하다 보니 그런가 싶었지요."

"저, 환자분, 백혈구는 보통 4500개에서 1만2500개 사이가 정상입니다. 그런데 환자분 혈액검사에선 100만 개가 나왔습니다."

"많이 나쁜 겁니까?"

"네. 정상적이지 않죠. 많은 건 좋은 게 아닙니다. 골수에서 완성되지 않은 백혈구를 너무 많이 만들어내고 있는 거거든요. 일종의 혈액암으로, 보통 백혈병이라고 합니다. 현재 면역력이 거의 없는 상태입니다. 입원한 다음 골수검사를 해서 정확히 암의 종류를 진단해야 합니다. 가족분들에게 알리시고, 무균실에 입원하시지요."

"'병원균과의 전쟁' '암세포 파괴'와 '장기이식, 수혈 거부 반응' 등은 우리 인체가 응당 공격해야 할 것을 공격하는 면역의 형태다"

병원체와 인간은 면역반응을 두고 오랜 전쟁을 하고 있다. 이 기록은 진화를 거치며 우리 몸에 새겨졌다. 우리 DNA에는 선조들이 맞서 싸웠던 병원균의 정보가 들어 있다. 조상의 가호 아래 처음부터 가지고 있는, 병원균과 싸울 수 있는 능력을 선천면역innate immunity

이라고 한다. 여기에 더해 출산 직후에도 어머니가 가지고 있는 면역을 아이에게 물려줄 수 있다. 어머니가 후천적으로 획득한 항체가 모유 수유 과정에서 아이에게 전달되는 것이다. 면역력에 대한 여러 속설 가운데 모유가 아이의 면역력을 키워준다는 말은 과학적으로 입증된 사실이다. 모유를 먹은 아이들은 자라면서 잔병치레가 더 적다. 분유에 모유를 섞어 먹이기만 해도 항체를 얻을 수 있다.

그런데 선천적으로 면역이 없는 경우가 있다. DNA에서 면역 부분이 발현되지 않는 선천성 면역결핍증(1차 면역결핍증primary immune deficiency, PID)이다. 선천성 면역결핍증이 있으면 감염을 이겨낼 수 없으므로 죽음을 기다릴 수밖에 없었다. 그러다 1971년 미국의 한 부부가 첫째 아이를 선천성 면역결핍증으로 잃는 일이 있었다. 선천성 면역결핍증은 유전자 문제이므로 아이에게도 유전된다. 부부는 둘째를 낳았는데, 이번에도 선천성 면역결핍증이었다. 의료진은 아이를 무균 플라스틱 통 안에 넣고 치료 방법을 찾아보기로 했다. 데이비드 베터라는 이 소년은, 태어난 후 부모에게 안겨보지도 못한 채 무균 버블 안에서 살균된 음식을 먹으며 13년을 버텼다. 이 기간은 '면역과의 전쟁' 사례로 의학사에 기록되었다. 그러다 1980년대 중반 골수이식이 시작되고, 데이비드는 누나의 골수를 이식받았다. 하지만 골수에 있던 상재균이 번식하면서 사망했다. 정상 면역 상태에서는 문제를 일으키지 않는 균이 데이비드에게는 치명적이었던 것이다. 이후로 골수이식 기술은 계속 발전해왔다. 오늘날 선천성 면역결핍증은 다양한 수단으로 치료가 가능하다.

'선천성'의 반대말은 '후천성'이다. 면역결핍증 하면 많은 사람이 후천성 면역결핍증을 먼저 떠올릴 것이다. 영어로는 Acquired

Immune Deficiency Syndrome, 줄여서 에이즈AIDS다. HIV는 레트로바이러스retrovirus의 한 종류로 잠복기를 지나 활성 상태가 되면 면역 체계를 공격해 에이즈를 일으킨다. 그래서 보통의 경우 감염을 일으키지 않는 상재균이나 진균, 바이러스 등에 감염되었다면, 우선 HIV 검사를 시행해야 한다. 처음 이 병이 알려졌을 때는 HIV 치료약이 없었다. 에이즈를 진단받는다는 건 사망이 확정된다는 뜻이었다. 하지만 인류는 곧 HIV에 맞서 싸우기 시작했고, 지금은 예방약도 치료제도 모두 존재한다.

후천적 면역결핍에는 백혈병 등의 혈액질환도 있다. 면역반응의 시작은 백혈구인데, 백혈구가 많아지는 병이라서 백혈병이라고 부른다(피가 하얘지는 것이 아니다). 백혈병은 혈액을 만들어내는 골수의 조혈모세포에서 오류가 발생해 백혈구 생산에 문제가 생기면서 잘못된 백혈구를 무수히 쏟아내는 병이다(세포가 비정상적으로 성장하고 분열하는 질병을 암이라고 하므로, 백혈병은 혈액암이라고도 불린다). 백혈병에 걸리면 백혈구가 제대로 기능하지 못하므로 환자는 후천적으로 면역력을 잃게 된다. 치료로는 역시 골수이식이 있다. 항암 및 방사선 치료로 환자의 본래 조혈모세포를 모두 파괴하고, 타인의 건강한 조혈모세포를 넣어서 생착시키는 방법이다. 반대로 백혈구가 적어져도 면역계가 기능하지 못한다. 백혈구는 대부분 항암, 방사선 치료로 인해서 줄어들고, 그 밖에 혈액질환으로도 줄어들 수 있다.

이렇게 우리는 혈액을 포함해 다양한 신생 세포를 만들면서 DNA를 복제하는데, 그 과정에서 불가피하게 돌연변이나 암세포가 발생할 때가 있다. 유전자 돌연변이는 우리를 진화시키기도 하지만, 암세포를 탄생시키기도 한다. 암세포는 몸의 정상 세포를 기반으로 탄생한 비정상 세포다. 우리의 면역 체계는 암세포를 공격해서 파괴한다. 암세포가 자라는 과정에서 특정 시그널이 발현되면 면역계가 작동해 세포를 폐기하는 것이다. 고로 면역력이 낮으면 암이 발병한다는 개념도 틀린 말은 아니다. 하지만 왜 어떤 암세포는 퇴치하지 못하는지, 왜 어떤 동물은 평생 암에 걸리지 않는지, 우리는 아직 정확하게 알지 못한다. 어쨌든 오늘날에도 인류의 절반은 일생 한 번쯤 암에 걸린다.

몸은 다른 생체조직에도 면역반응을 일으킨다. ABO 혈액이 대표적이다. 인류는 수혈이 사람을 죽일 수 있다는 사실을 관찰하며 면역을 배웠다. 타인의 혈액을 주사하자 알 수 없는 이유로 환자가 사망했던 것이다. 그리고 찾아보니 ABO 혈액 외에도 면역 인자는 엄청나게 많았다.

염증은 면역세포들이 일으키는 면역반응의 일종이다. 염증의 정의는 그리스시대에 정립되었는데, 당시 사람들은 붓고 열감이 있고 피가 나고 아픈 것을 염증이라 여겼다. 염증과 감염은 다르다. 염증은 병원체와 싸울 때만 발생하는 게 아니다. 어딘가에 부딪히거나 반복적으로 접촉하거나 관절을 접질려도 염증반응이 생긴다. 피부 속으로 이물이 들어와도 염증이 생겨서 배출된다. 극단적으로 무균 환경에서 무균 도구로 상처를 입혀도 염증이 발생한다. 가령 발목을 접질리면 조직이 회복되는 데 시간이 필요하다. 그동안 발목 안쪽에서 피가 나면서 붓고 열감이 있고 아프다. 몸이 회복을 위해 일부러 염증을 일으킨 뒤 조직을 재건하는 것이다. 이처럼 면역은 우리 몸이 인체에 득이 되는 반응을 일으키는 과정이다.

정리하자면, '병원균과의 전쟁' '암세포 파괴'와 '장기이식, 수혈 거부 반응' 등은 모두 우리 인체가 응당 공격해야 할 것을 공격하는 면역의 형태다. 면역이라는 말이 남용되는 데도 이유가 있다. 면역이 알레르기, 아토피, 자가면역질환, 수혈, 장기이식, 암세포, 감염, 염증에 두루 관여하기 때문이다. 이 절묘한 반응은 피아 식별, 조상에게서 받은 기억, 강도 조절, 새로운 병원균과의 조우 그리고 감염 극복의 개념을 아우른다.

“환자가 잠에서 깨어나듯 정신을 차리기 시작했다”

백혈병 선고를 받은 환자와 가족들은 의연했다. 백혈병 치료법이 발전을 거듭해옴에 따라 예후도 점차 나아지고 있었다. 환자는 잘 이겨낼 것이었다.

막간을 이용해 간호사 선생님이 최근 감기가 심한데 입안을 봐달라고 했다. 목감기로 편도가 약간 빨갛게 부어 있었다. 체온도 높지 않았다. “단순 목감기니까 타이레놀 드세요.” 간호사 선생님은 약간 실망하는 눈치였다. “여기 목에도 뭐가 부어서 만져져요.” 오른쪽 목덜미를 더듬어보니 부드럽고 말랑말랑한 멍울이 만져졌다. “최근에 생긴 거죠?” “감기 걸리고 생겼어요.” “림프절이잖아요. 감기 걸리면 면역계가 반응해서 생기는 거니까 나을 때까지 타이레놀 드세요. 술 마시지 말고요.” 그는 마지막까지 실망한 눈치였다.

그다음 환자는 산부인과를 다니는 33주 차 산모였다. 임신중독증으로 자주 병원에 내원하는 환자였다. 혈압이 자꾸 높아지고, 당뇨가 없었는데 당이 오르면서 몸이 여느 산모들에 비해 심하게 붓는다고 했다. 경과를 보고 산부인과에 입원시키기로 한 뒤, 입원 전 잠깐 환자와 이야기를 나눴다.

"이게 출산까지는 계속 고생해야 하는 거죠?"

"네, 조절하셔야 합니다. 이 정도면 그래도 괜찮은 거예요. 임신중독증이 심하면 단백뇨가 나오고 폐부종으로 호흡곤란이 오거나 경련을 일으키기도 합니다. 조심하셔야 해요. 결국은 출산하면 다 괜찮아지니, 조금만 더 버티시면 됩니다."

환자가 병실로 올라가자 119에서 벌에 쏘인 고령 환자가 있다고 연락이 왔다. 일반적으로 벌에 쏘였다고 구급대에 신고를 하진 않으므로, 중환자라는 뜻이었다. 현장에서는 의식이 없고 혈압도 잘 잡히지 않는다고 했다. 나는 한시바삐 응급실로 오라고 말하곤 중환구역에서 환자를 받을 준비를 했다. "식염수랑 항히스타민이랑 에피네프린 준비해주세요. 혹시 모르니까 삽관까지요."

환자는 전화를 끊은 지 2분 만에 중환 구역에 들어왔다. 온몸이 달아오른 듯 붉게 변해 있었다. "환자분, 일어나보세요." 환자는 정말 잠든 것처럼 기면 상태였다. 혈압계가 혈압을 제대로 측정하지 못했고 환자는 아무리 자극을 주어도 일어나지 않았다. 아나필락시스 쇼크였다. 모든 처치를 뒤로하고 일단 환자의 허벅지에 에피네프린을 주사했다. 그 뒤 식염수와 항히스타민을 준비하고 있는데, 에피네프린의 효과가 나타났다. 혈압이 낮게나마 측정되면서 환자가 잠에서 깨어나듯 정신을 차리기 시작했다.

**"면역반응의 기본 구성 요소는 항원-항체다.
항원은 해당 면역반응의 공격 대상이고, 항체는 수비자다"**

면역반응의 기본 구성 요소는 항원-항체다. 항원은 해당 면역반응의 공격 대상이고, 항체는 수비자다. 일반 세포나 암세포, 고양이 털, 세균 모두 항원이 될 수 있다. 항체는 이와 맞서 싸우는 우리 몸의 면역 단백질이다. 항원-항체가 어떻게 작동하는지 연구된 것은 최근 100년 정도의 일이다. 인간이 처음으로 분리해낸 항체는 1890년 에밀 아돌프 폰 베링이 만든 디프테리아 항체였다. 그는 말에게 디프테리아 항원-항체 반응을 일으킨 뒤 항체가 형성된 말의 혈청을 인간에게 주사했다.

특정 항원이 세상에 존재하는 한 항체도 존재한다. 알레르기나 아토피는 항원-항체가 끝없이 반응하는 증상이다. 항원-항체 반응이 일어나면 피부가 가렵거나 붉어지면서 점막이 부푼다. 그로 인해 기관지 점막이 좁아지면서 천식이 동반되거나, 후두 점막이 부어서 기도가 막혀 사망하기도 한다. 땅콩 알레르기가 있는데 땅콩을 먹은 연인과 입을 맞췄다가 사망한 사례도 있다. 전신의 면역계가 동시에 과민 반응하면 쇼크, 즉 순환부전이 온다. 이를 '아나필락시스 쇼크'라고 부른다. 인류사에서 조심하도록 DNA에 기록되어 있을 확률이 높은 갑각류나 벌은 심한 면역반응을 일으킨다. 또 항원이 혈관으로 직접 다량 주입되어도 아나필락시스가 온다. 아나필락시스는 단시간에 발생하는 쇼크이므로 응급처치가 중요하다. 에피네프린을 근육으로 주사하면 3~5분가량 심장을 짜주어 쇼크를 막을 수 있다.

한편 아나필락시스보다 조금 더 시간을 두고 발생하는 면역반응도 있다. '사이토카인 폭풍cytokine storm'(사이토카인방출증후군cytokine release syndrome, CRS)이 오면, 낯선 병원체와 맞서 싸우는 과정에서 면역계가 극렬하게 저항하다가 환자가 사망에 이를 수 있다. 2008년 신종플루나 2019년 이후 발생한 코로나19 팬데믹 때 종종 젊고 건강한 사망자가 발생했는데, 이는 면역 체계가 강약 조절에 실패했다는 이론으로 설명할 수 있다. 이렇게 사이토카인은 면역반응에 관여하는 단백질이다.

현대 의학은 면역에 대해 아직 완벽히 이해하지 못했다. 하지만 면역에 관여하는 세포들은 대략적으로 밝혀냈다. 백혈구, 림프구, 중성구, 과립구, 호염기구, 사이토카인, 보체, 케모카인, 히스타민, B세포, T세포, NK세포, 큰포식세포, 포식세포, 인터페론, 인터루킨, 프로스타글란딘, 조혈모세포, 톨유사수용체, CD4와 CD8T세포 표면에 있는 보조 수용체, MHCmajor histocompatibility complex, 주조직적합복합체. 항원을 T세포에게 보여주는 분자, 중화항체 등이 그것이다. 면역반응은 이 세포들이 관여해서 복잡한 과정으로 이루어진다. 이들의 존재를 발견하고 역할을 규명해온 과정이 곧 인류가 면역의 기전을 밝혀낸 역사다. 이 기전을 발견한 과학자들은 하나같이 노벨상을 받았다.

알레르기를 일으키는 대표 물질은 히스타민이다. 그래서 알레르기 약을 항히스타민제라고 부른다. 현재까지 우리가 알레르기에 쓰는 약은 항히스타민과 염증을 줄이는 스테로이드 정도가 전부다. 선천면역세포는 이름이 말해주듯 타고나는 면역 인자다. 이들은 대상을 구체적으로 파악해서 공격하지 못한다. 그래서 이질감이 느껴지는 세포가 있으면 일단 공격한다. 이러한 역할을 맡은 것이 백혈구

안의 호중구다. 호중구는 병원체를 발견하면 제 몸에 넣어 녹이고는 같이 죽는다. 이렇게 죽은 호중구가 쌓이면 고름이 된다. 다시 말해 고름은 병원체와 백혈구가 함께 죽은 잔해다. 골수의 조혈모세포는 병원체가 침입하면 백혈구를 많이 만들고 호중구의 비율을 높인다. 병원에서 일명 '염증 수치'라고 하면 백혈구 개수와 호중구의 비율을 말한다.

선천면역세포 중에서 대식세포와 수지상세포는 병원체를 잡아먹고 자연살해세포는 병원체를 파괴한다. 이들은 MHC 분자(인체에서는 인체백혈구항원human leukocyte antigen, HLA)라는 도구로 잡아먹은 병원체를 제시해서 T세포가 공격을 발동하도록 후천면역을 일으킨다. 그런데 선천적으로 어떤 HLA에 병원체를 붙일 것이냐의 기준은 개개인의 유전자에 따라 다르다. 온 마을이나 온 대륙을 쓸어버리는 전염병이 발생했을 때조차 소수는 살아남았던 것도 HLA의 다양성 덕분이었다. 이걸 두고 유전자의 생존 의지가 숙주인 인간을 살려두었다고 해석하기도 한다. 장기이

면역세포의 반응

병원체가 침입했다고 가정하자. 이들의 역할을 딱 한 문단으로 설명하자면 이렇다. 호중구, 대식세포, 수지상세포는 선천면역세포다. 이들은 톨유사수용체라는 도구로 외부 물질이 병원체인지 확인한다. 병원체가 일반 세포를 공격하면 선천면역세포는 인터페론과 사이토카인을 보내 도움을 요청한다. 근처 면역세포들은 요청을 받고 몰려와서 같이 전투에 참가한다. 일부는 병원체의 정보를 들고 가서 림프구와 림프절에 전달한다. '헬퍼 T세포'는 새로운 병원체를 보면 공격을 검토한다. 공격하기로 결정되면 '킬러 T세포'가 면역반응을 일으킨다. 이 과정에서 T세포는 MHC 분자가 세포 표면으로 내보낸 병원체를 T세포 수용체로 스캔해 적인지 아닌지를 구분한다. 신호를 받은 B림프구는 항원에 대한 항체를 만들었다가 시간차 공격을 한다. 이쯤 되면 병원체는 소멸되고, 기억 T세포가 남아 항체를 기억해두었다가 같은 항원이 들어왔을 때에 대비한다. 이 세포들은 골수에 있는 조혈모세포에서 필요에 따라 분화한다. 간단하지 않은가?

식 적합도를 평가할 때도 HLA 검사를 실시해야 한다.

우리 몸에는 혈관 외에 면역세포가 이동하는 통로가 따로 있다. 인체 모형도에서 빨간 동맥, 파란 정맥과 함께 주행하는 녹색 림프절을 본 적이 있을 것이다. 림프절은 동글동글한 모양을 하고 있는데, 여기에 면역세포를 보관한다. 림프절은 목, 겨드랑이, 사타구니, 배 안에 주로 들어 있다. 면역세포에 출동 지시가 떨어지면 많은 세포가 필요하므로 림프절이 커진다. 그래서 목감기가 심하면 목에서 림프절이 만져지는 것이다. 또 림프가 순환되지 않으면 흔히 부종을 일으킨다고 하는데, 실제로 면역세포를 운반하는 림프액은 단백질이 풍부해서 순환이 막히면 국소부위 또는 전신에 부종을 일으킨다. 이 림프 순환을 담당하는 주요 기관은 비장, 편도, 가슴샘 등인데, 이것들은 제거돼도 다른 기관이 기능을 대체한다. 때문에 불과 100년 전까지도 이 기관들이 어떤 역할을 하는지 알 수 없었다. 림프절은 암 발생 시 전이 통로가 되기도 한다. 그래서 암세포의 림프절 침범 여부는 암 병기 설정에서 중요하게 고려된다. 물론 림프계 자체에도 암이 생길 수 있다. 이를 림프종이라고 한다.

임신은 면역계 입장에서 단연코 가장 어려운 문제다. 타인의 장기나 혈액은 면역반응을 일으키지만, 생명을 통째로 배 안에 넣고 키울 때는 면역이 반응하지 않아야 한다. 쌍둥이일 때도 별도의 개체가 한배에서 자라지만 각자의 면역계는 서로에게 관대해야 한다. 하지만 임신은 거의 대부분의 질환이 일어날 가능성을 유의미하게 높이는데, 이는 면역 체계의 변화에서 오는 문제라고 생각된다. 특히 임신중독증은 임신에 대한 일종의 면역반응으로 전신 혈관에 문제를 일으켜 고혈압, 신기능 저하, 폐부종, 뇌부종 및 경련을 일으킨

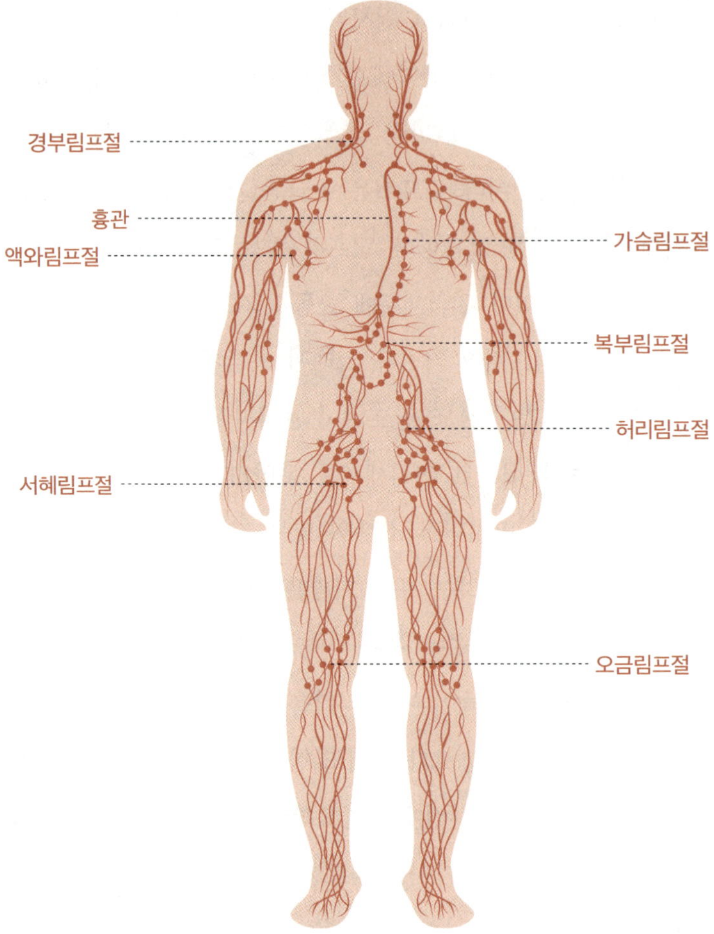

림프절의 분포

다. 따라서 임신 중 발생하는 대다수의 문제는 출산하면 해결된다. 특히 임산부에게 심정지가 발생했을 때도 응급으로 제왕절개를 시행하면 심박이 돌아올 가능성이 있다. 임신 시 발생하는 면역 문제는 면역계가 '낯설고 해로운 병원체'를 골라 이와 싸운다는 가설을 반박한다. 그렇더라도 일반적으로 면역이란 인체에 우호적인 존재와 해가 되는 존재를 구별해서 우리에게 도움이 되는 방향으로 문제를 해결하려는 반응이다.

> “X-ray상에선 폐가 희뿌옇게 변해 있었다.
> 피검사에서도 백혈구가 2만 개가 넘었다.
> 환자의 면역계가 견디지 못하고 있는 상황이었다”

환자는 항히스타민과 수액을 맞으면서 의식이 분명히 돌아왔고 혈압도 점차 상승했다. 30분 만에 얼굴의 붉은 기운도 가라앉았다. 삽시간에 경증 환자가 된 그는 자리에서 평온하게 모니터를 달고 있었다. “원래 벌에 알레르기가 있으세요?” “아이고, 내가 자주 쏘여봤어야 알지.” “앞으로는 벌 조심하세요.” “원래 벌은 조심했어. 그게 안 쏘이고 싶다고 안 쏘일 수 있는 게 아니잖아.” “그렇긴 하지만요.”

자리로 돌아오자 옆에서 목감기 걸린 간호사 선생님이 지친 얼굴로 앉아 있었다. 우리는 가볍게 눈빛을 교환했다.

“오늘따라 환자가 정말 많네요.”

“자기가 자기 몸에 수액을 놓질 않나, 새우 알레르기가 있는데 새우를 먹질 않나, 류머티즘 환자가 발목이 꺾이질 않나, 갑자기 백혈병, 에이즈 진단이 나오질 않나, 벌에 쏘여 쓰러지질 않나……. 그런데 뭐, 응급실 일이 매일 이렇지요.”

“그나저나 인플루엔자 백신 맞아야 하는데, 선생님은 맞으셨나요?”

“또 시즌이 왔네요, 귀찮게……. 이놈의 백신은 맞아도 맨날 감기 걸리고. 일만 안 하면 감기도 안 걸리던데."

"선생님, 그래도 맞아야죠."

퇴근 시간이 되어가는데 요양병원에서 고령의 남성 환자가 왔다. 이미 5년 넘게 와상 생활 중이라 했다. 환자는 뇌졸중으로 의식이 또렷하지 않았고, 한쪽 팔다리를 쓸 수 없었다. 간병인의 수발을 받으며 생활하는 분이었다. 반복적으로 기관내삽관을 했다가 지금은 목을 절개해서 호흡하고 있었다. 기계 호흡을 오랫동안 하다 보니 폐렴을 피할 수 없었다. 식사를 하다가도 사레가 많이 들려 흡인성 폐렴도 동반된다고 했다. 스스로 소변을 볼 수 없어 요도에 소변줄을 넣다가, 지금은 아랫배에 방광으로 통하는 구멍을 뚫고 튜브를 넣어 소변을 빼내고 있었다. 이미 복부에 소변줄을 넣은 지도 5년 가까이 되어서, 소변 색깔이 탁했고 반복적인 요로감염 기록도 있었다. 요컨대 종합적으로 세균과 오랫동안 싸우고 있는 환자로, 이미 중환자실에도 세 번이나 다녀온 터였다. 요양병원에서는 또다시 열이 나서 혈압이 떨어진다고 응급실로 보내졌다. 초기 혈압이 70/40밖에 되지 않았다. 오늘 가장 위중한 환자임이 분명했다.

환자는 생체 징후가 모두 안 좋았다. 맥박이 빨랐고 혈압은 낮았으며 산소포화도가 떨어졌고 호흡도 빨랐다. 패혈증 쇼크가 확실했다. X-ray상에선 폐가 희뿌옇게 변해 있었다. 피검사에서도 백혈구가 2만 개가 넘었고 호중구 비율이 높았다. 면역계가 반응은 하나 이 싸움에서 이겨내기는 어려워 보였다. 죽음과 가까워지는 과정이었다. 일단 가능한 치료를 모두 시도해보아야 했다. 언제 돌아가실지는 알 수 없었지만, 이번은 아니어야 했다.

“건강한 상태에서는 백신을, 이미 감염된 상태에서는 항생제를”

면역을 이용한 최고의 발명은 백신이다. 백신은 인간이 만든 물질 가운데 가장 많은 인간을 살렸다. 최초로 개발된 백신은 천연두 백신이다. 천연두는 지금까지 약 10억 명의 인간을 죽였다. 역사상 동일한 균으로 가장 많은 인명 피해를 낸 셈이다(그 유명한 흑사병과 인플루엔자는 도합 3억 명의 사망자를 냈다). 에드워드 제너는 천연두에 한번 걸리면 다시는 걸리지 않는다는 점, 천연두와 비슷한데 소가 걸리는 우두의 고름에 접촉한 적이 있는 사람은 천연두에 걸리지 않는다는 점에 주목했다. 그렇게 그는 우두로 인류 최초의 천연두 백신을 개발했다(그래서 백신vaccine이라는 단어 또한 암소를 뜻하는 라틴어 vacca에서 나왔다). 하지만 그때까지만 해도 아직 질병에 걸리지 않은 건강한 상태에서 예방을 위해 주사를 맞는다는 건 꺼림칙한 일로 여겨졌다. 백신을 맞으면 뿔이 나고 소처럼 변한다는 소문이 돌기도 했다. 제너도 불안했는지, 인류 최초의 백신을 개발한 뒤 자기 아들을 놔두고 정원사의 아들에게 이를 접종했다. 덕분에 1796년 제임스 핍스라는 소년이 세계 최초의 백신 접종자가 되었다. 그로부터 200년 뒤, 천연두는 인간이 정복한 첫 병원체가 되었다.

이후 백신을 본격적으로 개발한 사람은 '미생물학의 아버지' 루이 파스퇴르였다. 그는 다양한 분야에서 모두 나열할 수 없을 정도로 많은 학문적 공헌을 했으며, 광견병과 탄저 백신을 개발해 수많은 사람의 생명을 구했다. 무엇보다 그는 면역을 위해 건강한 상태에서 주사를 맞는 것에 대한 당시 사람들의 두려움을 잘 알고 있었고, 과학도 사회적으로 납득되어야 의미가 있다는 사실을 모두 이해했다. 그래서 그는 탄저균 백신을 개발한 뒤, 염소를 두 군으로 나눠 한쪽에만 백신을 맞춘 뒤 양쪽 군에 모두 탄저균을 주입했다. 그 결과 백신을 맞지 않아 면역을 갖추지 못한 염소는 죄 없이 탄저균으로 전멸했다. 잔혹한 쇼였지만, 백신에 의구심을 갖고 있던 사람들에게는 매우 인상적인 장면이었다. 과학자로서의 자질도 뛰어났지만, 다양한 이해 집단의 입장을 고려해 설득하는 능력도 탁월했던 파스퇴르 덕분에 많은 사람이 백신으로 소중한 생명을 지킬 수 있었다.

백신 강제 접종 사례

백신을 강압적으로 접종하려 한 사례도 있었다. 1904년 브라질 의회는 천연두 예방접종을 의무화하는 법을 통과시켰다. 보건당국과 경찰은 이 법을 근거로 각 가정을 방문해 강제로 백신을 놓았다. 분노한 시민은 백신 반대운동을 벌였다. 시위는 점차 폭력적으로 변해갔고, 시위대가 대통령궁으로 행진할 무렵 결국 법 집행이 중단되었다. 이 유혈 시위로 30명이 사망하고 100명이 부상을 입었으며, 백신을 거부한 9000명이 천연두에 걸려 죽었다. 강제 접종에 대한 반발과 백신의 강력한 효과를 동시에 보여주는 사례다. 이후 백신의 효과를 부정하는 사람은 크게 줄었다. 1900년대 이래 백신은 인구를 기하급수적으로 증가시키는 데 커다란 공헌을 했다. 이제 우리는 천연두, 디프테리아, 백일해, 홍역, 볼거리, 풍진, 수두 등의 질병에 거의 걸리지 않게 되었다. 하지만 백신에 대한 반발 역시 계속되고 있다. 누군가는 이미 많은 전염병이 사라져버린 환경에서 병에 대한 공포심을 느끼기 어려워진 점을 이러한 반발의 원인으로 꼽기도 한다.

이렇게 건강한 상태에서 사용되는 최고의 발명품이 백신이라면, 이미 감염된 상태에서 사용되는 최고의 발명품은 항생제다. 알렉산더 플레밍이 우연히 곰팡이에서 페니실린을 발견한 이후, 우리는 점차 세균과의 전쟁에서 우위에 서게 되었다. 1941년 앨버트 알렉산더라는 경찰관은 장미를 손질하다가 가지에 입가가 긁혔고, 그 상처가 덧나는 바람에 시력을 잃고 죽음을 앞두고 있었다. 하지만 다행히 옥스퍼드에서 연구하던 과학자들에 의해 정제된 페니실린을 인류 최초로 맞을 수 있었다. 그는 의식을 되찾고 잃었던 시력도 정상으로 돌아왔으며 산책을 다닐 정도로 회복되었다. 하지만 최초의 페니실린은 양이 넉넉지 않았다. 페니실린을 더 놓지 못하게 되자, 알렉산더는 다시 의식을 잃었고 곧 사망했다. 기적적인 효과를 본 학자들은 자연계의 곰팡이를 뒤져서 페니실린을 대량으로 생산해냈다. 그 뒤로 항생제는 감염과의 전쟁에서 엄청난 무기가 되었고, 마침내 백신 다음으로 많은 인간의 목숨을 구한 물질이 되었다.

병원체의 종류

병원체에는 바이러스, 세균, 진균, 기생충 정도가 있다. 항생제는 이 가운데 세균만을 죽인다. 진균은 포자, 곰팡이 등인데, 이로 인해 발생하는 대표적인 질환이 무좀이다. 진균 세포는 인체 세포와 비슷한 구조라서 항진균제는 항생제처럼 효율적으로 진균만 골라 죽일 수가 없다. 하지만 심각한 감염을 일으키지도 않는다. 무좀이 치명적이진 않지만 잘 낫지 않는 이유다. 다만 면역이 저하된 경우엔 진균 감염이 흔하게 발생하고 치료하기도 매우 까다롭다. 특히 에이즈, 백혈병 등에는 진균 감염이 매우 위험하다. 기생충은 쉽게 말하면 벌레다. 대부분 소화기에 번식하기 때문에 옛날에는 초등학생들을 대상으로 분변검사를 시행했다. 기생충 알이 있는지 검사하기 위해서였다. 이를 위해 똥을 학교에 제출해야 했을 때의 충격을 잊을 수가 없다. 그러다 알벤다졸이라는 구충제가 탄생한 후 기생충은 거의 박멸되었다. 알벤다졸은 대사 과정을 방해해서 에너지를 얻지 못하게 해 기생충을 죽인다. 죽은 기생충은 소화관에서 그대로 녹아 배출된다.

항생제는 세균을 죽인다. 사실 세균을 죽일 수 있는 방법은 많다. 세균은 강산, 강염기, 알코올 등에 대부분 죽는다. 가열하거나 냉동해도 죽는다. 하지만 세균에 감염되었다고 사람한테 강산, 강염기를 붓거나 사람을 가열, 냉동할 수는 없다. (여담이지만 미국 대통령 도널드 트럼프는 손 소독제를 주사하면 코로나19가 박멸된다고 주장한 적이 있다. 아나필락시스 쇼크가 먼저 올 것이다.) 항생제는 생체조직을 파괴하지 않고 미생물만 죽인다. 다만 병원균만 골라서 죽일 수는 없고, 미생물을 광범위하게 파괴한다. 그런데 면역 체계는 우리한테만 있는 게 아니라 미생물에게도 있다. 항생제로 미생물을 공격하면 그 후손이 이를 기억했다가 방어하므로 내성균이 탄생한다. 또 항생제는 유익한 미생물을 제거하거나 인체의 미생물 체계를 교란하기도 한다. 항생제 오남용이 문제가 되는 것은 이런 이유 때문이다. 이미 의사가 투여하는 항생제의 1회 분량은 지난 80년간 약 500배나 증가했고, 그로 인해 각종 슈퍼박테리아나 다제내성균(원내 감염)이 문제가 되고 있다. 이런 상황에서 우리가 앞으로도 세균과의 전쟁에서 살아남을 수 있을지는 미지수다.

> "바이러스는 워낙 작고 변이를 거듭하기 때문에
> 면역계를 잘 회피한다.
> 바이러스 팬데믹의 시대가 도래한 이유다"

역사적으로 감염은 대체로 세균과의 싸움이었다. 세균 감염은 상대적으로 증상이 심했지만, 항생제가 개발된 이후 우리는 여기에 어느 정도 맞서 싸울 수 있게 되었다.

반면 바이러스는 크기가 워낙 작아서 핵이 없다. 이들은 기생을 해야만 살아남는, 반半생명체다. 본래 바이러스 감염은 증상이 심하지 않다. 우리가 흔히 걸리는 감기도 대부분 바이러스다. 다만 바이러스는 지나치게 작아 감염되었을 때 박멸하기가 어렵다. 그래서 바이러스엔 효율적인 치료제가 없을뿐더러 약을 쓴다 해도 잘 듣지 않는다. 신종플루나 코로나19에도 보편적인 치료제가 없었다. 같은 이치로, 바이러스에 대한 백신도 효과가 미미할 수밖에 없다. 바이러스는 워낙 작고 변이를 거듭하기 때문에 면역계를 잘 회피한다. 바이러스 팬데믹의 시대가 도래한 이유다.

그간 인류의 위생 상태는 100년 전과 비교할 수 없을 정도로 개선되었다. 면역에 대한 연구로 괄목할 만한 발전을 이룩한 의학은, 백신과 항생제와 항바이러스제와 각종 치료법을 개발해냈다. 현재는 면역계를 이용한 암 치료법도 개발 중이다. 하지만 위생 수준이 개선되면서, 아이러니하게도 오히려 더 많은 사람이 알레르기나 아토피로 고생 중이다. 이를 설명하는 것이 일명 '위생 가설hygiene hypothesis'이다. 환경이 옛날처럼 비위생적이었더라면 인간은 각종 세균과 미생물을 적당히 접하면서 성장했을 것이다. 면역계는 항체를 만들고 이에 적응하면서 정상적인 면역 체계를 갖춘다. 그런데 지나치게 청결한 환경에서 성장하면 오히려 약간의 자극에도 면역계가 격렬히 반응하게 된다는 것이 면역 가설이다(그렇다고 환경을 일부러 더럽게 만드는 것은 좋지 않다). 늘어난 아토피 환자는 현대인의 면역계가 교란되었음을 보여주는 한 예일 것이다. 무분별한 항생제 사용 또한 정상 세균총을 파괴해서 면역계를 교란한다. 가령 자가면역질환의 대표격인 크론병Crohn's disease은 1932년에 5만 명당 1명꼴로 발생했는데, 현재는 5만 명당 20명으로 늘었다. 이런 사례를 통해 무분별한 항생제 사용이 정상 세균총을 죽여서 면역계를 교란하고 있다는 가설이 힘을 얻고 있다.

우리 한 사람 한 사람은 언젠가 감염과의 전쟁에서 패배할 것이다. 우리의 면역계는 결국 싸우지 못하고 주저앉을 것이다. 나이가 많이 들었거나 암이 말기까지 진행되었거나 치명적인 질환이 왔다면, 우리 몸은 상재균과 병원균에 맞서지 못한다. 면역계가 남은 힘으로 저항을 한다 해도, 병원체가 주요 장기를 잠식하고 염증반응을 일으켜 쇼크가 올 것이다. 그러면 순환이 유지되지 않고 세포는 산소를 공급받지 못해 결국 혈압, 맥박, 체온, 호흡, 의식 등이 저하된다. 이것이 패혈증 쇼크다. 대부분의 노약자나 암 환자 등은 마지막 순간 패혈증으로 죽는다. 감염과의 전쟁에서 거듭 생존해오다 최후의 순간이 오면, 생명의 시동이 꺼지고 우리는 무의 세계로 돌아간다. 결국 대다수 인간의 죽음은 면역계의 종말이라고 할 수 있다. 세균으로부터 진화한 인간은 세균과 함께 살아가다 세균으로 인해 죽는다.

요양병원에서 온 환자에게 중심정맥관을 삽입했다. 굵은 수액 루트를 확보해야 약을 투여할 수 있었다. 그리고 즉시 고농도의 항생제를 투여했다. 더불어 카테콜라민 호르몬을 점적해서 혈압을 높이면서 충분한 양의 수액을 같이 공급했다. 이것으로 나는 패혈증 쇼크에 맞서는 의학적 수단을 전부 사용한 셈이었다. 항생제와 카테콜라민, 수액이 환자의 순환과 면역계의 역할을 거들어줄 것이다. 하지만 이 치료도 듣지 않으면 이제는 방법이 없다. 누구도 영원히 살 수는 없는 법이다.

분주한 중환 구역에서 인공호흡기를 만지던 나는 문득 의식을 잃은 환자의 얼굴을 보았다. 노쇠한 얼굴에 혈색이 조금 돌아왔다. 혈압은 약간씩 올랐고 심박도 어느 정도 잡히기 시작했다. 항생제를 최대한 빨리 사용한 게 효과가 있었던 듯했다. 이제 교대해줄 다른 선생님이 출근할 것이었다. 환자에게 가능한 조치를 전부 시행했으므로 회복은 운명에 맡기고 퇴근할 시간이었다. 내가 중환 구역을 떠나는 마지막까지 환자는 안정적으로 숨을 쉬고 있었다.

응급실에서 시달렸더니 목이 칼칼했다. 면역이 떨어진 환자를 많이 만났더니 내 면역도 같이 떨어진 모양이었다. 집에 가서 빨리 깨끗하게 씻고 따뜻한 차를 한잔 마시고 잠들어야 할 것 같았다. 지난 월례 콘퍼런스에서는 스트레스를 받았을 때 휴식을 취하도록 하는 것과 수면이 부족하면 졸리게 만드는 것이 모두 면역 체계의 지시라는 논문 발표가 있었다. 발표자는 수면을 취하면 면역세포의 개수가 늘어나며, 사랑에 빠질 상대방을 선택할 때 우리가 무의식적으로 우리와 면역 체계가 최대한 이질적인 사람을 선택하게 된다고도 했다. 그는 "우리 앞에 나타나는 것만 빼고, 면역은 뭐든 다 하고 있습니다"라는 말로 발표를 마무리했다. "지긋지긋한 면역이군." 나는 혼잣말을 했다. 피곤하고 혼곤했다. 문득 학생들이 맞는다는 면역력 주사를 나도 좀 찾아가서 맞아볼까 생각하며, 무시무시한 면역 전쟁이 벌어지고 있는 병원을 나섰다. 내가 매일 이곳으로 출근해서 아픈 사람을 돌보는 것도 면역계의 인도일까. 눈앞에 보이지는 않지만, 무엇이든 다 하고 있는.

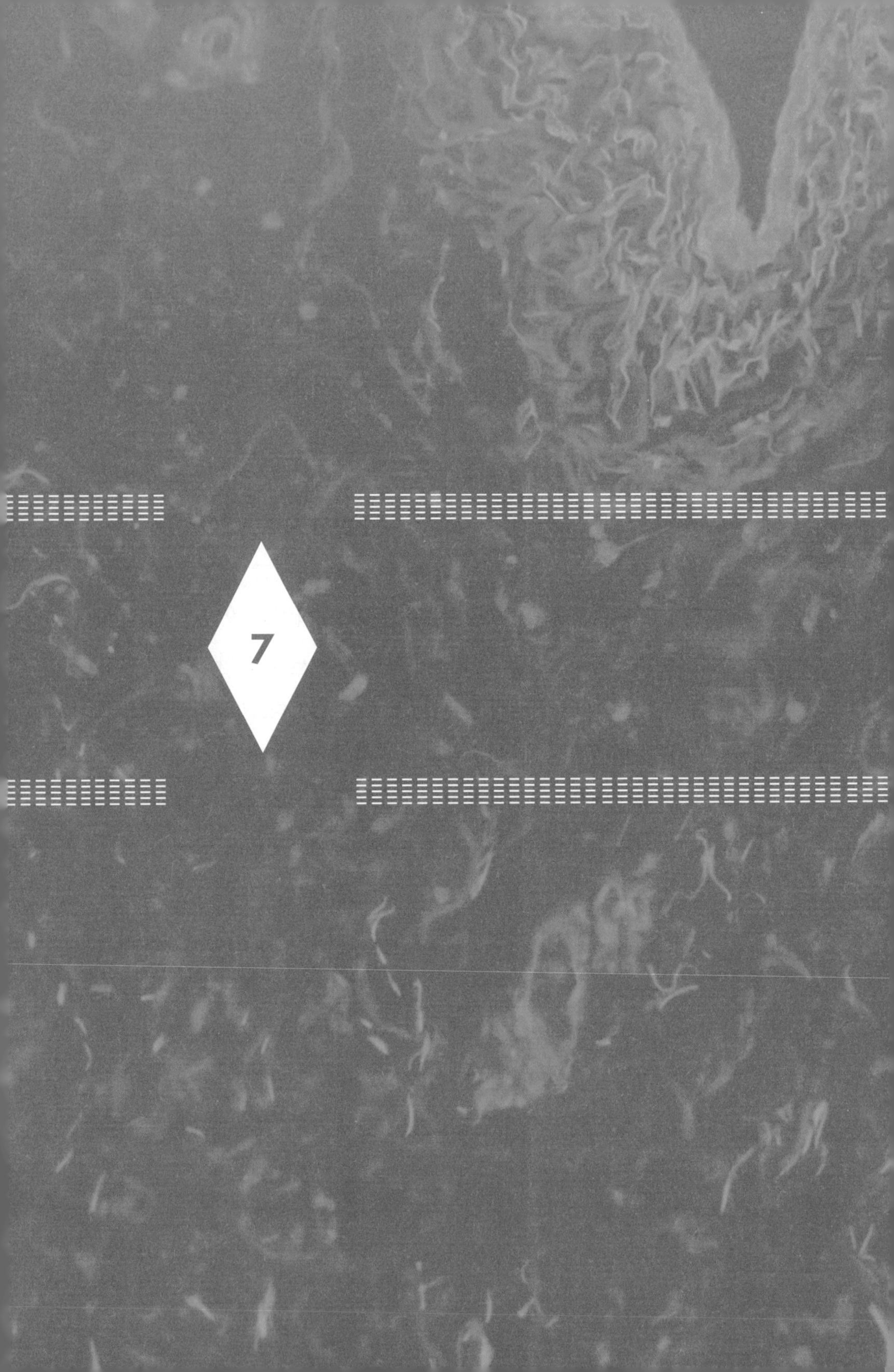

7

최후의 순간까지, 제 기능을 유지하는 인체의 방어막

피부

SKIN

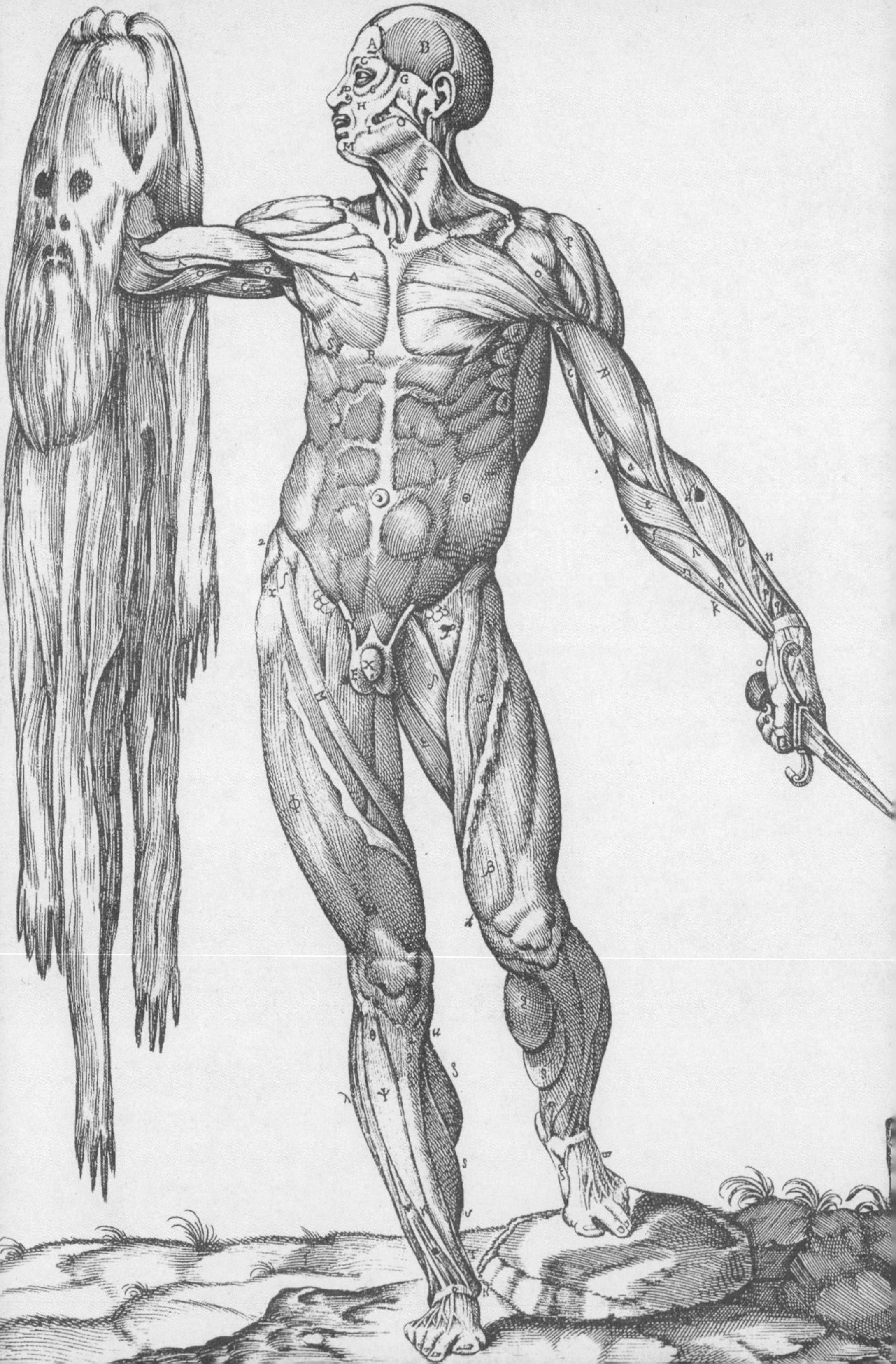

오늘의 첫 환자는 열상 환자였다. 공사장에서 날카로운 쇳조각에 정강이를 베였다고 했다. 중년의 남성은 피를 흘리면서 별일 아니라는 듯 다리를 약간 절며 걸어왔다. 바짓자락이 흘러내린 핏자국으로 지저분했고 신발에도 피가 고여 있었다. 나는 침착하게 걸어가서 그를 맞았다. 다른 외상이 없나 확인했고 일단 바지를 걷어 지혈한 뒤 그를 X-ray실로 보냈다. 정강이 X-ray상 골절은 없었고 이물도 보이지 않았다.

환자를 처치실에 눕히고 옷을 완전히 탈의했다. 종아리 피부가 7cm 정도 길게 열려 있었다. 피하지방이 많지 않고 주요 인대도 없는 곳이었다. 지혈된 상처를 열자 벌건 근육이 드러났다. 동맥이 있었는지 혈액이 압력을 받아 직선으로 튀었다. 상처를 누르고 나머지 부위를 소독한 뒤 마취약을 충분히 주사했다.

"환자분, 아프신가요?" "견딜 만합니다." "마취돼서 이제 안 아프실 겁니다. 그럼 봉합을 시작하겠습니다.” 누른 자리를 조심스럽게 열자 조그만 원통 모양의 혈관이 보였다. 봉합사로 동맥을 봉합하자 출혈이 멈췄다. 이후에는 수월한 봉합이었다. 근육 손상은 심하지 않아서 굳이 봉합하지 않아도 될 정도였다. 종아리는 하중이 많이 가해지므로 피부만 튼튼하게 꿰매면 되었다. 나는 피부층을 맞춰가면서 봉합을 마쳤다.

“처치 다 됐습니다. 근육 손상이 있으니까 땅 디딜 때 너무 세게 디디지 않게만 주의해주시고, 근육이 자라는 2주 정도는 조심해주세요.” “감사합니다.” 스테이션으로 나오자 아까 동맥을 지혈하면서 튀었는지 얼굴에 핏방울이 묻어 있었다. 핏방울을 닦는데 간호사가 말했다.

“저는 환자가 저렇게 피 흘리면서 오면 섬뜩하더라고요.”

“직장이 응급실인데, 잔인한 걸 잘 못 본다고요?”

“무섭잖아요. 피 흘리고 살도 드러나고요.”

“여기서 하루에 한 분 정도는 돌아가시는데 그건 안 무섭고요?”

“왠지, 그런 거랑은 조금 다른 느낌이에요. 저렇게 상처 나고 피가 나면 공감이 간다고 할까요?”

“하긴, 피부가 열린다고 하면 무섭죠. 저도 어린 시절 읽은 책은 잔인한 장면만 기억나요. 『삼국지』에서는 서로 목을 자른다고 난리고, 일제 순사들은 독립투사를 잡아다가 살 터지게 고문하고, 사무라이들은 자기들끼리 배를 가르고요. 셰익스피어의 『베니스의 상인』도 무서웠던 것 같아요. 세상에, 심장 가까이 있는 살을 1파운드나 자른다잖아요. 삼겹살 2인분이나 되는 분량인데요."

"그렇게 장황하게 말씀하시지만, 환자들 치료할 때 보면 차분하고 침착해 보이세요."

"저도 처음 응급실 왔을 때는 섬뜩했던 것 같은데, 지금은 일로 보여요. 해야 할 일이라고 생각하면 별로 안 무서워요. 잔인함에 대한 감각 자체가 사라진다고 할까. 피부는 일상생활을 하다 보면 쉽게 상하잖아요. 조금만 날카로운 것에 베여도 금방 열리고 피가 나고요. 그런데 기계적인 관점에서 보면 신체 어디나 피부는 다 균일한 층이죠. 피부 아래는 지방, 그 아래는 근육, 이렇게 다 정해진 층대로 되어 있어요. 혈관이 지나니까 피가 나는 거고 신경이 지나니까 아픈 거죠. 그걸 파악하고 치료하는 게 우리 일이잖아요. 여기에 동맥이 지나가는구나. 이건 모근이네. 아, 포셉으로 신경을 집어버렸잖아. 이쪽은 탄력이 있는 부분이라 손상이 적군. 그러면서 일하는 거죠."

"아니, 말로 들으니 더 무서운데요?"

"피부의 두께는 필요에 따라 더 두꺼워질 수 있다. 피부는 놀라운 기능성 재질이다"

피부는 우리 몸의 방어를 담당하는 주요 기관이다. 인체에서 가장 넓고 고르게 분포된 기관이기도 하다. 전신을 감싸고 있는 피부의 면적은 대략 1.5~2m^2, 전체 무게는 3.5~5kg이다. 피부는 지금까지 설명한 기관 중 맡은 바 임무를 가장 완벽하게 해내는 기관이기도 하다. 심부전, 신부전, 간부전은 있지만 피부부전은 없는 것만 봐도 알 수 있다. 이제 막 사망한 사람도 외상을 입은 게 아닌 한 살갗은 터진 곳 없이 막혀 있다. 이렇게 피부는 최후의 순간까지 제 기능을 유지하는 기관이다.

피부는 우리 몸을 감싸고 있는 단단하고 매끈한 조직을 말한다. 피부 아래 있는 살과 뼈는 우리 몸 어디서나 똑같은 순서로 층을 이룬다. 손발이든 가슴이든 이 순서는 같다. 피부 아래에는 피하지방(피하조직)이 있다. 피하지방 아래는 근육이고, 그 아래는 뼈다. 우리가 말하는 피부는 피하지방 윗부분을 이른다. 이 두께를 확인할 방법이 있다. 손가락으로 아무 살이나 꼬집어보면 피하지방은 근육에 붙어 있지만 피부는 잡혀서 올라온다. 잡혀 올라온 이 살이 우리의 피부다(그러나 손바닥이나 발바닥을 집었다면 피부가 올라오지 않는다. 손바닥, 발바닥은 미끄러짐 방지 처리가 되어 있어 피하지방과 피부가 딱 붙어 있다).

피부는 부위마다 두께가 다르다. 가장 얇은 곳은 눈꺼풀과 고환으로 두께가 0.5mm에 불과하다. 손으로 이곳의 피부를 잡아보면 매우 얇다는 걸 알 수 있는데, 그래서 몸에서 가장 잘 찢어지는 부위이기도 하다. 가장 두꺼운 곳은 손바닥과 발바닥으로 두께가 6mm나 된다. 덕분에 손바닥과 발바닥은 살짝만 베였을 땐 피가 나지 않고 잘 찢어지지도 않는다. 게다가 손바닥 발바닥은 마찰이 많이 가해질수록 더 두꺼워진다. 이를테면 신생아일 때는 발바닥 피부가 다른 피부와 마찬가지로 여리고 보드랍지만 걸음마를 떼기 시작하면서 두꺼워진다. 같은 이유로, 평소 신발을 신지 않고 생활하는 사람은 발바닥 각질층이 유독 두껍다. 이렇게 발바닥은 우리의 체중을 버티고 바닥의 위험 물질로부터 몸을 보호하면서 생활 방식에 따라 필요한 만큼 두꺼워진다. 비슷한 원리로 감각을 담당하면서 손상을 입는 일이 많은 손바닥도 피부가 두껍다. 피부의 두께는 필요에 따라 더 두꺼워질 수 있다.

피부는 놀라운 기능성 재질이다. 일단 완벽히 방수가 된다. 덕분에 우리는 수영이나 다이빙을 할 수 있다. 또 피부에는 감각이 있다. 우리가 몸을 써서 일을 하거나 놀 때, 또 연인과 서로 끌어안고 입을 맞추며 사랑을 나눌 때도 피부가 하는 역할이 크다. 특히 피부는 성적인 즐거움을 얻는 데 특화되어 있다. 가장 감각이 예민한 손과 입술만 떠올려봐도 그렇다. 인체는 성적인 행위를 위해 고도로 디자인되어 있고, 덕분에 번식해서 종족을 유지할 수 있다. 짜릿한 격투기도 피부가 기능하는 덕분에 가능하다. 피부가 단단하지 않았다면 격투기는 꿈도 꿀 수 없었을 것이다. 피부는 스카이다이빙 같은 스릴 넘치는 익스트림스포츠뿐 아니라 해저 탐험과 우주여행까지도 소화한다.

그런가 하면 피부에 있는 털은 개성을 드러낸다. 우리는 머리털과 수염을 관리하는 한편 제모를 하기도 한다. 아름다움을 느끼는 데 피부는 큰 몫을 한다. 우리는 혈색이 좋고 피부가 만질만질한 사람에게 본능적으로 끌린다. 각종 두피 샴푸와 화장품과 클리닉은 전부 피부를 위한 것이다. 피부는 개선이 가능한 기관이기도 하다.

“찰과상입니다. 겉껍질만 벗겨진 거예요. 피부가 열린 열상과는 다르지요”

“선생님은 요즘 피부과 다니시나요?”

“피부과 다니는 게 에티켓처럼 돼버렸죠. 나이들어서 잡티도 더 생기고, 상처가 생기면 무조건 흉이 남아요. 주기적으로 레이저를 받아야 해요. 주름 생기니까 보톡스도 맞아야 하고요.”

“각질 관리는 잘하고 계신가요?”

“각질 관리는 발바닥밖에 안 해요. 나머지 각질은 꼭 관리해야 하는지 잘 모르겠어요. 각질은 피부에 자연적으로 생기는 거잖아요. 얼굴 각질을 많이들 관리하던데, 저는 그다지…….”

“선생님, 얼굴 각질 관리가 얼마나 중요한데요. 각질 맨 위층엔 때가 끼잖아요. 다른 피부라면 몰라도 얼굴에는 먼지나 때가 묻으면 트러블이 생길 수 있으니까, 자기 전에 가볍게 제거해주는 거죠. 화장을 한다면 화학약품을 말끔히 제거해주는 의미도 있겠고요.”

“사우나에서 때 밀듯이 얼굴 각질 벗기는 게 아니군요.”

“아이고 선생님, 그러면 상처 나죠. 살살 관리해야 해요.”

때마침 상처가 난 아이가 왔다. 어린이집에서 친구와 놀다가 이마에 상처를 입었는데, 혹시라도 흉이 질까 봐 왔다고 했다. 아이 이마에 커다란 붕대가 칭칭 감겨 있었다. 마치 부상당한 꼬마 축구선수 같았다. 조마조마한 마음으로 붕대를 열었다. 깊은 상처는 근원적인 공포를 불러일으키니까. 한참 붕대를 풀자 드디어 상처가 드러났다. 상처는 좋은 의미로 초라했다. 이마에 0.5mm 길이로 긁힌 상처가 있었다. 안도감이 들었다. 여기서는 거의 상처로 취급하기 어려운 정도였지만, 보호자는 여전히 걱정하고 있었다. 아마 얼굴에 생긴 상처라서 크게 보였을 것이다.

“이건 찰과상입니다. 겉껍질만 벗겨진 거예요. 피부가 열린 열상과는 다르지요. 피부에는 표피와 진피가 있는데, 혈관이 있는 진피에 닿지 않고 자연스럽게 자라나면서 탈락하는 표피만 손상된 상처예요. 흉이 지지도 않을뿐더러 소독 외에는 별다른 치료도 필요하지 않습니다. 좀 심하게 긁힌 정도라고 생각하시면 돼요. 가벼운 소독만 해드릴게요. 덧나지 않게만 주의해주세요.”

처치를 하고 자리로 돌아오자 이번에는 정말 열상 환자가 왔다. 하필 아래팔에 한자로 문신을 새긴 남자였는데, 칼로 작업을 하다 상처가 났다고 했다. 열상이 마침 글자를 가로질러서 나는 바람에 문신이 의미를 알아볼 수 없게 어긋나 있었다. 나는 이번에도 거즈를 눌러서 지혈했다. 봉합 층을 재보고 있는데 환자가 말했다.

“이거 글자가 안 어긋나게 맞춰주셔야 합니다.”

“네, 당연히 맞춰야지요. 알겠습니다.”

나는 마취를 하고 실을 들어 상처를 봉합했다. 문신이 오히려 피부를 본래대로 복원하는 데 가이드가 되었다. 검은 획을 따라서 자형을 맞춘 뒤 나머지 부분을 메꿨다. 그러자 원래 모양이 완벽히 복원되었다.

“한번 확인해보시겠어요? 제가 나름대로 퍼즐을 맞춰보았습니다.”

“괜찮은 것 같네요.”

“지금 이렇게 잘 맞춰놔도 회복하면서 살이 자라나기 때문에 이론상 이전이랑 똑같을 순 없어요.”

환자는 다행히 만족한 듯했다. 그가 퇴원하자 이번에는 손에 샤프심이 박혔다는 고등학생이 왔다. 장난을 치다가 손바닥에 샤프심이 박혀버렸다고 했다. 사흘 정도 되었는데 검은 자국이 사라지지 않아 병원을 찾은 거였다. 손을 더듬었지만 환자는 특별한 이물감을 느끼지 못했고, 표피도 이미 막혀 있었다. 나는 환자와 보호자에게 말했다.

"이건 따로 제거할 방법이 없습니다. 피부를 열고 흑연 가루를 전부 제거해야 하는데, 잔여 가루가 있으면 어차피 착색이 됩니다. 평생 안 빠져요. 문신이랑 똑같은 원리입니다. 게다가 깊이 박혀서 완벽히 제거하기도 어렵습니다. 검은 자국을 조금이라도 줄이고 싶으시면 피부과전문의에게 가서 상담해보셔야 합니다. 레이저를 깊게 쏘면 착색이 줄어드는 경우도 있습니다."

**"표피가 죽은 세포로 우리 몸을 보호한다면,
진피는 살아 있는 세포로 생명 활동을 한다.
그 아래 피하조직은 충격을 물리적으로 완충한다"**

우리 몸은 37조 개가 넘는 세포로 이루어져 있다. 살아 있는 세포는 생명 활동을 위해 수분으로 가득차 있다. 이 축축한 세포가 그대로 외부에 노출되면 다양한 문제가 발생한다. 일단 수분이 끝없이 증발한다. 또 무언가에 부딪히거나 베이면 큰 손상을 입으며, 햇볕에 노출되면 바싹 마른다. 물에 닿으면 삼투압으로 붓고 세포가 파괴된다. 너무 차가우면 얼어버리고 너무 뜨거우면 녹아버린다. 적당

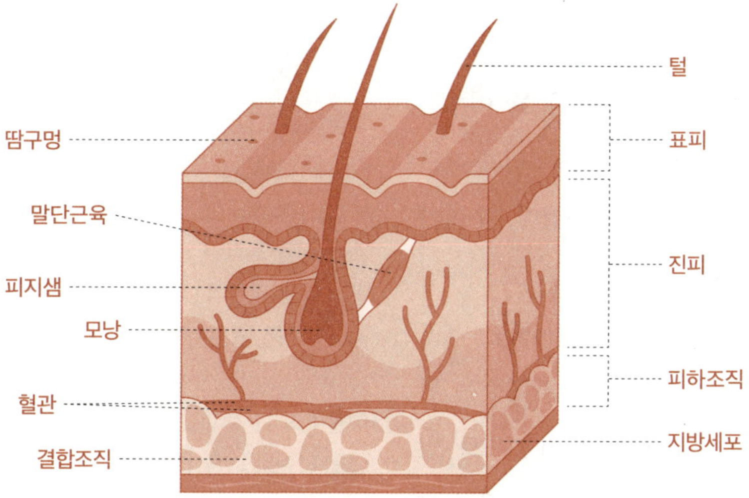

피부의 구조

한 방어막이 없다면 인체는 세포 파괴, 추위와 더위, 감염과 염증에 시달려야 한다. 피부는 이 모든 것을 막아내기 위해 고안되었다.

그런데 보통의 세포로는 이런 외부 조건을 막아내는 게 불가능하다. 일반적인 세포는 수분으로 가득차 있어 통통하고 축축하다. 생명의 근원은 물이고 세포의 근원도 물이기에 수분이 없는 세포는 성립할 수 없다. 하지만 우리 피부는 건조해야 하고, 방수 처리가 되어야만 한다. 세포의 생존 조건과 피부의 성립 조건은 상충한다. 따라서 우리 몸을 둘러싸고 있는 것은 죽은 세포다.

피부는 바깥의 표피와 안쪽의 진피, 두 층으로 되어 있다. 표피의 가장 안쪽에는 줄기세포가 있어서 끝없이 표피세포가 생성된다. 만들어진 표피세포는 점차 밀려나면서 위로 올라와 가장 바깥층에 도착하면 핵이 없고 수분을 잃어 건조해진 각질세포가 된다. 이 각질세포가 서른 겹쯤 겹겹이 쌓인 것이 우리가 늘 어루만지는 체표면이다. 우리가 서로를 인지하는 겉껍질, 우리가 사랑을 담아 쓰다듬고 어루만지는 피부는 사실 죽은 세포다. 죽은 세포인 각질층은 완벽히 방수되고 자동으로 탈락되지만 새롭게 재생되며 수분과 체온을 지키고 햇볕이나 외상으로부터 내부를 방어한다. 표피는 혈관이 지나가지 않기 때문에 피가 나지 않고 끝없이 교체되기 때문에 흉이 지지도 않는다. 목욕탕에서는 마른 세포인 각질이 수분을 머금지만 진피는 그대로라서 손가락 끝이 쭈글쭈글해진다.

각질은 무궁무진한 쓰임새가 있다. 두피에서 떨어지는 비듬도 각질이다. 고무로 만든 신발을 오래 신으면 마찰 때문에 발바닥 각질이 두꺼워진다. 손에서 잦은 마찰을 일으키는 부분이 있으면 각질로 된 굳은살이 생긴다. 철봉에 오래 매달렸을 때도 마찬가지다. 각질은 피부를 지키기 위해 자연스럽게 필요한 만큼 두꺼워진다. 목욕탕에서 미는 때는 각질과 먼

각질 제거

각질의 교체 주기는 대략 한 달이며, 기능을 다한 각질은 먼지처럼 떨어져 나간다. 매일 매시간 매분 전신에서 각질이 탈락해서 한 시간에 100만 개가 넘는 조각이 떨어져 나간다. 집먼지에도 몸에서 나온 각질이 섞여 있다. 한 사람한테서 떨어져나온 각질을 1년 동안 모으면 500g 정도가 된다. 지금 우리를 구성하고 있는 피부는 한 달 전에는 없었던 것이다. 우리는 각질 덕분에 매일 표면을 바꾸고 다른 사람으로 탄생한다. 피부 관리에는 흔히 각질 제거가 포함된다. 탈락한 각질을 미리 문질러 제거하는 것이다. 미용적으로는 좋을지 몰라도, 생리적으로는 특별히 이득이 될 게 없거나 오히려 좋지 않은 행위다. 목욕탕에서도 우리는 각질을 밀어낸다. 피부를 물에 불리면 각질이 수분을 머금어서 타월로 잘 벗겨진다. 하지만 때를 너무 많이 밀면 피부가 빨개지며 아프다. 각질이 너무 많이 벗겨져 진피가 나오기 시작하는 것이다. 진피가 드러나도 줄기세포가 각질을 만들어내기 때문에 금방 회복된다. 다만 통증과 염증을 동반하므로 각질을 깊게 벗기는 일은 좋지 않다. 어차피 탈락할 각질이므로 때를 반드시 밀어야 할 필요는 없다.

지가 합쳐진 것이다.

각질 아래에는 진피, 그 아래에는 피하조직이 있다. 재생 가능한 줄기세포층은 표피와 진피 사이에 있다. 잉크를 표피에 주입하면 시간이 지나면서 밀려나오지만 바늘로 줄기세포층 아래 주입하면 색이 그대로 남는다. 이것이 문신의 원리다. 문신이 있는 청동기시대 미라가 발견된 걸 보면 고대인도 이 원리를 알았던 것 같다. 각질층 아래 진피에는 본격적으로 혈관, 림프관, 신경섬유, 감각수용체, 땀샘, 모낭, 피지선 등이 들어 있다. 따라서 본격적인 피부는 진피부터라고 할 수 있다. 표피가 죽은 세포로 우리 몸을 보호한다면, 진피는 살아 있는 세포로 생명 활동을 한다. 그 아래 피하조직은 충격을 물리적으로 완충해서 피부의 보호 기능을 분담하며 다양한 화학적 역할을 수행한다.

“봉합이 마냥 간단한 건 아니죠.
부위별로 피부 두께도 다르고 봉합 방법도 다른 데다,
상처마다 모양도 다르니까요.
게다가 안에 인대나 근육 같은 구조물도 있고요”

“오늘따라 다친 사람이 많네요.”

“요즘은 줄어든 거예요. 옛날에는 응급실에서 하루에 실만 1m씩 봉합하곤 했어요. 봉합사가 다 떨어져서 수술방에서 빌려 오는 일도 있었어요. 응급실 환자의 절대다수가 외상이나 열상이고, 그다음은 복통인 것 같아요. 사람 피부는 참 많이 다쳐요. 하지만 그만큼 잘 회복되기도 하죠."

"봉합할 때 팁이 있나요?"

"피부를 회복시키는 건 몸이 스스로 하는 일 같아요. 의사는 도움만 주는 거죠. 상처가 깊어도 인대가 끊어진 정도가 아니면 굳이 피하지방이나 근육층을 봉합하지 않아도 돼요. 안 그래도 잘 자라나거든요. 표피도 끝없이 재생되잖아요. 그런데 벌어져 있거나 비틀려 있으면 아물었을 때 보기가 안 좋아요. 상처가 너무 지저분해도 그렇고요. 의사는 그걸 모아서 잘 오므려주기만 하면 되는데, 이게 봉합이죠. 소독 잘하고 흉 적게 지도록 진피까지만 예쁘게 닫아주면 피부가 알아서 회복해요."

"하지만 어디를 얼마나 봉합할지 판단은 전문가가 해야겠죠."

"맞아요. 사실 부위별로 피부 두께도 다르고 가해지는 하중도 다른 만큼 봉합 방법도 다른 데다, 상처마다 모양도 다르니까요. 게다가 안에 인대나 근육 같은 구조물도 있고요. 마냥 간단하지만은 않죠."

그때 중년 남성이 환자 명단에 떴다.

"일하다가 이마를 막대기에 긁혔어요. 동네 병원에서 간단히 소독 받으려고 했는데 봉합이 필요하다고 큰 병원에 가보라고 해서 왔어요. 이거 정말 꿰매야 합니까?"

환자는 봉합이 너무 귀찮아서 정말 꼭 해야 하는지 확인을 받으러 온 것 같았다. 나는 이마에 붙어 있는 붕대를 뗐다. 1.5cm 정도의 열상이었는데, 확실히 피부가 공간을 두고 벌어져 있었다. 입을 떼려는 찰나, 환자의 긴장된 표정이 보였다. 아마 안 꿰매도 된다는 말을 기대하는 듯했다.

"꿰매야 합니다. 지금 봉합하시죠."

"하아……."

봉합은 매우 간단했다. 다섯 바늘쯤 상처를 닫아주면 되었다. 생각보다 더 빠르게 끝나자 환자는 그제야 홀가분한 듯 보였다.

이어서 열 살짜리 남자아이가 환자 명단에 떴다. 한눈에 보아도 장난꾸러기처럼 생긴 아이였다. 보호자가 말했다. "성묘 가서 나무를 타고 놀다가 넘어졌어요." 아이는 천진난만하게 다리를 내밀었다. 정강이에 나무 가시가 50개쯤 박혀 있었다.

"아이고……."

"작은 병원 갔는데, 이건 큰 병원에서 다 꺼내야 한다고 해서요."

나는 장갑을 끼고 손으로 다리를 쓸어보았다. 가시의 끝부분이 오돌토돌하게 느껴졌다.

"꺼내긴 해야죠. 다 뽑지 않아도 염증이 생겨서 알아서 나오긴 할 텐데, 그렇다고 일부러 남겨둘 필요는 없습니다. 이건 하나하나 잡아서 꺼내는 수밖에 없어요."

나는 소독약을 골고루 바른 뒤 포셉을 쥐었다. 2mm쯤 되는 나무 가시가 병렬로 진피에 잔뜩 박혀 있었다. 이제 하나하나 꽁무니를 정확히 잡아 뽑으면 되었다. 아이는 생각보다 잘 참아주었다. 나는 마음을 굳게 먹고 가시 꽁무니를 하나씩 뽑기 시작했다. "하나, 둘, 셋…… 스물다섯……."

> “피부 안쪽으로 이물질이 들어가면
> 몸에서 염증반응이 일어나 피부가 탈락하고,
> 그 과정에서 이물질도 자연스럽게 함께 배출된다”

앞서 말했듯이, 진피에는 혈관, 림프, 신경, 감각수용체, 땀샘, 모낭, 피지샘이 있다. 이들은 전신을 뒤덮은 채 주어진 일을 수행한다. 혈관은 영양을 공급하고 신경과 감각수용체는 자극이나 통증을 느낀다. 땀샘에서는 땀을 내보낸다. 모낭에서는 털이 자라고 피지샘에서는 지방이 분비된다. 림프절은 감염과 맞서 싸운다. 이 기관들은 손상을 입으면 새로이 자라난다.

손상이 표피만을 침범하면 흉터가 남지 않고 치료도 불필요하다. 하지만 진피나 피하조직이 노출되면 일단 소독을 하고 감염을 예방해야 한다. 진피층에 손상이 가해지면 피부를 재건하는 염증반응이 일어난다. 또 이곳으로 혈관이 지나므로 지혈도 필요하다. 상처가 열린 상태라면 도구를 사용해서 닫아주어야 한다. 빈 공간에 세포가 차오르도록 하는 것보다, 갈라진 피부를 다시 오므려 틈을 없애주면 쉽게 붙고 흉도 덜 진다. 이걸 ‘꿰매야 하는 상처’로 요약할 수 있다. 하지만 무엇이든 한번 손상된 것을 이전과 똑같은 형태로 완벽히 돌리기는 어렵다. 피부가 재건되었지만, 이전과 다른 모양으로 흔적이 남으면 ‘흉이 졌다’고 한다. 모든 상처는 이론상 흉터를 남길 수 있는데, 나이가 들수록 회복력이 떨어지므로 흉터가 더 많이 남는다.

혈관은 애초 혈행이 이뤄지는 기관이므로 재건이 쉽다. 하지만 인대는 자가 회복되는 데 한계가 있어서, 손상을 입었을 시 봉합수술이 필요한 경우가 많다. 미세 신경도 일부 자라나긴 하지만 주요 신경은 회복에 한계가 있는데, 이건 봉합을 해도 마찬가지다. 그래서 "다친 뒤로 감각이 둔해졌어"라는 말을 해봤거나 들어본 적이 있을 것이다.

피부 안쪽으로 이물질이 들어가면 몸에서 염증반응이 일어나 주변 조직이 흐물거리면서 피부가 탈락하고, 그 과정에서 이물질도 자연스럽게 함께 배출된다. 염증은 이런 손상에 대비해서 조직을 재건하는 매우 훌륭한 회복 기전이다. 특히 목에 걸린 가시 등도 대부분 염증반응으로 자연스럽게 빠져나간다. 일상생활에서 흔하게 접할 수 있는 이물은 연필, 샤프심, 나뭇가지, 식물의 가시, 유리 조각 등이다. 하지만 이물질이 빠져나오기 어려운 모양이거나 너무 깊이 박혀 있으면 몸안에 그대로 남기도 한다. 이물질은 피부를 착색시키거나 만성적으로 염증을 일으키는데, 이럴 때는 피부를 절개해서라도 꺼내야 한다. 하지만 우리는 피어싱이나 문신을 하고, 성형수술을 함으로써 일부러 이물질을 집어넣기도 한다. 면역반응이 문제를 일으키지 않는다면 피부 아래 이물질을 넣고도 평생 별문제 없이 살아갈 수 있다. 이렇게 피부는 관대하게도 다양한 물질을 허용한다.

"모근이 얼마나 강력한데요, 이 정도로는 문제없이 머리털 납니다"

드디어 아이의 다리가 깨끗해졌다. 가시가 어찌나 많았던지 중간에

세다가 포기했을 정도다. 아이는 홀가분하게 진료실을 나갔다. "이물이 박힌 자리니까 염증이 생길 수 있습니다. 조심해주세요." 스테이션에 돌아오니 땀으로 진료복이 흠뻑 젖어 있었다.

"어휴. 이 땀 좀 보세요."

"저야 가끔 이렇게 길게 시술하지만, 수술방 의사들은 정말 땀으로 범벅이 돼서 나올 때가 많아요."

"땀은 더워서 몸을 식힐 때도 나지만, 집중할 때도 나지요."

"맞아요. 특히 손바닥에 땀이 나서 불편할 때도 많아요. 수술에 애초에 손 수手 자가 들어가잖아요. 손으로 집중해서 해야 하는 일인데 손에 땀이 나면 곤란할 때가 많죠. 집중력을 더 끌어올리면 땀도 더 많이 나요. 온몸의 땀구멍이 열려서인지 수술복이 흥건하게 젖기도 해요."

"국밥 먹을 때도 땀이 나죠. 매운 거 먹어도 나고요. 매운 국밥 먹으면 더 많이 나겠어요."

"그렇죠……."

다음 환자는 두피를 다친 열두 살 아이였다. 장난치다가 머리를 유리문에 받았다고 했다. 정수리 상처는 고작 1cm 정도였다. 스테이플러로 집었다. 모근 하나 안 다친 깔끔한 상처였는데, 보호자가 물었다.

"선생님, 혹시 여기 머리카락이 안 날 수도 있나요? 흔히 말하는 '땜빵'이 생긴다거나……."

"모근이 얼마나 강력한데요. 이 정도로는 문제없이 머리털 납니다. 땜빵 안 생겨요. 두피에 흉은 조금 질 수 있지만, 거의 보이지 않을 겁니다."

자리로 돌아왔는데, 간호사가 말했다.

“선생님, 그런데 저는 어릴 때 머리 다쳐서 땜빵 있어요.”

“심하게 다친 모양이에요. 그래도 머리가 길어서 가족 외에는 잘 모를 것 같은데?”

“그렇긴 하죠. 그나저나 선생님은 요즘 턱수염이 안 보여요. 제모 받으시나 봐요.”

“받고 있어요. 그런데 완벽하겐 안 되네요. 턱수염이 억세단 얘길 많이 들었는데, 제모 시술을 그렇게 받았어도 수염은 계속 나요.”

“그런데 왜 받으세요? 누가 수염 지적을 하던가요?”

“그게…… 어, 환자 왔나 보다.”

말 돌리기가 무색하게도, 환자 명단에 신규 환자는 없었다.

“저 고등학교 친구가 모발이식 센터 차려서 돈 많이 벌었어요. 본인이 탈모가 심해서 차린 병원이거든요. 자기 말로는 하루 종일 모근을 ‘전진 배치’하다가 돌아온다고 하더라고요. 저같이 응급실에서 야간이며 주말이며 일하는 것보단 나은 거 아닌가 싶기도 하더라고요. 모발이식도 뜻깊은 일이잖아요.”

“선생님은 왜 응급의학과를 골랐어요?”

“저는 그냥 의사라면 제일 아픈 환자 봐야 되는 줄 알았어요. 그런데 피부과 하는 친구들 보면 부러울 때도 있어요. 응급이 없으니까 주말이나 야간에 일 안 해도 되고. 소중한 피부에 대해서 잘 알고 알맞은 처치를 하는 것도 좋고요. 그런데 의사가 피부만 본다니, 응급의학과에서 오래 일하는 저로선 조금 상상이 안 가요.”

**“ 털의 첫 번째 기능은 보온이다.
사람의 털은 사회성과도 밀접한 관련이 있다 ”**

털은 각질에서 분화해 감각이 없고 출혈도 없다. 그리고 털은 계속 자란다. 그래서 면도며 왁싱이며 다양한 헤어스타일 연출이 가능하다. 털은 감각을 돕기도 한다. 털과 연결된 피부에서 감각을 느끼는 것이다. 고양이는 긴 수염이 있어 입 주위의 감각을 예민하게 느낄 수 있다. 수염은 손상돼도 다시 자라나며, 위험을 먼저 감지하는 역할을 하기도 한다.

털의 첫 번째 기능은 보온이다. 지구의 평균 기온은 섭씨 15도지만 포유동물의 체온은 35도를 넘어간다. 동물은 추위를 막기 위해 털옷을 입어야 한다. 거의 모든 포유동물은 피부가 털로 덮여 있다. 하지만 인간의 피부는 대체로 매끈한데, 대략 300만 년 전에 털이 퇴화되었으리라 추정된다. 아무리 털이 많은 사람도 손바닥, 발바닥과 입술에는 털이 나지 않는다. 나머지 매끈해 보이는 피부는 털이 솜털과 모공으로 퇴화한 것이다. 털이 사라진 것은 인간이 옷을 입기 시작한 것과 무관하지 않다. 인간은 가벼운 옷을 걸친 상태를 가장 쾌적하다고 느낀다. 300만 년 동안 인간의 체온은 옷을 입고 있다는 가정하에 조정되었다. 언제든 탈의가 가능한 옷을 입을 수 있다면 날씨에 적응하기에 더 유리하기 때문이다. 그렇게 겉으로 드러나게 된 피부는 매끈할 때 더 매력적으로 보였을 것이다.

그럼에도 필요한 털은 남았다. 특히 머리털에는 뚜렷한 기능적 역할이 있다. 머리털은 두피와 두개골, 뇌를 직간접적으로 보호한다. 두개골 안의 뇌는 추위와 더위를 잘 느낀다. 머리카락은 추운 날씨에 두피의 열 손실을 줄여주어 뇌의 온도를 일정하게 유지하는 데 도움을 준다. 또 자외선을 차단해 두피 손상을 막고 뇌를 간접적으로 보호해준다. 머리카락은 외부 충격이나 마찰을 완충·완화해 두피와 두개골을 보호하기도 한다. 머리에 충격이 가해질 때 일부 에너지를 흡수하는 헬멧 역할을 하는 것이다. 한편 머리카락도 털인 만큼, 두피 신경과 연결되어 있어 외부 자극을 감지하고 위험을 인지하는 데도 기여한다. 그래서 탈모는 과학적으로 위험하다.

다른 부위에 난 털도 기능이 있다. 눈썹은 땀이나 비가 들어가지 않게 눈을 보호한다. 활처럼 꺾인 모양 덕분에 물이 눈을 피해 떨어지는 것이다. 게다가 눈썹은 물을 머금을 수 있게 위쪽으로 나 있다. 그뿐만 아니라 두개골이 앞으로 돌출된 곳에 나 있어서 햇볕도 막아주고 안면 근육으로 움직일 수 있기 때문에 의사 전달과 감정 표현에 중요한 역할을 하기도 한다. 속눈썹은 눈썹이 받아내지 못한 땀이나 비를 최종적으로 막아준다. 한편 항문과 겨드랑이에 난 털은 마찰을 줄이고 체취를 머금는 역할을 한다. 성기에 난 털은 성적인 성숙을 의미하며, 피부감각을 풍부하게 하고 윤활액이 쉽게 마르지 않도록 수분을 잡아준다.

털은 신경이 없어 잘리거나 끊어져도 아프지 않다. 또 얼마든지 새로 자라난다. 털은 모근으로부터 한 달에 1cm 정도 자라고, 발모와 탈모의 과정은 성장기와 퇴행-휴지기로 나뉜다. 동물의 털은 퇴행기에 접어들면 털갈이를 거치며, 이때 교체되면서 노폐물을 배출한다. 인체 부위마다 성장기가 다르므로 털 길이도 다르고, 부위마다 자랄 수 있는 최대 길이도 정해져 있다. 털이 자라는 피부가 맨질한 피부보다 재생이 빠른 것도 털의 성장과 관련이 있다. 그런데 가끔 길게 비어져나오는 것이 있다. 성장기 설정 신호가 잘못된 것이다. 한편 점 위에는 유독 털이 많이 난다. 점은 멜라닌세포가 오류로 모여 색깔을 띠게 된 것으로, 점 위에서는 모근세포에도 오류가 발생할 가능성이 높다.

닭살

닭살은 우리 피부에 털이 있었다는 증거다. 우리가 긴장하거나 흥분하면 모공과 연결된 근육이 긴장해서 살갗이 도드라진다. 이것이 닭살이다. 닭살이 돋은 자리에 털이 남아 있었다면 곤두선 털이 공기층을 만들어 추위를 막아주었거나, 몸집을 부풀려 적을 위협하는 역할을 했을 것이다. 하지만 오늘날엔 닭살이 특별한 기능을 수행하지 않는다. 공포 영화를 볼 때나 집에 강도가 들었을 때나 연인과 살이 닿을 때 닭살이 돋아도 딱히 도움 되는 바가 없다. 그래도 머리털이 쭈뼛서는 공포를 느끼면 우리 몸엔 여전히 소름이 돋는다.

사람의 털은 사회성과도 밀접한 관련이 있다. 털이 사라진 것부터가 사회적 지능이 발달해서 옷을 입을 수 있게 되었기 때문이다. 옷은 점차 장식이 달리고 의미가 생기면서 신분을 상징하게 되었고, 특별한 날에 입는 의복도 탄생했다.

우리 몸에 남은 털 또한 필연적으로 사회적 의미를 띠게 됐다. 턱수염엔 생존에 도움이 되는 유용한 기능이 없다. 남성에게만 있는 턱수염은, 용맹함이나 신분을 상징하는 경우가 많았다. 머리털도 마찬가지다. 역사적으로 머리를 기를 수 있는 신분이 정해져 있는 시대가 있었는가 하면, 특정 머리 모양이 사회적 지위를 의미하기도 했다. 예를 들어 조선 시대에 상투에 관을 쓰면 신분이 높다는 걸 의미했다. 비슷한 의미로 신분이 높은 여성들은 가체를 썼다. 한편 영국의 법관들은 법정에서 흰 가발을 쓴다. 이는 권위와 지혜를 상징한다고 알려져 있다. 아메리카 원주민들은 가죽과 깃털로 풍성하게 장식한 워 보닛war bonnet이라는 모자를 썼다. 고대 이집트 여왕의 동상도 가발을 쓴 모습이다. 심지어 군인의 삭발도 적군에게 공포심을 자극하는 장치였다. 오늘날엔 머리 모양이 신분을 뜻하지 않는데도 가발을 쓰는 사람들이 있다. 탈모는 과학적으로 생명을 위협할 정도로 위험한 증상은 아니지만, 사회적으로 커다란 스트레스를 준다.

과학이 이만큼 발전했지만, 탈모에서 완전히 해방될 방법은 아직 밝혀지지 않았다. 복용약과 외용약은 탈모에 도움은 주지만 머리카락을 이전 상태로 돌려주진 못한다. 현재로서 최고의 방법은 '전진 배치'다. 보통 탈모는 앞머리나 정수리 머리부터 빠지면서 옆머리와 뒷머리가 남는 식으로 진행된다. 다행히 털은 자가이식이 가능하다. 모근이 상하지 않게 옮겨서 진피 아래로 심으면 모발이 생착한다. 그래서 뒷머리 털을 미용적으로 중요한 앞머리나 정수리 부근으로 옮겨 심는데, 이것이 모발이식이다.

**"땀 배출에는 체온을 조절하고
체취를 풍기는 두 가지 주목적이 있다.
땀 흘림은 감정과 심리를 반영하기도 한다"**

땀 배출excretion은 피부의 가장 중요한 역할 중 하나다. 겉보기엔 동일해 보이지만, 사실 땀에는 두 가지 종류가 있다. 우리가 흔히 생각하는 물 같은 땀과, 겨드랑이에서 분비되는 체취가 진한 끈적한 땀이 그것이다. 둘은 생성 기전과 나오는 부위가 다르다. 물 같은 땀은 피부의 에크린샘에서 나온다. 에크린샘은 입술, 음경, 귀두, 음핵 등 특정 부위를 제외한 전신에 분포한다. 바꾸어 말해 입술, 음경, 귀두, 음핵 등에는 거의 땀이 나지 않는다. 에크린샘은 구불거리는 모양의 샘으로, 진피 아래층에서 염분이 높아지면 주변의 수분을 짜서 땀으로 내보내는 역할을 한다. 특정한 땀을 만들어놓는 것이 아니라 일종의 삼투압 기전으로 피부의 수분을 짜서 염분과 섞어 내보내는 것이다. 피부를 통해 빠져나간 수분은 체내에서 삼투압으로 자연스럽게 보충된다.

에크린샘에서 나온 땀의 구성 성분은 소변과 거의 차이가 없지만, 소변에 비해 농도가 훨씬 더 묽다. 다시 말해 땀은 매우 묽은 소변이라고 봐도 무방하다. 수분은 피부를 통해 증발되어 체온조절에 중요한 역할을 한다. 또 피부는 수분이 마르면서 염분을 재흡수하기도 한다. 땀은 소변과 마찬가지로 배출될 때 냄새가 거의 없지만, 시간이 지나면 세균과 반응해 냄새가 난다. 그래서 땀을 많이 흘린 옷가지를 오래 두면 소변에서 나는 냄새와 비슷한 냄새를 풍기게 된다.

아포크린샘은 에크린샘보다 열 배 더 크며, 훨씬 더 깊은 곳에 있다. 아포크린샘은 세포 조각을 섞어서 농축된 땀을 배출하는데, 그 통로로 기존 모공을 사용한다. 그래서 아포크린샘은 굵은 털이 있는 부위에 주로 배치되어 있는데, 가장 많은 곳은 겨드랑이다. 아포크린샘에서 배출된 땀도 처음에는 냄새가 나지 않으나, 곧 피부에 있는 지방질 및 세균과 섞여 특유의 체취를 풍긴다. 몸에서 가장 특징적인 냄새가 나는 곳이 겨드랑이인 이유다. 그다음으로 유두의 유륜 근처를 잘 보면 우둘투둘한 부분이 10여 개쯤 있는데, 여기도 아포크린샘이다. 배고픈 신생아가 엄마의 젖꼭지를 찾는 데 도움을

아포크린샘과 귀지

특이하게 인간의 외이도에도 아포크린샘이 있다. 여기서 나오는 땀은 말라서 귀지가 된다. 이처럼 귀지도 땀의 일종이라, 특징적인 냄새가 난다. 특이한 점은, 동양인은 대체로 귀지가 고체로 나오고 서양인은 대체로 귀지가 액체로 나온다는 것인데, 이는 열성으로 유전된다. 귀지가 말랑거리는 유전자를 가진 사람들에겐 일명 '암내'가 난다. 동양인에게도 가끔 있는 유전자이지만 한국인은 유독 비율이 적은 편이다.

준다고 알려져 있다. 아포크린샘은 털과 함께 발달하므로 유륜 근처에도 털이 잘 자라는 편이다. 콧방울에도 아포크린샘이 있는데, 이 때문에 인간이 무의식중에 콧방울을 만지는 것이란 설도 있다. 한편 하복부와 항문 근처 아포크린샘에는 성적인 기능이 있다. 사실 인간의 모든 체취는 성적인 의미를 내포한다. 청소년기를 거쳐 성적으로 성숙하면서 아포크린샘이 발달하고, 이로 인해 겨드랑이나 사타구니에서 특유의 체취가 강해지기 시작하는데, 아포크린샘과 함께 있는 털에는 앞에서도 말했듯이 이러한 체취를 머금는 기능도 있다. 같은 원리로 아포크린샘이 있는 부위의 털을 제모하면 모공이 좁아져 체취가 줄어든다.

털이 남아 있는 짐승의 땀은 대부분 아포크린샘에서 분비된다. 반면 매끈한 피부를 지닌 인간의 땀은 대부분 에크린샘에서 나오는 묽은 땀이다. 인간보다 개나 고양이의 피부에서 특유의 체취가 더 많이 나는 것도 이 때문이다. 반면 인간 외의 포유류는 털이 있는 피부에 끈적거리는 땀이 나서 체온을 낮추기에 비효율적이다. 사실상 포유류의 땀은 대부분 체온조절이 아니라 체취를 발산하는 용도다.

땀 흘림은 감정과 심리를 반영하기도 한다. 외부 기온이 높으면 팔다리를 포함한 전신에 땀이 나지만 손바닥에는 땀이 나지 않는다. 사우나에 들어가도 손바닥에는 땀이 잘 안 난다. 하지만 긴장하면 손바닥과 발바닥에 땀이 흥건해진다(긴장했을 때 손바닥 발바닥에 땀이 나면 손에 쥔 것이 미끄러지고 도망치기에도 불리했을 것이다. 긴장하면 이 부위에 땀이 나는 이유는 아직까지 정확히 밝혀지지 않았다). 이는 땀 배출을 지시하는 기전과 신경망이 다르기 때문이다. '이마에 땀이 흐르는 경기'가 아니라 '손에 땀을 쥐게 하는 경기'가 된 데는 이렇게 과학적인 의미가 있다. 또 '발바닥에 땀 나게' 뛰었다면 제법 긴장하며 뛰어다닌 것이다.

털이 사라지고 체온조절을 더 잘할 수 있게 된 것은 인간이 최강의 동물로 도약하는 데 결정적 분기가 되었다. 인간은 단기적 완력으로는 다른 동물과 겨뤄 승리할 수 없었지만, 장거리 대결을 하면 무조건 이겼다. 다른 동물은 격한 운동을 오래하면 체온을 조절하기 어려워 장기전에 돌입하면 결국 뻗어버렸다. 그래서 선사시대 인간들은 무리를 지어 멀리서 도구로 짐승에게 상처를 입히고, 사냥감이 지쳐 쓰러질 때까지 쫓아가서 잡아 왔다. 이 사냥법에 당한 지구상의 수많은 포유류가 멸종을 면하지 못했다.

더불어 인간의 지능이 발달한 결정적인 계기도 묽은 땀을 배출하게 된 것과 무관하지 않다. 인간은 더위에 맞서 몸을 효율적으로 식혀 머리의 온도를 조절하면서 두뇌에 에너지를 충분히 공급할 수 있었다. 덕분에 마라톤을 견딜 수 있는 동시에 깊은 생각을 하는 종이 되었다.

피부의 피지샘에서는 지방도 배출한다. 아무리 손을 잘 닦아도 유리컵을 만지면 지문이 남는데, 이는 손에서 나오는 유분이 묻어나기 때문이다. 그래서 범인은 흔적을 남길 수밖에 없다. 지방질은 피부를 보호하고 코팅하는 역할을 하면서, 건조함을 예방하고 피부를 유연하게 만들어 외부 침입까지 막아준다. 지방질은 청소년기에 많이 배출되다가 나이가 들수록 줄어든다. 그래서 청소년기엔 여드름이 잘 나고, 노년기엔 피부가 말라서 잘 찢어진다.

“매운 걸 먹으면 위경련이 나죠. 한국 사람도 이렇게 자주 옵니다”

다음은 미국에서 온 복통 환자였다. 피부색이 하얗고 눈이 푸른색인 금발 여성이었다. 한국어는 거의 못하고 영어만 할 줄 안다고 했다.

“아, 외국인이네. 어떡하지.”

“선생님 영어 잘하지 않으세요?”

“진료할 때는 영어가 잘 안 나와요. 외국에서 외국인 만나면 잘 나오는데, 한국에서 만나면 영어가 잘 안 나오더라고요. 어쩐지 언어능력이 떨어지는 것 같아요.”

“그게 무슨 말인가요.”

“하여튼…… 그런 게 있어요.”

나는 환자에게로 갔다. 가까이서 보니 눈이 정말 파랬다. 머리카락은 탈색이라도 한 듯한 금발이었다. ‘외국인’ 얼굴을 보자 손에 땀이 나는 것 같았다. 어릴 때 외국인을 만날 일이 드물어서 앞에 서면 주눅이 들었던 기억 때문인 듯했다. 나는 영어로 (어설프게) 문진을 시작했다. 환자는 한국에 온 지 한 달쯤 되었는데, 불닭볶음면을 먹고 속이 뒤집혔다고 했다. 한국인 친구들이 아무렇지도 않게 먹는 것을 보고 자기도 먹어봤다가 당했단다. 환자는 푸른 눈을 부릅뜨고는 손짓을 섞어가며 명치가 뒤틀리고 배가 아프고 땀이 나고 설사를 한다고 격앙된 투로 말했다. 이해가 쏙쏙 되었다. 역시 감정 전달엔 국적이 문제가 아니며, 공감은 인간의 보편적인 심성이다. 나는 가볍게 환자의 손목 부근에 손을 올려놓고 말했다.

"매운 걸 먹으면 위경련이 나죠. 한국 사람도 이렇게 자주 옵니다. 주사와 수액을 맞으면 조금 나아지실 겁니다. 흥분을 가라앉히시고요."

"우리 몸에 있는 '색'은 두 종류의 멜라닌세포로 만들어진다"

우리 몸에는 색이 있다. 식물과 다른 동물들에게도 색이 있다. 생명체 최초의 색을 어떤 종이 어떤 방식으로 가졌는지는 알 수 없다. 하지만 일차적으로는 지구에 내리쬐는 태양의 직사광선으로부터 몸체를 방어하기 위해 색이 필요했을 것으로 추정된다. 아프리카 대륙에 살던 최초의 인류는 태양 때문에 피부가 검었다. 인류가 추운 지방으로 이주하자 비타민 D를 합성하기 위해 피부색이 밝아졌다. 지구에 골고루 분포하게 된 인류는 기후에 맞는 피부색을 찾아갔다. 이렇게 햇볕으로부터 피부를 지키는 일은 멜라닌세포가 수행한다. 태양빛을 받는 머리카락에 색이 있는 이유다.

우리 몸에 있는 '색'은 모두 멜라닌세포로 만들어진다. 멜라닌세

알비노albino

멜라닌세포가 발현되지 않으면 색이 사라진다. 유멜라닌이 선천적으로 합성되지 않으면 백색증albinism, 일명 알비노다. 알비노는 색소가 사라져 머리카락과 피부가 탈색된 듯 하얗다. 멜라닌세포는 우리 몸에 색을 부여하기도 하지만 시력이나 신경계에서도 필수 기능을 수행한다. 그래서 알비노는 시력장애를 동반하는가 하면, 신경계 부전을 일으키기도 한다.

포는 크게 두 종류가 있다. 유멜라닌eumelanin과 페오멜라닌pheomelanin이 그것이다. 둘은 같은 세포에서 분화하는데, 유멜라닌은 검은 잉크, 페오멜라닌은 붉거나 노란 잉크다. 머리카락, 눈썹, 속눈썹, 음모, 홍채, 몸에 난 점 등은 유멜라닌이다. 유두, 음부 등은 붉은 페오멜라닌이다. 이 둘이 조합되어 붉은 머리나 금발, 붉은 수염이나 붉은 반점이 되기도 한다. 우리 몸의 색은 이 두 종류의 멜라닌이 조합돼 만들어진다. 털이나 점이나 피부가 검은색에 가까우면 유멜라닌이 많이 섞인 것이고, 붉은색 내지 노란색이면 페오멜라닌이 많이 섞인 것, 하얀색이면 멜라닌이 없는 것이다. 그래서 자연적으로 '녹색 머리카락'이나 '푸른 수염'은 나올 수 없다.

이처럼 털을 염색하는 것은 모공에 있는 멜라닌 줄기세포다. 또한 표피 밑에도 멜라닌 줄기세포가 있어서 피부에 특정한 색을 부여한다. 중년부터 머리카락이나 털이 하얗게 변하는 것은 멜라닌 줄기세포의 손상 때문이다. 그래서 백발은 검어지지 않는다. 본래 피부가 밝아도 자외선을 많이 쐬면 멜라닌세포가 피부를 지키기 위해 피부색을 어둡게 만든다. 그래서 햇볕에 많이 타면 잡티가 생기고 피부색이 검어진다. 이 검어진 표피는 각질이 탈락하면서 다시 원래 색으로 돌아오지만, 같은 과정을 여러 번 반복하면 착색이 되어 피부색이 검게 변한다. 한편 멜라닌은 피부 겉면에서 1mm 정도 아래 진피층까지만 존재한다. 따라서 그 아래로 내려가면 피부색이란 개념은 존재하지 않는다. 피부색을 위시한 인종이란 개념 또한 무의미한 것이다.

멜라닌세포는 모든 동식물에게 있다. 동물의 눈, 오징어의 먹물, 조류의 화려한 깃털, 어류의 영롱한 비늘은 모두 멜라닌세포가 분화해서 만들어낸 작품이다. 그런데 자연적으로 푸른색을 띠는 동물들이 있다. 인간의 눈도 푸른색을 띨 때가 있다. 하지만 이들은 푸른색 잉크가 아니다. 구조적으로 짧은 파장의 빛을 반사해서 푸르게 보이는 것이다. 변신의 귀재 카멜레온도 색소를 만드는 것이 아니라 피부 세포의 구조를 변형시키는 것이다. 그래서 동물체에 있는 푸른빛은 보는 각도에 따라 다르게 보이며, 빛을 반사하는 특정한 구조가 변하면 쉽게 그 빛깔을 잃어버린다.

피부를 밝게 만들거나 점을 제거하는 레이저 시술은 멜라닌 색소가 침착된 피부에 의도적으로 손상을 입힌 뒤 새로운 피부로 재생되는 원리를 이용한다. 점이나 잡티는 표피 아래 1mm까지만 존재하기 때문이다. 멜라닌세포는 상처가 회복되는 과정에도 관여한다. 상처가 나서 진피가 드러나면 자외선으로부터 조직을 지키기 위해 멜라닌세포가 착색되어 흉이 진다. 앞에서도 말했지만 나이가 들면 회복력이 줄기 때문에, 손상을 막기 위해 흉이나 피부 병변이 더 많이 남게 된다. 흉터를 없애고 싶다면 생체가 재건 과정을 마친 뒤 남은 멜라닌세포와 피부의 변형을 레이저로 쏴서 조직을 재구성해야 한다. 병원에선 봉합 환자에게 이렇게 말한다. "흉터를 줄이고 싶으면 추후 레이저 치료도 받으세요." 하지만 이는 미백과는 관련이 없는 얘기다. 기본적으로 멜라닌 줄기세포가 분화하기 때문에, 원래 피부가 검은 사람에게 레이저를 쏜다고 해서 피부가 전보다 더 밝아지진 않는다.

“치료자로서 품은 감정을 손이 대신 전달해준다”

불닭볶음면을 먹은 환자는 수액을 맞고 나아졌다. 환자는 인사를 하며 약을 받아 퇴원했다. “다시는 한국의 매운맛을 무시하지 않겠습니다.” “아니…… 무시하셔도 되는데…….” 이후론 열상 환자가 밀려들더니 잠시 소강상태가 되었다.

조금 있자니, 숨이 차다는 할머니가 중환 구역으로 들어왔다. 할머니는 숨이 막히는지 식은땀을 흘리면서 손을 앞으로 뻗어 휘젓고 있었다. 나는 베드 위에서 갈 곳을 잃은 할머니의 손을 맞잡았다. 축축하고 뜨거웠다. “여기 손 잡으세요. 괜찮아요. 병원에 오셨잖아요. 이제 주무신 뒤 삽관하고 치료받으시면 돼요. 천천히 숨쉬세요.” 중환 구역에서 촬영한 X-ray에서는 심한 폐렴이 확인되었다. 나는 손을 잡은 채 수면제로 환자를 재웠다. 할머니의 손에서 힘이 빠져나가는 게 느껴졌고 뒤이어 삽관을 시행했다. 할머니는 이내 인공호흡기로 편하게 숨을 쉬고 있었다.

다음 환자는 반복되는 복통 때문에 응급실에 자주 오는 분이었다. 의료진들이 이름까지 외울 정도로 우리 응급실 단골 환자인데, 그는 선천적으로 시력이 없었다. 내가 다른 환자를 처치하는 동안 환자는 침대에 미리 누워 있었다. 나는 그에게 가서 가볍게 손을 잡았다. "안녕하세요." "아, 오늘은 교수님이 계시네요. 잘 부탁드립니다." 그는 손의 촉감과 목소리만으로 나임을 알아차렸다. "늘 치료받으시던 대로, 주사 맞고 가세요." "아이고, 자꾸 와서 늘 죄송하고 또 감사합니다."

그다음 환자는 젊은 남성이었다. 배가 아프다고 소리치며 고통스러워했는데, 요로결석 같았다. 얼마나 고통스러웠던지, 환자는 식은땀을 뻘뻘 흘렸다. "얼른 진통제와 수액을 드리겠습니다. 기본적인 검사를 시행……." 환자는 대답하기도 어려운 상태로 보였다. 나는 베드에서 나오려다가 잠시 멈춰서 환자의 정강이 부분에 손을 올려두었다. 환자가 몸에서 약간 힘을 빼는 것 같았다. 그렇게 약 3초쯤 지난 뒤 다시 자리로 돌아왔다.

응급실에 오는 사람들에겐 저마다 다급한 사정이 있다. 그들은 몸이 불편하고 아파서 힘들어하고 고통스러워한다. 환자들은 처음 만나는 나에게 도움을 요청하는 동안 나를 신뢰할 수밖에 없다. 이들에게 질문을 던지거나 대답을 하는 와중에, 나는 손으로 감정을 전달할 수 있다. 손길은 낯선 사람에게 말을 걸 때처럼 최대한 정중하고 다정해야 한다. 나는 위안을 주기 위해 습관적으로 환자의 정강이나 이마, 어깨에 손을 올려둔다. 그렇게 해서 따뜻한 마음이 느껴지면 환자는 안심할 수 있다. 가끔 내가 치료자로서 품은 감정을 손이 대신 전달해준다는 생각을 한다. 병원에서 오래 일하며 몸에 익힌 나만의 의식이다.

"전신에는 다양한 종류의 감각수용체가 있다. 기관마다 감각수용체의 수에는 차이가 있다"

피부는 외부의 자극을 감각으로 치환한다. 모든 외부 자극은 피부를 통해야 느껴진다. 그런데 자극도 감각도 복합적이다. 위험한 자극과 무시해도 되는 자극과 흥미진진한 자극과 황홀한 자극이 있다. 다양한 사물과 맞닿았을 때 적절한 감각이 느껴질 수 있도록 하기 위해, 피부에는 복잡한 회로가 필요하다. 그래서 기계적 감각, 통증에 대한 감각, 온도를 느끼는 감각 등은 따로 존재하면서 하나로 합쳐진다.

일단 피부 자극이란 이진법처럼 0과 1로 닿고 떨어지는 게 아니다. 보편적으로 예민한 느낌을 담당하는 감각수용체에는 마이스너소체Meissner's corpuscle가 있다. 마이스너소체는 가벼운 접촉을 민감하게 검출해서 감각을 전달한다. 그래서 손끝이나 성감대에 많이 분포해 있다. 이 소체는 질감이나 모양에 대한 정보를 파악하기도 한다. 하지만 가벼운 접촉을 검출하기 때문에 오래 닿아 있으면 감각이 떨어진다.

반대로 메르켈세포Merkel cell는 지속적인 압력을 전달한다. 피부 가장 바깥에서 압력을 검출해서 두 점 사이의 거리 등을 분간하는 것이다. 덕분에 곡괭이를 잡고 하루종일 내려치노라면 손잡이에서 계속 비슷한 압력이 느껴진다. 하지만 메르켈세포 역시 오래 노출되면 감각에 적응한다. 그래서 온종일 속옷이 몸에 닿아 있어도 처음 입을 때처럼 압력이 느껴지진 않는다.

가장 안쪽의 파치니소체Pacini's corpuscle는 변화에 예민하고, 특히 진동에 최적화되어 있다. 스마트폰이 진동하면 파치니소체가 즉시 반응한다. 애인이 손을 잡고 있다가 꼼지락거려도 파치니소체 덕에 즉시 알아챌 수 있다. 파치니소체 역시 감각이 중요한 손끝이나 생식기에 많이 분포한다.

루피니소체Ruffini's corpuscle는 일명 '온점'이다. 크라우제소체Krause's corpuscle는 일명 '냉점'이다. 두 소체는 단순히 열과 냉만 구분하는 것이 아니라 온도 변화를 감각으로 치환한다. 루피니소체는 유독 잡아당기거나 늘어나는 힘에 민감하다. 손으로 무엇인가를 쥐거나 손에서 미끄러질 때 루피니소체가 반응한다. 매운 음식을 먹었을 때 땀이 나는 것도 '온점'인 루피니소체가 캡사이신에 반응하기 때문이다. 인체가 매운 것과 더운 것을 헷갈려서, 불닭을 먹으면 땀이 나는 것이다. 크라우제소체는 유독 눈, 입술, 성기, 유두 쪽에서 많이 발견된다. 누구나 이쪽에 찬 물건이 닿아 깜짝 놀랐던 적이 있을 것이다.

우리 몸은 절댓값으로 설정된 온도와 다른 온도가 느껴지면 그 차이(온도 변화)에 반응한다. 눈밭을 헤매다가 모닥불을 피워놓은 카페에 들어갔다면, 이내 몸이 스스로 녹아내릴 것이다. 마찬가지로 뙤약볕이 내리쬐는 사막에 있다가 그늘이 있는 실내에 들어가도 구세주를 만난 듯 서늘함을 느낄 것이다. 보통 한겨울 난방한 실내는 한여름 냉방한 실내보다 온도가 더 낮다. 그럼에도 우리는 겨울철 난방엔 따뜻하다고, 여름철 냉방엔 시원하다고 느낀다. 절대적인 온도도 중요하지만 상대적인 온도가 더 중요하다는 얘기다. 그러니까 추우면 조금이라도 더 따뜻한 곳을 찾아야 하고, 더우면 조금이라도 더 시원한 곳을 찾아야 한다.

다양한 감각수용체

수도꼭지에서 쏟아지는 물이 피부에 닿으면 우리는 온도와 압력을 느낀다. 빗방울이 머리에 처음 떨어졌을 때 우리는 축축하다기보다, '차가운 뭔가가 머리에 떨어지는데?'라고 느낄 것이다. 바지에 소변을 보면 바지가 다리에 '뜨겁게' '달라붙는다'. 우리는 이 감각을 '소변을 보았다'라고 해석한다. 인간의 감각수용체 가운데 습점은 아직 밝혀지지 않았다. '습하다'와 '건조하다'는 지금까지 언급된 감각이 조합된 것이다. 감각수용체는 매우 다양해서, 여기서 언급한 게 전부가 아닐뿐더러 지금도 새로운 감각수용체가 발견되고 있다. 2021년 노벨생리의학상은 고온 자극과 압각, 촉각에 반응하는 새로운 감각수용체를 발견한 데이비드 줄리어스와 아뎀 파타푸티언에게 돌아갔다. 감각수용체의 규명은 현재 진행 중이다.

이런 감각 차이 때문에 몇 가지 간단한 실험이 가능하다. 한쪽 손은 뜨거운 물에 담그고 다른 손은 찬물에 담갔다가, 동시에 미지근한 물에 넣으면 양손의 감각이 다르게 느껴진다. 뜨거운 물에 담갔던 쪽은 차고, 찬물에 담갔던 쪽은 뜨겁다. 이때 온도가 감각으로 치환되기 때문에 이상 반응이 발생하기도 쉽다. 뜨거운 탕에 있다가 갑자기 냉탕에 들어가면 순간 전신이 뜨거운 듯한 느낌이 든다. 온점이 이상 반응을 보이는 것이다. 동상이 심해도 오히려 뜨거운 감각이 느껴진다. 조직이 파괴되면서 통각과 온각이 모두 반응하기 때문이다. 반대로 실온에 있다가 갑자기 섭씨 45도의 뜨거운 탕에 들어가면 순간적으로 차가운 느낌이 든다. 마찬가지로 냉점이 이상 반응을 보이는 것이다.

피부의 통증은 피부에 분포한 신경종말에서 발생한다. 통증은 고등생물의 증거이기도 하다. 어류나 갑각류에게선 인간과 비슷한 통증 체계가 발견되지 않는다. 어류는 신체가 손상되었을 때 이를 인지하는 정도로만 반응한다고 알려져 있다. 우리가 그토록 두려워하는 통증은 우리를 지키기 위해 이러한 감각이 불쾌감으로 진화한 것이다. 열 손가락 깨물어 안 아픈 손가락 없다는 말이 (표면적으로) 보여주듯, 통점은 모든 피부에 골고루 분포되어 있다. 하지만 굳이 손가락을 깨무는 건 역시 손끝에 통점이 많이 있기 때문이다. 발로 문지방을 차거나 손톱 밑에 가시가 박히면 유독 아픈 걸로 알 수 있듯, 단위면적당 감각수용체의 개수는 부위별로 차이가 있다. 등은 감각수용체가 멀게 분포해서 자극이 뭉툭하게 느껴지지만, 손은 미세한 차이까지 검출할 수 있을 정도로 자극을 예민하게 감각한다.

손은 감각의 총체라고 할 수 있다. 우리는 무엇인가를 파악하려 할 때 일단 눈으로 살펴본 뒤 손을 뻗는다. 손에는 모든 종류의 감각수용체가 있다. 그래서 손은 우리가 느낄 수 있는 거의 모든 감각을 감지한다. 감각신경의 30%는 손에 있다. 손은 눈으로 보이지 않아서 거의 의미가 없다고 볼 수도 있는 0.0001mm의 미세한 움직임까지도 '느낀다'. 그 덕에 손은 우리와 세상을 연결해주는 통로가 되기도 한다. 손의 감각은 시각을 대체해 문자를 읽게도 한다. 점자 읽기를 훈련하면 눈으로 읽는 것보다는 느리지만 입으로 소리 내어 읽는 것과 비슷한 속도로 글을 읽을 수 있다.

손의 감각에는 해석의 영역까지 포함된다. 따라서 우리는 직접 만져보지 않은 것도 느낌으로 파악할 수 있다. 손으로 지팡이를 들고 바닥을 짚으면 바닥 재질이 모래인지 바위인지 구별할 수 있다. 드릴을 쥐고 바위를 뚫어도 딱딱한 바위인지 무른 바위인지 알 수 있다. 같은 감각을 뇌에서 해석해서 '어떤 물체다'라는 의견을 내는 동시에 '어떤 감각이 느껴진다'라는 주석을 다는 것이다. 이 해석에는 정서적 영역도 포함된다. 같은 재질의 옷이라도 길을 걷다 팔에 스친 타인의 옷자락과, 사랑하는 이의 옷매무새를 가다듬어줄 때 손끝에 닿는 옷자락은 느낌이 다르다. 살끼리 닿을 때도 마찬가지다. 낯선 사람의 손을 잡는 것과 연인의 손을 잡는 것은 전혀 다른 느낌을 준다. 한편 지하철에서 누군가 손을 낚아챈다면, 무슨 상황인지 파악할 겨를도 없이 소리부터 지르게 될 것이다. 이렇게 우리 손은 뇌의 순간적인 해석과 근원적 감각에까지 연결되어 있다.

“화상이 깊으면 신경은 물론 압점, 통점까지 모두 타버리기 때문에 감각조차 없어진다”

별안간 전화기가 울렸다. 근처에서 폭발 사고가 발생했다. 역시 응급실은 쉽게 넘어가는 날이 하루도 없다. 화재를 진압하고 건물 내부에 들어가자 현장에는 다행히 생존자 세 명이 남아 있었다고 했다. 세 사람 모두 전신 화상에 가까운 부상을 입었지만, 그래도 의식이 있고 바이탈이 확보된다고 했다. 구조대는 이들을 주변 응급실로 한 명씩 이송하기로 했다. 재난 상황이었다. 전신 화상 한 명만 처치하려고 해도 병원 내 전 의료진이 집결해야 하기 때문이다.

우리는 중환 구역에서 환자를 받을 채비를 했다. 일단 많은 양의 붕대와 솜을 꺼내두었다. 비눗물과 화상 연고도 필요했고, 산소 투여와 삽관 세트, 가온 수액까지 필요한 게 하나둘이 아니었다. 나는 모든 의료진에게 짧게 전달했다. “폭발 사고입니다. 화재와는 조금 다릅니다. 인화 물질로 공기에 불이 붙기 때문에 피부만 화상을 입는 경우가 많습니다. 신속히 손상된 피부에 조치를 취해야 합니다. 바이탈 확보와 동시에 진행합니다.”

긴장되는 순간이었다. 나는 장갑을 끼고 응급실 바깥으로 나가 서성거렸다. 구급차가 요란한 소리를 내며 도착했다. 카트에 실린 환자는 타고 남은 옷가지가 제거된 채 화상을 입은 모습 그대로 도착했다. 매캐한 냄새가 났다. 환자의 얼굴은 검게 그슬렸고 머리칼은 모조리 타서 없었다. 환자를 서둘러 중환 구역으로 옮겼다. 모든 의료진이 분주하게 달려들었다.

"일단 피부를 세척합니다. 산소는 최대로 투여할게요. 정맥관을 두 개 이상 확보하겠습니다. 나머지 의료진은 피부를 처치해야 합니다. 일단 식염수를 아주 많이 데워주세요."

환자는 다행히 스스로 숨을 쉴 수 있었다. 30대의 젊은 남성이라 외상에서 생존하기에 유리했다. 폭발이 앞쪽에서 일어나 등을 비롯해 몸의 후면부는 붉게 달아오른 채 열감만 있었다. 하지만 안면과 목, 가슴과 하체는 화상을 입어서 피부가 바삭거렸다. 어림잡아 전신의 50% 정도였다. 화상 부위를 만지기만 해도 장갑에 검댕이 묻어 올라왔다. 환자의 코에도 검댕이 심하게 묻어 있었고 코털은 그슬려 있었다. 입안에도 검댕이 들어 있었다. 분명히 기도나 폐 손상도 동반됐을 것이었다. 진피가 화상으로 손상을 입은 2도 화상 정도로 보였다. 일부는 피하조직까지 손상된 3도 화상이었다. 그나마 두꺼운 장갑 덕분인지 손은 거짓말처럼 온전했다. 나는 심하게 땀을 흘리는 그의 손을 잡았다. 축축하고 서늘했다. 그리고 그의 눈을 보았다. 결막에도 화상으로 인한 손상을 입어서 눈이 뿌옇게 변해 있었다. 옆에 있던 의료진이 환자의 체온이 너무 낮다고 소리쳤다. 환자를 바라보는 것만으로도 지옥 같은 고통이 느껴졌다.

"많이 아프신가요?"

"죽고 싶을 정도예요."

불행 중 다행이었다. 화상이 깊으면 신경은 물론 압점, 통점까지 모두 타버리기 때문에 감각조차 없어진다. 환자가 아프다는 건 어느 정도의 신경조직이 남아 있다는 뜻이었다.

"눈은 잘 보이세요?"

"흐려요……. 너무 아파요. 살려주세요."

"이제 병원까지 오셨으니까 괜찮아요. 이 사람들이 전부 환자분을 치료하기 위한 사람들이에요. 지금 당장 처치해나가겠습니다."

"피부가 광범위하게 손상되면 수분 증발로 인한 탈수가 시작된다. 또 외부 세균과 맞서 싸우는 방어막이 사라졌으므로 염증이 생기면서 전신이 짓무른다"

피부로 막혀 있지 않은 부위는 대체로 감각이 예민하다. 안구 앞에 표피가 깔려 있으면 시야가 뿌옇게 보일 것이다. 각막은 그래서 투명한 재질로 되어 있으며, 혈관조차 지나지 않는 점막이라 눈꺼풀을 여닫으면서 수분을 공급해야 한다. 구강과 혀도 맛을 느낄 수 있게 점막이 노출되어 있다. 콧구멍 안도 점막이다. 후각을 느끼고, 들어오는 공기를 덥히는 기능이 있어 축축한 피부가 노출되어 있다(인간보다 후각이 더 예민한 개는 코 점막이 바깥으로 완전히 드러나 있다).

귀는 점막이 노출되어 있지 않고 고막으로 막혀 있다. 청각은 미각이나 시각이나 후각과 달리 진동을 전달받아 감각하기 때문이다. 다만 고막은 얇아서 쉽게 찢어지고 터진다. 그러면 중이가 외부에 노출되고 압력 차이가 생겨서 청각에 영향을 준다. 중이염은 매우 흔한 질환으로, 만성화되는 경우도 잦다. 여성의 성기도 점막이 노출되어 있다. 역시 예민한 감각을 위한 것이다. 점막은 피부에 비해 더 쉽게 손상되지만, 원래대로 회복되는 것도 더 빠르다. 구강, 혀, 각막, 성기 등은 상처가 가장 잘 아무는 부위에 속한다. 이는 표피를 재건하는 과정이 필요 없기 때문이기도 하고, 점막이 다량의 수분을 머금고 있으며 혈행이 활발한 부분이기 때문이기도 하다. 이처럼 인체의 특정 부분은 점막을 노출시켜 수분 증발로 인한 손해와 감염 위험을 감수하는 대신, 상처를 잘 회복하면서 예민하게 기능하게끔 되어 있다.

피부는 세밀하고 미묘하다. 비슷하게 보이는 피부라도 두께와 감각과 털의 유무와 멜라닌 분포 등에 따라 모습과 기능이 천차만별이다. 인체는 시행착오를 거쳐 예민할 필요가 있는 곳, 특수 감각이 발달되어 있고 재생이 잘되어야 할 곳, 방어가 필요한 곳, 운동에 관련된 곳 등이 어디인지를 정해 피부를 절묘하게 배치했다. 얼굴과 손과 발의 피부는 다르면서도 역할은 같다. 덕분에 우리는 피부로 외부의 위험을 막으면서 동시에 다양한 일과 운동을 수행하며 무엇인가를 탐구하고 성적인 즐거움도 느낀다. 피부는 그야말로 세상의 자극을 해석하는 넓디넓은 통로다. 피부에 무언가 물리적으로 닿을 때 느껴지는 힘, 살갗으로 감지되는 온도, 떨리며 전해지는 진동 등의 자극을 종합해서 우리 몸은 세계를 감각한다.

이렇게 다양한 기능을 가진 피부도 일차적으로는 몸을 지키는 기관이기 때문에 쉽게 손상된다. 물론 피부는 어느 정도 손상에 대비하고 있다. 하지만 광범위하게 손상되었을 때는 우리 생명이 위태롭다. 우선 수분을 머금은 조직이 바깥에 노출되어버리기 때문에 증발로 인한 탈수가 시작된다. 또 외부 세균과 맞서 싸우는 방어막이 사라졌으므로 염증이 생기면서 전신이 짓무른다. 단열 기능이 사라졌으므로 체온을 잃어버린다. 당연히 조밀하게 연결된 신경에서 엄청난 통증도 동반된다. 이 가운데 무엇이 먼저 사람을 죽음으로 이끌지는 알 수 없지만, 세 가지가 동시에 진행되면 생명을 위협할 것임은 분명하다.

콜라겐 탄 냄새로 처치실 공기가 매캐했다. 전신 화상을 담당하는 의사가 막아야 할 것은 세 가지였다. 탈수, 저체온, 그리고 감염. 환자는 사시나무처럼 전신을 떨고 있었다. 그나마 남은 체온을 유지하기 위해 몸이 보이는 반응이었다. 이번에도 생리적인 반응이 작동하는 증거라는 점을 고려하면 그나마 다행이었다. 일단 피부 처치를 마쳐야 전신을 가온加溫할 수 있었다. 모든 의료진이 멸균 가운 차림으로 장갑을 끼고 달라붙은 덕분에 옷가지가 말끔히 제거되었다. 뒤이어 정맥로가 확보되었고 일차적으로 마약성 진통제가 들어갔다. 환자는 아까보다 조금 나아진 듯 보였다.

"환자분, 이제 잠드셔야 합니다. 아주 오래 주무실 겁니다."

환자의 흐릿한 두 눈에 눈물이 고여 있었다. 그는 미약하게 고개를 끄덕였다. 수면제를 투여하자 환자의 고개에 힘이 풀렸다. 나는 기관내삽관을 한 뒤 인공호흡기를 연결했다. 아마 극도의 스트레스 호르몬으로 인해 사고 당시부터 현재까지의 상황을 거의 기억하지 못할 것이다. 그가 깨어날 때까진 온갖 기기가 생체 기능을 모두 대체해주어야 했다. 일단 충분한 수분을 공급해야 했다. 드러난 목덜미가 그나마 온전해서 굵은 바늘을 견딜 피부가 있었다. 나는 목덜미에 정맥로를 확보했다. 머릿속으로 체중에 총 화상 면적인 50%를 곱해서 가온 수액의 초기 용량과 점적할 양을 결정했다.

나머지 의료진은 그에게 붙어서 죽은 살갗을 밀어서 벗겨냈다. 나도 장갑을 갈아 끼고 같이 처치했다. 일단 감염원이 될 만한 손상 조직을 제거한 뒤 소독을 해야 했다. 닦아낸 그의 피부에 화상 연고를 듬뿍 바른 뒤 솜과 붕대로 환부를 감아나갔다. 부위마다 상태는 달랐지만, 어느 정도 붉은 진피가 남아 있는 곳이 있었다. 환자의 의식을 완전히 사라지게 만드는 수면제와 근이완제도 정맥으로 점적되고 있었다. 다행히 환자는 안정적으로 누워 있었다. 우리는 팔다리부터 시작해 몸통까지 전신에 붕대를 감았다. 30분이 넘는 사투 끝에, 환자는 온몸에 미라처럼 붕대를 감은 채 기계에 의지해 숨을 쉬게 되었다.

나는 1차 처치 종료를 선언했다. 모든 의료진이 검댕이 묻은 가운을 한 차례 벗었다. 감염을 막기 위한 항생제와 염증을 막기 위한 스테로이드를 환자에게 투여했다. 혈압을 유지하기 위한 승압제도 들어갔다. 그다음 전신을 에어매트로 감싸서 가온을 시작했다. 20여 분이 지나자 체온이 얼마간 오르기 시작했다. 소변도 어느 정도 나오기 시작했다. 소식을 들은 환자의 부모가 도착했다.

"우리 아들이 어떤가요?" "폭발 사고에서 화상을 심하게 입었습니다. 일단 처치는 마쳤습니다." "그러면 이제 어떻게 되나요?" "환자분 스스로 회복하는 일만 남았습니다. 중환자실에 입원하실 겁니다. 길게 보셔야 합니다. 곧 면회시켜드리겠습니다."

미처 닦아내지 못한 검댕과 땀에 젖은 근무복을 본 보호자들은 그제야 사태를 어느 정도 짐작한 눈치였다. 이내 울음소리가 터져 나왔다. 보호자들은 눈물을 삼키며 내게 말했다.

"부디 잘 부탁드립니다."

폭발 사고는 환자의 소중한 피부를 절반 이상 날려버렸다. 그는 이제 중환자실에서 긴 치료를 시작해야 했다. 상황이 조금 정리되자 그가 느꼈을 고통에 몸서리가 쳐졌다. 뜨거운 냄비에 잠깐만 손이 닿아도 얼마나 고통스러운가. 세상에는 감당하기 어려운 통증이 존재한다. 이제 그는 매일 소독을 받고 붕대를 갈고 투약을 유지하면서 피부가 돋아나 다시 제자리를 찾아가기를 기다려야 한다. 전신에서 발생하는 염증반응도 견뎌야 하고 온전한 피부를 떼어내 필요한 곳을 메꾸는 이식수술도 고려해야 할 것이다. 감히 말하건대, 인생에서 가장 고통스러운 시간이 될 것이다. 하지만 그에게는 분명히 살고자 하는 의지가 있었다. 시간이 흐르면 마침내 혈관은 자라나고 신경은 회복되며 피부는 새롭게 형태를 갖출 것이다. 새살이 돋아나듯, 그렇게 삶 또한 계속될 것이다.

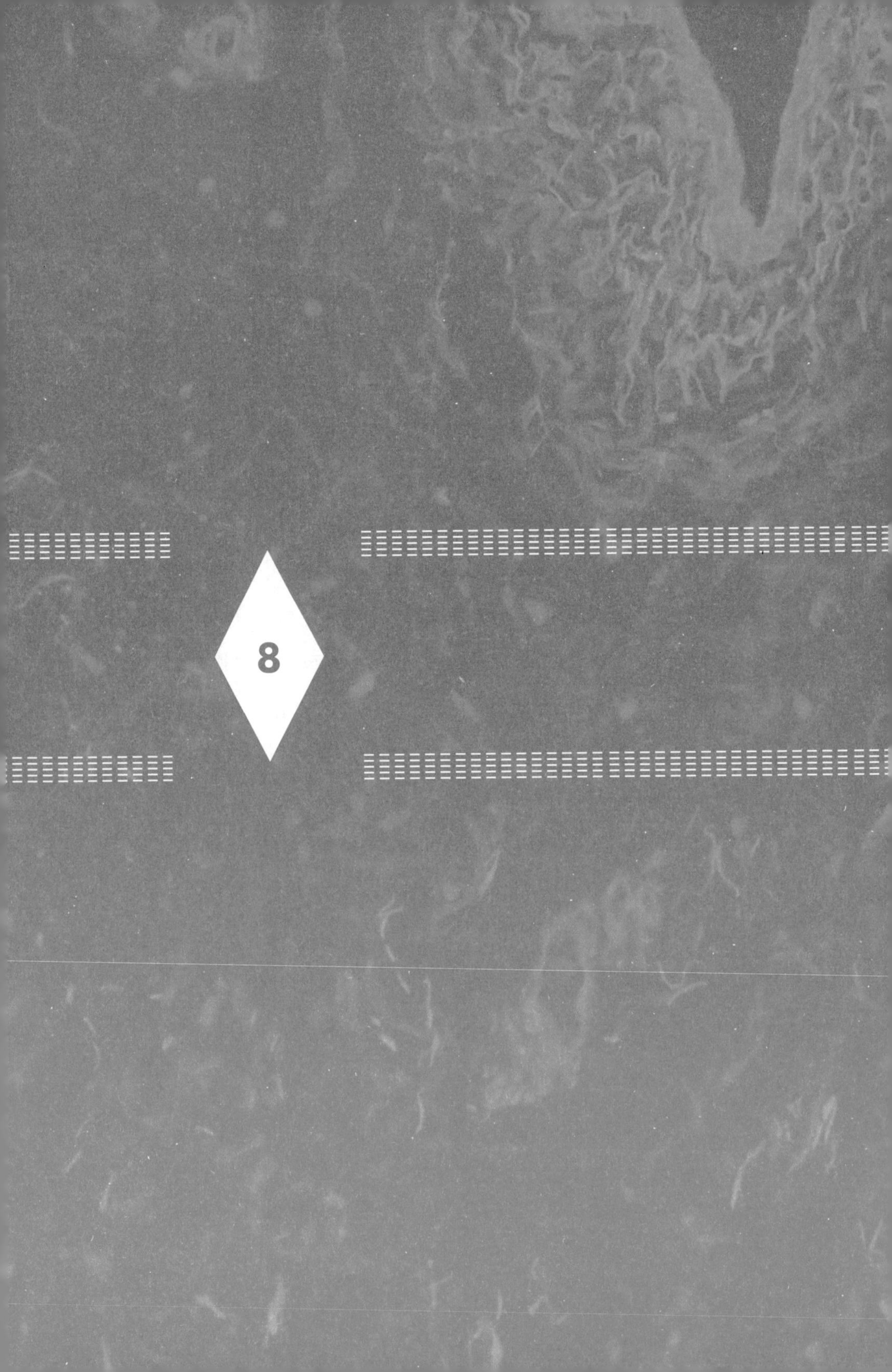

8

우리 몸의 형태와 움직임을 만드는 바탕

근골격

MUSCULOSKELETAL SYSTEM

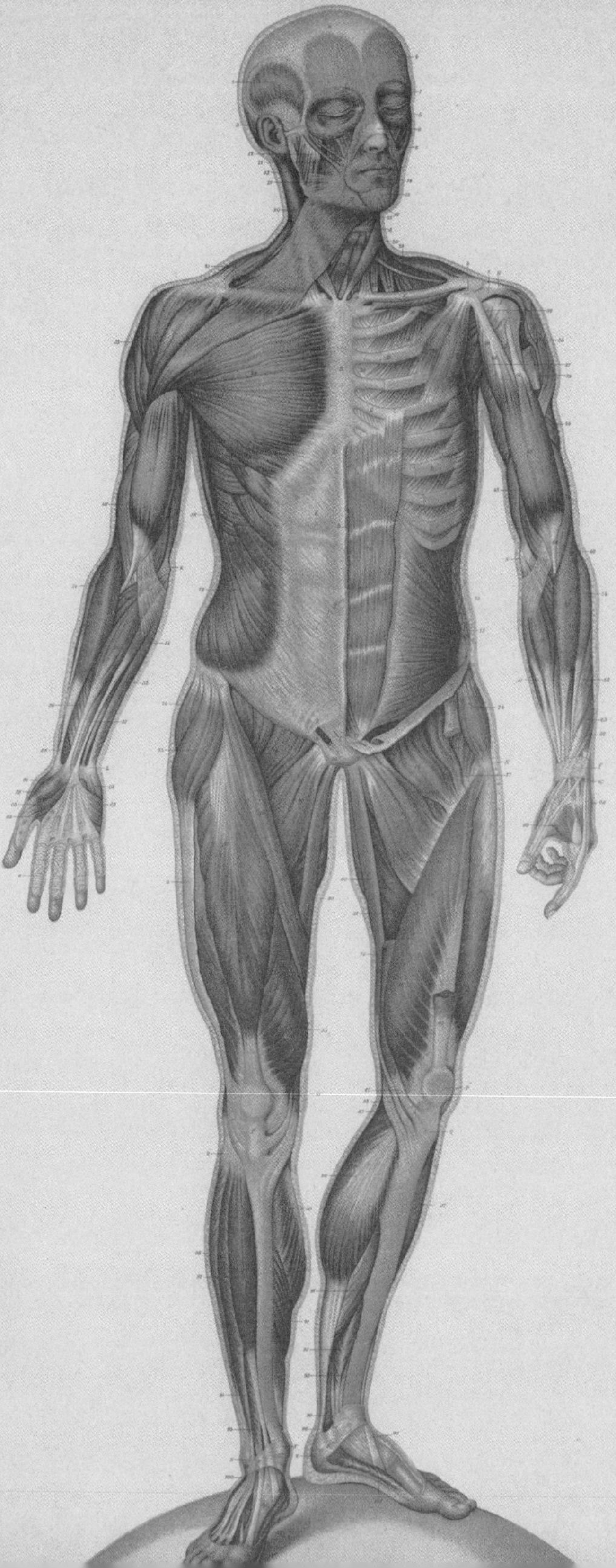

온몸이 욱신거렸다. 주말에 네 시간이나 축구를 하고 출근했더니 전신이 매를 맞은 것같이 쑤셨다. 잠시 커피를 내려 오는 길에도 장딴지가 소리를 질렀다. 자리에 앉으면서 "아이쿠" 소리를 냈더니 간호사 선생님이 물었다.

"또 공 차고 오셨어요?"

"뭐, 그렇지요."

"한겨울에 이렇게 축구를 해요? 저번엔 축구하다가 무릎 다쳐서 십자인대 수술을 하네 마네 하셨잖아요. 한동안 발목에 깁스도 하지 않으셨어요?"

"그건 꽤 오래전 일이라고요. 그래도 스트레칭 열심히 해서 안 다친 지 1년은 됐어요. 축구가 얼마나 재미있는데요. 경기 끝나고 매번 맛있는 거 먹느라 살이 안 빠져서 그렇지. 나이가 드니까 계속 근육이 빠져서 팔다리가 얇아지고 배가 나와요."

"그러고 보니…… 확실히 살이 빠지는 것 같지는 않네요."

"나이들면 근육도 약해져요. 자꾸 들고 있던 물건 놓치지, 입가로 밥도 더 많이 흘리지……. 요실금이나 변실금 이런 게 남의 얘기가 아니에요. 그런데 선생님은 정말 살이 많이 빠졌네요."

"요즘 트레이너 선생님이 아주 잔인하거든요. 어제 하체 집중 운동했는데 얼마나 독하게 시키는지, 마치고 토했잖아요. 덕분에 허벅지는 가늘고 딴딴해졌지만. 바디 프로필 준비하느라 식단까지 해서 한 10kg는 빠진 것 같아요."

"어쩐지 얼굴 살도 많이 빠져 보이더라고요. 확실히 몸이 이전이랑 달라졌어요. 대단하네요."

"아유 감사합니다. 선생님도 축구 끝나고 먹는 걸 조금만 줄여보시는 게 어때요?"

"안 돼요……. 끝나고 뜨끈한 순대국밥 먹으려고 축구하는 거란 말이에요. 그런데 어려선 안 하다가 서른 넘어 시작하니까 10년을 해도 늘지가 않네요. 어렸을 때 배운 피아노는 10년을 쉬어도 지금까지 잘 치는데. 손으로 하는 건 대체로 잘하는 편인데 발로 하는 건 잘 안 돼요."

"그냥 축구에 소질이 없는 거 아닌지……."

"소질은 없어도 재밌으면 됐죠. 저한텐 확실히 달리는 운동이 필요한 것 같아요. 모니터도 뚫어져라 봐야 하고 침대에 누운 환자도 고개 숙여서 봐야 하니까 목 디스크가 터진 거 있죠. 오른팔이 계속 저려요. 그런데 달리기를 하면 보조근이 목을 잡아주거든요."

"하긴 한동안 목에 보조기 차고 환자 보셨죠. 직장인은 무조건 운동해야 해요."

운동 이야기를 하고 있으려니 마침 헬스장에서 온 듯한 청년들이 나타났다. 운동복 차림이었는데 근육이 우락부락하게 올라와 있고 땀냄새가 풍기는 게 방금까지도 무게를 치고 온 것 같았다. 한 명은 강사고 한 명은 회원이라고 했다. "저희 회원인데요, 어젯밤이랑 오늘 아침까지도 갈색 소변이 나온다고 해서 왔습니다." "많이 아프신가요?" "전신이 욱신거리긴 하는데 운동을 해서인지 다른 문제가 있는 건지 분간이 잘 안 되네요." 환자의 표정은 밝았다. "횡문근융해증rhabdomyolysis 걸릴 수 있다고 해서 검사받으러 왔습니다." 최근 들어 운동 붐이 지속되다 보니, 횡문근융해증도 유행해서 이제 감기 같은 흔한 질환이 된 것 같았다. "제가 봐도 횡문근융해증이 맞는 것 같습니다. 어느 정도인지 검사해보고 하겠습니다." 환자는 침대 구역으로 갔다. 곧 크레아틴 키나아제creatine kinase, CK. 근세포의 에너지 대사에 관여하는 효소의 일종으로, 근육이 손상되면 혈중 크레아틴 키나아제 수치가 올라간다 검사 결과가 나왔다. 나는 환자에게로 갔다.

"횡문근융해증입니다." "CK 레벨이 어느 정도 나왔나요." "3457입니다." 강사가 외쳤다. "그래도 얼마 안 되네요. 저번 회원님은 5700이었거든요." 나는 강사의 표정을 살폈다. 그는 체육관 회원이 거쳐야 할 통과의례라는 듯, 이 수치로 운동 강도를 측정하는 것 같았다. "뭐, 높으면 좋은 건가요?" 강사는 내 시선을 피했다. "그런 건 아니지만……." 나는 환자에게 말했다. "입원하시겠습니까?" "괜찮습니다." "횡문근융해증은 신장에 무리가 가서 안 좋아요. 물론 장기적으로 후유증이 남지는 않지만, 당분간 충분한 휴식을 취하도록 하세요. 그리고 운동하시면 안 됩니다. 하체 했어요, 상체 했어요?" "어제는 하체 했습니다." "하체가 근육이 많아서 횡문근융해증이 더 많이 오는 거 아시죠?" 환자는 강사와 눈빛을 교환하고는 말했다. "아주 잘 알지요."

두 사람은 성적표를 받아들고 퇴원했다.

"선생님, 퍼스널 트레이닝 하는 체육관은 원래 저래요?"

"저런 분위기도 있을 수 있죠……."

"그래도 즐거워들 보이네요. 환자들이 많이 겪으니까 저도 고통에 공감하기 위해 헬스장 다니면서 무게 치고 횡문근융해증을 조금 겪어봐야 할까요?"

"굳이……."

"뇌는 근육에 지시를 내린다. 간은 근육에 영양을, 폐는 근육에 산소를 공급한다"

근육과 뼈는 곧 육체의 형태다. 우리는 우리 자신과 타인을 뼈에 근육이 붙어 피부에 둘러싸인 모습으로 인지한다. 몸무게의 절반은 근육이고, 뼈까지 합치면 근골격이 우리 몸에서 차지하는 비중은 70%에 이른다. 운동을 하거나 다이어트를 하면 그 효과가 뼈와 근육, 지방에 반영되며 이로 인해 체중도 변화한다. 인바디는 근육과 뼈와 지방의 전류 저항 차이를 이용해 우리 몸의 구성 성분을 측정하는 검사다. 정기적으로 측정하면 그 성분이 어떻게 변화하는지 알 수 있다. 또 나이가 들면 근육과 뼈가 가장 먼저 가벼워진다는 사실도 알게 된다.

근육의 움직임은 곧 우리의 움직임이다. 우리의 말, 표정, 행동은 모두 근육의 작동으로 이뤄진다. 우리가 동물動物인 이유도 근육 때문이다. 식물이 움직이지 못하는 것은 근육이 하나도 없기 때문이다. 동물도 근육이 있는 부분만 움직일 수 있다. 팔다리는 모두 근육이라 자유롭게 움직인다. 반면 뇌, 간, 폐, 신장 등은 스스로 움직이지 못한다(근육 그 자체인 심장만이 스스로 움직인다).

그러나 모든 장기는 근육을 위해 일한다. 뇌는 근육에 지시를 내린다. 간은 근육에 영양을, 폐는 근육에 산소를 공급한다. 신장은 근육의 노폐물을 배설한다. 근육의 핵심인 심장은 다른 근육에 혈액을 공급한다. 근육은 우리 몸의 장기가 일하는 이유다.

몸의 모양은 진화의 최종 결과물이라고 할 수 있다. 수십억 종의 지구 생명체는 저마다 모양이 다르다. 인간은 호모사피엔스Homo sapiens라는 한 종이다. 사람마다 개성은 제각각이지만 우리는 모두 똑같은 뼈대에 똑같은 근육이 붙어 있는 인간이다. 이 배치는 활동의 최적화를 위해 만들어진 결과다. 우리는 근육으로 보고 먹고 말하고 걷고 행동한다. 모든 근육은 액틴과 미오신이라는 단백질로 이루어져 있다. 미오신이 근섬유에서 에너지를 소비하면 액틴과 서로를 당기며 상호결합한다. 이 근섬유가 다발이 된 것이 근육이다. 그러니까 근육이 할 수 있는 물리적인 운동은 단 하나, '당기기(수축)'다. 인간의 움직임은 모두 근육의 당기기를 통해 실현된다.

운동의 기본은 뼈와 뼈 사이에 있는 근육의 수축이다. 당기는 운동에도 종류가 있다. 팔로 역기를 몸 쪽으로 들어올리면 전완근이 수축한다. 이는 등장성 운동isotonic contraction으로, 운동의 결과 근육의 길이가 줄어들면서 힘을 발휘한다. 반대로 역기를 든 팔을 펴는 것도 등장성 운동이다. 이것은 팔 바깥쪽의 근육을 수축하면서 전완근을 이완시키는 운동이다. 하체 운동의 기본인 스쿼트도 다리 근육이 앞뒤로 수축하는 등장성 운동이다. 이처럼 등장성 운동은 움직임에서 기본이 되는 운동이다. 모든 힘은 근육의 길이가 짧아지면서 발생한다. 그래서 역기를 몸 쪽으로 들면 길이가 짧아지는 전완근이 운동하고 팔을 펴면 반대쪽 삼두근이 운동한다. 수축하는 쪽의 근육을 단련하는 것이 '헬스'다.

사실 가만히 벽을 밀기만 하는 것도 힘이 든다. 자세를 유지하기만 하면 되는데도 땀이 난다. 같은 이치로 장바구니를 일정한 높이로 들고 집까지 오면 팔이 아프다. 플랭크 자세를 취하면 전신이 비명을 치르면서 시간이 멈춰버린다. 이는 길이가 변하지 않는 등척성 운동isometric contraction이다. 등척성 운동이 가능한 이유는 운동에 관여하는 것이 근육만이 아니기 때문이다. 근육이 뼈와 붙으려

움직임별 근육의 분류

근육은 움직임을 기준으로 분류되도 한다. 대표적인 것이 괄약근으로, 동그란 형태의 근육을 주머니처럼 모아서 조이는 식으로 움직인다. 대체로 항문을 떠올리겠지만, 식도, 입, 위, 요도, 눈가도 전부 괄약근이다. 조였다 푸는 근육의 형태는 기능적으로 매우 중요하다. 올림근은 눈꺼풀처럼 눈을 뜨게 만든다. 눈 위에 있는 근육이 수축하면 눈이 떠지는 것이다. 모음근은 가슴 근육이 팔을 모으듯 모아주는 역할을 한다. 예를 들어 대흉근이 수축하면 팔이 당겨져서 자연스럽게 양팔이 모이게 된다. 벌림근은 다리 근육이 대표적이다. 다리 바깥쪽의 근육이 수축하면 다리가 벌어지는 식이다. 이렇게 당기기 하나로 다양한 운동이 가능하다.

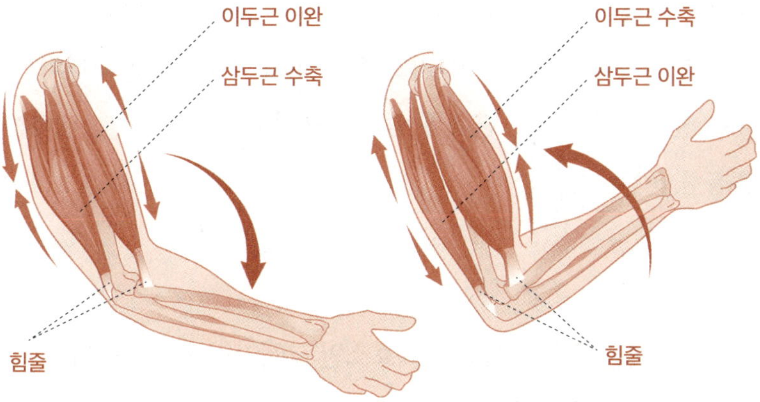

등장성 운동의 근육 수축과 이완

면 힘줄이라는 질긴 콜라겐조직이 필요하다. 근육과 힘줄은 한줄기로, 근육은 힘줄로 변해서 뼈에 붙는다. 등척성 운동 시에는 근육이 당겨지면서 힘줄이 늘어나서 길이를 맞춘다. 가령 주먹을 세게 쥐면 손목의 힘줄이 튀어나온다. 힘을 더 주면 힘줄도 더 튀어나온다. 등척성 운동이라서 힘줄이 당겨지는 것이다. 같은 자세를 유지하는 요가나 필라테스는 매우 훌륭한 근육 운동이다. 하늘을 떠받치는 아틀라스도 무한히 지속되는 등척성 운동을 하는 중이라고 할 수 있다. 달리기나 수영 등의 전신 운동은 등장성 운동과 등척성 운동이 결합된 형태다.

마지막으로 근육의 길이가 늘어나도 운동이 된다. 편심성 운동eccentric contraction은 근육이 수축하지만 외력에 의해 당겨져서 길이는 늘어나는 형태다. 가령 장바구니를 들고 팔을 늘어뜨린 채 힘을 주고 있으면 편심성 운동을 하게 된다. 편심성 운동은 유연성을 강조하는 운동이나 가동 범위를 넓히는 재활 훈련에 쓰인다. 운동 전 스트레칭을 할 땐 보통 팔다리를 쭉쭉 펴서 평소보다 팔다리의 길이를 늘여준다. 이것도 근육과 힘줄을 풀어주고 유연성을 증대하는 훌륭한 운동이다.

“심한 운동을 하면 근육효소인 크레아틴 키나아제와 근육을 구성하는 미오글로빈이 혈액으로 나온다”

고중량을 버티는 수축을 반복하면 근조직의 질량이 늘어난다. 근조직이 찢어지면서 다시 더 굵고 강하게 리모델링되는 것이다. 이렇게 ‘무게를 치면’ 더 센 강도로 운동을 할 수 있다. 그런데 한 번에 운동을 너무 심하게 하면 많은 근육이 찢어진다. 이때 근육효소인 크레아틴 키나아제와 근육을 구성하는 미오글로빈이 혈액으로 나온다. 미오글로빈이 소변으로 배설되면 소변이 오래된 혈액처럼 콜라색을 띤다. 이것이 횡문근융해증이다. 횡문근(가로무늬근)은 골격근의 다른 말로, 횡문근융해증은 말 그대로 근육이 녹는 증상이다. 이는 근육을 정상적으로 회복하는 과정으로, 크레아틴 키나아제는 대부분 신장으로 별문제 없이 빠져나간다. 하지만 크레아틴 키나아제는 분자가 커서 한꺼번에 다량이 빠져나가면 신장에 손상을 입히기도 한다. 그러니까 일부러 횡문근융해증을 겪을 필요는 절대로 없다.

운동은 단순해 보이지만 매우 조화롭게 이루어지는 움직임이다. 가령 검지손가락을 까닥거리겠다고 생각하면, 쉽게 검지손가락만 까닥거릴 수 있다. 하지만 실제 몸의 근육이 수행해야 하는 움직임은 엄지와 중지 손가락을 움직이는 근육을 고정하고 팔에서 검지손가락을 접는 근육과 펴는 근육을 번갈아가며 수축하는 행위를 반복해야 한다. 물론 우리가 이 과정을 의식하면서 복잡하게 손가락을 지휘하는 건 아니다. 이런 운동은 뇌에 이미 입력이 되어 있어서 종합적으로 조정된다. 이처럼 '걷기' '달리기' '한 발로 서기' 등은 전신의 근육이 조화롭게 움직여야 가능한 행위다. 뇌에는 몸의 균형을 유지하며 통합적으로 운동을 수행하는 부서가 따로 있으며, 상당히 많은 부분이 이에 할당되어 있다. 근육을 움직이는 것은 전적으로 뇌의 작용이다. 예컨대 손으로는 카드로 탑을 쌓기 쉽지만 발로 쌓긴 어렵다. 발은 손보다 훨씬 더 강력하지만 뇌에 배당되어 있는 부분이 적어서 세밀하게 움직일 수 없기 때문이다. 그러나 훈련으로 이 뇌의 배당을 늘릴 수가 있다. 결국 훈련하면 누군가는 발로 카드 탑을 쌓을 것이다.

근육은 최대로 힘을 발휘할 수 있는 길이가 정해져 있다. 가령 팔을 쭉 편 상태에서 반쯤 접을 때보다 반쯤 접은 상태에서 완전히 접을 때 힘이 훨씬 더 잘 들어간다. 그럼에도 근조직의 효율은 궁극적으로 비슷해서, 대략 1cm²당 4kg 정도의 장력이다. 하지만 같은 중량의 근육이라도 현실적으로 능력은 천차만별이다. 특히 여성은 호르몬 때문에 근육의 중량이 잘 늘어나지 않지만, 훈련을 통해 근력을 월등히 끌어올릴 수 있다. 이는 근조직의 성능 개선보다는 운동 조절과 관련된 신경 경로의 변화를 통해 가능하다. 같은 운동을 꾸준히 하면 신경이 더 빨리 동원되면서 감각수용체가 근섬유의 활동을 돕는다. 그래서 신경가소성이 더 활발히 작동하는 어린 시절에 운동을 하면 몸이 이를 평생 기억한다. 발레나 무용 등의 춤을 추거나, 피아노나 바이올린 등의 악기를 연주하는 것도 마찬가지다. 운동은 근육을 발달시키는 동시에, 뇌와 신경계를 해당 운동에 적응시키는 과정이기도 하다. 그래서 야구든 축구든 뒤늦게 운동을 시작한 사람은 어린 시절부터 평생을 한 종목에 매진해온 선수 출신을 결코 이길 수 없다.

“두개골은 머리를 보호하는 뼈일 뿐이에요. 두개골과 안쪽에 들어 있는 뇌는 완전히 별개입니다”

본격적으로 환자들이 내원하기 시작하는 시간이다. 첫 환자는 빙판길에서 넘어진 고령의 할머니였다. 워낙에 보행이 불편해서 보조기로 천천히 걸으면서 외출하던 차였다. 이날도 조심조심 걸었지만 빙판에 발이 미끄러지는 바람에 골목길에서 넘어졌는데 일어날 수가 없어 행인에게 도움을 요청해 구조대에 실려 왔다고 했다. 할머니는 오른쪽 골반 통증을 호소했다. 오른다리가 고정된 상태였는데 약간만 움직여도 매우 아파했다. 전형적인 고관절 골절이었다. 뒤늦게 연락을 받고 온 아들과 함께 할머니의 X-ray를 살펴보았다.

“오른쪽 대퇴골 골절입니다. 이 정도면 수술을 받으셔야 화장실이라도 다니실 수 있어요. 아니면 걸을 수조차 없습니다.”

아들은 착잡한 표정이었다.

“어머니를 못 나가시게 막았어야 했을까요?”

“빙판길을 조심해야 하는 건 맞습니다. 하지만 운동을 하지 않으면 몸엔 더 안 좋습니다. 나이가 드셨으니 어쩔 수 없는 일이라고 생각해야 합니다. 고생스럽겠지만 수술받으셔야 할 것 같네요."

겨울철이라 낙상으로 인한 골절 환자가 많았다. 이번에는 넘어지다가 손목으로 바닥을 짚은 아주머니였다. 간밤에 내린 눈이 단단히 얼어붙은 모양이었다. 장바구니를 들고 가다가 넘어졌는데 일어나 보니 손목이 굽어 있었다고 했다. 아주머니는 손목이 그런 각도로 굽어진 데 정신적인 충격을 받은 듯해 보였다. 손목이 바깥쪽으로 휘어 있는 걸 보아 명백한 골절이었다. "골절 같습니다. 사진을 찍어보겠습니다." 충격을 받은 얼굴에 낙담한 기색이 서렸다. 사진상으론 역시 손목뼈가 부러져 있었다.

"저, 골절입니다. 보시는 것처럼 팔이 휘어 있지요. 팔을 사선으로 바닥을 짚는 바람에 손목뼈가 옆에서 힘을 받으면서 부러져 휜 겁니다. 잘 맞추면 수술을 피할 수도 있지만, 이 정도면 수술해야 하는 경우가 많습니다. 뼈 맞출 때 엄청 아프니까, 진통제 맞으시고요. 이제 맞춰보겠습니다."

환자를 처치실로 옮기고 X-ray를 참고하면서 손목을 당겼다. 부러지지 않은 쪽을 두 사람이 잡았고, 나는 부러진 팔을 최대한 당겨서 제자리에 맞추려고 했다. 근육의 힘을 이겨내면서 뼈를 제자리로 돌리는 일이라 힘이 많이 들었다. 환자는 고통에 비명을 질렀다. 일반적으로 응급실에서 성인이 비명을 지르는 경우는 두 가지다. 하나는 요로결석, 또하나는 이렇게 뼈를 맞출 때다.

땀을 뻘뻘 흘리면서 손을 당기자 구부러진 손목이 약간 돌아왔다. X-ray를 추가로 찍어 확인해보니 각도가 좁혀져 있었다. 환자는 팔에 깁스를 댄 채 나와 같이 화면을 보았다.

"이게 처음 생긴 골절입니다. 그리고 이게 맞춘 상태입니다. 이 사이로 뼈가 알아서 붙는 겁니다."

"세상에, 부러질 때보다 맞출 때가 훨씬 더 아프네요."

"아무래도 부러지는 건 한순간이고 맞추는 건 조금 오래 걸리니까요."

"……네. 이거 잘 붙으려면 어떻게 해야 하나요? 사골 국물 먹으면 뼈가 빨리 붙나요?"

"과학적인 근거는 없어요. 안정이 최고입니다. 당연히 팔을 많이 쓰시면 안 되고요. 수술 마치고 한 달 정도는 팔을 못 쓰실 텐데, 그럼 팔이 많이 얇아질 거예요. 깁스 풀면 다시 좋아질 겁니다."

이어서 침대에서 떨어진 두 살 아이가 왔다. 아이는 뒤통수가 많이 부어 있었다. 어쩔 수 없이 진정제를 사용해야 했다. 항문으로 약을 투여하자 아이는 이내 잠들었다. X-ray와 CT에서는 두개골에 살짝 금이 가 있었다. 하지만 다행히 뇌 안쪽에는 전혀 출혈이 없었다. 어머니는 눈물을 흘리며 격한 반응을 보였다.

"침대로 올리다가 순식간에 떨어뜨렸어요. 정말 한순간이네요. 아이 성장은 어떻게 되나요. 뇌 발달에 문제가 생기진 않을까요?"

"괜찮습니다. 두개골은 머

뼈의 성장

뼈는 생애 첫 2년과 이차성징이 오는 시기에 빠르게 성장한다. 뼈는 아미노산, 지방산, 비타민, 무기질 등으로 합성된다. 칼슘과 비타민 D가 뼈의 합성을 돕고 운동을 하면 호르몬이 나와서 생장을 자극한다. 정리하면 균형 잡힌 식사를 하고 칼슘이 풍부한 우유를 마신 뒤에 햇볕 아래에서 뛰어놀면 뼈가 합성된다. 땀을 흘리면서 집으로 돌아와 우유를 마시는 광고 속 아이의 모습은 실제로 생장을 자극하는 활동을 바탕으로 한 것이라고 할 수 있다. 뼈 성장은 이차성징 때 거의 완료되지만 30세부터는 다시 무기질이 빠져나가기 시작한다. 대체로 중년까지는 강도를 유지하나 노년이 되면 강도가 약해져 골절이 쉽게 발생한다.

리를 보호하는 뼈일 뿐이에요. 두개골과 그 안쪽에 들어 있는 뇌는 완전히 별개입니다. 이 정도는 흔적도 없이 아물 겁니다. 동반해서 뇌가 약간 타박상을 입었을 수 있어 한동안 아이가 불편해할 수도 있는데, 점차 괜찮아질 겁니다. 아이들은 이런 손상에서 금방 회복돼요."

"효율적인 움직임을 위해서는 뼈와 근육 외에 다른 종류의 결합조직이 필요하다"

뼈는 움직임을 구성한다. 인간이라는 기계장치의 주축은 뼈다. 뼈는 기능적이라 가볍고 단단하고 유연하다. 강도는 수도관을 만드는 주철과 비슷한 정도다. 대신 유연해서 1~2도까지는 휘어질 수 있다. 어린이의 뼈는 최대 5도까지도 휘어진다.

한편 뼈는 저장고로도 쓰인다. 체내 칼슘과 인의 95%는 뼈에 저장된다. 뼈에는 혈액도 많이 공급된다. 그래서 뼈는 다른 부위만큼이나 잘 회복되고 쉽게 붙는다. 유일하게 흉터를 남기지 않고 회복되는 부위이기도 하다. 무엇보다 뼈 안에는 골수가 있어서 혈액이 만들어진다. 혈액 공장은 가장 단단하고 안전한 뼈 안에 있다. 그래서 뼈가 여러 군데 부러지면 과다 출혈이 발생하기도 한다.

인간은 중력을 받는다. 뼈도 방향에 따라 견딜 수 있는 하중이 다르다. 대퇴골은 수직으로 5톤의 힘을 견딜 수 있으나 수평으로 힘을 받으면 견딜 수 있는 힘은 5%로 줄어든다. 위팔뼈도 수직으로는 2톤까지 견딜 수 있으나 수평으로 가해지는 힘에는 약하다. 그래서 가장 흔하게 발생하는 골절이 넘어질 때 골반을 부딪혀 발생하는 고관절 골절과 손을 짚어서 생기는 손목 골절, 어깨를 부딪혀 부러지는 쇄골 골절이다. 전부 힘이 평소 중력을 견디는 방향과 반대 방향으로 순간적으로 가해질 때 발생하는 골절이다. 이 차이는 중력을 견디기 위한 몸의 선택과 집중에서 비롯한다고 할 수 있다. 결국 어른들 말씀처럼 천천히 다녀야지 빨빨거리다 넘어지면 다친다.

근육은 뼈를 지렛대 삼아서 힘을 쓰기에, 뼈와 뼈 사이로 연결돼 있어야만 한다. 하나의 뼈에 하나의 근육이 붙어 있다면 수축하면서 뼈를 접어버릴 것이다. 뼈와 뼈를 연결하는 관절은 근육의 운동 방식을 결정한다. 어류의 움직임을 생각해보면 간단하다. 어류는 머리부터 꼬리까지 척추가 길게 이어져 있고 그 양쪽으로 근육이 붙어 있다. 오른쪽 근육이 수축하면 몸은 오른쪽으로 휘고 왼쪽 근육이 수축하면 몸은 왼쪽으로 휜다. 이 동작을 반복하면 헤엄이 된다. 물고기는 지느러미에 약간 붙어 있는 근육으로 헤엄치는 방향을 조정한다. 잡힌 물고기는 이렇게 '파닥'거린다. 그리고 우리는 어류의 근조직을 섭취한다.

인간 근골격의 움직임은 어류의 '파닥거림'과 비교할 수 없을 정

뼈의 성분

뼈의 성분은 칼슘과 인 등의 무기질이 45%다. 그 외 유기질은 35%고 나머지는 수분이다. 뼈를 그대로 먹을 순 없지만 사골을 고면 뼈 안의 단백질이나 지방을 국물로 내서 먹을 수 있다. 하지만 사골을 계속 고아대면 결국 무기질만 남는다. 뼈마다 강도가 다른데, 무기질이 많이 들어 있을수록 더 단단한 뼈가 된다. 뇌를 지켜야 하는 두개골에는 무기질 함량이 높으며, 가장 단단하다. 그런데 시신을 땅에 묻으면 유기질은 썩고 무기질만 남는다. 그래서 땅에 묻혔을 때 가장 마지막까지 형태를 유지하는 뼈는 두개골이다. 고고학자들의 발굴 현장에서도 두개골이 주로 발굴된다. 또 시신을 화장하면 수분과 유기질만 연소되므로, 우리가 드는 유골함에는 망자의 무기질만이 담겨 있다.

도로 복잡하다. 가령 목을 움직여보자. 시계방향으로 회전할 수도 있고 좌우로 흔들거나 위아래로 끄덕거리거나 갸우뚱거릴 수도 있다. 어류는 파닥거릴 뿐이지만, 인간은 목만 해도 다채로운 운동이 가능하다. 경추를 둘러싼 근육들은 이를 위해 각자 정해진 뼈 위치에 붙어서 수축해야 한다. 근섬유는 평행으로만 당길 수 있으므로 근육의 위치와 방향이 조합되어야 목이 사방으로 움직일 수 있을 것이다. 그래서 조화로운 설계가 필요하다.

한편 근육은 부피와 질량이 있는 생체조직이다. 따라서 유지를 위해서는 많은 에너지가 필요하다. 단련해 키우기는 어렵지만 쓰지 않으면 금방 빠져버린다. 몸은 필요 없는 근육은 과감히 줄이고 자주 사용하는 근육만을 늘리거나 유지한다. 근육과 뼈가 있다고 해서 항상 다채로운 운동을 수행할 순 없는 이유가 여기에 있다. 게다가 근육은 부피가 있어서 디자인에 한계가 있다. 가령 손은 매우 복잡하고 정교한 기능을 수행한다. 하지만 막상 근육을 많이 넣어둘 수는 없다. 근조직을 넣으면 손이 크고 둔해질 것이다. 효율적이고 정밀한 움직임을 위해서는 뼈와 근육 외에 다른 종류의 결합조직이 필요하다.

“십자인대, 아킬레스건 파열…… 이번 시즌 아웃입니다”

축구 유니폼을 입은 아저씨가 내게 무릎을 내밀었다. 그라운드가 미끄러워서 발을 딛는 순간 무릎이 약간 돌아갔는데 이후 그 자리가 붓고 다리를 제대로 움직일 수가 없다고 했다. 순간 ‘이 겨울에도 축구를 하다가 다치고……'라는 생각이 들었다가, 그저께 축구장에 있던 내 모습이 떠올랐다. 확실히 눈비가 내릴 때 공을 차면 평소보다 더 운치 있고 재미있다. 그 마음에 공감하며 환자의 무릎을 붙들고 몇 가지 신체 검진을 했다. 퉁퉁 부은 무릎의 통증이 심하다고 했다. 일단 다리를 앞으로 빼자 유난히 덜그럭거렸다. 십자인대가 다리를 잡아주지 못하고 있는 것 같았다. X-ray와 CT에서 특별한 이상 소견은 보이지 않았다. "CT는 뼈만 보이는 검사인데 이상이 없습니다. 아마도 MRI가 필요할 것 같습니다. 십자인대 손상이 강력하게 의심됩니다. 일단 무릎에 찬 물을 제거하고 관절을 고정해드리겠습니다. 나중에 MRI로 손상을 확인하고 수술을 받으셔야 합니다." 나는 무릎 천자 세트를 가져다달라고 부탁했다. 가장 굵은 주삿바늘이 들어 있었다. 환자는 각오라도 하듯 눈을 질끈 감았다. 나도 이전에 무릎 손상을 입어 이 천자를 받아본 적이 있었다. 정말 우주의 온 존재가 내 무릎을 꾸짖는 것 같았다. 바늘을 무릎에 찔러 넣자 압력이 높았는지 핏물이 쭉 빠져나왔다. 피가 커다란 주사기 한 통을 다 채우자 확실히 무릎이 한결 가벼워 보였다. "이것도 십자인대 손상의 증거입니다. 그러니까, 시즌 아웃입니다. 재활치료 받고 다음 시즌에 복귀한다고 팀원들에게 알려주세요."

자리로 돌아오자 10대 소녀가 처치실에 앉아 있었다. 손목에 붕대를 감싸고 있어 찾아온 이유를 짐작할 수 있었다. 집에 있는 식칼로 손목을 그었다고 했다. 손목은 스스로 손상을 입히기 쉬운 부위다. 드레싱 세트를 준비하고 손의 움직임을 하나하나 확인했다. 다행히 손가락은 전부 움직일 수 있었다. 곧 붕대를 열었다. 손목에 수없이 많은 흉터가 보였고 주저흔도 있었다. 그 위에 새로운 상처가 깊게 나 있었다. 벌써 끊긴 힘줄 하나가 보였다. 나는 포셉으로 헤집어 미처 끊어지지 않고 칼자국만 들어간 힘줄을 찾았다. 그 옆에 완전히 끊긴 힘줄이 하나 더 있었다. 힘줄이 끊어지면 장력으로 튕겨서 말려 올라가기 때문에 더 끊긴 힘줄이 없는지 찾아내야 했다. 환자의 손을 붙잡고 손가락을 까딱거리게 하자 힘줄이 같이 움직였다. 그렇게 끊어진 힘줄을 하나 더 찾아냈다. 한 개 정도면 응급실에서 봉합할 수 있지만 이 정도라면 수술방에서 봉합해야 했다. 나는 즉시 수술이 필요하다고 얘기하고, 수술이 가능한 정형외과 의료진을 호출했다. 환자는 내내 아무 말도 하지 않았다.

이번에는 배구 유니폼을 입은 환자가 왔다. 실내 체육관에서 동호회 배구 시합을 하던 중이었는데, 스파이크를 넣고 땅에 착지하는 순간 뚝 소리가 나면서 장딴지가 이상하게 변했다고 했다. 실제로 그의 오른쪽 장딴지는 원래의 모양을 잃고 한쪽으로 뭉쳐 있었다. 나는 환자의 발을 허공에 띄워놓고 장딴지 근육을 눌렀다. 발이 전혀 까닥거리지 않았다. 장딴지를 아래로 훑어서 내려오자 빈 공간이 만져졌다. 아킬레스건이 끊어진 자리였다. 그 자리에 일단 부목을 댔다. "아킬레스건 파열이 확실합니다. 수술 확률이 높습니다. 시즌 아웃이군요."

"뼈와 근육에 인대, 힘줄, 연골 등이 결합되어 우리는 운동을 한다"

결합조직의 대표는 인대다. 인대는 뼈와 뼈 사이를 연결한다. 인대는 근조직이 아니므로 스스로 움직이진 못하고 연결만을 담당한다. 인대의 주성분은 콜라겐으로, 뼈와 뼈 사이에 활시위처럼 엮여 있어 질긴 편이다. 하지만 혈액이 공급되지 않아 완전히 끊어지면 다시 붙기 어렵다. 인대는 어떻게 붙어 있느냐에 따라 기능이 다르다. 뼈와 뼈 사이에 딱 붙어 있는 인대는 고정하는 역할이다. 반면 느슨하게 붙어 있는 인대는 뼈의 움직임을 확보한다. 인대는 근조직에 비해 날씬하고 튼튼하며, 결이 있어서 당기는 힘을 잘 버틴다.

대표적으로 무릎은 인대로 결합되어 있다. 무릎을 X-ray로 촬영하면 뼈가 서로 떨어져 있는 모양이 보인다. 이를 연결하는 것이 십자인대다. 무릎의 모양을 유지하기 위해 인대 두 개가 교차되어 있어 십자인대라고 한다. 각각 전방십자인대와 후방십자인대로, 무릎 관절이 움직이면 십자인대는 이 운동을 제어한다. 기능상 십자인대는 매우 튼튼할 수밖에 없고, 찢어져도 잘 회복된다. 그러나 견딜

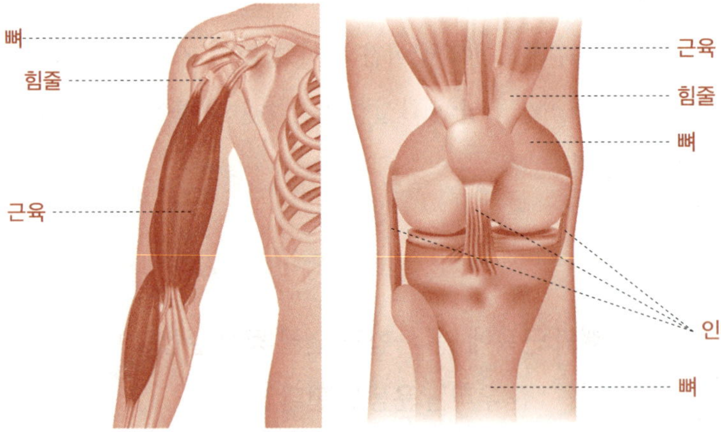

뼈와 인대, 힘줄과 근육

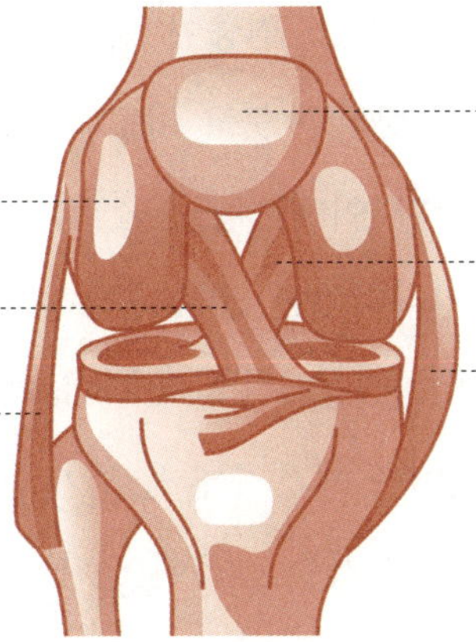

무릎 관절의 구조

수 있는 힘보다 더 심한 외력을 받아서 완전히 끊어져버리면 자연적으로 치유될 수 없다. 이렇게 되면 주변 근육의 힘으로 어느 정도는 무릎을 움직일 수 있으나 돌릴 때 고정이 되지 않는다. 무릎이 뒤틀어지는 방향으로 힘이 가해지면 십자인대가 더 잘 손상된다. 조선시대엔 죄인을 문초할 때 주리를 틀곤 했는데, 이때 주릿대를 십자인대가 끊어지는 방향으로 비틀어 형을 받은 죄인이 다시 걷지 못하게 되는 경우가 많았다. 십자인대는 보행에 결정적인 인대로, 발을 사용하는 스포츠에서 많이 손상된다.

발목이나 어깨 등의 인대는 근육을 보조하는 역할을 해서 완전히 끊어지기 쉽지 않다(완전히 끊어진다 해도 근육이 기능을 보조한다). 그래서 '인대 완전 파열'은 대부분 십자인대에 발생한다. 인대는 유연하지만 발목을 접질리거나 무언가에 세게 부딪혀 어깨가 돌아갈 때처럼 가동 범위의 한계를 넘어가면 손상된다. 인대가 손상되면 회복되는 과정에서 피가 나고 염증이 생기면서 콜라겐조직이 재생된다. 그래서 인대가 손상되면 붓고 아프다. 병원에서는 "인대 늘어났습니다"라고 할 것이다. 이때는 손상을 입은 관절을 최대한 사용하지 않고 회복되길 기다려주면 된다. 심하지 않으면 병원에서는 "스플린트 대고 진통제 드리겠습니다"라고 한다. 하지만 인대가 완전히 파열된 경우에는 이식이나 재건 수술을 받게 된다. 인대엔 혈액순환이 거의 없기 때문에 이식 거부 반응이 적다. 운동선수뿐 아니라 보통 사람도 이식이나 재건 수술을 생각보다 흔히 받는다.

힘줄은 인대와 비슷하지만 개념이 다르다. 근육은 하얀 콜라겐 섬유로 변해서 뼈에 결합한다. 이 하얗고 질긴 조직이 근육과 뼈를 연결해주는 힘줄이다. 근육은 이런 방식으로만 뼈와 결합될 수 있다. 그러니까 개념적으로 뼈와 뼈 사이를 연결하면 인대, 뼈와 근육을 연결하면 힘줄이다. 힘줄은 근육에 붙어 있기에 인대보다 더 유연하고, 당기거나 버티거나 늘어날 수 있다. 또 힘줄은 근육과 같이 늘어나므로 특정 방향의 힘을 더 잘 견디는 반면, 인대는 여러 각도의 하중을 견디므로 다양한 방향에서 가해지는 힘을 버틸 수 있다. 근육의 길이가 유지되거나 늘어나는 등척성 운동이나 편심성 운동을 할 수 있는 것도 힘줄의 유연성 덕분이다.

힘줄은 손발의 복잡한 움직임을 가능케 한다. 특히 손을 움직이는 근육은 모두 팔에 있다. 다시 말해 물건을 집는 것은 손이지만 실제로는 팔에 있는 근육이 수축하면서 힘줄을 당기는 것이다. 주먹을 쥐면 아래팔 근육이 부풀고 힘줄이 도드라진다. 손을 움직이는 데 팔 전체가 동원되는 것이다. 인간이 손으로 할 수 있는 수많은 동작은 모두 힘줄의 강도와 장력에서 나온다. 우리는 힘줄 덕분에 가볍고 세밀한 손의 움직임으로 피아노나 기타를 연주할 수도, 조각이나 회화를 할 수도 있다. 이 손은 예술작품과 문명을 만들어 냈고, 키보드나 스마트폰을 사용한 의사소통도 가능하게 했다. 이를 위해 손과 팔을 연결하는 손목은 힘줄과 신경과 혈관을 통과시키면서도 얇고 유연해야 했다. 밖으로 불거진 손목 힘줄은 필연적으로 가장 많이 손상될 수밖에 없다.

아킬레스건 또한 힘줄이다. 종아리에 있는 근육이 뒤꿈치로 내려오면서 아킬레스건이 된다. 아래팔이 손을 조종하는 것처럼 종아리는 발을 조종한다. 그중 아킬레스건은 걷거나 달리거나 차거나 방향을 돌리는 데 결정적인 역할을 한다. 또 발목은 견고하고 얇아서 아킬레스건에 장력이 집중되어 있다. 아킬레스건은 걷거나 뛰는 과정에서 탄력을 유지해야 하므로 매우 질기지만, 순간적으로 강한 하중을 받으면 끊어질 수 있다. 아킬레스건이 파열되면 발로 힘을 전달할 수 없으므로 걸을 수가 없다. 그래서 아킬레스건은 십자인대처럼 파열되면 수술을 받아야 하는 힘줄의 대명사다. 불사신이던 아킬레우스도 화살에 힘줄이 끊어지면서 힘을 잃고 죽고 말았다.

인대와 힘줄은 통증이나 감각이 없는 까닭에 오랫동안 신경이 없는 물리적 구조라고 여겨져왔다. 하지만 19세기 초~20세기 초 연구를 통해 우리가 자세를 유지할 때 인대나 힘줄이 뇌의 지시를 받는다는 사실이 밝혀졌다. 이것을 고유수용감각proprioceptive sense이라고 한다. 그 증거로 물렁한 망치로 무릎을 때리면 반사적으로 발이 올라간다. 이는 고유수용감각을 확인하는 검사다. 인대와 힘줄을 다발로 싸서 보호하면서 운동감각을 제어하는 부위가 근막이다. 생고기에서 근조직을 싸고 있는 랩 같은 막을 떠올리면 된다.

연골도 결합조직이다. 연골은 이름대로 연한 뼈로, 일반적인 딱딱한 뼈(경골)와 구분된다. 처음 태어났을 때 우리 뼈는 모두 연골이다. 이후 성장하면서 뼈가 굳어져 경골로 변하는데, 변하지 않는 부위는 연골로 남는다. 연골은 유연하고 탄력이 있다. 가령 코나 귀는 연골 구조라 잘 휘어지고 유연하게 접힌다. 신경과 혈관이 지나지 않는 연골은 통증이 없고 재생이 느리다. 연골의 가장 중요한 기능은 관절의 마찰을 줄이고 충격을 흡수하는 것이다. 움직일 수 있는 관절에는 모두 연골이 들어 있다. 뼈와 근육에 인대, 힘줄, 연골 등이 결합되어 우리는 운동을 한다. 이제 이들을 실제로 연결해볼 차례다.

“원래 사람은 자주 넘어져 다치는 존재다”

그다음 환자는 젊은 여성이었다. 입에선 피가 흐르고 있었고 잘 차려입은 옷에도 피가 묻어 있었다. 왜인지 옆에서 119 대원이 하얀 액체가 든 통을 들고 왔다. 환자는 술에 취했는지 고개를 떨구고 있었다. 입을 열자 술냄새가 훅 끼쳤고, 피를 닦고 보니 앞니 두 개가 없었다. 술 마시고 귀가하던 중 지하철 바닥이 미끄러워 앞으로 넘어졌다고 했다. 일어나보니 입안에 피맛이 났고 앞니 자리가 허전했단다. 역무원이 119에 신고를 한 덕분에 앞에 있던 치아 두 개를 주워서 우유에 담아 들고 온 것이었다.

앞니 두 개가 빠진 환자의 모습은 약간 어색했다. 그러나 허비할 시간이 없었다. 얼른 치아를 끼워야 했다. 환자는 술에 취해 잠들려고 하고 있었다. 환자를 앉혀서 처치실 벽에 머리를 대게 하고 주워 온 치아의 상태를 확인했다. 다행히 앞니는 온전했고 뿌리가 뾰족했다. 나는 오른쪽 앞니를 들고 환자의 입을 열어 잇몸 오른쪽 앞에 난 구멍에 끼워 넣었다. 환자는 아프다고 발버둥치면서 고개를 좌우로 흔들었다. "환자분, 이거 하셔야 해요. 임플란트 얼만지 아시죠. 임플란트 하려면 드릴로 뼈대 박고 심어야 하는데, 그럼 평생 자기 치아 못 써요. 이거 넣으면 돈도 아끼고 드릴로 안 박아도 돼요." 말이 떨어지기 무섭게 환자의 고개가 고정되었다. 덕분에 수월하게 치아 두 개를 제 구멍에 넣을 수 있었다. 앞니의 연결조직이 살아서 다시 붙으면 임플란트를 하지 않아도 될 것이다.

이날따라 넘어지고 깨진 사람이 끊이질 않았다. 날씨 탓도 있었지만, 원래 사람은 자주 넘어져 다치는 존재였다. 거즈를 앞니에 물린 뒤 자리로 돌아왔더니, 이번에는 일곱 살쯤 먹은 아이가 와 있었다. 오늘 학교에서 놀다가 말뚝박기를 했다고 했다. 위험한 놀이였다. 보호자가 말하길, 딸이 맨 아래에 있었는데 깔리고 나서 갈비뼈에 불편감을 호소한다고 했다. 하지만 다행히 응급실에 온 아이는 아픈 곳이 없다고 했다. 흉부를 눌러도 크게 통증이 없었다. "괜찮을 겁니다. 보통 애들은 갈비뼈가 유연해서 눌려도 크게 안 다쳐요." 역시 X-ray상으론 아무런 문제가 없었다. "잠시 눌렸을 텐데, 괜찮을 것 같습니다." 아이는 꾸벅 인사하더니 폴짝거리며 어머니의 손을 잡고 응급실을 나갔다.

뒤이어 무릎이 아파 걷지 못하게 되었다는 할머니가 실려 왔다. 아들은 어머니가 걷지 못해서 하는 수 없이 119를 불러 모셔 왔다고 했다. 할머니는 깡마른 체형으로 무릎에 뼈 모양이 그대로 보였다. 마치 무릎 위아래가 곧바로 연결돼 있는 모양이었다. X-ray를 찍어보니 양쪽 뼈 사이에 공간이 하나도 없었다. "퇴행성 관절염이 심합니다. 뼈 사이에 공간이 하나도 없고 연골도 전부 마모되었을 겁니다. 수술받으셔야 걸으실 수 있습니다. 무릎은 소모품이에요. 다 쓰면 인공관절로 교체하셔야 합니다."

"관절에는 섬유 관절, 연골 관절, 윤활 관절이 있다. 여기에는 다양한 이유로 염증이 생긴다"

성인의 뼈는 모두 206개다. 이 뼈들은 대부분 다른 뼈와 연결되어 있다. 뼈와 뼈가 연결되는 곳이 관절이다. 관절은 크게 세 가지 형태로 연결된다.

첫째는 섬유 관절이다. 뼈와 뼈가 섬유조직이나 인대로 직접 붙어 있는 경우다. 이 관절은 거의 움직여서는 안 되는 관절이다. 가령 두개골은 스물두 개의 뼈로 되어 있다. 두개골은 성장을 위해 나뉘어 있다가 성인이 되면서 섬유 관절로 닫힌다(한편 개나 고양이는 성장하면서 인간만큼 머리가 커지는 게 아니라, 두개골이 처음부터 한 조각이다). 두개골 조각은 섬유 관절이므로 움직일 수 없다. 마찬가지로 치아도 섬유 관절이다. 치아는 잇몸에 잘 심겨 있어 움직이지 않고, 빠지면 다시 심기 어렵다(치아는 빠진 지 30분 이내라면 뿌리의 섬유조직이 살아 있어 그대로 심을 수 있다. 생착될 가능성이 있는 것이다). 사람 뼈의 절반은 손과 발에 들어 있는데, 손에는 54개, 발에는 52개가 있다. 아무리 세밀하게 움직이는 부위라 해도, 그 수가 지나치게 많다. 특히 손바닥과 발바닥에는 10개의 뼈가 뭉쳐 있는데, 이들은 인대로 칭칭 감겨 있는 한덩어리다. 이 뼈들은 기능적으로 10개나 될 필요가 없다. 그저 인류의 조상인 파충류 등에서 뼈 개수를 물려받았지만 별다른 쓸모가 없어 뭉쳐두었을 뿐이다.

두 번째는 연골 결합이다. 두 뼈가 연골로 붙어 있으면 충격을 흡수할 수 있고 제한적으로 움직일 수도 있다. 대표적인 것이 갈비뼈다. 가슴 앞의 빗장뼈와 갈비뼈는 연골로 연결되어 있어 숨을 쉴 때 유연하게 움직이고 눌렸을 때 충격을 흡수한다. 심폐소생술도 탄력 있는 연골 결합 덕분에 별 탈 없이 가능하다. 하지만 심폐소생술을 할 때 잘못된 위치를 누르면 연골 결합을 제대로 활용하지 못하게 되어 갈비뼈가 부러진다. 한편 척추 관절 사이에도 연골이 차곡차곡 들어 있다. 카프레제 같은 모양으로 뼈와 연골이 번갈아서 들어 있는 구조다. 덕분에 척추는 유연하게 움직이면서 중력을 견딜 수 있다. 척추에는 중력이 가해지기 때문에 키는 자고 일어난 아침에는 늘어나 있고 활동을 마친 저녁때면 연골이 눌려 줄어든다. 양쪽 골반도 연골 결합이다. 골반은 눌리기도 하지만 출산 때는 크게 벌어져야 한다. 그래서 골반 또한 매우 유연한 관절이다. 연골 결합 가운데는 성장판도 있다. 아이들의 뼈 말단은 모두 연골 결합으로 되어 있다. 이 연골이 경골로 바뀌면서 팔다리가 길어지고 키가 자란다. 성인이 되어서 연골 결합이 사라지면 성장판이 닫혔다고 한다. 연골 결합인 성장판은 말 그대로 성장하는 중이므로 손상에서 잘 회복된다.

세 번째는 윤활 결합이다. 윤활 결합은 자유롭게 움직일 수 있는 결합이다. 뼈와 뼈가 직접 만나서 움직이면 뼈가 갈리고 금방 닳아 없어질 것이다. 연골과 연골이 직접 맞붙어 움직여도 영구적으

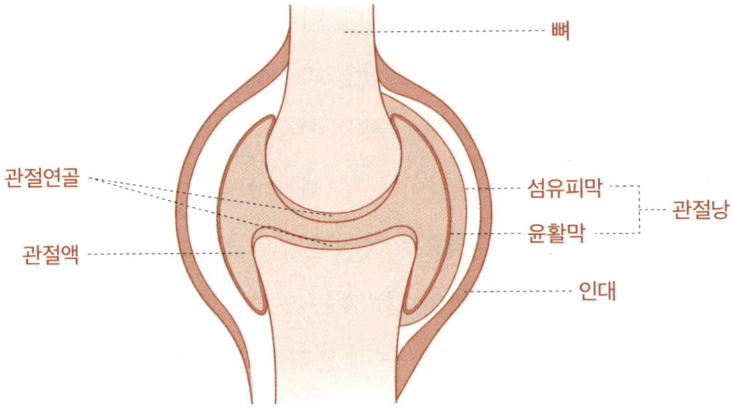

윤활 관절

로 사용하긴 어렵다. 이 모든 단점을 극복하기 위한 것이 윤활 결합이다. 윤활 관절은 연골 사이에 윤활액이 들어 있는 관절로, 움직일 수 있는 관절은 대부분 윤활 결합이다. 점성 있는 관절액에 미끄러져 최소한의 마찰로 움직이는 것이다. 무릎같이 하중을 많이 받는 관절은 사이에 반월상연골(반월판)이 따로 있어 충격을 흡수하고 압력을 견딘다. 윤활 관절은 압도적으로 효율적이다. 움직이는 관절에는 높은 기계적 성능이 요구된다. 사용하는 동안 마찰을 줄여 에너지 소비를 줄여야 하고, 평생 수십억 회를 움직여도 고장나지 않아야 하며, 문제가 생겨도 자동으로 보수되어야 한다. 기계장치에는 기대할 수 없는 수준이다. 금속은 아무리 윤활액을 잘 발라도 마찰이 발생하면서 열이 나고 마모되며 시간이 지날수록 효율이 떨어져서 오래 사용할 수 없다. 하지만 인간의 윤활 관절은 적어도 수십 년을 문제없이 사용할 수 있다.

“추운 날 바깥에 나가서 걸어보면
관절이 삐걱대는 걸 느낄 수 있다.
관절액이 차가워져 점성이 증가하는 것이다”

자유롭게 움직이는 모든 관절에는 관절액이 차 있다. 이 액체는 대부분이 수분이며 끝없이 보충되고 교체된다. 몸은 관절액을 따로 생성하지 않고 혈액을 걸러내고 특정 성분을 남겨 관절에 넣는다. 히알루론산이 대표적인 성분으로 관절액이 점성을 띠게 한다. 점성을 지닌 액체는 연골 사이에 착 달라붙어 윤활 작용을 하고, 열에너지를 흡수하면서 충격을 완화한다. 또 관절액의 성분이 연골로 스며들면서 영양을 공급한다(연골은 혈액이 직접 통하지 않기 때문에 손상되었을 시 재생이 느리다).

모든 가동 관절은 액체가 들어 있기 때문에 온도의 영향을 받는다. 추운 날 바깥에 나가서 걸어보면 관절이 삐걱대는 걸 느낄 수 있다. 관절액이 차가워져 점성이 증가하는 것이다. 추위에는 손마디도 뻣뻣해져서 손을 비벼서 관절을 덥혀주어야 한다. 관절은 움직임이 빨라지면 마찰이 줄어들고 움직임이 느려지면 마찰이 늘어난다. 한편 점성이 있는 액체를 마구 휘저으면 침전물이 생긴다. 관절을 많이 쓰면 관절액에도 침전물(유리체)이 생긴다. 이들은 염증반응을 일으킬 수 있고 퇴행성 질환을 유발하기도 한다. 관절액의 순환이 느려지면 침전물이 더 자주 생기는데, 이는 노화 현상과 비슷하다(비슷한 원리로 눈도 많이 쓰면 유리체가 생긴다. 하늘을 보면 시야에 지렁이 모양의 물체가 보이는 듯한 증상이 나타날 때가 있는데, 이것이 일명 비문증muscae volitantes이다).

관절에는 이런저런 이유로 염증이 생긴다. 관절을 구성하는 연골과 주변 근육, 인대, 힘줄 등의 염증이 의심될 땐 관절액을 뽑아 백혈구 수치로 관절염을 진단할 수 있다. 또 관절이 손상을 입거나 감염되면 관절 내에 출혈이 생길 수 있다. 이때 관절액을 뽑으면 빨간 핏물이 나온다. 혈전으로 관절액 순환이 막히지 않도록 하기 위해 관절액을 만들 때 혈액 응고 성분은 걸러버리기 때문이다. 그럼에도 관절을 오래 사용하면 관절액이 마르면서 연골이 닳고 염증이 생기고 마모되거나 파열된다. 이것이 노년기의 퇴행성 관절염이다. 관절의 자연 수명은 70~80년이다. 지금까지 개발된 인공관절의 수명이 10년 내외라는 사실은 자연관절의 우수성을 증명한다. 그만큼 관절은 효율이 뛰어나지만, 그런 관절이라도 연장된 인간의 수명만큼 오래 버티기는 쉽지 않다. 그러니 평생 아껴 써야만 한다.

"그래도 사람한테는 유산소운동이 필요해요"

손톱이 빠진 환자가 왔다. 야구를 하다가 스파이크슈즈에 밟혔다고 했다. 붕대를 풀자 손톱 밑의 살이 그대로 드러나 있었다. 손톱은 거의 덜렁거리는 수준으로 붙어만 있었다. 이날 본 환자 중에 가장 아파 보였다. "아휴……." 왠인지 손톱과 관련된 손상은 공감성 통증을 일으켰다. 내가 소독약을 들고 서자 환자는 엄중한 처분을 기다리는 듯이 인상을 찌푸렸다. 나는 일단 덜렁거리는 손톱을 뽑았다. "으악!" 그리고 그 위에 소독약을 발랐다. "아악!" "손톱은 자라날 때까지 기다리는 수밖에 없습니다. 아래 살만 다치지 않으면 예전 모습 그대로 회복됩니다. 애초에 다시 자라나기 위한 구조라서요." "으으…… 네, 알겠습니다."

환자가 돌아가고 잠시 숨 돌릴 시간이 주어졌다.

"아무리 추워도 스포츠 업계와 재활 업계는 활황이군요."

"격하게 움직이면 다치고 깨지는 게 팔다리니까요."

"그래도 운동하면 좋잖아요. 저처럼 실내에서 무게만 치면 안전할 텐데."

"어휴, 헬스 하다가도 얼마나 많이 다치는데요. 격한 스포츠보단 덜하지만요. 그래도 사람한테는 유산소운동이 필요해요. 유산소를 해야 사람이 활기가 돌고 뇌에서도 일을 하죠. 그래서 다들 달리기 한다고 난리잖아요."

"그러니까요. 무산소운동으로는 한계가 있지요."

"저는 달리기하다가 요즘 수영으로 바꿨어요. 물에 떠 있으니까 관절에 무리도 안 가고 좋더라고요."

"저기 외과 선생님은 보스턴까지 가서 마라톤 뛰고 오셨던데요."

"그것도 타고난 사람이 하는 거예요. 저는 조금만 뛰어도 숨이 차서, 느리게 달리는 게 한계예요. 그런데 선생님, 식단도 하세요?"

"요즘 단백질 많이 먹으라고 해서, 닭가슴살이랑 달걀 많이 먹어요. 소고기는 비싸니까."

"저도 많이 먹으려고 해요. 순대국밥에도 단백질이 많이 들어 있으니까?"

"선생님, 아시는 분이 왜 그래요."

“근육을 움직이는 것은 질소화합물인 ATP(삼인산아데노신)다”

관절의 운동 범위와 운동 방향은 환경에 적응하면서 진화했다. 동물은 뼈와 인대와 힘줄과 연골, 관절 등으로 몸을 움직여 생존의 방법을 찾아왔다. 인간은 그 형태를 발전시켜 영장류 중 유일하게 직립에 성공했고, 엄지손가락의 방향을 적절히 배치한 뒤 손을 쓰고 불을 다루면서 문명을 일굴 수 있었다.

뼈와 인대와 힘줄과 연골은 주성분이 하나다. 바로 콜라겐이다. 콜라겐은 단백질 기반의 결합조직이므로, 지금까지 설명한 모든 조직은 단백질이라고도 할 수 있다.

콜라겐은 이 외에도 피부와 치아와 태반과 심장판막과 눈알을 구성한다. 세포의 형태도 콜라겐으로 유지된다. 이쯤 되면 인체 자체가 콜라겐의 결합물이라 할 수 있다. 콜라겐은 강도가 대단해서 치아로 평생 모든 음식물을 씹을 수 있을 정도다. 콜라겐은 결합에 따라 성질이 변하기에 무궁무진하게 활용될 수 있다. 콜라겐이 생체에 활용된 이후 고등생물의 몸은 급격히 진화했다. 콜라겐은 우리에게 식품과 화장품의 성분으로도 익숙하다. 피부가 주로 콜라겐으로 되어 있기 때문이다. 돼지 껍질은 피부 자체이므로 콜라겐이 많다. 하지만 우리 소화기는 콜라겐을 먹으면 녹인 뒤 아미노산으로까지 분해해서 다시 콜라겐으로 조립한다. 그래서 콜라겐을 먹는다고 바로 피부의 콜라겐이 되지는 않는다. 그래도 어쨌든 단백질은 우리 몸을 구성하므로 고단백 식사는 대체로 건강에 좋다.

단백질로 합성되는 콜라겐의 친구, 케라틴도 있다. 케라틴은 인체의 머리카락, 털, 손발톱을 만든다. 동물체에서는 부리, 깃털, 조개 껍데기, 알껍질이 된다. 케라틴으로 만드는 손톱은 매우 유용하다. 손끝은 사물을 감지해야 하므로 감각이 예민하다. 또 무엇인가를 집어들어야 하기 때문에 힘을 자주 써야 한다. 이에 손톱은 첫 번째로 손끝을 보호하고, 두 번째로 악력을 보조하는 역할을 한다. 이렇게 험한 일을 맡은 손톱은 자주 손상되고 끝없이 자라나게 되었다. 손톱은 적당히 다치면 수리되지만 큰 손상을 입으면 탈락되고 한 달이면 새로 자라난다. 손톱이 회복되지 않았다면 손의 기능에 큰 문제가 생겼을 것이다. 발톱 또한 발끝의 힘을 보조한다. 발톱은 맨발로 생활하면 쉽게 손상되긴 하지만 발끝으로 힘을 줄 일이 많이 없기도 하다. 그래서 발톱은 다 자라는 데 여섯 달 정도가 걸린다. 단백질을 너무 많이 소모하지 않게 회복 기간도 적당한 값으로 설정되어 있는 것이다.

우리가 섭취하는 '고기'는 대부분 근육이다. 인간은 다른 동물의 근육을 식량으로 얻기 위해 목축을 해서 가축을 기르고 물에서 생선을 잡는다. 근골격계를 열심히 공부하다 보면 식탁에 오른 근육의 종류, 힘줄, 인대, 장기 등의 이름과 위치가 전부 눈에 들어온다 (마블링은 근육이 저장한 지방조직이다).

근육은 단백질 그 자체로, 단단하고 밀도가 높다. 근육을 움직이는 것은 역시 질소화합물인 삼인산아데노신ATP이다. 몸에 있는 ATP를 전부 합치면 100g 정도 된다. ATP는 인산기로 재활용이 가능하다. 에너지를 방출한 ADP를 가져다가 다시 인산기를 붙이는 것이다. 이 과정을 한 ATP당 하루 500번쯤 반복한다. ATP를 재활용하지 않으면 50kg 정도의 ATP를 매일 새롭게 만들어야 할 것이다. ATP에서 나오는 에너지의 60%는 열로 체온을 유지하는 데 쓰이고 나머지는 운동 등에 사용된다. 그러니까 우리가 식사로 얻은 열량은 대부분 미토콘드리아가 아데닌에 인산기를 붙이는 데 사용된다. 그 과정엔 산소가 필요하다(그래서 이를 세포호흡이라 부르기도 한다). 우리는 두 가지를 끝없이 미토콘드리아에 공급하고 ATP를 얻어야 한다. 그건 바로 음식과 산소다. 이 조건이 충족되지 않아 ATP의 기능이 멈춘 상태를 곧 죽음이라고 정의한다.

그런데 미토콘드리아는 인간과 별개의 DNA를 가진다. 독립된 생명체였던 미토콘드리아는 진화의 어느 시점부터 ATP를 만드는 역할로 동물과 공생하기 시작했다. 아마도 동물에게 섭취된 후 몸속에서 살아남아 공생했을 것이다. ATP를 스스로 만들 수 있는 식물과 달리, 대부분의 동물은 미토콘드리아 없인 세포 한 개조차 성립되지 않으므로 다른 생명체를 섭취한 뒤 미토콘드리아를 만들고 에너지를 공급해야 한다. 이렇게 모든 생명체가 ATP를 사

삼인산아데노신adenosine triphosphate, ATP

ATP는 에너지 생산의 최소 단위로, 아데닌에 인산기 세 개가 붙어 있다는 뜻이다. ATP는 이인산아데노신adenosin-di-phosphate, ADP으로 분해되면서 에너지를 발생한다. ADP는 아데닌에 인산기 두 개가 붙어 있다는 뜻이다. ATP에서 인산기 한 개가 탈락할 때 에너지가 발생한다. ATP는 모든 생명체에 적용되는 생명의 기본 단위다. 세균, 바이러스, 식물, 동물 등 모든 생명체가 ATP에서 인산기를 탈락시켜 에너지를 만든다. ATP는 유전정보가 들어 있는 DNA, RNA를 만드는 전구물질이기도 하다. 식물도 당연히 ATP를 사용한다. 식물의 엽록체는 빛과 이산화탄소를 이용해서 직접 ATP를 만들고 산소를 내놓는다. 덕분에 지구는 산소로 가득차게 되었다. 반면 동물은 직접 ATP를 만들 수 없다. 대신 세포 안의 미토콘드리아가 ATP를 만들거나 ADP에 인산기를 붙여서 ATP로 재활용한다. 그 과정에서 미토콘드리아는 산소를 사용하고 이산화탄소를 내놓는다. 엽록체와 미토콘드리아는 이산화탄소와 산소를 소비하거나 배출하면서 서로 균형을 이룬다.

용하기 때문에 질소와 인은 생명체의 필수 분자가 되었다(비료의 주성분도 질소와 인이다).

근육은 자체적으로 ATP를 보유하고 있다. 크레아틴인산이 근육에서 인산기를 가지고 있다가 ADP를 ATP로 만든다. 하지만 이는 몇 초 만에 동난다. 그 뒤로는 근육에 저장된 글리코겐이 포도당으로 분해되어 연료로 사용된다. 포도당이 젖산으로 분해되면서 ATP가 생성된다. 이 과정은 결과적으로 당을 산으로 만드는 과정이므로 발효다. 해당解糖(당분해) 과정을 통하면 ATP를 빠르게 만들 수 있지만 효율이 떨어지고, 젖산이 축적되면 pH가 낮아져 근육이 욱신거리고 아프다. 해당 과정은 산소를 필요로 하지 않으니까 무산소운동이다.

운동이 1분을 넘어가면 근육은 산화(산화적 인산화)작용을 활성화해서 포도당, 아미노산, 지방산으로 ADP에 인산기를 붙여 ATP를 만든다. 이때 산소를 소모하므로 여기서부터는 유산소운동이 된다. 산소가 물질과 결합하면서 열과 에너지를 내는 것이 연소다. 그래서 우리는 당과 지방을 '태운다'고 한다.

이 1분이 무산소운동(근력 운동)과 유산소운동의 경계다. 실제로 100m 달리기 선수는 10초 동안 한 번도 호흡하지 않고 완주할 수 있다. 크레아틴인산과 해당 과정을 활용하면 산소가 필요하지 않기 때문이다. 하지만 결국 숨은 찬다. 호흡해서 산소를 얻어 젖산을 분해하고 글리코겐을 채워 넣어야 한다. 반면 장거리 달리기를 할 때는 산화작용을 통해 꾸준히 효율적으로 많은 ATP를 생성해서 오래 운동하게 되며, 그러기 위해 충분한 호흡이 필요하다. 유산소운동 초반에는 혈액 내 포도당과 지방산을 동등하게 사용해서 ATP

를 만들지만, 30분 정도가 넘어가면 몸은 포도당을 아끼고 지방산을 우선 사용한다. 포도당이 더 귀중한 에너지이기 때문이다. 따라서 몸에 축적된 지방을 태우려면 30분 이상은 달려야 한다.

ATP는 물리적으로 액틴과 미오신을 붙잡아서 근육을 수축시키며 힘을 만든다. 모든 동물의 근조직 작동 원리는 비슷하다. 생선이나 개구리나 곰이나 근육의 구조는 모두 비슷하다. 다만 근육의 색은 조금 다른데, 근육에 미오글로빈이 많이 사용될수록 붉다. 미오글로빈은 산소를 용해시키는 용매 단백질로 유산소운동에 특별히 더 필요하다. 그런데 광어는 왜 흰살일까? 광어는 바닥에 엎드려서 필요할 때만 힘을 내므로 유산소운동을 할 필요가 없기 때문이다. 새우, 게, 개구리 등도 순간적인 힘이 중요하므로 살이 하얗다. 반면 참치처럼 부레가 발달하지

단백질과 대사물인 질소

모든 생명체는 단백질이 필요하다. 그중 식물은 질소로 단백질을 합성한다. 다만 대기의 70%가 질소임에도 불구하고 공기 중에서 질소를 그대로 흡수할 수 없고, 땅에 고정되어야만 흡수할 수 있다. 최초의 식물도 벼락(전류)이나 미생물의 활동으로 질소가 땅에 고정되어 탄생할 수 있었다. 그 후로 식물은 땅에서 질소를 흡수해 몸체를 키우거나 화학작용에 이용했다. 반면 동물은 식물을 먹어서 그들이 합성한 단백질을 섭취한다(물론 다른 동물을 섭취하기도 한다). 그래서 식물은 거름이 없으면 죽고, 동물은 식사를 하지 않으면 죽는다. 동물은 단백질을 섭취한 뒤 노폐물을 배설하면서 질소를 땅으로 돌려보내 자연스럽게 순환시킨다(동식물의 사체도 마찬가지로 질소 순환의 중요한 고리다). 그래서 동물의 대소변은 전통적으로 비료로 사용되었다. 특히 일본에서는 섬나라 특성상 대변이 중요한 자원이었기에, 이를 독점하기 위한 다툼이 잦았다. 그런데 독일 과학자 프리츠 하버가 1909년 폭탄(다이너마이트는 니트로글리세린으로, 질소 분자를 포함한다)을 실험하다 인공적으로 공기 중 질소를 비료로 합성하는 데 성공했다. 이 질소를 섭취한 식물은 엄청나게 잘 자랐다. 그렇게 농업이 눈부시게 발전했고, 농업 생산량이 증대되어 인구가 폭발적으로 증가했다. 대변에 들어 있던 기생충에게는 불행한 일이었지만 말이다.

않아 끝없이 움직여야만 호흡이 가능한 어류는 살이 붉다. 오징어나 문어 같은 연체동물은 살이 하얄뿐더러 산소 전달을 위해 철 대신 구리를 사용하므로 혈액도 푸른색이다. 닭은 부위에 따라 근육 색이 다르다. 가슴 근육은 순간적으로 힘을 내야 하므로 하얗지만, 다리는 계속 서 있거나 움직여야 하기 때문에 붉은 편이다. 돼지나 소, 말 등은 운동량이 많기 때문에 근육이 붉다. 특히 인간의 근육은 유산소운동에 특화된 편이기에 매우 붉다.

골격근도 이렇게 크게 두 가지로 나눌 수 있다. 지속적으로 힘을 내는 지근과 순간적으로 힘을 내는 속근이 그것이다. 둘은 반응 속도도 다르다. 수축 신호에 반응하기까지 지근은 100ms가 걸리나 속근은 25~50ms 정도에 반응한다. 붉은 근육과 흰 근육의 차이다. 지근은 산화 시스템에, 속근은 크레아틴인산과 해당 작용에 특화되어 있다. 지근은 반응은 느리지만 오래도록 힘을 낸다. 골반 근육이나 팔다리 근육이 대표적인 지근이다. 속근은 순간적으로 힘을 내지만 쉽게 지친다. 눈을 뜨거나 눈알을 굴리는 근육이 속근이다. 인체는 둘을 조합해 사용하지만, 그 비율은 사람마다 선천적으로 다르다. 단거리 주자는 선천적으로 속근이 많고, 장거리 주자는 선천적으로 지근이 많다. 훈련해도 근육의 종류를 바꿀 수는 없다. 그런 까닭에 육상경기엔 단거리 선수와 장거리 선수가 따로 있다. 마라톤 선수는 100m를 단거리 선수처럼 뛰지 못하고, 단거리 선수도 마라톤 선수처럼 42.195km를 뛰지 못한다. 같은 이유로 육상을 제패한 선수라도 수영으로 오면 힘을 쓰지 못한다. 타고난 근육의 종류가 바뀌지 않고 단련되는 근육도 다르기 때문이다.

“구급대가 막아놓은 거즈를 열자 혈액이 폭발하듯 튀었다. 무조건 개방성 골절이었다”

갑작스레 응급실 전화기가 울렸다. 5층 높이의 공사장에서 인부가 추락했다고 했다. 안전모를 쓰긴 했지만 사지 손상이 심했다. 오른쪽 다리가 터져 뼈가 드러났고 왼쪽 다리는 심하게 부었으며 손목은 굽어졌고 골반 쪽에도 통증이 있다고 했다. 구급대원의 한마디 한마디가 이어질수록 응급실 분위기는 어두워져갔다. 나머지는 일단 와서 판단하기로 하고 최대한 빨리 이송을 부탁한다고 했다. 우리는 중환 구역으로 달려가 환자를 맞을 준비를 했다. 중증 외상 환자에게는 일반 환자보다 더 많은 도구가 필요했다. 일단 척추를 보호하기 위해 딱딱한 판을 깔았다. 기관내삽관 세트와 수혈용 굵은 관, 팔다리를 고정하는 스플린트와 상처를 씻을 수 있는 수십 L의 식염수, 다량의 소독약과 골반을 고정할 수 있는 펠빅 거들을 모두 준비했다. 수액을 급속도로 주사할 수 있는 기계와 수액을 데울 수 있는 가온기까지 준비되었다. 기기들이 일사분란하게 준비되는 순간, 환자가 도착했다.

중년의 남성 환자는 카트에 실린 상태에서 이미 전신이 피로 젖어 있었다. 다행히 이름을 부르자 대답했고, 스스로 숨을 쉬고 있었다. “어디가 아파요?” 그의 표정에서 통증이 고스란히 느껴졌다. 간신히 답하는 데 시간이 걸렸다. “다리가 너무 아파서…… 감각이 사라져버린 것 같아요……. 다리가…….” 그의 얼굴은 고통에 일그러지다못해 절망을 표하고 있었다. 구급대원은 안전모가 완전히 박살 나 있었다고 했다. 다행히 머리에는 특별한 손상이 보이지 않았다.

"환자의 옷을 전부 제거합니다. ABO 매칭 나가고 최대한 빨리 수혈 준비할게요. 일단 라인 두 개 달고 시작합니다. 가온 수액도 2L까지는 무조건 투여합니다."

환자의 몸통과 팔다리를 보았다. 오른쪽 정강이가 터져서 하얀 뼛조각이 튀어나와 있었다. 구급대가 막아놓은 거즈를 열자 혈액이 폭발하듯 튀었다. 무조건 개방성 골절open fracture, 뼈가 부러진 부위가 개방된 상처를 통해 외부 환경에 노출된 골절이었다. 반대쪽 왼다리는 많이 휘진 않았으나 지나치게 부어 있어 기이하게 보였다. 대부분의 외력이 다리에 가해진 듯했다. 팔은 오른쪽 손목이 꺾인 것 외에는 괜찮아 보였다. 갈비뼈를 손으로 감싸서 눌러보았지만 뼈가 어긋나는 느낌은 없었다. 복부는 둔상의 흔적 없이 깔끔했지만, 골반의 움직임이 조금 어색했다. 확실히 하체로 대부분의 외력을 받은 부상이었다.

과다 출혈을 막는 게 최우선이었다. 지혈과 수혈을 동시에 진행해야 했다. "포터블(이동형) X-ray 불러주세요. 마약성 진통제 씁니다. 환자 의식 관찰 위해서 삽관 약간만 딜레이(지연)합니다. 산소 최대한으로 틀어서 마스크 씌워주세요. 일단 빠르게 세척부터 할게요." 터진 오른쪽 다리는 뼈가 부러지고 어긋나서 짧아져 있었다. 근육결은 뒤엉켜 있고 지방과 힘줄, 터진 근막과 하얀 신경이 모조리 드러난 상태로 공사장 모래까지 뒤섞여 엉망이었다. 일단 최대한 닦고 맞춘 뒤 고정해야 했다. 들통을 가져다두고 식염수를 부으면서 드러난 근육과 뼈를 닦아냈다. 혈압이 떨어지고 있어 충분히 세척할 여유까진 없었다. "이제 맞춥니다. 오른쪽 허벅지 붙잡아주세요." 나는 터진 오른쪽 다리를 잡아서 내 몸 쪽으로 끌어당겼다. 부러진 뼈가 몸에 붙어 있는 뼈를 타고 넘어가는 듯한 감각이 느껴졌다. 오른쪽 다리가 다시 길어졌다. "스플린트 대고 고정합니다." 상처에 두꺼운 거즈를 덮고 허벅지까지 스플린트를 밀어넣은 뒤 탄력 붕대를 마구 감았다.

X-ray를 보니 갈비뼈 골절은 한 군데밖에 없었다. 그리고 골반에 약간의 골절이 있었다. 온전한 어깨에 수혈용 관을 꽂았다. "환자분 괜찮나요?" "다리가 너무 아파요. 불타듯이 아프고 이상해요. 저 아내 좀 불러주세요." "보호자는 연락을 받고 오고 있어요. 견디고 살아나야 해요." 혈량 유지를 위해 혈액실에 적혈구와 지혈용 혈소판을 모두 신청했다. 혈액이 오는 동안 오른쪽 손목을 당겨서 맞추고 이번에도 스플린트를 댄 후 붕대를 칭칭 감았다. "으으……." 환자는 뼈를 맞출 때만 잠깐씩 신음을 뱉었다. 예상보다 더 빠르게 혈액이 도착했다. 가온기와 급속 주입기를 통해 혈액이 들어가기 시작하자 혈압이 (아직 낮긴 했지만) 미약하게나마 오르기 시작했다. 터진 오른쪽 다리를 맞춘 것이 효과를 발휘하는 듯했다. 복부와 흉부 안쪽에서 출혈만 발견되지 않으면 살 수 있을 것 같았다.

전신 CT를 찍어야 했지만 일단 혈압이 잡힌 다음 촬영을 보내야 했다. 환자는 오만상을 짓고 있었다. "선생님, 아내가 도착했나요? 인사해야 해요. 죽을 수도 있잖아요." "지금은 안 돼요. 처치를 해야 합니다." 환자의 눈가에 눈물이 맺혔다. 나는 잠시 짬을 내서 컴퓨터로 돌아가 오더 창을 열고 지혈제와 항생제 등의 처방을 넣은 다음 X-ray를 다시 찬찬히 분석했다. "저, 선생님, 환자 의식이 조금 떨어지는 것 같은데요." 간호사의 말에 돌아보니 환자의 얼굴이 창백했다. 그의 이름을 거듭 불렀다. 그러나 환자는 멍하니 천장만 바라볼 뿐이었다. 무엇이 문제인지 다시 확인해야 했다. 왼쪽 정강이가 붕대를 칭칭 감아둔 오른쪽 다리보다 더 심하게 부풀어오르고 있었다. 발 아래쪽은 완전히 창백해져서 도화지 같았다. 발목 위에서도 맥이 잡히지 않았다. 이대로는 CT실로 보낼 수 없었다. 심정지가 발생할 것 같았다.

“ 척추는 연골로 충격을 완화하게 되었으나 중력이 실려 뼈가 짓눌리는 건 어쩔 수 없었다 ”

같은 근육 체계를 사용해도 동물마다 낼 수 있는 힘은 다르다. 이는 모두 디자인의 차이이다. 가령 조류는 뼈를 비우고 날개 근육을 많이 확보한 덕분에 날 수 있다. 곰은 체중도 많이 나갈뿐더러 몸 전체가 근육질이라서 엄청난 파워 펀치가 가능하다. 호랑이나 사자는 네발로 빠르게 달리면서 날카로운 이빨로 적을 공격한다. 이렇게 많은 뼈와 근육을 유지해야 하는 커다란 포유류에겐 고열량의 식사가 필요하다. 개구리는 가장 강력한 근육을 뒷다리에 배치해서 한 번에 높이 점프할 수 있다. 바닷가재나 새우, 게 등은 아예 뼈를 바깥에 놓고 안쪽에 근육을 배치해서 움직인다. 이렇게 모든 생명체의 근골격은 저마다의 생존 방식대로 디자인되어 있다.

인간은 날지 못하고 근력이 약하며 날카로운 무기도 없고 독을 뿜지도 않는다. 그래서 혼자 다니다 사자나 호랑이나 곰을 만나면 무조건 먹잇감이 된다. 하지만 인간은 무리 지어 다니고, 무엇보다 털이 적고 땀이 많이 나기 때문에 열에너지를 효율적으로 식힐 수 있어 꾸준한 운동에 능하다. 사자나 호랑이는 한 번 전력 질주를 하면 에너지를 많이 소모하고 몸에 열이 올라 오랫동안 쉬어야 한다. 반면 인간은 아킬레스건의 탄력으로 달리기에 드는 에너지를 줄인다. 인간은 이렇게 아낀 에너지로 지능을 발달시킬 수 있었다. 또 무리를 지어 장거리 달리기로 사냥을 하게 되었다. 이때 목덜미에 있는 인대는 먼 거리를 뛰는 동안 흔들리지 않게 머리를 잡아주는 역할을 했다. 무리 생활을 하는 사회적 동물이었던 인간에게 또하나 발달한 것이 얼굴 근육이었다. 인간은 다양한 표정을 지어 생각과 감정을 전달했고, 혀를 자유자재로 사용해 음성언어로 소통했다.

특히 직립보행은 두 손을 자유롭게 했고, 세밀한 손을 사용해 도구를 개발할 수 있게 했다. 600만 년 전 인간은 손을 써서 나무 위에 올라 적을 피했고 열매를 채집했다. 사실 이는 사족보행으로도 가능한 일이었다. 하지만 눈높이를 높이고자 했던 인간은 영구히 선 채로 살아가기로 했고, 몸도 거기에 맞춰 변하기 시작했다. 인간은 현재 유일하게 직립보행만 하는 포유류다. 하지만 사족보행에서 직립보행으로 변화했기 때문에 몸에 그 흔적이 남아 있다. 다른 포유류, 가령 개나 고양이는 네발로 걸으며 모든 발을 골고루 사용하는가 하면, 척추는 아치형으로 둥글게 말려 충격을 흡수한다. 인간도 아기일 때는 고양이처럼 척추가 아치형이며 손과 발로 똑같이 물건을 집을 수 있다. 그러다 자라면서 척추가 펴지고 손은 물건을 잡을 수 있게, 발은 바닥을 디딜 수 있게 변한다. 손바닥과 발바닥에는 열 개의 뼈가 오밀조밀 남아 있다. 우리 뼈와 근육에 남은 진화의 흔적이다. 꼬리뼈는 우리에게 꼬리가 있었던 흔적이다.

그러나 직립보행으로 척추는 가장 고된 일을 떠맡게 됐다. 연골로 충격을 완화하게 되었으나 중력이 실려 뼈가 짓눌리는 건 어쩔 수 없었다. 이 연골이 추간판, 일명 '디스크'다. 추간판은 대단히 질기지만 자세가 바르지 않거나 하중을 견디지 못하면 터져버린다. 추간판과 척추 신경은 불과 몇 mm 떨어져 있으므로 연골이 터지면 신경을 누를 수 있다. 이것이 추간판탈출증herniation of intervertebral disc이다. 추간판탈출증이 생기면 해당 척수 부위가 아프거나 저리거나 마비된다. 추간판탈출증은 대부분 목과 허리에 발생한다. 흉추는 갈비뼈가 붙어 있어 자세가 유지되므로 추간판이 터지지 않는다. 사족보행을 하는 동물은 척추가 고루 힘을 받기 때문에 추간판탈출증 발생이 매우 드물다.

전체적으로 보면 인간의 몸은 주요 장기를 보호하도록 설계돼 있다. 폐는 갈비뼈와 두꺼운 근육으로 지킨다. 팔꿈치는 팔을 안쪽으로 굽혀 가슴을 보호한다. 심장과 폐와 간까지는 갈비뼈가 지킨다. 배는 물컹해 보이지만 장간막의 두꺼운 지방이 소화기를 보호하고 있다. 팔다리로 향하는 중요한 신경과 혈관은 겨드랑이와 사타구니를 지나 근육질 팔다리의 보호를 받는다. 두뇌를 지키는 두개골은 가장 강력한 뼈다.

“얼굴의 나머지 잔근육은 표정을 만들기 위해서 존재한다. 표정은 감정 전달에 중요한 역할을 한다”

얼굴에 있는 근육도 모두 기능적이다. 턱 근육은 음식을 씹을 때 가장 센 힘을 발휘한다. 입 근육은 입안에 들어간 음식물이 쏟아져 나오지 않도록 입을 강하게 오므린다. 눈 근육은 안구를 지키기 위해 눈꺼풀을 재빨리 감았다 뜨게 할 수 있다. 콧구멍은 숨을 잘 쉬게 하기 위해 넓힐 수 있지만, 제 숨구멍을 막을 이유가 없기 때문에 좁히지는 못한다(모래가 많은 곳에 사는 낙타나 물에 들어가는 하마는 콧구멍을 스스로 막을 수 있다). 인간은 귀를 움직일 필요가 없어서 움직이지 않지만, 개나 고양이는 귀를 움직임으로써 소리를 더 잘 들을 수 있다. 눈썹은 이마에서 흘러내리는 비를 막아 눈을 지키기 위해 설계되었으므로 딱 그만큼만 움직일 수 있다.

얼굴의 나머지 잔근육은 표정을 만들기 위해서 존재한다. 표정은 감정 전달에 중요한 역할을 한다. 그래서 얼굴 근육은 섬세하고 세밀하다. 인간은 가장 다양한 표정을 지을 수 있는 동물이다. 사회적인 교류가 생존에 중요했기 때문이다. 특히 가장 움직임이 변화무쌍한 근육은 혀다. 혀는 순수한 근육덩어리로 좌회전, 우회전, 세우기, 내밀기, 움츠리기, 시계방향·반시계방향 회전이 가능하고, 혀 자체를 압축하거나 넓게 펼 수도 있다. 혀는 애초 식사를 돕기 위해 발달했다. 맛을 느끼고 음식물의 위치를 조정하고 삼킴에 도움을 주도록. 그러다 언어가 생겨나면서 더 복잡한 움직임을 갖게 되었다. 우리는 입술과 혀를 움직이고 성대를 조화롭게 진동해서 다양한 음성언어를 발명해냈다. 혀는 인간의 뇌신경 열두 개 가운데 무려 다섯 개를 사용하면서 식사와 의사소통과 감정 표현과 애정 행위를 담당하는 근육이다. 혀를 포함해 얼굴에 있는 근육은 대부분 골격근이자 수의근이다.

근육과 뼈는 그 자체로 인간 몸의 강인함을 보여준다. 신체가 손상되면 혈관이 터지고 피가 흐르지만, 혈액 내의 세포들이 달려나가서 전력으로 출혈을 막는다. 혈관은 막히고 손상돼도 우회해서

아동기 몸의 회복력

아이의 몸은 유연하고 강하다. 아이의 뼈는 잘 휘고 연골은 물렁해서 충격을 잘 흡수한다. 아이는 생활하는 높이가 성인에 비해 낮기 때문에 바닥과 충돌 시에 속도가 빠르지 않으며 체중이 적어 낙하 에너지도 낮다. 특히 두개골도 유연해서 충격을 잘 흡수한다. 아이가 추락하더라도 일상적인 공간에서 벌어진 사고라면 대부분 특별한 후유증 없이 회복한다. 회복이 어려울 만큼 심한 외력을 받았다고 할 수 있는 경우는 건물에서 추락했거나 아동학대를 당했을 때다.

다시 자라난다. 살갗이 찢어져 맨살이 드러나도 그 위로 피부가 자라난다. 근육은 애초에 찢어지고 다시 만들어지는 부위라서 웬만해선 봉합조차 필요 없다. 뼈는 부러지면 그 사이에 골조직을 생성해서 점차 다리를 놓듯이 양쪽을 연결한다. 뼈는 다시 붙어도 흉이 지지 않고 강도는 오히려 더 세진다. 힘줄과 인대도 끊어지면 서로에게 손을 내밀듯이 원상태로 복구되려고 노력한다. 인체는 본래의 상태가 DNA에 입력되어 있다. 그래서 잘려나간 살은 다시 차오르고, 혀를 씹어도 이틀이면 새살이 돋는다. 타박상을 입거나 발목이 돌아가도 며칠 쉬면 나아진다. 심지어 잘려나간 사지도 어느 정도는 자라나려고 한다. 뼈와 근육의 손상은 사실상 의사가 치료한다기보다는 인간의 치유력으로 회복이 이루어진다고 할 수 있다. 인체의 회복력은 경이롭다.

낙상 환자의 왼쪽 다리는 구획증후군compartment syndrome이 확실했다. 정강이가 부러지면서 혈액이 쏟아져 근막 안의 공간을 터질 듯이 채운 것이다. 이렇게 되면 근막 안의 힘줄과 인대와 근육이 혈액에 눌려서 괴사되기 시작하고 혈관까지 막혀서 순환이 멈춘다. 시급히 근막을 열어서 압력을 줄여야 했다. 마취약을 주사해 통증을 줄여주고 싶었지만 부풀 대로 부푼 다리에 더이상의 액체는 한 방울도 들어갈 수 없을 것 같았다. 다행히 환자는 의식이 떨어져 있었다. 나는 그대로 메스를 들어 정강이 옆쪽 근육을 결대로 갈랐다. 혈액이 터져 나왔지만 다리는 여전히 심하게 부어 있었다. 피부와 피하조직을 헤치고 들어갔다. 압력이 너무 높아 오히려 출혈이 심하지 않았다. 터진 살을 헤집자 부푼 근막과 붉은 근육의 결이 보였다. 이번엔 근막을 결대로 길게 갈랐다. 피가 쏟아졌지만 혈압은 유지되었다. 왼쪽 발 아래부터 조금씩 핏기가 돌아오고 있었다. 나는 마지막으로 왼쪽 다리를 누른 다음 커다란 거즈를 덮고 칭칭 감았다. 수혈용 혈액이 혈관으로 맹렬히 들어가 혈압을 유지해주고 있었다.

환자의 의식이 어느 정도 돌아왔다. 혈압도 여전히 유지되는 중이었다. 그를 CT실로 보냈다. CT상 머리엔 손상이 없었다. 안전모가 훌륭히 낙하 에너지를 받아낸 덕이다. 복부는 직접 부딪히지 않았는지 내부 장기가 온전했다. CT실에서 돌아온 환자는 의식이 명료해졌다. 구획증후군으로 인한 압력이 빠졌고 진통제가 들어서인지 이젠 통증도 조금 줄어든 듯 보였다.

그때쯤 환자의 아내가 도착했다. "환자분이 많이 다쳤습니다. 하지만 지금은 위기를 넘기신 것 같습니다." 나는 그를 환자에게 데리고 갔다. "여보……!" "다리가 아파. 그런데 살아 있어." 그는 아내를 보자 엉엉 울면서 유일하게 온전한 왼손을 내밀었다. 둘의 대화를 위해서 자리를 피해주었다. 그사이 검사 결과를 확인하고 필요한 처치를 해야 했다.

피검사 결과를 보니 근육효소 수치가 높았다. 횡문근융해증은 피할 수 없었지만 소변량은 어느 정도 유지되고 있었다. 혈액은 출혈과 수혈 때문인지 응고 수치가 높았지만 감당 가능한 수준이었다. 빈혈도 아직은 위험한 수준이 아니었다. 순환이 어느 정도 유지되고 있었다. 평소에 건강했던 환자라 다행이었다. 이제 다리를 단계적으로 수술하면서 중환자실에서 관리하면 안정적으로 살아날 수 있을 것 같았다. 나는 일단 피로 젖은 수술용 가운을 벗었다. 그리고 다시 한번 붕대와 부목을 감고 있는 사지와 바이탈 사인과 쏟아져 들어가는 혈액을 확인했다. 환자는 여전히 아내와 손을 꼭 잡고 가만히 대화를 나누고 있었다. 그는 모든 손상을 버티고 마침내 치유의 힘으로 살아났다. 울고 있는 그의 얼굴엔 살아난 과정의 절박함과 아내를 향한 사랑이 고스란히 담겨 있었다.

실려 올 때 그는 핏덩이 같았다. 하지만 입을 열어 상태를 표현하고 손을 내밀어 다른 손을 붙잡자 인간으로서의 감정이 절절히 느껴졌다. 치유하고 회복되는 인간으로서 그의 의지가 내게까지 여실히 전달되었다. 그는 다시 움직일 수 있을 것이다. 손상된 근육도 마침내 서로 엉겨붙어 다시 땅을 디디고 설 것이다. 몇 달 뒤면 자유롭게 대화하고 일터에도 나가며 사랑하는 아내와 같이 살아갈 수 있을 것이다. 피와 살, 뼈가 충격과 손상을 견뎌내고 근육이 움직인다는 것은 우리 몸이 회복하며 순환한다는 증명이니까. 그가 세상을 살아내고 있다는 증명이기도 하니까.

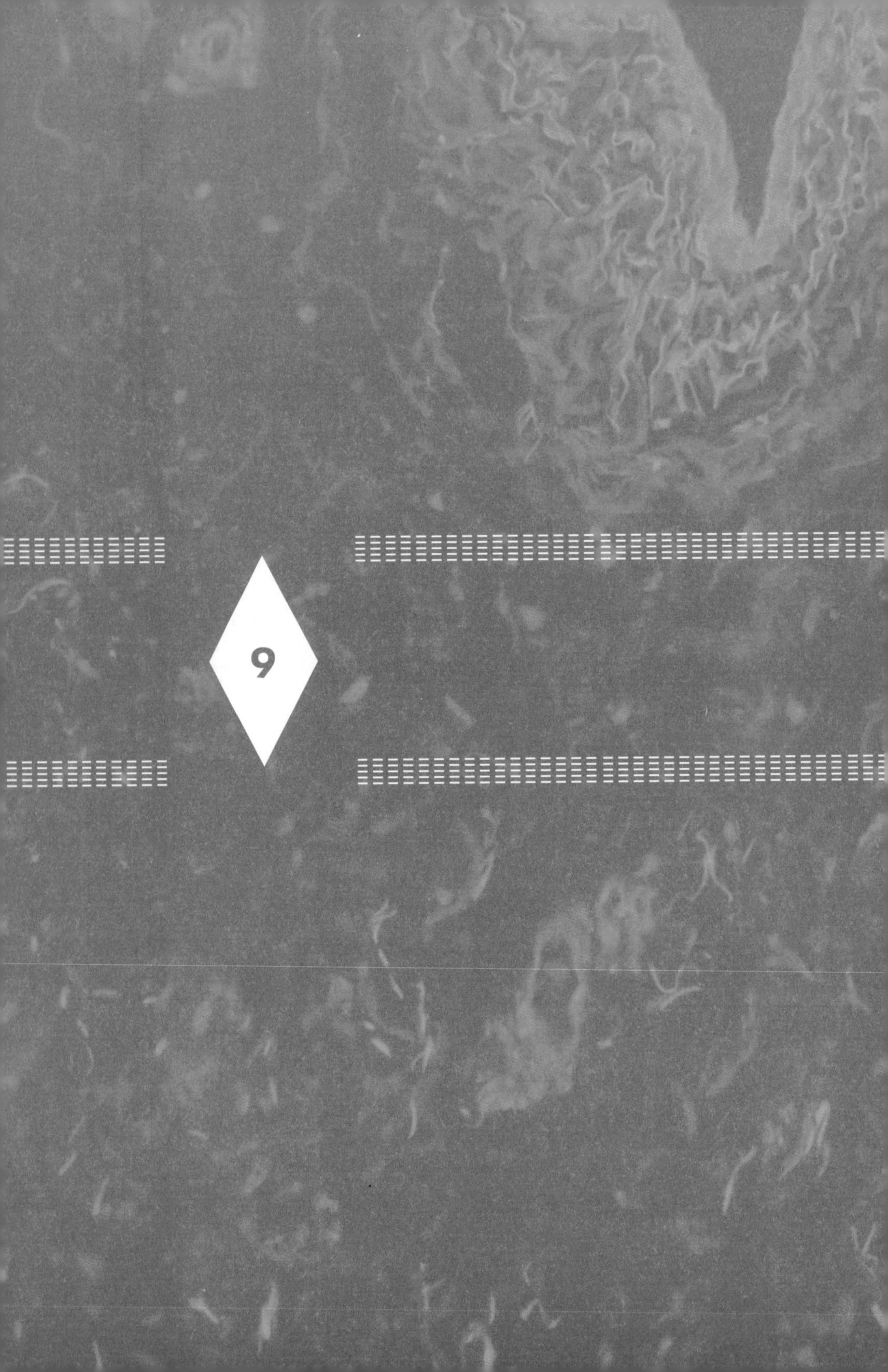

9

인간 종을
유지시키는 비밀

생식
GENITAL SYSTEM

Fig. I

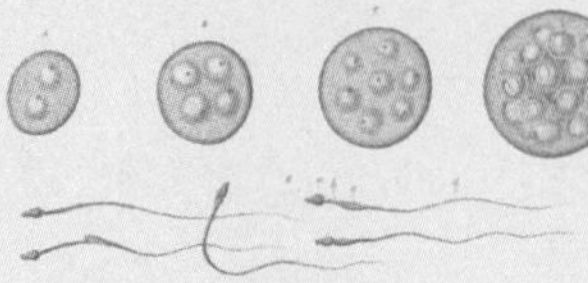

Fig. VI

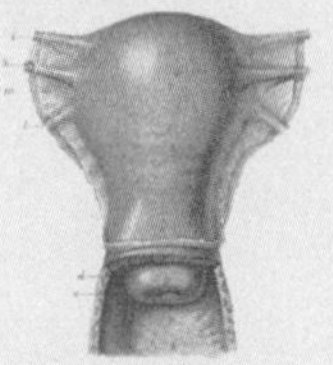

Fig. II

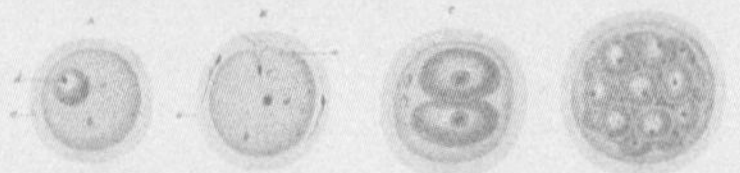

Fig. III

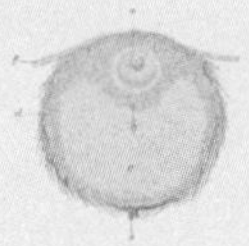

Fig. IV

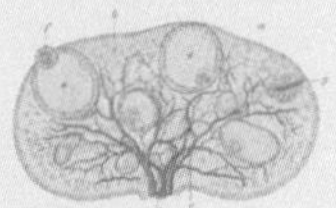

Fig. VII

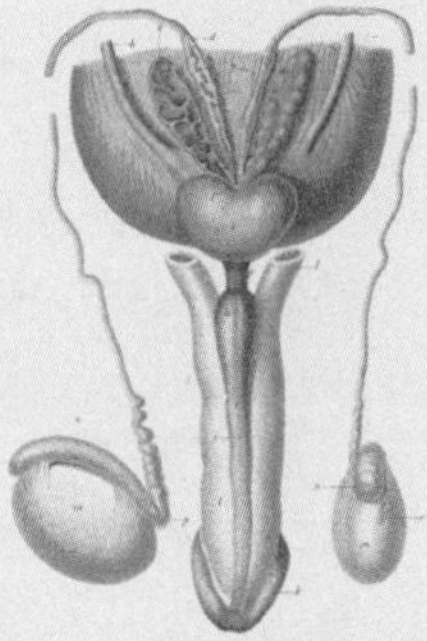

Fig. X

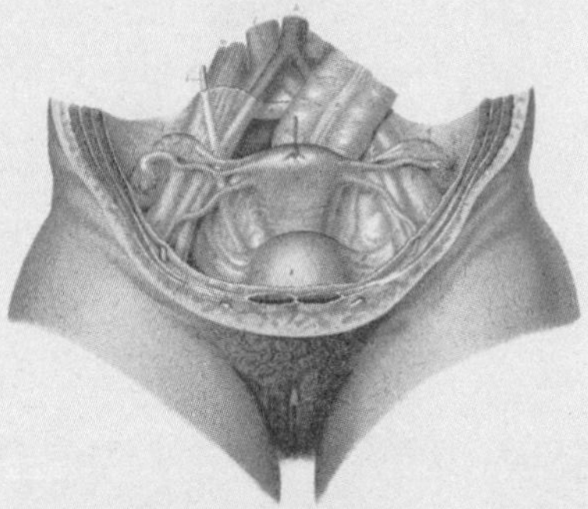

Fig. V

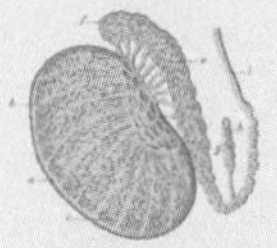

Fig. IX

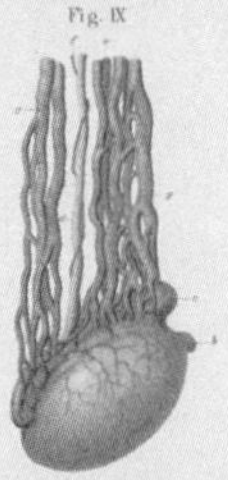

Fig. VIII

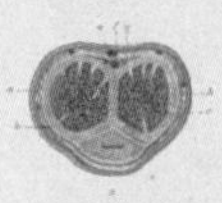

Fig. XIII

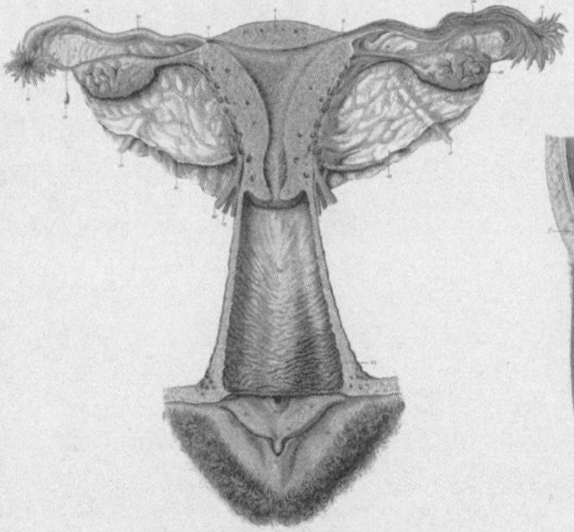

Fig. XI

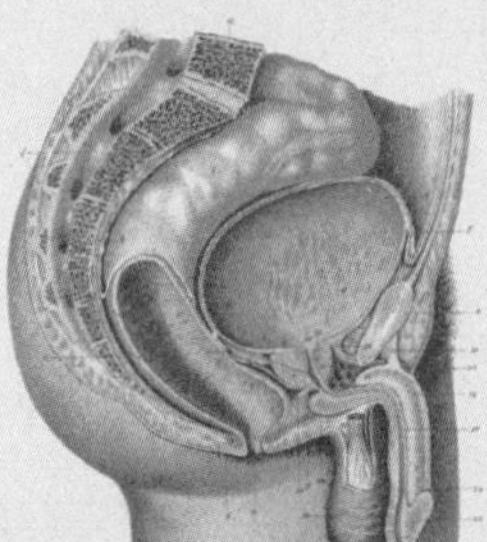

Fig. XII

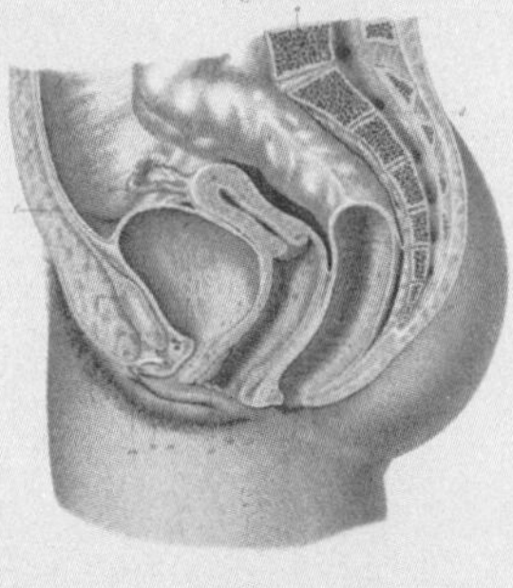

Fig. XIV

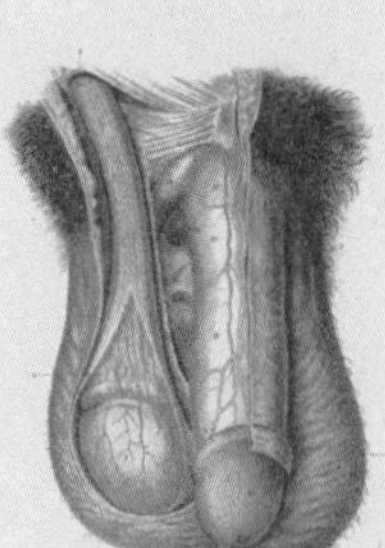

Fig. XV

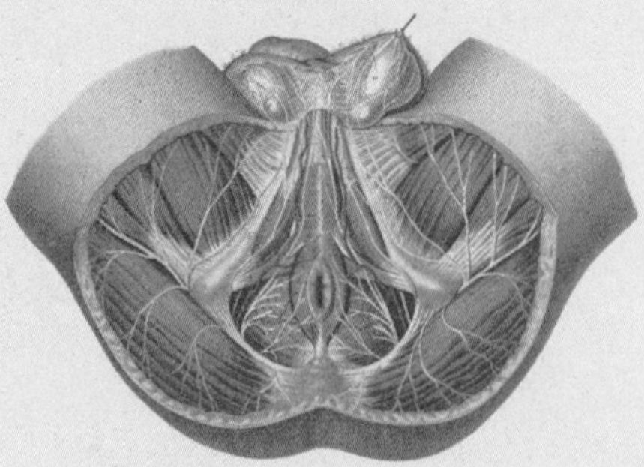

Fig. XVI

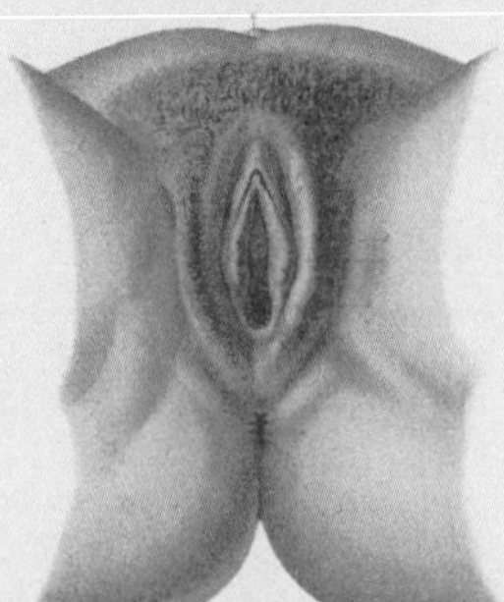

크리스마스이브 당직이었다. 이튿날 아침 퇴근해서 종일 자면 크리스마스 연휴가 지나가버리는 훌륭한 당직. 응급의학과 의사는 좋은 직업이다. 크리스마스 때 일하느라 바쁘다고 핑계를 댈 수 있다. 꼼짝없이 같이 당직을 서게 된 간호사 선생님이 말했다.

"크리스마스 근무 너무 싫어요. 데이트도 못하고."

"저는 나쁘지 않은데요…… 어차피 할 일도 없고."

"오늘도 사람 많이 오겠지요?"

"크리스마스이브에다 연휴니까요. 사람들이 들떠서 외부 활동을 하면 환자가 많이 발생하는 건 어쩔 수 없죠."

첫 환자는 젊은 남성 복통 환자였다. 애인으로 보이는 여성과 손을 꼭 잡고 있었다.

"오빠가 호텔에서 배달 음식을 먹다 체했어요."

"저는 괜찮은데, 여자친구가 응급실에라도 가야 한다고 해서요."

환자는 괜찮다고 하면서도 식은땀을 뻘뻘 흘리고 있었다. 얼굴도 창백했다. 다행히 복부를 촉진해보았을 때 큰 문제는 없었다. 데이트하면서 긴장했는지 위경련이 심하게 난 모양이었다.

"뭐 드셨나요."

"닭발이요."

"수액 맞으면 괜찮아질 겁니다."

다음 환자는 눈싸움을 하다 빙판에서 넘어졌다는 여성이었다. 남성이 거의 끌어안다시피 해서 환자를 데리고 왔다. 머리부터 이마로 흘러내린 핏자국이 있었지만, 두 사람은 여전히 들뜬 표정이었다. 가까이 다가가자 술냄새가 확 풍겼다. 머리카락 사이를 열어보니 두피가 0.5cm 정도 찢어져 있었다.

"와인 한잔 마셨죠. 갑자기 눈이 오길래 눈싸움을 했어요. 그런데 빙판을 못 본 거 있죠."

문득 바깥에 눈이 오고 있다는 사실을 깨달았다. 화이트 크리스마스였다.

"준비되면 얼른 꿰매 드리겠습니다."

나는 자리로 돌아와 간호사 선생님한테 말했다.

"방금 말 취소할게요. 크리스마스 당직은 솔직히 저도 안 내키네요. 그리고 커플들이 참 부럽네요."

"거봐요, 선생님."

"연애는 또 언제 하죠. 애인이 없으니까 참 외롭고 슬프네요. 번식은 인간의 기본 욕구잖아요. 사랑하는 사람을 만나 가정을 꾸리고 아이를 낳고."

"이렇게 외로울 땐 어떻게 견디세요?"

"이 또한 유전자가 시키는 일이다, 나는 유전자를 극복할 수 있다, 아픈 사람 많으니까 일 열심히 해야지…… 그러면서 견뎌요."

"별론데요? 선생님, 핑계 대지 말고 어서 좋은 사람 만나기나 하세요."

∴∴∴

" 유전자를 섞어서 다른 개체를 만드는 편이 외부 환경과 변화에 대응해 살아남는 데 더 유리하기 때문에, 성별이 생겼다 "

자연 상태에서는 성관계를 통해서만 새로운 인간을 창조할 수 있다. 오랫동안 인류는 이 방법으로만 보존되어왔다. 또 모체만이 새로운 인간을 키워낼 수 있다. 인간은 생명체 중에서 가장 진보된 형태의 성생활을 한다. 인간은 생식이 아니라 쾌락을 위해 섹스를 하는 매우 드문 종이다. 인간은 다른 동물처럼 발정기가 따로 있지 않다. 남성도 여성도 언제든 원하면 성관계가 가능하다. 반면 인간을 제외한 대다수의 포유류는 발정기 외에는 짝짓기를 거의 하지 않으며, 암컷이 수컷의 접근을 허용하지 않는다.

성관계는 생존만 생각하면 에너지 낭비일 수 있다. 남성과 여성 모두에게서 에너지 소모가 상당한 성관계는 임신이 되지 않는다면 체력 낭비에 불과하다. 성행위 도중 공격을 받을 위험도 있다. 대부분의 짐승들에게 발정기가 정해져 있는 이유다. 이 시기는 대부분 가임기와 겹쳐서, 수컷은 암컷이 임신 가능한 상태인지 여부를 분간할 수 있다. 이때 짝짓기를 하면 임신해서 후손을 만들 수 있다. 발정기의 짐승은 인간의 눈엔 '야만적'으로 보인다. 하지만 이는 에너지 낭비를 최소화하고 위험을 줄이기 위한 최선의 전략이다.

앞에서도 말했듯, 인간에게는 발정기가 따로 없다. 그리고 남성은 여성이 언제 임신 가능한지 알 수 없다. 심지어 여성 본인도 임신할 수 있는지 여부를 정확히 알 수 없다.

일단 인간은 일반적으로 양성이 구분되어 있다. 그런데 사실 생명체는 성이 구분되어 있지 않더라도 번식이 가능하다. 남성 코로나바이러스나 여성 코로나바이러스는 없다. 코로나바이러스는 번식해서 같은 유전자의 코로나바이러스가 된다. 자신의 유전자를 그대로 받은 후손을 만드는 것이 재생산의 기본이다. 하지만 고등동물에게는 유전자를 섞는 행위가 더 유리한 생존 방식이 되었다. 유전자가 동일한 개체군은 몰살당하기도 쉽기 때문이다. 가령 박테리아는 유전자가 동일해 인간이 개발한 백신으로 멸종해버린다. 인류 또한 유전자가 모두 같다면 바이러스 하나에 절멸할 수도 있다. 유전자를 섞어서 다른 개체를 만드는 편이 외부 환경과 변화에 대응해 살아남는 데 더 유리하기 때문에, 우리에게는 성별이 생겼다.

하지만 이 경우 개체가 둘 이상 있어야 번식이 가능하다는 단점이 있다. 인간은 유전적으로 남성이거나 여성이다. 하지만 이 또한 당연한 것은 아니다. 가령 대부분의 달팽이는 여성생식기와 남성생식기를 모두 가지고 있다. 짝짓기 시에는 각자가 지닌 남성생식기를 상대방의 여성생식기에 넣고 유전자를 교환해 수정란을 만든다.

그런데 주변에 개체가 없으면 스스로 수정시켜 수정란을 만든다. 슬기로운 하이브리드 모델이다. 그런데 이렇게 되면 모든 개체는 자웅동체, 즉 암수 구분 없이 똑같은 몸체를 가져야 한다. 동일한 모양을 한 개체는 역시 유전적으로 취약하다. 그래서 대다수 생명체는 암수 개체가 분리돼 있고 성별에 따라 생김새가 다르다. 자웅이체다. 그렇게 인간도 각자의 성별에 따라 생식기를 따로 가지게 되었다.

양성이 있는 동물들도 번식 전략은 다양하다. 특정한 성별이 없다가 상황에 맞게 암컷이나 수컷으로 변하거나, 집단 내 서열순으로 성적 분화를 일으켜 번식하는 전략도 있다. 반드시 짝짓기가 필요한 것도 아니다. 대부분의 어류는 체외수정으로 암수가 난자와 정자를 물속에 뿌려서 만나게 한다. 개구리도 암컷이 물속에 알을 낳으면 수컷이 그 위에 정자를 뿌려서 수정한다. 각자 할 일만 열심히 하면 서로 살을 맞대지 않고 번식이 가능한 것이다. 하지만 육지로 올라오면서 이런 전략이 불가능해졌다. 그것은 일차적으로 정액이 마르기 때문이다. 그런데 암컷의 몸안은 습도가 유지되므로, 수컷의 생식기를 암컷의 몸속 깊숙이 집어넣는 방식의 짝짓기가 탄생했다.

알다시피 조류는 산란을 통해 생식한다. 닭의 생식세포에서 수분이 마르지 않게 하는 구조가 달걀이다. 암탉은 난자를 알에 넣어 몸안에서 키운다. 인간의 월경주기가 한 달이라면, 닭은 하루다. 암탉은 매일 생리하듯이 알을 낳는다. 이것이 무정란이다. 하지만 수탉과 교미하면 무정란은 유정란이 되어 병아리로 부화할 수 있다. 닭은 돌출된 외부 생식기가 발달하지 않았다. 수탉과 암탉은 모두 번식강이 평평하다. 수탉이 평평한 번식강을 교통카드 찍듯이 암탉에게 가져다 대면 정자가 몸속으로 들어간다(수탉이 암탉의 몸속으로 정자를 '분비'한다). 유정란을 낳은 암탉은 이를 적당한 온도로 품고 부화시켜 후손을 얻는다.

생명체는 고등해지면서 2세를 몸속에서 더 오랜 시간 키우게 되었다. 확실한 임신을 위해 발정기가 설정되었고, 조금이라도 더 나은 유전자와의 결합을 위한 동성 간의 짝짓기 경쟁과 이성의 선택을 받기 위한 다양한 형태의 구애 의식이 생겨났다. 대체로 수컷이 암컷의 선택을 받기 위해 외양을 화려하게 바꾸면서, 암수의 생김새가 달라졌다(반면 인간의 외양은 양성이 비슷한 편이다). 짝짓기의 동기가 되는 성적 쾌감 또한 발달했다. 여기서 발정기가 사라지면서 항상 성관계가 가능해진 종이 인간이다. 인간에게 발정기가 있었다면 세상의 많은 규범이 다르게 만들어졌을 것이다. 인간의 성적 패턴은 사회·문화의 형성에 크게 영향을 미쳤다. 혼인 제도와 성적 유혹을 의미하는 다양한 행동 양식이 탄생했으며 성을 소재로 한 무수한 창작물 또한 생산되었다. 번식의 형태가 인류의 문화를 규정한 것이다. 인간이 생각하는 '일반적' 성관계는 동물들의 짝짓기에서 진보된 형태로, 오랜 시간에 걸친 진화의 결과다.

“성별 분화가 어떻게 되었든 모든 사람은 동등하잖아요”

크리스마스이브 당직이어선지 커플이 많이 왔다. 케이크 이벤트를 하다가 촛불에 화상을 입었다는 커플과, 식사를 마치고 설거지를 하다 와인잔을 깨서 손가락을 다친 남성이 왔다. 연인들에게선 파티의 열기가 느껴졌다. 특히 남성은 손가락을 봉합하려고 마취할 때를 빼놓곤 연신 웃고 있었다. 더 외로워졌다. 내가 잠시 울상을 짓자 간호사 선생님이 물었다.

"요즘 겨울 타세요? 아니면 감수성이 풍부해지셨나요. 부쩍 외로워 보이세요."

"아, 저 원래 감수성이 풍부해서 글 쓰면서 많이 울기도 했거든요. 그런데, 맞아요. 뭔가 달라진 것 같아요. 나이가 들면서 호르몬 때문인지 성격이 바뀌었어요. 원래도 그랬지만 더 예민하고 소심해지기도 하고, 위험한 일에는 더 몸을 사리게 되고 매사에 계획적으로 임하게 되고요. 뭔가 더 쓸쓸해진 것도 같고. 몸이 예전 같지 않은 거랑 별개로 감정도 전 같지 않네요. 초기 갱년기인가 봐요."

"우리 아버지가 맨날 그러시는데, 남성호르몬 부족이래요. 남자가 나이가 들면 남성호르몬이 줄어들어서, 낙엽만 봐도 슬퍼진다고요. 그런데 정말 고령인 환자분들을 보면, 할아버지랑 할머니가 어딘지 다르면서도 미묘하게 비슷한 것 같아요."

"맞아요. 호르몬이 비슷해지면서 뭔가 닮아가는 느낌이 있지요."

"성별 얘기가 나와서 말인데, 이번에 올림픽 성별 논란 2024년 파리 올림픽 복싱 여자 66kg급에서 금메달을 획득한 알제리 출신 이마네 켈리프 선수의 성별 논란이 일었다. 그는 여권에 명시된 성별에 따라 여성으로 출전했으나 XY 염색체를 갖고 있었다 보셨나요? 여성부 복싱 대회에서 우승한 선수가 여성이 아니라는 주장이 제기돼 논란이 있었잖아요."

"저는 잘은 모르지만, 그 선수의 성기는 여성 성기 형태에 가까울 거예요. 여성의 성기를 지녔으면 사회에서 여성으로 여겨지겠죠. 본인이 '여성으로 태어나 여성으로 성장했고, 여성으로 경쟁했다'라고 설명했듯 스스로도 자신을 여성이라 여기고 있을 거고요. 물론 부모도 딸이라고 생각할 겁니다. 공공장소에서도 여성용 시설을 쓰겠지요. 그런데 남성호르몬이 나오는 것 같아요. 몸은 근육질이잖아요. 몸속에 여성생식기 대신 남성호르몬이 나오는 정소가 있을 거예요. 기사에서 이걸 가지고 외부 생식기 얘기는 빼고 '정소를 찾아냈다' 정도만 언급하면 당연히 논란이 되겠죠."

"아……."

"이게, 경쟁 스포츠에서는 당연히 우월한 조건일 거예요. 남성도 별도로 남성호르몬을 맞으면 스포츠에서 유리하잖아요. 이 선수는 신분증상 여성이니까 여성으로 대회에 출전했어요. 스포츠는 대회마다 규정이 다르잖아요. 그래서 성별을 성기 모양, 호르몬, 염색체 등 세 가지로 판단하는 대회도 있어요. 하지만 올림픽같이 큰 대회에서는 모든 선수의 성기 모양과 호르몬과 염색체를 일일이 체크할 수 없잖아요. 이번 일도 대회의 규정상 문제지, 그 선수의 문제가 아니에요. 그러니 선수에게 책임을 물을 수는 없지요. 성별 분화가 어떻게 되었든 규정은 모든 사람에게 동등하게 적용돼야 하잖아요."

"짝이 맞지 않고 감수분열에 참가하지 않는 염색체가 있다. 이것이 성별을 결정하는 성염색체다"

여성과 남성은 다르다. 생물학적으로 이 차이는 확실하다. 둘은 염색체 하나가 다르다. 이로 인해 다른 호르몬이 나온다. 모체 안의 태아도 호르몬의 영향을 받아 생식기가 달라지고, 이는 뇌 발달에도 영향을 미친다. 호르몬은 평생 목소리와 감정뿐만 아니라 골격 발달, 이차성징, 질환별 유병률에도 관여한다. 가장 결정적인 차이는 평균 수명이다. 인간은 이렇게 이성과의 성관계로 유전자를 섞어 후손을 재생산한다. 한데 여성과 남성은 하나의 동일한 세포에서 탄생했다. 어떤 성별, 어떤 인간으로 분화할지 알 수 없는 세포 하나가 이토록 다양한 인간을 만들어내는 것이다. 생물학적 근원과 인간의 윤리가 절대적으로 명시한 규범에 따라, 모든 성은 고유한 유전체를 지닌 동등한 인간이다.

염색체는 인체의 프로그래밍 정보가 들어 있는 설계도다. 이 설계도는 몸의 특정 부위에만 존재하는 게 아니라, 핵이 있는 모든 세포에 하나하나 들어 있다. 이 단위가 DNA다. 생명체의 설계도인 DNA 정보는 컴퓨터 코딩처럼 네 가지 알파벳(염기)이 나열되는 식으로 구성된다. DNA는 네 종류의 뉴클레오티드가 조합된 유기물로, 수십억 개의 나열 조합으로 설계도를 구성한다. 게다가 이중나선 구조로 뜯어진 뒤 상보적으로 반대쪽을 생성해서 엄청난 수를 손쉽게 복제해낼 수 있다.

이중 유전형질을 나타내는 특정 구간이 유전자다. 긴 나열에서 과학자들이 특정 구간을 정해 여기에 의미를 부여한 것이다. 유전자와 기능이 아직 완전히 밝혀지지 않은 뉴클레오티드 서열이 모여, 단백질과 함께 막대기 모양을 이루는 구조를 염색체라고 한다. (인간 DNA에 존재하는 약 30억 개의 염기서열을 모두 해독하고 유전자 지도를 완성한 게 2003년 세상을 떠들썩하게 했던 인간 게놈 프로젝트다.) 인간 염색체는 모두 스물세 쌍인데, 길이순으로 1번부터 22번까지 번호가 붙어 있다. 염색체는 세포핵 안에 돌돌 뭉쳐진 형태로 들어 있다. 스물세 쌍의 염색체가 세포 수만큼, 그러니까 37조 개 존재하는 것이다. 이들 중 번호가 붙은 스물두 쌍은 서로 짝을 이룬다. 이를 상염색체autosome라고 한다. 단 하나, 짝이 맞지 않고 감수분열에 참가하지 않는 염색체가 있다. 이것이 성별을 결정하는 성염색체sex chromosome다.

처음 성염색체를 발견한 사람은, 짝이 안 맞는데 이유는 잘 모르겠다는 의미로 이 염색체에 X라는 이름을 붙였다. 나중에 조그만 염색체 조각이 하나 더 발견되었고, 이는 다음 알파벳인 Y라고 불렀다. X는 유전자가 풍부한 염색체다. 인간의 유전자 수는 2만~2만 5000개인데, X 염색체에만 약 1000개(5%) 이상의 유전자가 있다. 실제 형질에서는 5% 이상의 지분이 있는 것이다. Y는 X에 비하면 몸집도 작고 유전자 개수도 매우 적다. 여성의 생식세포인 난자는 스물두 개의 상염색체와 X 염색체를 갖는다. 남성의 생식세포인 정자는 스물두 개의 상염색체와 X 또는 Y 염색체를 갖는다. 둘이 만나 수정되면 상염색체 스물두 쌍과 성염색체 한 쌍이 된다. 수정란은 X 염색체를 가진 정자가 수정되면 여성, Y 염색체를 가진 정자가 수정되면 남성이 된다. 그래서 여성의 성염색체는 XX, 남성의 성염색체는 XY다. 여성은 하나의 X 염색체를 사용하고 다른 하나는 비활성화한다. 남성은 X 염색체를 주로 사용하면서 Y 염색체의 영향을 받는다.

> 임신 6주 차에 성 분화가 일어나며 이 과정에 성염색체와 다양한 호르몬이 관여한다

난자와 정자가 만나는 과정에선 종종 오류가 발생하기도 한다. 완전히 다른 개체의 유전자가 합쳐지는 과정이므로 오류는 필연적이다. 가장 흔하게 볼 수 있는 오류는 다운증후군으로 21번 염색체가 세 개 발견되는 것이다. 21번 염색체는 상염색체 중 두 번째로 짧은 만큼 형질도 적게 들어 있어 세 개가 있어도 생존이 가능하다. 다운증후군이 있는 사람들은 서로 비슷한 외양을 갖게 된다. 다음으로는 성염색체의 이상으로 인한 오류가 있는데, XX와 XY 외에 XXY, XXXY, XO, XXX, XXXX 등의 염색체형이 발견된다(Y 혼자서는 설계도가 부족해 생존하지 못한다). 여기서 Y가 있으면 남성, 없으면 여성이다. 이 경우에도 같은 표현형을 가진 사람들은 외양이 비슷해지며, 대부분 불임이다. 성염색체 이상은 다른 염색체 이상에 비해 증상이 적은 편이다. 어차피 모든 사람이 하나의 X만 사용하기 때문이다. 더 결정적인 설계도상의 결함이 있을 시에는 인간이 만들어지지 못한다. 인간이 태어나서 어느 정도 생존할 수 있다는 사실은, 그 자체로 유전자 결함 위기를 넘긴 축복 속에서 탄생했음을 의미한다.

수정된 세포는 형태를 갖추기 시작한다. 처음 인간 배아는 성별의 구분이 없다. 그러다 임신 6주 차에 원시 생식샘이 태동한다. 생식샘은 처음엔 중성적인 상태로 존재하다가 Y 염색체의 SRYsex-determining region of the Y chromosome 유전자가 발현되면 정소로 분화하고 발현되지 않으면 난소로 분화한다. SRY가 제대로 발현되지 못해도 난소가 된다. 정소와 난소는 동일한 생식샘에서 유래하며, SRY의

신호가 없을 경우 난소로 분화하므로 인간 발생의 디폴트값은 여성에 가깝다.

생식기가 되는 뮐러관과 울프관은 태아의 몸에 모두 존재한다. 여기서 특별한 호르몬 신호가 없으면 뮐러관이 발달해 자궁, 나팔관, 질이 되고 울프관은 퇴화한다. 반면 Y 염색체의 SRY 유전자가 작동하면 생식샘이 정소로 분화해 정소에서 뮐러관 억제 인자MIF와 테스토스테론이라는 호르몬을 내보낸다. 그러면 뮐러관은 퇴화하고, 울프관이 발달하여 부정소, 정관, 정낭 등이 형성된다. 모든 인간에게는 반대쪽 성으로 분화할 가능성이 있었던 것이다. 임신 8주까지 태아의 외부 생식기 구조는 동일하다. 내부 생식기와 마찬가지로 여기서 특별한 호르몬 자극이 없으면 여성형으로 발달하고, 테스토스테론의 영향을 받으면 남성형으로 발달한다. 외부 생식기는 내부 생식기와 별도로 발달하다가, 12주경부터 통합된 구조를 형성하기 시작한다.

외부 생식기의 전구체인 생식결절은 훗날 몸에서 성적으로 가장 민감한 기관이 된다. 이것이 남성에게선 음경(특히 귀두), 여성에게선 음핵clitoris(특히 음핵귀두)이다. 남성의 비뇨생식주름은 요로고랑이 되었다가 점차 닫히면서 음경과 요도해면체가 된다. 닫히는 과정에 이상이 있으면 선천적으로 음경 중간에서 소변이 새는 원인이 된다. 여성의 비뇨생식주름은 요도와 소음순과 질구(질입구)가 된다. 비뇨생식주름을 둘러싼 그 바깥으로는 음순음낭주름이 생기는데, 이것이 남성에게선 음낭과 귀두가 되고 여성에게선 대음순과 음핵을 감싸는 표피가 된다. 이 둘은 비슷한 감각을 줄 것이라고 추측된다. 요컨대 같은 재료로 남성과 여성의 성기가 만들어진다고 할 수 있다. 남성은 비뇨생식'주름'이 닫히는 과정이 있으므로 고환과 음경 가운데에 선이 남아 있다. 하지만 여성은 '주름'이 열린 채로 남아 있으므로 닫힌 자국이 없다.

핵심적인 성 분화가 일어나는 약 6주간, 성염색체와 다양한 호르몬이 이 과정에 관여한다. 호르몬 분비 과정이 잘못되면 남성과 여성의 중간 형태에서 변화가 멈추기도 한다. 이른바 간성間性, intersex이다. 성 분화에서 오류가 발생하는 형태는 매우 다양한데, 성인이 되어 난임 치료를 받다가 이를 알게 되는 이도 많다.

일평생 정소에서는 남성호르몬을, 난소에서는 여성호르몬을 내보낸다. (자연 상태에서) 남성과 여성은 성행위를 하는 방식과 양육 과정에서 맡게 되는 역할이 다르다. 각자의 역할은 어느 정도 선천적으로 결정된다. 정소와 난소의 호르몬이 이러한 역할을 한다. 여성 염색체를 지닌 원숭이의 태아 후기28주에서 출산까지로, 태아 발달의 마지막 시기에 테스토스테론을 주입하면 암컷 원숭이임에도 불구하고 성적으로 성숙했을 때 수컷의 성행위 패턴을 보인다. 태아 단계부터 뇌가 성별에 따라 다르게 발달하는 것이다. 이후 성인이 되어서도 호르몬은 행동 패턴에 계속해서 영향을 미친다.

“성기로 동맥혈이 들어온 뒤 빠지지 않아서 발기 지속증이 온 겁니다. 피를 빼내면 나아집니다”

“조만간 신경외과 선생님이랑 신경과 선생님이랑 결혼한대요.”

“저도 들었어요. 신경 부부 됐다고요. 둘이 애정 표현이 하도 찐해서 신경외과 의국 컴퓨터가 맨날 민망해했다던 얘기가……. 두 과는 가까운 만큼 부딪힐 일도 많은데, 어쩌다 그렇게 만났네요. 그런데 신경외과 선생님은 원래 바람둥이란 소문이 있지 않았나요?"

"정착할 때가 된 거죠. 아, 그리고 흉부외과 선생님은 어쩌다 셋째가 생겨서 얼마 전에 정관수술 받으셨대요."

"그것도 들었어요. 생산직에서 서비스직 됐다고 자랑하고 다니시던데요. 셔터 내렸다고. 그게 자랑하고 싶은 걸까요? 서비스직 전환하신 분들 은근히 자랑하더라고요."

"그냥 유부남끼리 하는 농담이겠죠. 그런데 친구들이 응급실에서 일한다니까 물어보는 게 있어요. 크리스마스에 커플이 뜨거운 밤을 보내다가 성기가 부러진 케이스 같은 거, 진짜 있냐고요. 저는 아직 못 봤는데, 실제 그런 사례가 있나요?"

"저는 꽤 봤어요. 다들 있는 힘껏 기운을 내니까요. 사고는 평소와 다른 특별한 날 많이 발생하잖아요. 골절 정도는 사람마다 다른데, 심하면 성기가 붓고 휘고 하죠. 엄청 아프고."

"으……!"

이번에는 한 할아버지가 접수했다. 전립선비대증전립선이 비정상적으로 커지는 질환이 심한데, 소변을 본 지 여덟 시간이 지났다고 했다. 할아버지는 힘겨운 표정으로 아랫배를 붙들고 내원했다.

"이놈의 전립선, 정말 죽겠어요. 왜 이런 걸 갖고 태어나서."

"얼른 소변 빼드릴게요."

그를 처치실로 안내해서 소변줄을 넣자 약 850cc의 소변이 나왔다.

"계속 소변이 안 나오면 소변줄 넣고 지내셔야 합니다. 술이나 커피 같은 건 피하시고요."

"고맙습니다."

소변을 뽑아낸 할아버지는 한결 홀가분해진 표정으로 퇴원했다.

다음 환자는 중년 남성이었다. 그 역시 힘겨운 표정으로 아랫배를 붙들고 응급실에 들어섰다.

"소변이 잘 안 나오나요?"

환자는 내게 와서 귓속말로 말했다. "제가 비아그라를 먹었는데, 발기가 두 시간 동안 안 가라앉아요. 거기가 끊어질 것 같아요."

환자는 마음이 급했던지, 처치실로 들어가자마자 바지부터 내렸다. 성기는 발기된 상태로 푸르죽죽한 색을 띠고 있었다. "이대로 두 시간이라고요?" "네. 막, 도려내는 것 같아요. 너무 아파요."

조직의 울혈성 손상은 심한 통증을 유발한다. 돌출된 남성 성기의 울혈성 손상은 특별히 더 고통스럽다.

"성기로 동맥혈이 들어온 뒤 빠져나가질 않아서 발기 지속증이 온 겁니다. 약 때문이지요. 피를 빼내면 나아집니다. 주사기로 빼내겠습니다."

"빨리 어떻게든 해주세요."

전에도 경험한 적이 있었는지 환자는 주사라는 말을 듣고도 놀라지 않았다. 나는 주사기와 드레싱 세트를 부탁했다. 성기를 소독한 뒤 붙잡고는 주삿바늘을 가운데에 평행으로 꽂았다. 이미 감각이 마비되었는지 움찔거리는 반응도 없었다. 주사기에 음압을 걸자 시뻘건 동맥혈이 밀려나왔다. 이 과정을 두 번쯤 반복하자 성기가 조금씩 물렁해졌다. 환자는 그제야 개운한 표정을 지었다.

"죽을 뻔했네. 오늘 거사를 많이 치르느라 약을 좀 과하게 먹었거든요. 감사합니다."

"정자는 매우 작고,
난자는 인체 세포 가운데 가장 크다.
이는 수정란의 생존율을 높이기 위함이다"

사람은 섹스를 한다. 가임기 남녀를 무인도에 떨어뜨려놓으면, 성행위에 대한 어떠한 사전 정보가 없어도 알아서 섹스를 할 것이다(동물 한 쌍을 무인도에 떨어뜨려놨을 때처럼). 번식욕은 가장 강력한 욕구 중 하나다. 섹스 충동도 마찬가지다. 남성과 여성은 모두 성적 감각과 성충동을 느끼지만 그 양상은 다르다. 이차성징기에는 성적 호기심이 자연스럽게 생긴다. 뇌는 야한 농담에 민감하게 반응해서, 술자리에서도 누가 야한 얘기를 하면 귀에 쏙쏙 들어온다.

정소는 정자를 만든다. 난소는 난자를 만든다. 인간은 이 둘을 결합한다. 정자와 난자는 형태가 극단적으로 다르다. 정자의 머리는 크기가 4~5μm로 매우 작고(꼬리까지는 50~60μm다), 난자는 100~200μm로 인체 세포 가운데 가장 크다. 이는 수정란의 생존율을 높이기 위함이다. 생식세포는 두 가지 전략을 갖는다. 한 개에 최대한 많은 영양분을 넣기, 그리고 최소한의 형태만 갖춰 다수를 생산하기. 이로써 정자와 난자는 극단적으로 다른 형태를 띠게 되었으니, 암수의 번식 전략도 이러한 형태와 연관이 있다. 남성은 다수의 정자를 생산하기 때문에 최대한 많은 여성과 성관계를 맺어 후대를 생산할 확률을 높이려 하고, 여성은 한 달에 한 번, 한 개의 난자에 많은 영양분을 넣기 때문에 확실히 좋은 유전자와 생존·양육에 더 많은 자원을 가진 남성을 찾는다. 그래서 대부분의 생명체는 수컷이 암컷에게 구애하며, 구애 시 유리하도록 수컷의 외양이 더 화려하다.

“고환은 정자를 만들어내는 커다란 컨베이어벨트로 실제로도 공장을 닮았다. 정자가 만들어지는 곳은 정세관이라는 길로, 복잡하게 꼬여 있지만 펼치면 그 길이가 250m 정도 된다”

생식의 핵심은 정소와 난소다. 남성의 정소는 몸속에서 완성된 뒤 테스토스테론의 자극으로 몸 바깥으로 내려온다. 내려오지 않은 채로 태어나면 잠복고환증cryptorchidism으로 수술해서 꺼내야 한다. 정소는 난소와 대칭되는 번역어로, 고환과 같은 기관이다. 고환은 포유류 수컷의 정소를 부르는 말이다. 그러니까 식물, 어류, 양서류, 조류 등에 정소가 있듯이 포유류에게도 정소가 있는데, 이를 다른 말로 고환이라고 부르는 것이다. 고환에서는 정자를 만든다. 정자는 몸에서 유일한 편모鞭毛세포다. 올챙이 모양으로 머리에는 유전정보가 들어 있고 꼬리는 헤엄치기 위해 존재한다. 우리 몸에서 이런 방식으로 헤엄치는 세포는 정자가 유일하다.

남성은 양쪽 고환에서 스물두 개의 상염색체와 한 개의 성염색체가 들어 있는 정자를 매일 6000만~1억 개씩 새로 만들어낸다. 정자 생성의 첫 단계는 정원세포다. 정원세포는 태아기에 정자로 발

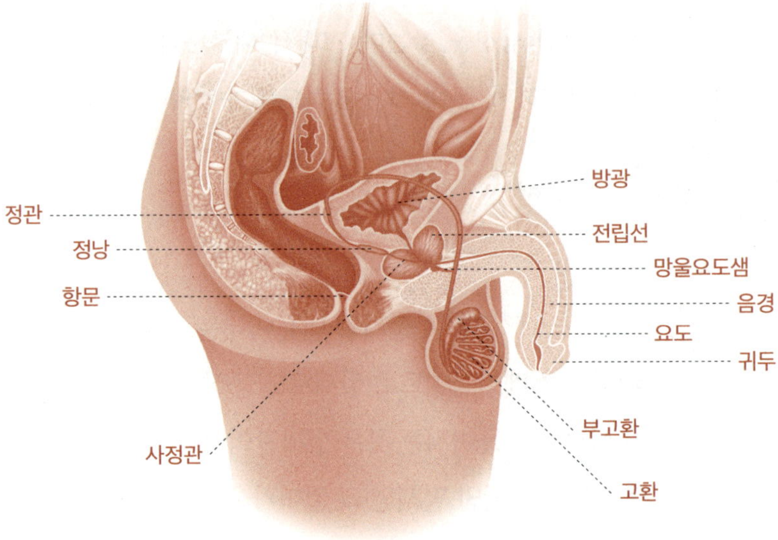
방광
정관
전립선
정낭
망울요도샘
항문
음경
요도
귀두
부고환
사정관
고환

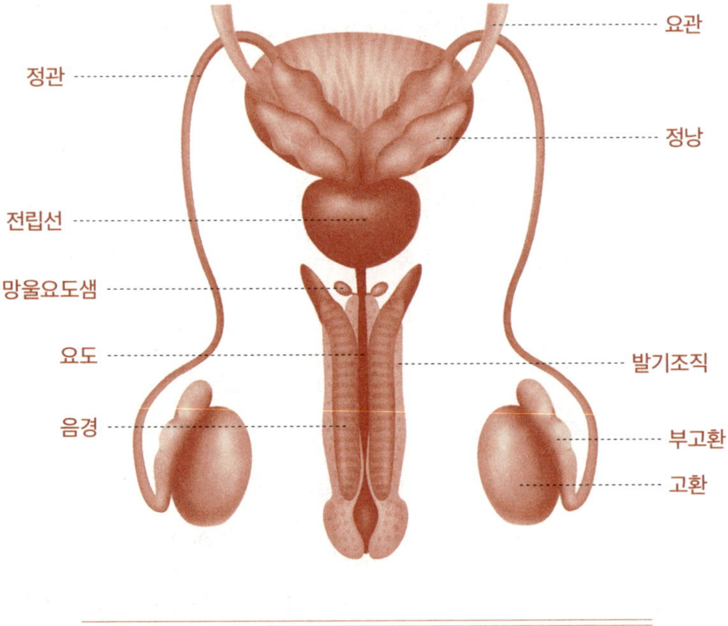
요관
정관
정낭
전립선
망울요도샘
요도
발기조직
음경
부고환
고환

남성생식기의 구조

달할 준비를 마친 상태로 분열을 멈춘 채 비활성화되어 있다가 사춘기부터 복제가 시작된다. 다만 줄기정원세포를 남겨놓고 복제하므로 계속 생식 능력을 유지할 수 있으며, 이론상 클론을 무한히 만들어낼 수 있다. 정원세포가 분열을 시작하면 정모세포가 된다. 정모세포는 스물두 '쌍'의 상염색체와 한 '쌍'의 성염색체에 있는 유전자를 복제하고 조합하고 뜯어서, 스물두 '개'의 상염색체와 한 '개'의 성염색체를 가진 정세포를 만든다. 염색체 수가 줄어들기 때문에 이 과정을 감수분열이라고 부른다. 이렇게 해서 만들어지는 유전자 조합의 종류는 어림잡아 1000만 개가 넘는다. 생명이 탄생한다는 건 여기서 기원한 유전자 조합 가운데 하나가 선택되었다는 의미다.

고환은 정자를 만들어내는 커다란 컨베이어벨트다. 이 형태는 실제로도 공장을 닮았다. 무엇이든 매일 1억 개를 생산하려면 꽤나 복잡한 공정이 필요하다. 정자가 만들어지는 곳은 정세관이라는 길로, 복잡하게 꼬여 있지만 펼치면 그 길이가 250~300m에 이른다. 한 개의 고환 안에 촘촘히 얽힌 세밀한 정세관 250~300m가 들어 있는 것이다.

이 정세관의 바깥쪽에 정원세포가 들어 있다. 한 개의 정원세포는 정세관의 안쪽으로 들어가면서 감수분열을 거쳐 네 개의 정세포가 된다. 이 정세포를 눌러서 납작하게 만들고 맨 앞에 단백질 효소를 씌우고 편모를 달면 수영할 수 있는 정자가 된다. 정자는 분당 1~2mm의 속도로 수영할 수 있다. 정원세포가 정자가 되는 데는 약 64일이 걸리며, 정세관은 매일 1억 개의 정자로 가득찬다. 남성은 이렇게 평생 정자를 1조 개가량 만든다. 평균 수명까지만 생존해도 정자를 1조 개나 만들어낸 인생이 되는 것이다.

고환은 몸 바깥에 있다. 약간 낮은 온도가 정자를 만들기에 더 적당해서다. 하지만 이는 조금 위험한 결정이었다. (고래나 코끼리 등은 고환이 몸속에 있다. 반드시 꺼낼 필요는 없었던 것이다.) 그 탓에 고환은 물리적 충격에 노출되기 쉬워졌고, 이로 인해 엄청난 고통을 받을 수 있게 됐다. 때문에 고환 가격은 각종 영화와 드라마에 등장하는 싸움 신에서 결정적 반전 카드로 쓰이게 되었다. 고환은 약간의 수의근과 대부분의 불수의근으로 이뤄져 있다. 그래서 의도하면 약간은 움직일 수 있지만, 대체로는 알아서 움직인다. 고환은 바깥이 추우면 움츠러들어서 몸 가까이 붙어 온기를 얻고, 더우면 축 늘어져서 몸으로부터 떨어진다. 한편 사우나를 너무 오래하면 열기를 피할 수 없으므로 정자 생성에 문제가 생긴다. 잘 알려진 대로 두 개의 고환은 늘어진 길이가 다른데, 나란히 있으면 서로 눌릴 수 있어서 위치를 조정하는 것이다. 몸밖으로 나온 고환 때문에 정자는 몸 바깥에서 만들어져 안으로 들어왔다가 다시 바깥으로 나가는 특이한 주행을 하게 되었다.

부고환은 고환에 붙어 있으며 정자를 모으는 역할을 한다. 정세관에서 만들어진 정자는 액체에 가까운 형태로 자연스럽게 부고환에 쌓인다. 이때는 거의 운동성이 없다. 이후 부고환에서 액체를 흡수해 정자를 100배 정도로 압축한다. 찐득한 덩어리가 된 정자는 이때부터 정관에 있는 평활근의 도움을 받아 이동한다. 정관은 고환과 몸을 연결하는 유일한 통로다. 정자는 부고환과 정관을 통과하지 못하면 사정되지 못한다. 그래서 부고환에 염증을 심하게 앓으면 불임이 된다. 정관을 묶거나 잘라도 피임이 된다. 다만 피임을 목적으로 이 수술을 받아도 고환은 정자를 꾸준히 만든다. 부고환에 머무르게 된 정자는 혈액으로 흡수되며, 남성호르몬 분비에도 특별한 이상이 생기진 않는다. 정관을 다시 연결하면 생식 능력을 되찾을 수 있으나 묶어둔 기간이 10년을 넘기면 회복에 실패할 가능성이 높아진다. 몸 바깥에서 정관에 접근할 수 있기 때문에, 몸안에 있는 여성의 나팔관 수술보다는 훨씬 더 간단하다.

고환은 두 개이므로 고환에 붙어 있는 부고환도 두 개이고 정관도 두 개다. 하지만 요도는 한 개이므로 이 둘은 전립선에서 합쳐진다. 전립선으로 들어가기 전에 5cm 길이의 정낭이 정액에 분비물을 섞고 이어 전립선에서 정관이 하나로 합쳐지면 여기서부터는 사정을 준비하기 위한 사정관이라고 부른다. 이제 요도로 나갈 준비를 하면 된다(평소 요도로는 소변만 배설되고 정액은 사정관 이하에 고여 있다). 성적 자극을 받으면 방광 입구의 괄약근이 수축해서 닫히고 사정관이 열려 정액이 요도로 나간다.

정낭에서 준비하는 당분은 정자의 에너지가 된다. 정낭과 전립선의 분비물은 정자의 운동성을 높이고 수정 확률을 제고하며 질의 산성 분비액을 희석하는 역할을 한다. 그럼에도 독립된 세포인 정자는 미토콘드리아가 없어 ATP가 생산되지 않으므로 매우 제한된 에너지로 시한부 생을 산다.

소변과 정액은 전립선을 통과해야만 배출되는데, 나이가 들면 전립선이 커져서 소변 배출이 원활하지 않게 된다. 전립선을 통과한 정액은 약 1cm 길이의 콩만 한 망울요도샘(발견한 사람 이름을 따서 쿠퍼샘이라고도 한다)에서 분비된 액체와 섞인다. 망울요도샘은 망울요도액, 즉 쿠퍼액이라는 투명하고 끈적한 액체를 만들어 내보낸다. '쿠퍼샘'은 많은 포유류의 수컷에게서 발견된다. 쿠퍼액은 성적 흥분 시 사정 전에 별도로 배출되기도 하는데, 주로 윤활작용을 하고 산성인 요도를 중화시켜 정자를 보호하기도 한다. 본래 쿠퍼샘은 정자 생산과 관련이 없으므로 분비된다고 해도 임신과는 무관하지만, 사정관에 남아 있던 정자가 분비액에 섞여 들어가면 매우 낮은 확률로 임신을 유발할 수 있다.

정액은 고환에서 만들어져 부고환과 정관에 고여 있던 정자가 정낭, 전립선, 쿠퍼샘의 분비액과 섞인 것이다. 정관수술을 하면 사정 시에 정낭, 전립선, 쿠퍼샘의 분비액만 나오는데, 사실상 정액의 대부분이 이것들로 이뤄져 있어 수술을 해도 사정하는 양에는 큰 차이가 없다. 정관수술 후에도 묶은 자리 바깥에 남아 있는 정자 때문에 한 달 정도는 별도의 피임이 필요하

피임

피임이란 임신 확률을 떨어뜨리는 모든 행위를 일컫는다. 고대에도 질내 사정이 임신으로 이어진다는 기본 상식은 있었다. 그래서 리넨이나 짐승의 창자를 콘돔처럼 사용하거나, 체외에 사정하는 방식으로 피임을 했다. 물론 모든 피임법은 실패할 가능성이 있고, 피임법이 발달하지 않았던 과거에는 더더욱 그랬을 것이다. 오늘날에는 다양한 피임법을 선택할 수 있다. 가장 실패 확률이 낮은 방법은 남성의 정관이나 여성의 나팔관을 수술로 결찰하는 것이다. 하지만 불임이 될 가능성이 있어서 결정에 신중할 필요가 있다. 다음으로 확실한 피임법은 자궁 내에 삽입하는 자궁내장치intrauterine device, IUD다(기구를 삽입하면 효과는 오래 유지되지만 자궁에 염증을 유발할 수 있다). 여성호르몬을 인위적으로 조절하는 방법도 널리 쓰인다. 3주간 투약하고 1주간 휴약하는 경구피임약이 가장 보편적이다. 프로게스테론을 분비하는 막대를 체내에 삽입하거나 패치 형태로 붙여도 효과가 좋다. 물리적으로 정자가 여성의 체내에 들어가지 못하게 막는 방법도 있다. 음경에 씌우는 형태인 콘돔과 질 내부를 감싸는 페미돔이 대표적이며, 자궁경부를 막는 피임용 격막인 다이어프램(페서리)도 있다. 이 피임기구들은 정자를 죽이는 살정제와 사용하면 더 확실한 효과를 기대할 수 있다. 그 밖에 남성이 체외에 사정하거나 사정하지 않는 방법, 여성이 월경주기를 계산하거나 기초체온(여성은 월경주기에 따라 기초체온이 미세하게 변화한다)을 확인해 성관계 시기를 조절하는 방법도 피임으로 친다. 하지만 이 방법들은 다른 피임법에 비해 실패 확률이 높다.

다. 한 번 사정 시에 배출되는 정액은 1.5~5mL이며, 1mL당 정자는 수천만 개에서 1억 개쯤 들어 있다. 하지만 개인의 컨디션이나 약물 복용 여부, 사정 간격에 따라서 그 수는 편차가 크다. 건강한 정자가 많을수록 임신 가능성이 높은 것은 당연하다. 한편 정자 생성에 테스토스테론이 관여하므로 이를 억제하는 남성 피임약이 개발된 적이 있다. 하지만 테스토스테론을 억제했더니 성욕이 감퇴되고 발기부전이 생겨서 개발이 중단되었다. 실제 이런 피임약이 있다면 아무도 먹지 않을 것이다.

여성의 몸안에 정자를 전달하기 위해 남성 성기는 돌출된 형태로 진화했다. 몸집이 큰 포유류일수록 암컷의 몸안에 더 깊숙이 들어가야 하므로 수컷 성기의 길이도 더 길어진다. 인간의 음경은 발기 시 기준으로 자궁경부까지 닿는 7.5cm 정도면 생물학적으로 생식이 가능하다. 성기가 발기된 상태로 유지된다면 생활에 방해가 되고 좋지 않다. 특히 인간은 직립보행을 하므로 성기가 단단하게 돌출된 상태로 걷거나 뛰면 부러질 수 있다. 그래서 평상시에는 단단하지 않다가 성적 흥분을 느꼈을 때만 단단해지며 크기를 키울 수 있게 되었다. 근래 남성 성기는 계속 커지는 추세로, 생물학적으로는 대단히 빠른 진화다. 사실 생식에서 가장 중요한 것은 정자의 운동성이지 성기의 크기가 아니다. 자연계에서 수컷이 화려해지는 것과 비슷한 맥락일 것이다.

“발기는 교감신경계 자극 해제로 이루어진다.
사정은 교감신경과 관련되며 대부분 척수반사로 이뤄진다”

성적 행동을 컨트롤하는 곳은 뇌다. 모든 고통과 쾌감은 뇌로부터 기인한다. 남성의 뇌는 성적 자극을 받았다고 판단하면 발기를 명령한다. 음경, 특히 귀두의 기계적 자극을 성적이라고 판단하면 중추신경이 발기를 지시하는 것이다. 심지어 그런 자극 없이 시각, 청각, 후각이나 생각, 감정 등이 성적이라고 판단되었을 때도 중추신경이 발기를 지시한다. 그래서 물리적인 자극 없이도 발기가 가능하다. 뇌가 성적 자극을 판단하는 기준은 그만큼 광범위하다. 한편 자극이 주어졌을 때 중추신경계를 억제해서 의지로 발기를 막으려고 노력할 수도 있다. 그 노력이 언제나 성공하는 것은 아니지만 말이다.

음경은 길게 이어진 세 개의 관으로 되어 있다. 아래쪽은 소변과 정액이 지나가는 요도이고 나머지 몸체는 부풀면 발기되는 해면체다. 해면체 가운데로 지나가는 소동맥은 발기에 결정적인 역할을 한다. 소동맥은 평상시에는 교감신경의 영향을 받아 수축된 채 혈류가 차단되어 있다. 이것이 발기하지 않은 상태다. 그러다 성적으로 흥분하면 소동맥이 이완하면서 혈류가 유입되어 해면체를 채운다. 음경은 좁은 공간이므로 해면체가 부풀면 정맥이 눌리면서 단단하고 빳빳한 상태가 유지된다. 피가 찬 상태이므로 음경의 충혈이나 울혈이라고 부를 수도 있을 것이다. 발기 과정은 대략 5~10초 내에 일어난다.

발기는 교감신경계 자극 해제로 이루어진다. 그래서 너무 흥분하거나 긴장하면 발기가 잘 안 되고, 느긋할 때 훨씬 더 잘된다. 자율

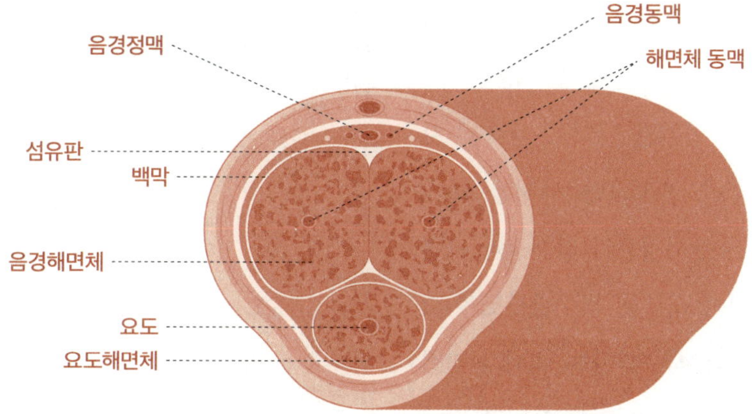

음경의 단면

신경계가 발기하기로 결정하면 소동맥을 이완시키는 산화질소NO를 분비한다. L-아르기닌이라는 단백질은 산소와 결합해서 산화질소 분비를 돕는다(이 원리를 내세워 발기부전 치료제라며 광고하는 L-아르기닌 보조제를 볼 수 있지만, 이론상으로 우리 몸은 L-아르기닌을 소화관에서 분해해 아미노산으로 만들고 다시 필요한 만큼 L-아르기닌을 합성하기 때문에, 이런 약을 아무리 많이 먹어도 유의미한 효과를 얻지는 못한다). 산화질소는 환식 구아노신일인산cyclic guanosine monophosphate, cGMP라는 물질을 형성하면서 발기를 유지한다. 어느 정도 발기가 유지되면 cGMP는 포스포디에스테라제5phosphodiesterase5, PDE5라는 효소로 분해되고 음경은 평상시 상태로 돌아간다. PDE5를 억제하면 cGMP가 남아 있어 발기가 유지된다. 이 원리를 이용한 PDE5 억제제가 바로 우리가 알고 있는 실데나필, 상품명 비아그라다. 비아그라를 먹어도 성적 자극이 없으면 음경이 발기되지 않는다. 하지만, 자극을 받는 순간부턴 발기가 오래 유지된다.

발기된 상태로 성적인 자극이 지속되면 사정을 하게 된다. 사정은 교감신경과 관련되며 대부분 척수반사로 이뤄진다. 척수반사는 대뇌가 직접 컨트롤하는 것이 아니라 반사신경에서 지시하는 것이며 사정은 자동 반사의 일종이므로, 성적인 자극이 지속되어 역치가 넘어가면 사정을 참기란 불가능하다. 아마 생식 전략과 관련이 있을 것이다. 이와 달리 배뇨는 중추신경이 담당하므로 근육이 풀려버리는 상황만 아니라면 소변을 계속 참을 수 있다. 발기의 기전은 교감신경 억제인 데 반해 사정은 교감신경 자극이므로 흥분해야 사정에 성공한다. 다만 반드시 물리적 자극이 있어야 하는 것은 아니므로, 드물게 성기가 무언가에 접촉하지 않아도 사정이 가능할 때가 있다. 사정이 일어나면 부고환, 정관, 전립선, 정낭의 근육이 일제히 수축해서 각자의 분비물을 섞어 정액으로 내보낸다. 이때 방광 입구의 괄약근이 수축해 소변이 나오지 못하게 막는다. 동시에 요도

남성의 이차성징과 남성호르몬

정원세포가 감수분열을 시작하고 이차성징을 맞이하는 것은 모두 호르몬의 영향이다. 여기에는 남성호르몬과 성장호르몬이 모두 관여하는데, 그 시기가 어떻게 정해지는지는 정확히 밝혀지지 않았다. 확실한 것은 영양이 충분해야만 이차성징이 이루어진다는 것이다. 그래서 인류의 생산성이 늘어남에 따라 인간은 성적으로 더 빨리 성숙하게 되었다. 남성호르몬은 이차성징을 일으키면서 인후의 발달로 목소리가 낮아지고 피지 분비량이 늘어나며 수염과 액모, 치모 등이 나고 뼈 성장이 자극된다. 남성호르몬은 성적 욕구를 유지하는 데도 결정적인 역할을 하며, 더 공격적인 성격을 갖게도 한다. 성범죄자를 처벌할 때 남성호르몬을 억제하는 주사를 맞게 하는, 일명 '화학적 거세'도 같은 원리를 이용한 것이다. 마찬가지로 남성호르몬인 아나볼릭 스테로이드를 주기적으로 사용하면 근육량이 늘어나지만, 공격성을 띠게 되고 성적 욕구도 강해진다. 이를 오래 사용하면 음성 피드백이 걸려서 불임이 유발되는 등 합병증이 생기기도 한다.

와 음경에 있는 근육이 주기적으로 수축하면서 정액이 요도로 밀려 나오게 된다. 그러면 강렬한 쾌감이 느껴지면서 심장이 빨리 뛰고 혈압이 증가하는 등 전신에 생리적 변화가 일어난다. 이것이 오르가슴이다.

사정 전에는 사정관 이하에 고여 있는 액체가 나오지 않으므로 사정 조절도 피임법 중 하나다. 남성에게는 연속으로 사정할 수 없는 불응기가 있다(만약 불응기가 없어서 연속으로 사정할 수 있다면 정액을 준비해놓지 못한 생식기계에 부하가 걸릴 것이다). 사정을 너무 자주 하면 음압이 걸려서 정액에 혈액이 섞여 나온다. 그래서 남성의 오르가슴 이후 불응기는 성적인 감각이 완전히 가시는 일명 '현자타임'이 되며, 이때는 성기에서 오히려 통증이 느껴지기도 한다. 또한 불응기는 나이가 들수록 길어진다. 한편 사정 여부와 관계없이 몸은 계속 정액을 만들어내므로 이를 배출하는 편이 건강에 좋다. 수면 중에 정액을 내보내는 몽정은 자연스러운 일로, 많은 경우 꿈에서 성적인 체험이 동반된다.

“질 출혈이 멈추지 않는답니다”

“늘 드는 생각이지만, 타인의 성기를 붙들고 피를 뽑는다는 게 반가운 경험은 아닌 것 같아요. 특히 크리스마스이브에는요.”

“그렇긴 하죠. 저 그런데 궁금한 거 있어요. 질경련 환자가 온다는 얘기도 있잖아요. 삽입된 성기가 걸려서 안 빠진다고 오는 사람도 있다고 하고요. 전 못 봤거든요. 그게 정말 안 빠질 수…… 있어요?”

“그런 경우는…… 정말 드물어요. 하지만 일어나긴 하더라고요. 저도 좀 신기했어요.”

“정말 수술방까지 빠지지 않은 채로 같이 올라가고 그러나요?”

“에이, 말도 안 되죠. 다 심리적인 이유로 그러는 거거든요. 제가 뵈었던 분들은…… 음…….”

“어떻게 치료했어요?”

“그냥 격리실에서 두 시간쯤 있다가, 빠졌다고 집에 갔어요.”

“아…….”

본격적으로 환자가 들이닥치기 시작했다. 단골손님인 사후피임약 처방 환자가 병원을 찾았다. 30분 전쯤 성관계 중 콘돔이 찢어졌다고 했다. 나는 가벼운 문진을 하고 주의 사항을 설명했다.

“이 약은 강력한 여성호르몬제입니다. 매일 먹는 피임약 한 달치

경구피임약

가장 간편하고 효과가 좋은 피임법으로는 매일 복용하는 여성 호르몬제가 있다. 최초의 경구피임약은 1960년에 미 식품의약국FDA 승인을 처음으로 받은 엔노비드Enovid로, 이 약은 비아그라가 개발되기 전까지 인류의 성생활을 가장 크게 변화시켰다. 그뿐만 아니라 여성의 재생산권을 신장함으로써 더 많은 사회참여도 가능케 했다. 그러나 외부에서 투여된 여성호르몬은 남성호르몬처럼 신체 다방면에 영향을 미친다. 부정출혈, 두통이나 메스꺼움, 복부 팽만감이나 가슴 압통, 기분 변화 등 호르몬이 영향을 미치는 모든 범위에서 부작용이 발생할 수 있다. 특히 장기 복용 시에는 혈전 발생 확률과 심혈관질환, 유방암 등의 유병률을 높이는 것으로 밝혀졌다. 초기 피임약은 혈관질환의 유병률을 유의미하게 높이는 것으로 확인돼 지금은 사용되지 않으며, 오늘날 처방되는 피임약은 여러 차례 개량을 거친 4세대 호르몬제다. 물론 부작용만 있는 것은 아니다. 꾸준하게 여성호르몬을 복용하면 피임 효과 외에도 월경주기를 조절하고 월경통을 완화하는 효과가 있으며, 남성호르몬을 억제해 여드름이 줄어들고, 자궁내막암과 난소암 유병률이 감소하기도 한다. 경구피임약은 논란이 많은 만큼 득과 실이 가장 활발하게 연구된 약이기도 하다.

용량을 합친 것보다 더 많은 양이에요. 부작용이 있으니까 주의하시고요. 받자마자 드시면 높은 확률로 피임에 성공하지만 언제나 100%란 건 없습니다."

다음은 월경통 환자였다. 월경통은 사람마다 증상이 다양하다. 나는 늘 던지는 질문으로 진료를 시작했다.

"평소 월경 때랑 비슷한 통증인 거죠?"

"네, 똑같아요. 아랫배가 칼로 찌르는 듯 아프고요. 매달 이게 뭔 짓인지……. 크리스마스에도 이렇게 아파서 속을 썩이네요."

"약국에서 사 드실 수 있는 일반적인 진통제가 가장 잘 듣는 편인데, 통증이 심하신가 봐요. 수액이랑 진통제 놔드릴게요. 핫팩도 드릴 테니 아랫배에 대고 안정을 취해보세요."

월경통은 응급실에서는 경한 증상에 속했다.

잠시 숨을 돌리려는데, 멀리서 혈압이 떨어지는 환자가 왔다고 외치는 소리가 들렸다. "질 출혈이 멈추지 않는답니다." 환자는 중환구역으로 들어왔다. 얼굴이 창백했고 출혈은 청바지를 적실 정도로 심했다. 나는 침대에 누운 환자에게 조용히 물었다.

"어떻게 시작된 건가요."

"오늘 처음 관계를 했어요. 너무 아팠는데, 원래 이렇게 아픈 줄 알고 참았어요. 첫 관계 땐 피가 좀 나올 수도 있다고 들었는데, 관계를 마치고서도 피가 너무 많이 났어요. 어지러워요."

나는 재빨리 장갑을 끼고 환부를 살폈다. 출혈이 너무 심해서 제대로 관찰하기 어려웠다. 여성의 음부는 혈액순환이 풍부해서 출혈이 발생하면 걷잡을 수 없을 때가 있다. 커다랗게 뭉친 혈전을 걷어내자 부어 있는 성기가 드러났다. 거즈로 안쪽의 혈전까지 걷어내자 빨간 피가 흘러나오며 또다시 출혈이 시작되었다. 질경을 넣고 질벽을 관찰해서 오른쪽에 난 깊은 열상을 찾아냈다. 조명을 대고 마취한 뒤 봉합사로 열상 주변에 마진을 넉넉히 두고 봉합했다. 출혈은 금세 잦아들었다.

"출혈이 많아 놀라셨을 겁니다. 충분히 윤활되지 않은 상태에서 무리하게 삽입을 시도하면 질 안쪽 벽이 찢어질 수 있습니다. 특히 경험이 많지 않으면 이런 상황이 발생할 수 있어요. 그래도 너무 걱정하진 않으셔도 됩니다. 점막은 빨리 아물거든요. 며칠만 입원해서 쉬면 괜찮아질 거예요. 이제 안심하세요."

"성관계 시 쾌감을 주는 부분은 외음과 질구에 대부분 몰려 있다"

여성의 생식은 난소에서 시작된다. 남성은 꾸준히 세포분열을 해서 정자를 만드는 반면, 여성은 태어날 때 이미 생식세포가 만들어져 있다. 임신 7개월까지 태아의 난소는 난원세포를 400만 개쯤 만든다. 이때 난자는 비유하자면 반조리된 상태다. 난자는 미성숙한 상태에서 발달을 멈추었다가, 사춘기인 만 10~12세부터 다시 성숙해지기 시작한다. 난소는 한 달에 하나씩 난자를 성숙시켜 내보내는데, 이로 인해 여성은 평생 주기적으로 호르몬의 영향을 받는다. 사춘기가 어떻게 시작되는지는 정확히 밝혀지지 않았지만 적어도 영양 상태, 특히 지방이 유지되는 데 달렸다고 알려져 있다. 태어날 때 400만 개였던 난원세포는 계속 퇴화해서 사춘기가 되면 20만 개 정

질 분비물의 역할

점막은 외부 감염에 취약하기 때문에 질은 약산성의 점액질을 내보낸다. 정액은 이 약산성을 중화하기 위해 약알칼리성을 띤다. 그래서 질 분비물은 약간 시큼하고 정액은 약간 떫으며, 둘 다 먹어도 건강에 이상은 없다. 질 안에선 상재균이 균집을 형성해 잡균의 번식을 막는다. 질은 스스로를 보호하는 액체를 분비하므로 너무 자주 씻으면 좋지 않다.

도만 남는다. 여기서 초경부터 완경까지 300개 정도만 성숙시켜 배란하고 나머지는 모두 퇴화된다. 난원세포는 새로 만들어지지 않으므로 '나이'가 든다. 그래서 10대 때 나오는 난자와 40대에 나오는 난자 사이에는 약 30년의 나이 차가 있다. 요즘엔 초경이 빨라지고 임신은 늦어지는 추세다. 의학적으로 고령 임신으로 여겨지는 35세 이상 임신 시에는 태아의 건강 위험이 높아진다. 한편 이론상 남성의 정자는 언제나 최근에 정모세포에서 분열시켜 만든 것이다. 하지만 '나이든' 주체일수록 그가 만든 정자의 운동성과 임신 성공률도 떨어질 수밖에 없다.

자궁은 월경과 생식이 이뤄지고 수정란이 착상해 태아가 신생아로 나오기 직전까지 자라는 기관이다. 자궁은 근육질로 되어 있으며, 이 근육은 당연히 불수의근이라 항문에 힘을 주듯이 임의로 힘을 줄 수 없다. 자궁 입구는 자궁목 또는 (목경頸 자를 써서) 자궁경부라고 부른다. 자궁경부에 있는 조그마한 구멍이 질과 자궁 안쪽을 연결하는 통로가 된다. 이 구멍으로 월경혈이나 분비물이 나오고 정자가 들어간다. 당연히 질식분만을 하면 태아도 이쪽으로 나온다. 질은 영어로 vagina로, 라틴어로 칼집을 뜻하는 vagina가 어원이다. 실제 삽입 성관계에서 발기된 음경은 질에 딱 맞게 들어가서 자궁경부로 정액을 사정하게 된다. 매우 남성 중심적인 어원 같지만,

원리와 모양을 생각해보자면 조어 당시에는 적절한 비유라고 여겨졌을 듯하다. 질의 길이는 대략 7.5cm이지만 이 길이는 체격에 따라 사람마다 천차만별이다. 구조적으로 뒤쪽 벽(후벽)이 경사가 있어서 앞쪽 벽(전벽)보다 더 길다.

질 내부는 원통형의 공간이며 점막으로 둘러싸여 있다. 평상시에는 거의 붙어 있다가 필요시 벌어지는데, 질은 매우 신축성 있는 기관이라 분만 시에는 신생아가 나올 수 있을 정도로까지 벌어진다. 질은 서 있을 때는 아래쪽으로 쏠리고, 앉으면 약간 앞쪽으로 치우친다. 성관계 시에 성적 쾌감을 주는 부분은 성감과 관련된 발기성 조직과 신경이 집중적으로 분포된 음핵 및 그 주변, 즉 '음핵-요도-질 복합체'에 대부분 몰려 있다. 나머지 부분은 이 부위만큼 민감하지는 않은 편이다.

여성의 외부 생식기는 대음순, 소음순, 음핵, 요도구 등으로 이루어져 있다. (발생학적으로) 음낭과 대칭되는 대음순은 바깥에서, 소음순은 안쪽에서 질어귀를 싸고 있다. 순脣자는 입술을 뜻하는 한자로 여성의 외부 생식기가 입술을 닮았음을 표현한 것이다. 대음순은 건조한 피부로 보통 털이 있고, 소음순은 점막으로 되어 있어 축축하며 털이 없다. 음핵은 영어로 clitoris(클리토리스)라고도 하며, 귀두의 대칭 기관으로 충혈되면 크기가 커지며 성감과 관련된 신경이 몰려 있다. 인체에서 유일하게 성적 쾌감만을 위해 고안된 구조다. 이들을 통틀어서 외음이라고 부른다.

질의 입구에는 점막으로 된 질입구주름이 있다. 이 부위는 일부 원숭이 종에서도 발견되는 구조로, 첫 성관계 시 피를 흘리기 위해 만들어진 것이 아니라, 인간의 발생 단계에서 질이 개통될 때 밀려

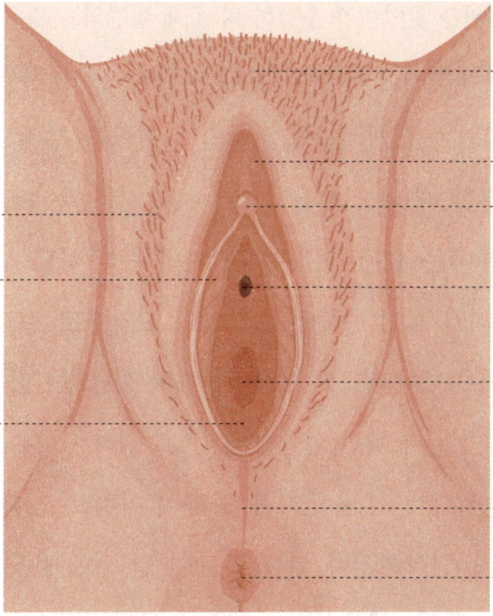

여성의 외부 생식기

관과 비뇨생식로가 만나면서 남은 점막의 흔적이다. 생물학적 기능은 없으며 모양도 다양하고, 아예 없는 여성도 있다. 일반적으로 질입구주름엔 월경혈이 나올 수 있는 크기의 구멍이 뚫려 있다. 첫 성관계 시에 파열되기도 하지만, 파열되지 않을 때가 더 많다. 드물게 이 주름이 질입구를 완전히 막아서 월경혈이 쌓이기도 한다(초경이 너무 늦어져 병원을 찾았다가 우연히 막힌 게 발견되는 경우도 있다).

질어귀 아래쪽에선 쿠퍼샘과 대칭되는 바르톨린샘이, 위쪽에선 전립선에 대칭되는 스케네샘이 소량의 윤활액을 분비하지만, 여성이 성적으로 흥분할 때 나오는 윤활액은 대부분 외음과 질의 점막에서 분비된다. 외음에는 혈관이 많이 깔려 있다. 여성도 성적으로 흥분하면 성기에 피가 모여 충혈되고 혈액이 고압으로 걸러져서 윤활액으로 분비된다(동맥이 열리고 정맥이 닫히며 충혈되는 점에서 남성과 성적 흥분의 원리가 같다. 다만 혈액이 점막으로 걸러져 나온다는 점이 다르다). 윤활액은 성관계 시 윤활작용을 해서 마찰로 인한 물리적 손상을 막아주는데, 긴장하거나 성적 흥분이 덜 되어 윤활액 분비가 충분치 않으면 윤활이 잘 안 된다. 이성 간 삽입 성관계는 남성의 표피와 여성의 점막이 일으키는 마찰이라고 할 수 있다. 생식기의 구조와 운동 방식 때문에, 여성의 생식기가 손상을 입는 경우가 그 반대보다 훨씬 더 많다. 하지만 점막으로 되어 있고 혈액순환이 활발하다는 건, 감각을 극대화하는 동시에 성관계와 출산 시 발생하는 손상을 견디기 위한 장치이기도 하다. 덕분에 대부분의 손상은 자연스럽게 회복된다.

여성 또한 성적인 자극과 감정 등을 종합해서 오르가슴에 도달한다. 남성에 비해서는 훨씬 더 다양한 요소가 작용한다고 알려져 있으며, 오르가슴을 느끼는 방식 또한 더 다양하다. 다만 오르가슴 시 느끼는 쾌감의 정도가 남녀별로 다르다는 통설은 과학적 근거가 없는 얘기다.

여성이 오르가슴에 도달하면 질 주변의 근육(골반저근육)이 연속적으로 수축하면서 강렬한 쾌감이 이어지고 곧이어 조금씩 이완되면서 전신의 생리적 변화가 일어난다. 남성처럼 직접적인 불응기가 있는 게 아니기 때문에, 여성은 지속적인 멀티 오르가슴을 느낄 수 있다. 한편 오르가슴과 임신 성공 간에는 특별한 관련이 없는 것으로 알려져 있다. 여성도 뇌의 지배를 받아 성적 자극을 느끼지만, 많은 경우 난소에서 분비되는 호르몬과도 연관이 있다. 다만 성적 충동에 있어서는 여성도 에스트로겐보단 남성호르몬의 일종인 안드로겐의 영향을 더 받는다. 이렇게 여성의 성욕에는 복합적인 요소가 관여하기 때문에, 여성호르몬이 폭발해서 성욕도 폭발한다는 말에는 애매한 면이 있다.

> "임신하지 않고 황체가 퇴화하면
> 자궁내막이 헐리면서 월경혈이 되고
> 자궁의 근육은 수축해서 피를 내보낸다.
> 이때 자궁 근육을 수축하게 하는 물질이 프로스타글란딘이다"

난소는 자궁 양쪽에 매달려 있으며 대략 아몬드만 한 크기다. 여성은 수정을 위해 난소에서 원시 난모세포를 하나씩 배출한다. 양쪽에서 번갈아서 배출하므로, 한쪽 난소는 두 달에 한 번씩 배란하

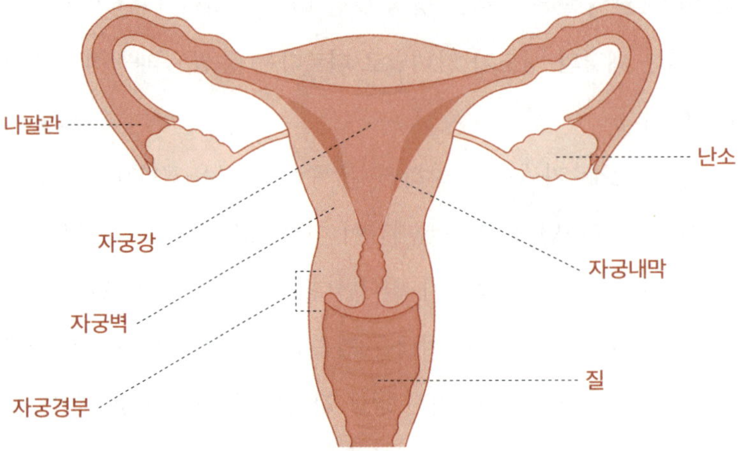

자궁의 구조

게 된다. 선천적으로 한쪽만 있거나 수술로 한쪽을 제거한 경우에는 한쪽에서 매달 배란한다. 난소에는 저마다 성숙 단계가 다른 난모세포들이 들어 있다. 이들은 여포라는 구조에 의해 포장되고 성숙되어 여포강에 들어 있는 난포액과 함께 배출된다. 난소는 배출할 난모세포를 두 달에 하나씩 선택하는데, 가장 건강한 난자를 선택하는 방법이 있을 것으로 추측된다. 난자를 포함한 난포가 커지면서 난소 벽 쪽으로 이동해 터지면 난자가 이 벽을 뚫고 나오며 배란된다. 배란이 이뤄지면 나팔관의 손가락(술 fimbriae)이 난자를 붙잡는다. 나팔관 술에 붙들린 난자는 나팔관 내부로 점차 이동하면서 그 안에서 24~48시간 동안 생존한다. 여기서 수정되면 태아를 만들 수 있는 수정란이 되고, 수정되지 않으면 자궁까지 이동했다 그대로 소멸한다. 난자를 싸고 있던 여포는 난자를 배출할 때 혈액이 묻어

적체가 되었다가 혈액이 흡수되면 황체가 된다. 그래서 배란을 촉진하는 호르몬을 황체형성호르몬이라고 한다.

황체는 난자가 수정되지 않으면 퇴화해서 백체가 되고 기능을 잃는다. 황체는 에스트로겐과 프로게스테론을 배출해서 자궁내막을 유지하고 추가 배란을 막는다. 황체가 퇴화하면 프로게스테론 배출이 멈추고, 이것이 신호가 되어 월경이 시작된다. 프로게스테론은 황체에서 주로 분비되므로 황체호르몬이라고도 한다. 피임약은 황체에서 내보내는 에스트로겐과 프로게스테론의 복합제다. 피임약을 복용하면 몸은 황체가 계속 남아 있으니까 임신으로 판단해서 배란을 하지 않는다. 하지만 휴약기에 약을 중단하면 황체가 퇴화한 것으로 판단해서 월경을 한다. 월경주기는 연속성이 있으나 우리는 편의상 월경혈이 배출되는 첫날을 1일로 계산한다. 그래서 대략 1일부터 14일째까지를 여포기, 배란이 시작되는 15일부터 28일까지를 황체기로 구분한다. 난소 안의 여포와 황체는 연속해서 변화하는 작은 덩어리지만, 호르몬을 배출해서 임신 과정을 총괄하고 여성의 몸에 평생 영향을 준다.

여포기에는 주로 에스트로겐이 분비되는데, 이때 질에선 정자가 수영하기 쉽도록 점액질의 분비물이 나온다. 그래서 완경 후에는 질이 건조해져 에스트로겐 복합 제제를 많이 복용한다. 황체기에는 프로게스테론이 질 점액을 끈적이게 만들어서 세균이 들어오는 것

미프진

임신을 중단하는 미페프리스톤, 일명 미프진은 프로게스테론 활성 억제제다. 이 약은 프로게스테론의 활성을 막아서 자궁내막이 침식되고 결국 임신을 유지하지 못하게 한다. 서구권에서 경구 임신중단약으로 사용되나, 아직 국내에는 시판되지 않고 있다.

을 봉쇄하는 한편, 뇌에 작용해서 기초체온을 높인다. 그래서 앞서 설명한 대로 자고 일어나 아침에 잰 기초체온으로 배란을 가늠해 피임을 할 수 있다. 사후피임약은 고농도의 프로게스테론으로, 배란이 일어나지 않게 하면서 점액을 매우 끈적이게 만들어 세균뿐 아니라 정자나 수정란의 이동까지 막아버린다.

프로스타글란딘과 월경통

프로스타글란딘은 통증을 일으키는 물질이기도 하기 때문에 너무 많이 생성되면 월경통을 일으킨다. 메스꺼움, 구토, 두통까지 프로스타글란딘과 연관되어 있다. 이 물질을 억제하는 것이 인간이 개발한 일반 진통제다. 타이레놀은 월경통에 잘 듣는 대표적인 진통제다. 많은 여성이 월경전 증후군pre-menstrual syndrome, PMS을 겪는데, 황체에서 나오는 프로게스테론의 박동성 분출로 인한 다양한 정신적, 신체적 증상을 말한다.

임신하지 않고 황체가 퇴화하면 자궁내막이 헐리면서 월경혈이 되고 자궁의 근육은 수축해서 피를 내보낸다. 이때 자궁 근육을 수축하게 하는 물질이 프로스타글란딘이다. 한편 임신을 하면 황체는 퇴화하지 않고 임신 유지의 핵심 조직으로 등극해서 호르몬을 내보내 자궁내막을 보존하고 태반이 생성되게끔 한다. 프로게스테론의 영향으로 부풀어 있던 자궁내막이 헐려 월경으로 나가지 않게 되는 것이다. 그래서 피임약을 계속 먹으면 월경이 늦어진다. 프로게스테론은 또 자궁의 수축을 막아서 태아가 미숙아로 태어나는 것을 예방하기도 한다. 같은 원리로 피임약이 자궁 수축을 막아 월경통을 조절하기도 한다. 여포와 황체를 만드는 난소는 호르몬을 배출하는 기관으로 둘 다 제 기능을 못하면 생식기능이 상실되어 조기에 완경이 된다. 또 난자는 그야말로 난소에서 터져 나오므로 배란을 많이 한 난소는 흉터가 생겨 울퉁불퉁하다.

여성의 생식기관은 주기적으로 상태가 변화하며, 외부로부터의 자극도 잦다. 이에 따라 점막의 염증이 자주 발생한다. 자궁근종은 여성의 60%에게서 발생하는 흔한 질환으로 근육이 뭉쳐서 종괴가 된 것이다. 심각한 문제를 일으키지는 않으나 위치에 따라서 임신을 방해하기도 하고 출혈이나 통증의 원인이 되기도 한다. 자궁은 생식만을 위한 기관이므로 제거해도 생존에 문제가 없으며 몸에 별다른 이상을 주지 않는다. 만약 임신 계획이 있다면 근종만 제거하면 된다.

일반적으로 인체 기관은 자극을 많이 받고 염증이 잦으면 암 발생 확률이 높아진다. 맵고 짜게 먹으면 위암 발생률이 더 높아지는 것과 같다. 여성생식기에 생기는 암 중에 가장 흔한 암은 외부와 접하는 자궁경부에 생기는 자궁경부암이다. 자궁경부암은 사람유두종바이러스human papilloma virus, HPV에 의해 발생한다. 그래서 성관계 파트너에게 이 바이러스가 있거나, 파트너가 많아 바이러스 접촉 위험이 높아질수록 발병 확률이 올라간다. 자궁경부는 질과 통해 있으므로 암 발생 시 질출혈이 있을 수 있다. 두 번째로 흔한 암은 매달 채움과 탈락을 반복하는 자궁내막에 생기는 암이다. 역시 출혈 등의 증상이 생길 때가 많다. 그다음은 난소암으로 질과 연결되어 있지 않고 주변 복강은 빈 공간이라 암이 커져도 뚜렷한 증상이 없어 발견했을 때에는 이미 전이가 진행된 경우가 많다. 당연히 셋 중에 난소암의 사망률이 가장 높다. 피임약을 먹거나 출산 횟수가 늘어나면 난소의 배란 사이클이 줄어들어 암 발생 확률도 준다.

여성의 내부 생식기는 재생산을 담당하고 호르몬을 분비한다. 위에서 말한 대로 완경이 되었다면 제거해도 건강에 큰 문제는 없다. 특히 자궁 제거 수술을 해도 질은 남아 있으므로 전처럼 성관계가 가능하다. 난소는 한쪽을 제거해도 생식력을 유지할 수 있으나 양쪽이 제거되면 생식력이 상실된다. 이렇게 양쪽 난소가 제거돼도 여성호르몬은 몸의 다른 곳에서 대신 분비된다. 다만 이전처럼 호르몬 주기가 생기지는 않는다.

"아기 머리가, 머리카락이 분명히 보여요"

첫 성관계가 악몽이 된 환자는 출혈이 멈춘 후 안정을 찾았다. 그는 곧 산부인과 병동에 입원했다. 다음으로는 시험관 시술 이후 복통을 호소하는 환자가 왔다. "과배란 주사난자를 채취하기 위한 목적으로 한 번에 다수의 난자를 배란하게 하는 주사. FSH, LH를 주로 사용한다를 벌써 네 번째 맞았어요. 맞을 때마다 배가 너무 아파서 죽을 것 같아요. 머리도 아프고 메스꺼워서 먹은 걸 다 토했어요." 환자는 배를 건드리기만 해도 심한 통증을 호소했다. "증상을 조절할 수는 있지만, 어쩔 수 없는 반응이라서 견디는 수밖에 없어요. 약을 좀 드리고 나아지는지 보겠습니다. 복강 내 출혈도 있을 수 있거든요. 고생이 많으시네요." 남편은 옆에서 안절부절못하고 있었다.

"2세를 가지는 건 정말 어려운 일이에요."

"어떤 사람은 갖기 싫어도 그렇게 쉽게 생기는데, 또 어떤 사람은 간절히 원해도 안 생겨서 의학의 도움을 받아야 하죠. 1년 이상 규칙적으로 성생활을 해도 아이가 안 생기면 난임인데, 양육도 쉬운 일은 아니지만, 아이를 갖고 낳는 건 정말 보통 일이 아니죠."

어느덧 크리스마스의 새벽이 다 지나고 아침이 밝아오려고 했다. 당직 근무도 끝나가려던 참이었다. 급박한 전화 한 통이 걸려 왔다.

"구급대원입니다. 동남아 국적의 24세, 40주 산모인데 배가 아프다고 신고했습니다."

"분만할 것 같습니까?"

"양수 터졌다고 합니다. 지금 거의 나올 것 같다고……."

"아이고…… 얼른 오세요. 40주 산모, 분만 준비합니다!"

모든 의료진이 한숨을 쉬었다. 응급실에서도 1년에 한 번쯤은 아이를 받을 일이 있었다. 분만은 인간의 중요한 생식 활동이자, 만전을 기해야 하는 의료 행위다. 준비를 단단히 해야 했다. 응급실에서는 좀처럼 쓸 일이 없는 분만 도구를 꺼낸 뒤 모든 의료진이 멸균 가운 차림에 장갑을 끼고 대기했다. 구급대는 도착하자마자 말했다. "아기 머리가, 머리카락이 분명히 보여요." "이쪽으로 빨리!" 산모는 한국어가 유창했으나 산통으로 비명을 지르고 있었다. "아이가 나와요. 둘째라서 빠른 것 같아요. 갑자기, 아악! 악!" 고통스러워하는 환자를 침대에 눕히고 다리 사이를 보았다. 이미 양수가 터져서 흘러내리고 있었고 생식기가 열린 틈으로 아이의 머리가 보였다.

> “접합체가 된 세포는
> 느릿느릿 분열하며 자궁벽까지 헤엄친다.
> 이것이 인간이 되기 위해
> 최초로 조합된 전능줄기세포다”

세포 한 개에 가까운 정자는 낯선 자궁 안을 헤엄쳐 난관을 거슬러 난자를 만나야 한다. 정자의 길이는 60μm고 머리 부분은 5μm에 불과하다. 게다가 주변 액체를 흡수해서 영양분을 공급받아야 하기 때문에 공기 중에 나오면 그대로 죽는다. 정자는 우선 적어도 18cm 이상의 거리를 헤엄쳐야 하고, 이는 대략 몸길이의 3000배 거리를 수영해 가야 한다는 뜻이다(키 160cm인 사람이 50m짜리 올림픽 공식 수영 트랙을 왕복 50회 헤엄쳐 가는 거리다). 정자는 분당 최대 1~5mm의 속도로 필사적으로 헤엄쳐서 경쟁자인 1억 개의 다른 정자를 제치고 가장 먼저 나팔관 끝에 도달해야 한다. 정자는 저마다의 속도로 헤엄치기 때문에 가장 빨리 도달하는 정자는 30분 이내, 늦으면 24시간 만에 목적지에 도착한다. 자궁의 갈림길에 다다른 정자는 알아서 배란되는 쪽으로 헤엄쳐 간다. 한 번 사정할 때 자궁경부로 들어가서 자궁을 지나 나팔관을 거슬러 넘어갈 수 있는 정자의 수는 200~300개에 불과하다.

나팔관 끝에 도착했는데 운 좋게 난자가 생존해 있으면 수정할 수 있다. 아무것도 없으면 난소에서 난자가 나오기를 3일 정도 기다린다. 그래도 끝까지 난자가 안 나오면 당연히 사멸한다. 영양분을 공급받기 어려운 외떨어진 세포 하나가 3일을 생존하는 것만 해도 대단한 생명력이다. 하지만 대부분의 정자는 헤엄칠 기회조

임신 1분기~3분기

임신 분기는 태아가 신생아가 될 때까지 임신 주수별로 나뉜다. 임신 14주 차까지를 1분기, 28주 차까지를 2분기, 그 후를 3분기로 나누는데, 1분기에 유전자가 맞지 않거나 기타 이런저런 이유로 10% 정도는 자연유산 된다. 1분기는 뇌, 심장, 팔다리 등이 발생하는 시기로 태아는 키 7.5cm에 몸무게 30g 정도까지 자라지만 독립적으로 생존할 순 없다. 2분기에는 대부분의 장기가 완성된다. 간과 신장이 일을 하며 본인의 의지를 가지고 움직이고 키 28cm에 820g까지 성장한다. 다만 아직 폐가 성숙하지 않아서 이 상태로 분만되었을 때도 자연 상태에서 생존하긴 어렵다. 그럼에도 호흡과 체온조절, 영양 공급 등 의학의 도움을 받으면 2분기에 접어든 500g 이하의 초미숙아도 살아서 성장할 수 있다. 3분기부터 태아는 본격적으로 성장한다. 하루에 몸무게가 30g 정도씩 늘어나고 키는 50cm까지 자란다. 37주면 3kg을 넘기며 정상 분만 주수에 진입한다.

차 얻지 못한다. 자연 상태에서 남성은 평생 1조 개 이상의 정자를 만들지만, 저출산 시대에 수정에 성공해 세상에 탄생하는 것은 한두 개뿐이다. 1조 개 중에 선별된 극소수의 정자와 300개 중 하나인 난자의 만남으로 탄생한 게 우리 인간이다.

운 좋게 난자에 접근한 정자는 머리가 녹아서 난자로 들어가게 된다(이렇게 처음 도착한 정자와 수정되는 것이라고 일반적으로 알려져 있지만, 다른 선택 기전이 있다는 가설도 있다). 이때부터 난자는 접합체라고 불린다. 접합체는 막을 변화시켜서 다른 정자의 침입을 막는다. 난자는 정자가 수정되면 최종적으로 분열을 거쳐서 스물세 개의 염색체만 남긴다. 정자가 가지고 온 스물세 개의 염색체가 여기 붙어서 온전한 한 사람을 이루는 스물세 쌍의 염색체가 된다. 우리는 평생 이 스물세 쌍의 염색체를 복제하면서 산다. 일생 동안 필요한 인체 정보가 여기 모두 담겨 있다. 동시에 이 정보를 이루는 유전자 조합은 사람마다 매우 고유하다. 유전자 조합은 각자 1000만 가지 이상이기 때문에, 똑같은 커플이 자녀를 아무리 많이 낳는다 해도 각각의 조합이 일치할 가능성은 거의 없다.

접합체가 된 세포는 이제 자궁벽까지 헤엄친다. 정자 혼자서는 한 시간도 안 걸린 길이지만, 접합체는 느릿느릿 분열하면서 움직여 약 4일 만에 자궁벽에 이른다. 4일 동안 접합체는 세포분열을 해서 100개 정도로 나뉜다. 이것이 인간이 되기 위해 최초로 조합된 전능줄기세포totipotent stem cell다. 이 세포를 뜯어서 하나하나 키우면 이론상 모두 같은 유전자를 가진 인간이 될 수 있다. 분열 단계에서 층이 갈라지면 유전자가 같은 일란성 쌍둥이가 나오는 것도 같은 원리다. 반면 이란성 쌍둥이는 난자가 두 개 나와야 하고 정자도 두 개가 수정되므로 완전히 다른 유전자를 가진 형제가 된다. 드물게 접합체가 헤엄치지 않고 나팔관에 남아 있으면 나팔관 자궁외임신이 된다. 반대로 접합체가 헤엄쳐서 나팔관의 손을 빠져나가 복강에 붙으면 복강 자궁외임신이다. 두 경우 모두 정상적인 임신으로 진행될 수 없고 여성의 생명을 위협할 수 있으므로 제거가 필요하다.

접합체는 크기를 키우지 않은 채 100개 정도의 세포를 가지고 자궁에 도착한다. 핵도 100개지만 이 세포들은 부피가 100분의 1로 줄어든 상태다. 접합체는 여기서 3일 정도 더 자궁에 떠 있는 상태로 영양분을 얻으며 착상할 준비를 한다. 이때부터 빼곡히 들어 있던 세포들이 한쪽으로 기울면서 접합체는 영양막으로 둘러싸인다. 그 모습은 마치 허공에서 착륙할 준비를 하는 물체 같다. 세포들이 착륙할 자궁내막은 월경주기 21일경 최대 두께를 유지한다. 접합체의 영양막은 자궁내막의 단백질을 녹여 구멍을 내고, 그 안에 있던 세포는 여기에 씨앗처럼 심긴다(다시 말하지만, 수정체가 오지 않으면 자궁내막은 월경으로 배출된다). 이 자리에서 태반이 생겨나고 영양을 공급할 수 있는 제대동맥과 정맥이 형성된다. 착상 후 5주경이면 심장이 만들어져서 혈액이 순환되고 그때부터 배아는 인간 형태를 갖춰가기 시작한다. 이후 탯줄과 태아를 둘러싸는 양막, 융모막 등이 생긴다. 임신이 유지되면 태아를 둘러싸고 있는 벽의 융모를 유지하기 위해 사람융모성 생식자극호르몬human chorionic gonadotropin, HCG이 나온다. 이 호르몬은 임신 4주경부터 검출되는데, 이를 확인하는 것이 임신 테스트기다.

임신 과정에서 태반은 영양을 공급하는 통로가 된다. 하지만 산모와 태아가 직접적으로 혈액을 공유하지는 않아서, 혈액은 벽을 두고 흐르며 물질을 교환하기만 한다. 그래서 대부분의 세균, 바이러스 질환도 공유되지 않는다. 다만 태반을 통과하는 바이러스나, 산도를 지나면서 혹은 분만 후 혈액이 섞이면서 감염되는 바이러스가 있다(태반으로 전달되는 대표적인 바이러스로 고양이가 매개하는 톡소플라스마가 있다). 산도를 나올 때는 임질의 원인인 임균이나 HIV 등의 성병 병원체, 분만 후 처치에서는 B형 간염 바이러스에 감염될 수 있다. 한편 임신한 여성이 술, 담배, 마약 등을 하면 그 성분이 태반을 통해 태아에게 전해질 수 있다. 이들은 기형 유발 물질로 태아 발생 시에 결함을 가져올 수 있어서 임신 중이라면 삼가도록 권고된다.

태아는 임신 과정 내내 양수 안에서 숨을 쉰다. 여기에는 인간이 물에서 뭍으로 나온 진화 과정이 반영되어 있다. 수중에서 호흡하며 산소를 얻었던 태아는 분만에 맞춰 계면활성제가 나오고 폐가 펴지면서 공기를 호흡할 수 있게 된다. 모체가 분만할 준비가 되면 점차 옥시토신 분비가 증가한다. 모체에서 가장 강력한 산파 역할을 하는 것이 바로 이 옥시토신이다. 뇌에서 분비되는 옥시토신은 자궁을 수축시키고 자궁경부를 열어서 태아를 내보낸다. 자궁경부의 확장은 더 강력한 옥시토신의 분비를 유발하고 그 농도는 분만이 완료되어야만 정상적으로 줄어든다. 옥시토신은 평소에도 행복감과 성적 호감을 끌어올리고 스트레스 완화에 도움을 주지만, 이 순간만은 강력히 분만에 관여한다. 활성 지질 화합물인 프로스타글란딘은 호르몬과는 다른 물질로, 월경 때처럼 자궁 근육을 수축시키고 강력한 산통을 유발한다. 분만이 시작되면 자궁경부가 열리고, 양막 주머니가 터지면서 양수가 질을 통해서 흘러나오며, 신생아가 머리부터 밖으로 나오게 된다. 병원에서는 회음절개술로 머리가 나오는 일을 돕는다. 머리만 잘 빠져나오면 이후 몸은 금방 따라 나오고 곧 태반이 배출된다. 분만 과정은 자연적으로 진행되기 때문에 인류는 오랫동안 의학의 도움을 받지 않고도 종을 보존할 수 있었다. 하지만 직립보행에 용이하도록 골반이 좁아지고 뇌는 점차 커지면서, 태아가 산도를 빠져나오기가 점점 더 어려워졌다. 태아가 머리를 자궁경부에 두지 않고 위치를 다르게 잡고 있는 경우도 많다. 이런 난산에 대비하기 위해 우리 조상들은 기원전부터 제왕절개를 개발하고 산파를 양성해서 분만을 도왔다.

인간은 지구 한쪽 끝에 있는 여성과 반대쪽 끝에 있는 남성이 성관계를 해도 2세를 만들 수 있다. 계통적으로 인간은 완전히 통일된 단일한 종이기 때문이다. 유전자는 계속 섞이는 중이지만, 생물학적으로 인종이란 없다. 한편 개나 고양이나 원숭이는 유전적으로 대단히 다양한 종이 있다. 말과 당나귀같이 비슷한 종끼리 교배하면 노새를 만들 수도 있다. 하지만 자연 상태에서 극히 드물게 인간의 유전자는 고립되어 있다. 호모사피엔스는 다양성이 확보된 종이 아니다. 그래서 인간은 외부 환경 변화에 취약하다. 이대로는 영원히 번성할 수 없으며 언젠간 멸종할 거란 얘기다. 하지만 인간에게는 문명이 있다. 문명은 언제나 인간이 외부 환경과 맞서 싸우는 힘이 되어왔다. 극단적인 환경 변화가 와도 후대 인간들은 종 보존을 위한 투쟁을 이어갈 것이다.

· · · · ·

산모는 안간힘을 쓰고 있었다. "혈관 빨리 확보하고 옥시토신 주사합니다." 아기도 나오려고 안간힘을 쓰는 것 같았다. 머리만 꺼내면 큰 고비를 넘기는 것이다. 얼른 국소마취를 하고 회음을 대각선으로 절개했다. 산모는 식은땀을 흘리면서 젖 먹던 힘까지 내느라 소리조차 지르지 않았다. 절개 부위가 약간 움찔했다. 공간의 여유가 생기자 머리에 꽉 끼었던 산도가 한결 널널해졌다. 옥시토신의 효과도 발휘되는 것 같았다. 나는 신생아의 머리를 붙들고 살살 돌려주었다. 마지막으로 산모가 있는 힘껏 힘을 주자 아기의 얼굴이 쏙 하고 빠져나왔다. 안도의 한숨이 나왔다. 이제 거의 다 되었다.

머리가 나오면 아기는 자연스럽게 90° 각도로 돌아간다. 나는 아기의 머리를 양손으로 감싸고 좌우로 계속 살살 돌려주었다. 아기가 돌면서 어깨가 빠져나왔다. 한쪽 어깨가 나오자 몸통과 다리는 쉽게 빠져나왔다. 꺼낸 아기에게는 탯줄이 달려 있었다. 의료진이 탯줄 양쪽을 클립으로 잡았고 나는 탯줄을 가위로 잘라냈다. 이로써 아이는 엄마와 분리되었다. 독립된 새 생명, 새로운 인간이 탄생한 것이다.

여자아이였고, 피부는 분홍색이었다. 아기는 허공에서 손발을 오므리고 있었다. 태지를 살살 닦아내고, 따뜻하게 덥힌 담요로 아기를 감쌌다. 입에 계면활성제를 투여하고 등을 두들기자 아기는 힘차게 울음을 터뜨렸다. 맥박도 잘 뛰고 있었다. "아프가 점수Apgar score, 출생 직후 다섯 가지 검사 항목을 통해 신생아의 건강 상태를 간단히 평가한 점수 10점 만점입니다." 나는 산모에게 말했다. "건강한 딸을 낳으셨습니다. 고생 많으셨습니다." 아이를 담요째로 안겨주자 엄마는 막 분만을 했음에도 고통이 가신 표정을 지어 보였다. "남편분에게 가운 입고 들어오라고 하세요." 남편은 한국인이었다. "방금 건강하게 출산하셨습니다." 아빠는 산모와 아이를 감싸안았다. "감사합니다. 급하게 왔는데도, 잘 받아주셔서 감사합니다." "뭘요. 둘째 아이 출산 축하드립니다." 서로를 안고 있는 가족을 격리실에 두고 나왔다. 입원 절차를 밟고 몇 가지 서류를 작성하면 오늘의 일은 끝이었다.

"세상에, 아이까지 받은 크리스마스이브 당직이었네요."

"다들 너무 고생 많았어요."

아침 퇴근길, 전신이 욱신거려서 하루 종일 잘 수 있을 것 같았다. 크리스마스 전야에도 사건 사고가 많았다. 성性은 우리에게 커다란 호기심을 불러일으키는 주제이자 종 보존에서 가장 중요한 일이다. 인간의 번식 방법은 유사 이래 단 한 번도 바뀐

적이 없다. 그 긴긴 세월 새로운 인간을 탄생시키는 복잡한 과정을, 사람들은 본능에 새겨진 대로 훌륭히 해내왔다. 정신과 육체가 동반된 사랑이란 얼마나 어렵고도 위대한 일인지. 우리는 그 과정을 성공적으로 통과했기 때문에 이 세상을 살아가고 있으며, 우리 한 사람 한 사람이 모여 이룬 인간 종도 그렇게 존속해 가고 있다.

"참 놀라운 일이지." 혼자 빈 집으로 향하는 길에 나지막이 속삭였다.

10

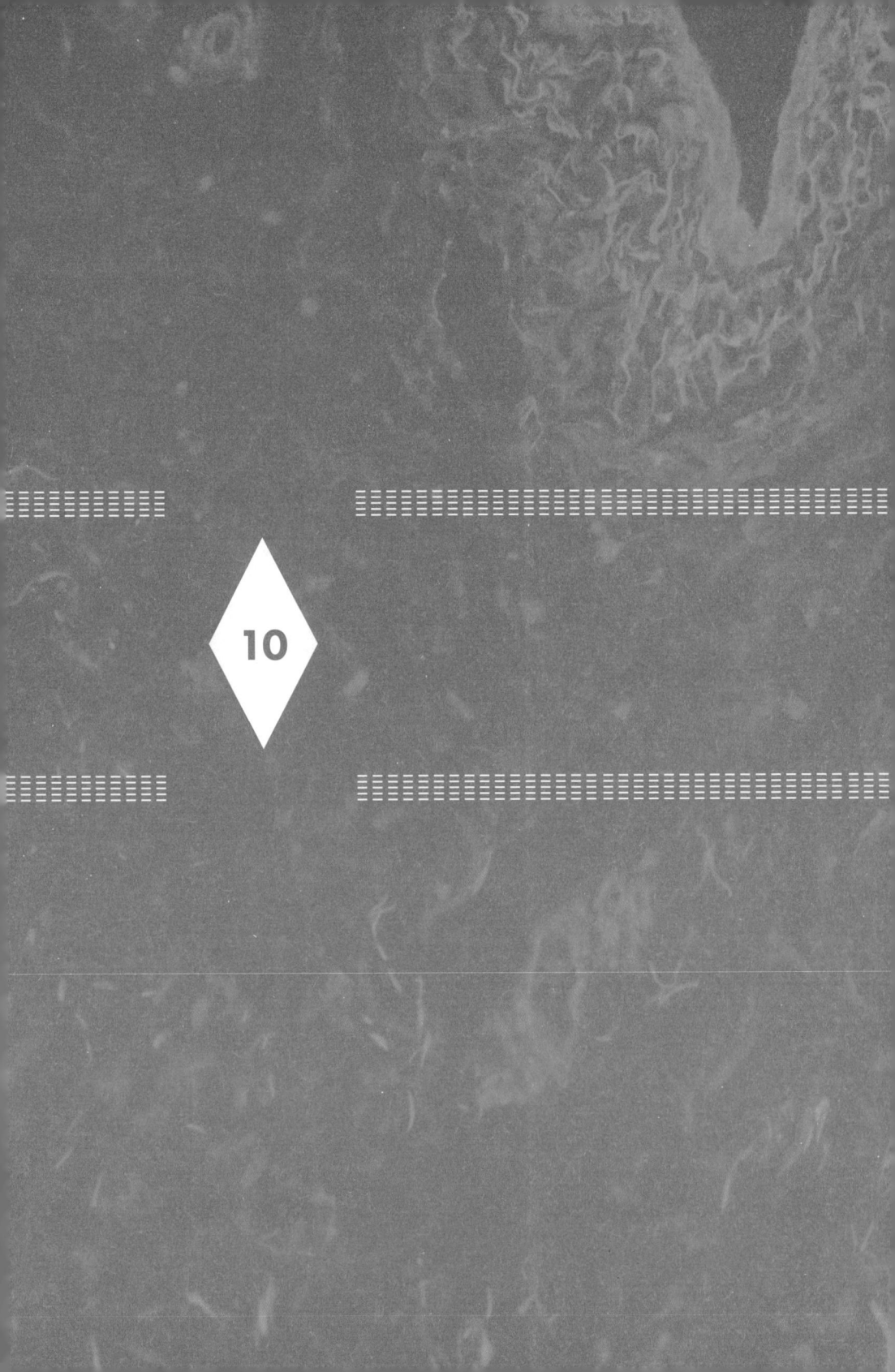

거대한 신경조직 뭉치가
지휘하는,
인간다움의 기능

중추신경
CENTRAL NERVOUS SYSTEM

TRIGINTA PARIVM NERVORVM

QVAE A DORSALI MEDVLLA DORSI OSSIBVS

contenta originem ducunt, nuda delineatio ea proportione expressa, qua superius uenæ cauæ & magnæ arteriæ delineationes exhibuimus. Hæc trium subsequentibus Capitibus communium figurarum secunda numeratur.

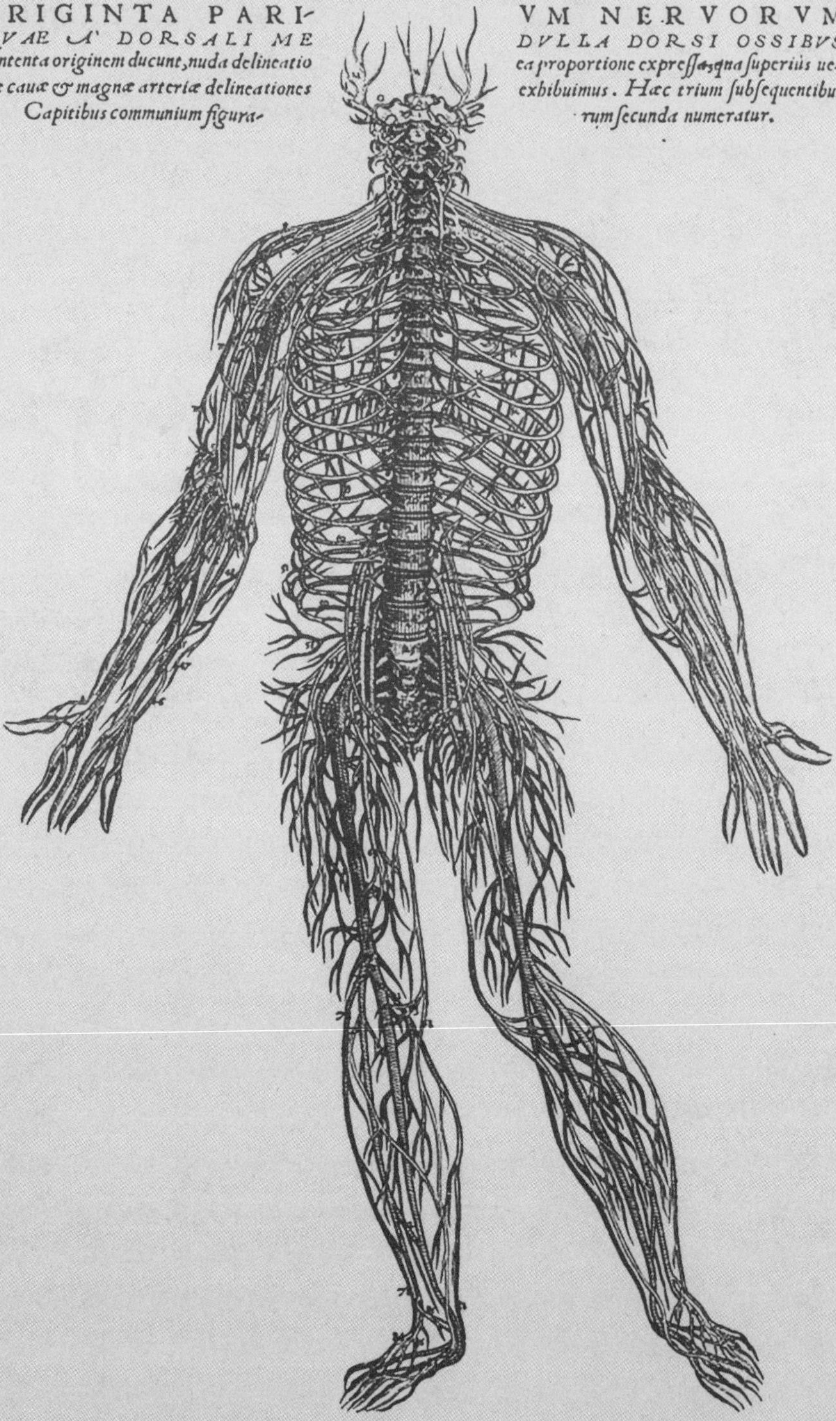

오늘의 첫 환자는 요양병원에서 온 할머니였다. 환자는 오래 자리보전하는 사람이라면 피할 수 없는 요로감염과 흡인성 폐렴을 앓고 있었다. 내원한 이유도 열이 나면서 혈압이 떨어져서였다. 마른 몸의 할머니는 컨디션이 안 좋아 보였다. 평소 성인용 기저귀를 차고, 간병인이 식사를 떠먹여준다고 했다. 하지만 자꾸 사레가 들리면서 폐렴이 생겼다. 나는 할머니에게 여기가 어디냐고 물었다. 할머니는 내 목소리에 약간 눈을 뜨는 듯했지만 대답을 하지 못했다. 보호자로 같이 내원한 딸에게 물었다.

"원래 의식 상태가 이런가요? 이전에 뇌졸중을 앓으셨나요? 누워 계신 지는 얼마나 되었나요?"

"뇌졸중은 없었어요. 그냥 치매가 심하세요. 제 얼굴도 못 알아보신 지 2년쯤 됐어요. 걷지도 못하시고요. 의사 표현은 못하고 그냥 누워 계세요. 지금 평소랑 비슷하신 것 같아요."

보호자는 할머니를 물끄러미 바라보며 손을 지그시 잡았다. 할머니는 손을 약간 꼬물거릴 뿐이었다. 검사에서는 역시나 요로 감염과 폐렴이 동시에 발견되었다. 할머니는 필요한 처치를 마치고 병실로 올라갔다.

"선생님, 사람이 나이가 들어서 저렇게 자식 얼굴도 못 알아보고 의사 표현도 못하게 되는 건 정말 무서운 거네요. 치매는 진짜 좀, 비인간적인 병이에요."

"맞아요. 뇌기능은 인간다운 삶을 가르는 경계인 것 같아요. 여기서 일하다 보니 더 많이 보여요. 인간은 존엄하다고 흔히들 표현하잖아요. 그런데 말 한마디 못하고 대소변도 못 가리고 감정도 느끼지 못하는 삶을 존엄하다고 표현하긴 어려울 때가 있죠. 치매는 존엄을 위협하는 병인 것 같아요."

"그러니까요. 그런데 85세 넘어가면 절반 이상은 치매 환자가 되잖아요."

"치매가 진행되는 과정을 보면, 비극적이에요. 뇌는 치매에 걸리면 발달했던 순서의 역순으로 기능을 잃어버리면서 아기 때 뇌로 되돌아가죠. 나중에 배운 걸 먼저 잊어버려요. 단어를 점차 잊어버리다가 언어 자체를 잃어버리고, 사람을 알아볼 수 없게 되었다가 종국엔 거울에 비친 자기 얼굴도 못 알아보게 되죠. 사랑하는 사람이 옆에서 존엄을 잃어가니 지켜보는 가족들에게도 괴로운 일이고요. 우리 할머니도 그러셨죠. 그래서 저도 치매 환자를 보면 인간이란 어떤 존재인가 하는 생각을 해요."

"맞아요. 삶에 대해서 좀 생각하게 돼요. 그래서 요양병원에서 환자들이 오시면 더 마음이 가요."

"당연하죠. 반응이 없이 누워만 있어도 사람이잖아요. 뇌도 장기 중에 하나일 뿐이고, 우리한텐 뇌기능을 잃어버려도 숨을 쉬고 심장이 뛰는 한 살아 있는 사람이라는 합의가 있잖아요. 사람을 돌보는 게 우리 일이고요. 그래도 뇌가 우리 존재 방식에 엄청난 영향을 미치는 장기임은 분명하긴 하죠."

∴ ∴ ∴

"인간의 뇌는 기능적으로 분류하자면 뉴런과 축삭돌기, 신경아교세포로 되어 있다. 이는 다른 포유류와 크게 다르지 않다"

뇌는 곧 우리 존재다. 데카르트는 "나는 생각한다. 고로 존재한다"라고 썼다. 이 문장은 부정할 수 없는 철학의 제1명제다. 생각은 곧 존재다. 그런데 생각은 뇌가 하므로, 뇌는 존재 그 자체다. 그렇다면 직관적으로 이런 생각이 들 수 있다. '인간 존재는 곧 뇌다. 그러므로 인간은 뇌가 먼저 창조되고 뇌를 쓰기 위해 다른 부위가 창조되었을 것이다. 한마디로 심장, 폐, 간, 팔다리 따위도 뇌가 존재하기 위해 만들어졌다.'

이는 일리가 없는 말이다. 신경은 자극에 반응하기 위해 탄생했다. 뇌는 이러한 신경조직의 뭉치다. 인간보다 먼저 지구에서 번성한 식물은 '뇌'가 발달하지 않았다. 식물의 신경계는 빛을 감지하고 중력의 반대 방향으로 성장하고 기온이 오르면 수정하는 등 자극에 반응한다. 다만 이 신경계는 '뇌'처럼 중추가 아니라 분산되어 활동하는 원시적인 형태다. 식물의 신경계는 자극과 정보를 처리하고 일종의 기억까지 가능하지만, '뇌' 같은 중추신경계는 발달하지 않았다.

하지만 동물은 식물에 비해 처리해야 하는 정보와 수행해야 하는 일이 훨씬 더 복잡하다. 기본적으로 동물은 움직여야 한다. 외부 자극에 즉시 반응해야 하고 더 나은 곳으로 이동하면서 먹이를 찾아야 한다. 이 복잡한 일을 위해 전신에 분포한 신경은 한곳으로 모이기 시작했다. 최초의 '뇌'는 척추의 신경세포가 모인 신경절이었다. 이 신경절이 점차 발달하면서 동물은 더 복잡한 행동을 수행할 수 있게 되었다. 뇌는 어류와 양서류, 파충류, 포유류의 진화 단계를 거쳐 마침내 인간의 두뇌로 발달했다. 그러니까 뇌는 우리 몸을 보존하며 효율적으로 사용하고 궁극적으로 종을 번성시키기 위한 장기 중에 하나일 뿐이다. 뇌는 우리 몸을 고안하지 않았다. 먼저 신경계와 심장과 폐와 신장과 간과 위가 있었다. 이런 생명 유지 기관들이 다세포 진화 과정에서 다양한 형태로 출현한 다음, 이것들을 조율하는 중추 기관이 인간의 뇌로 탄생한 것이다.

그렇게 탄생한 인간의 뇌는 특별하다. 인간의 뇌는 국가나 민족 등의 추상적인 개념을 만들었고, 사회와 법규를 창조했으며, 예술과 스포츠를 즐겼다. 그뿐만 아니라 다른 종을 길들여 반려하거나 사육해 식용했다. 이것은 지금까지 지구상 어떤 종도 해내지 못한 인간 뇌의 위대한 업적이다. 이를 보고 인간의 뇌에는 구성상 다른 종과 완전히 구별되는 무언가가 있는 게 아닐까 생각할 수 있다. 하지만 이번에도 일리가 없다. 인간의 뇌 구성은 다른 동물의 뇌 구성과 차이가 없다. 다만 인간의 뇌는 다른 종의 뇌와 형태가 다르다. 우리 뇌는 두개골의 모양과 의식 수준에서 다른 동물의 뇌와 구별된다.

뇌는 거대한 신경덩어리로 70%의 수분에 나머지는 단백질, 지방으로 이루어져 있다. 조금 더 기능적으로 분류하자면 뉴런과 축삭돌기, 신경아교세포로 되어 있다. 이는 다른 포유류와 비교해 크게 다르지 않다. 뇌의 구성 물질은 인간이나 개나 닭이나 똑같다. 같은 물질이 모여도 어떤 뇌는 인간의 뇌로 기능하고, 어떤 뇌는 닭의 뇌로 기능하는 이유를 완벽히 설명할 순 없다. 물론 우리 뇌로 다른 종의 뇌와 의식을 완벽히 설명하는 것도 불가능하다.

뇌는 특별한 형태를 띠고 있다. 다른 장기는 직관적으로 기능이 파악되지만 뇌는 그렇지 않다. 가령 인체를 디자인하는 디자이너가 있다고 치자. 그에게 평생 30억 번쯤 뛰어서 펌프질로 전신에 피를 돌게 하는 근육질의 기관을 만들라고 주문하면, 그는 어느 정도 심장과 비슷하게 생긴 것을 만들어 올 것이다. 공기를 흡수해서 혈액에 녹이는 커다란 주머니를 만들라고 하면 폐와 비슷한 기관을 만들 것이고, 음식물을 소화시키는 기관을 만들라고 하면 위와 장처럼 만들 것이다. 하지만 언어·인지·사고·논리·추론 능력을 갖춘, 그러면서 모든 감각과 연결된 의식의 총체인 1.3kg쯤 되는 기관을 만들라고 하면, 우리가 아는 뇌 모양으로 만들어 올 것이라곤 쉽게 상상하기 어렵다. 그만큼 뇌는 파격적인 디자이너가 만들어낸 상상의 산물을 연상시키는 모습이다.

뇌의 각 부분 또한 기능을 전혀 짐작할 수 없게 생겼다. 예컨대 팔과 다리의 근조직을 떼서 현미경으로 들여다보면 이 조직이 수축해서 힘을 쓴다는 걸 알 수 있다. 하지만 뇌조직을 일부 떼어놓고 들여다본다고 생각해보라. 그 안에 일본어 회화가 담겨 있는지 옛사랑의 기억이나 다음주에 고기를 먹으러 가기로 한 약속이 담겨 있는지 아니면 운전 방법이 담겨 있는지 전혀 알 수가 없다. 그러니까 뇌라는 기관은 형태를 보고 무언가를 예측할 수 있는 범주에 있지 않으며, 따라서 각 부위의 모양으로 기능을 추측하는 것도 불가능하다. 뇌는 겉만 봐서는 그 안에 담긴 정보를 추측할 수 없는 신경세포의 다발이다. 그렇기에 사람들이 오랫동안 영혼의 존재를 믿어온 것도 무리는 아니다.

뇌를 설명하려면 물리적인 면과 기능적인 면에 동시에 접근해야 한다.

“울퉁불퉁한 두개골과 벌어진 두피의 층, 깊은 상처가 그대로 드러났다”

한 부부가 대학생 자녀를 데리고 병원을 찾았다. 환자는 열이 심하고 머리가 깨질 듯이 아프다고 했다. 감기 기운이 있어 보였는데, 해열제도 듣지 않아 고열이 났고 두통 외에 다른 증상은 없다고 했다. 환자는 머리를 쥐어틀며 침대에 누워 있었다. 의식은 또렷했지만 고열로 힘들어했다. “잠시만요.” 고개를 앞으로 숙이게 하자 환자는 목뒤의 심한 통증을 호소했다.

“임상적으로 뇌수막염이 의심됩니다. 뇌수막염은 뇌수(뇌척수액)에 염증이 생긴 거라 열이 많이 납니다. 또 뇌수가 머리를 감싸고 있으니까 두통이 엄청 심하고, 뇌수막에 생긴 염증 때문에 이렇게 목을 숙이면 목뒤가 아픕니다. 몸 어디든 염증이 생긴 곳을 건드리면 아픈 것처럼요."

"그럼 우리 아들 뇌에 문제가 생기는 건가요?"

"보통 뇌를 뇌수가 감싸고 있으니까 염증이 동반되지만, 후유증이 남을 정도로 심한 경우는 드뭅니다. 그렇다고 해도 치료 시기를 놓치면 안 됩니다. 일단 뇌수를 뽑아서 검사 결과로 백혈구 수치를 보고 뇌수막염이 맞는지 판단할게요."

"그러면 뇌에 직접 주사를 놓는다는 말인가요?"

"아닙니다. 같은 뇌수가 머리를 통해서 등으로 순환해서, 등에 주사를 찔러서 검사해보면 됩니다. 등을 새우처럼 말아서 척추 사이의 공간을 넓힌 다음에 바늘로 뇌수를 빼내는 거고요. 생각보다 흔하게 하는 검사입니다. 수치 확인하고 배양검사도 진행하고, 뇌수막염이 맞으면 입원해 치료받게 됩니다." 곧 뇌수 천자에서 다량의 백혈구가 발견되었다. 환자는 뇌수막염이 맞았다.

그다음 환자는 오토바이를 헬멧도 안 쓰고 탄 10대 소년이었다. 도로를 질주하다 가드레일을 들이받고 날아갔다고 했다. 구급대원이 목격자의 말을 그대로 전했다. "슬로모션처럼 붕 떠서 날아갔다고 합니다. 그리고 엄청 큰 소리가 났대요." 오토바이의 구조상 앞이 무언가에 가로막히면 거기 탄 사람은 머리부터 날아갈 수밖에 없다. 충돌 시에는 모든 하중을 머리로 받아버리게 되는 것이다. 환자는 이마와 얼굴이 심하게 부어서 생김새를 알아보기 어려웠고, 의식을 잃은 채 발버둥치고 있었다. 나중에 살아나도 뇌 손상으로 이 순간을 기억할 수 없을 것 같았다. 일단 산소를 투여한 다음 환자를 CT실로 보냈다. 그리고 나온 영상은, 결과를 확인하는 모든 이가 탄식을 내뱉을 수밖에 없었을 정도로 끔찍했다. 두개골이 함몰되어 뇌를 누르는 바람에 출혈이 발생해서 뇌를 압박하는 중이었다. 그 사이 내원한 보호자에게 말했다.

"헬멧을 쓰지 않고 오토바이 사고를 당해 머리를 다쳤습니다. 외상성 경막외출혈, 경막내출혈, 뇌실내출혈, 뇌내출혈, 지주막하출혈에 복합성 두개골 골절까지 동반한 손상입니다. 일단 가능한 범위 안에서 출혈을 잡아야 하고 두개골도 펴주어야 합니다." "그러면, 그전처럼 회복될 수는 있는 거지요?" "모르겠습니다. 이미 뇌 손상이 심해서 회복이 가능할지는 말씀드리기가 어렵습니다. 일단 수술받고 중환자실로 입원하겠습니다."

환자는 여전히 발버둥치고 있었다. 오토바이를 탈 때는 적어도 헬멧을 써야 했다. 그러지 않고 사고가 발생했을 땐, 치러야 할 대가가 너무 참혹했다. 나는 환자를 재운 후 삽관한 뒤 호흡기를 세팅하고 환자의 머리카락을 바리캉으로 깎았다. 피떡이 머리카락과 엉켜서 계속 거즈로 바리캉 날을 닦아야 했다. 울퉁불퉁한 두개골과 벌어진 두피의 층이 그대로 드러났다. 내 작업복도 피투성이가 되었다. 출혈이 계속되었지만 일단 지혈만 해서 수술방으로 올려야 했다. 어차피 한 시간 이내로 이 두개골을 톱으로 썰어서 감압을 해야 할 테니까.

"머리카락과 두피와 두개골은
뇌를 보호하기 위한 삼중 구조물이다.
우리 몸에서 머리카락은 억센 털, 두피는 두꺼운 피부,
두개골은 단단한 뼈다"

이족보행을 하게 되면서 인간의 머리는 높은 곳에 위치하게 되었고, 그로 인해 넘어질 때 충격을 많이 받게 되었다. 뇌는 우리 몸에서 보호해야 할 1순위 기관이다. 인간의 피부에서는 털이 퇴화했는데 머리털만은 머리를 충격으로부터 보호하기 위해 남아 있는 것만 봐도 알 수 있다(머리카락이 없다면 뇌를 더 신경써서 보호해야 한다). 머리카락 아래엔 모근이 있는 두꺼운 피부인 두피가 있다. 두피는 피부, 결합조직, 건막, 성긴 결합조직, 두개골막(바깥머리뼈막) 등 다섯 층으로 되어 있다. 영어로는 각각 skin, connective tissue, aponeurosis, loose connective tissue, pericranium인데 그 앞글자를 딴 것이 scalp, 곧 두피다.

두피는 혈액순환이 풍부하고, 성긴 결합조직 덕에 빈 공간이 있어 외부로부터의 충격을 흡수하며, 두개골과 잘 밀착돼 있도록 머리뼈막으로 붙어 있다. 보통 피부는 재생까지 한 달이 걸리지만, 두피는 2주면 재생된다. 두피는 이렇게 빨리 회복되고 흉도 덜 지는 편이라, 찢어졌을 때도 의료용 스테이플러로 쉽게 봉합이 가능하다. 두피에는 근육층이 없다. 그래서 자유롭게 움직일 수 없다. 이마와 목뒤의 일부 근육으로 약간 앞으로 움직일 수 있을 뿐이다. 두피는 위치상 가까운 피부라는 사실 외에 뇌와 직접적인 연결은 없다. 두피가 손상되었을 때 흐르는 피도 마침 두피에 흐르던 피로 두뇌와는 관

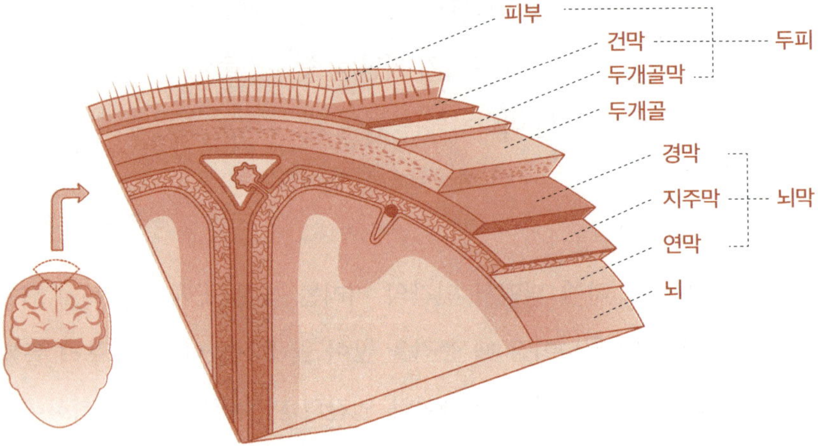

두피와 뇌막의 구조

련이 없다.

그 아래에는 두개골이 있다. 두개골은 무기물이 많이 포함된 단단한 뼈다. 그 첫 번째 기능은 당연히 뇌를 보호하는 것이다. 두개골은 어릴 땐 뇌가 성장할 공간을 주기 위해 열려 있다가 어른이 되면서 닫힌다. 그래서 소아나 신생아는 두개골 사이의 공간, 일명 숨구멍으로 뇌 초음파를 볼 수 있다. 머리카락과 두피와 두개골은 뇌를 보호하기 위한 삼중 구조물이다. 우리 몸에서 머리카락은 억센 털, 두피는 두꺼운 피부, 두개골은 단단한 뼈다. 그러나 두개골이 아무리 단단해도 두뇌가 직접 발명한 헬멧만큼 단단하진 못하다. 머리털, 두피, 두개골은 헬멧처럼 뇌 본체와는 어떠한 연결도 없는, 그저 몸의 털과 피부와 뼈일 뿐이다.

“뇌수는 중추신경계를 기반으로 순환하는 맑고 투명한 액체로, 뇌와 신경계가 작동할 수 있는 최적의 상태를 제공한다”

두개골 안에는 다시 여러 겹의 포장지로 덮인 뇌가 있다. 가장 바깥은 질기고 단단하게 뇌를 감싸고 있는 회색빛의 경막이다. 그 아래는 지주막으로, 거미줄 모양을 하고 있어 거미막이라고도 부른다. 그 아래에는 완충작용을 하는 공간이 있는데, 지주막 아래에 있어서 지주막하 공간이라고 부른다. 그 아래로 얇은 연막이 뇌에 직접 붙어 있고 이것이 뇌의 최종 포장재다. 이렇게 뇌는 경막, 지주막, 연막이라는 포장지로 싸여 있다(이 셋은 뇌를 포함한 중추신경계 전체를 감싸고 있다). 뇌는 척수와 직접 연결되어 목, 허리, 꼬리뼈까지 이어진다. 이것이 중추신경계다. 경막, 지주막, 연막도 허리까지 연결되어 내려온다. 이 가운데 뇌를 보호하는 주요 역할을 하는 것은 지주막하 공간에 차 있는 뇌수다.

뇌수는 중추신경계를 기반으로 순환하는 맑고 투명한 액체다. 뇌수는 혈액과 달리 평생 직접 볼 기회가 많이 없다. 하지만 뇌수 또한 체내 여러 종류의 체액과 마찬가지로 혈액을 걸러낸 액체일 뿐이다. 뇌 가운데의 맥락얼기choroid plexus가 혈액을 두 번 걸러내면 단백질 농도가 줄어들고 맑게 투과된 뇌수가 된다.

뇌수는 앞서 말한 대로 완충작용을 해서 뇌를 지킨다. 그런데 그보다 더 큰 역할은 뇌를 부력으로 띄워두는 것이다. 뇌를 꺼내서 바닥에 내려놓으면 자체 무게 때문에 뇌의 아랫부분이 눌릴 것이다. 뇌는 SF 영화에서 본 시험관 속 액체에 담긴 뇌처럼 뇌수 덕분에 압

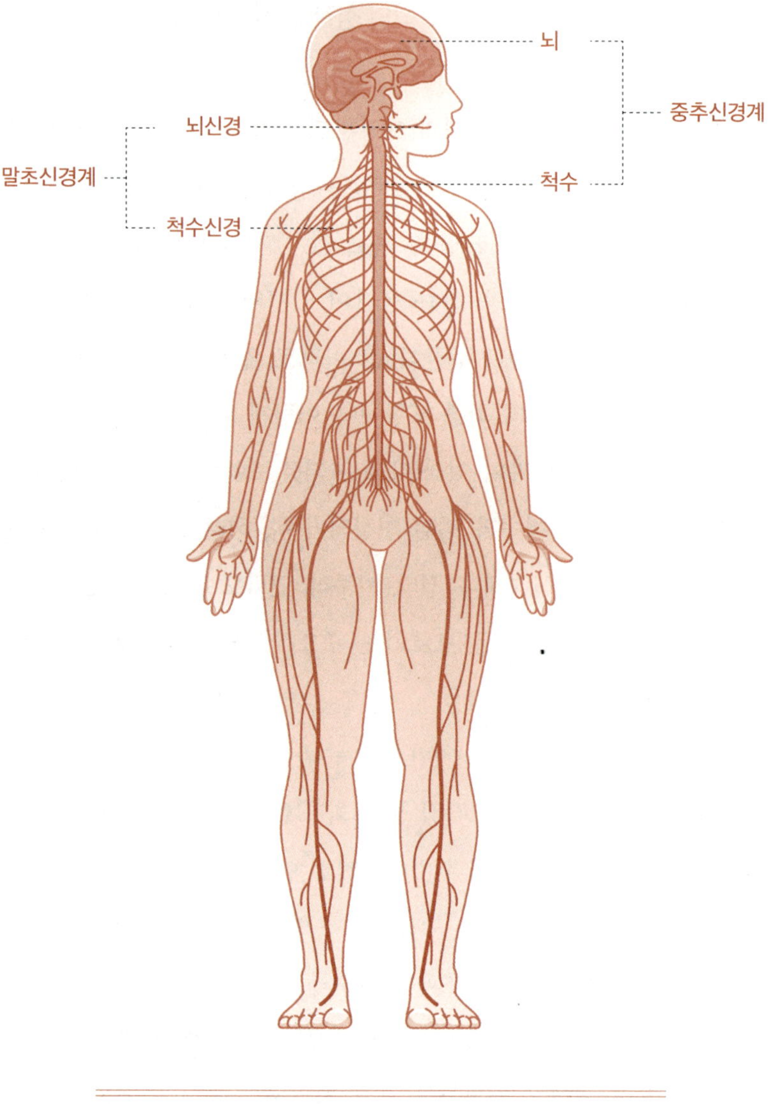

중추신경계와 말초신경계

뇌수의 구성 물질과 순환

뇌수는 99%가 물이고 나머지 1%만 기타 물질로 구성된다. 우리 머리에는 170cc의 뇌수가 들어 있는데, 뇌수는 하루에 500cc 정도 생성되고 양쪽에 있는 뇌실의 맥락얼기에서 3, 4 뇌실을 거쳐 척수를 순환한 다음 지주막으로 돌아와 흡수된다.

력을 골고루 받으면서 떠 있다. 뇌수는 신경계의 노폐물을 빼주고 뇌의 항상성을 유지하는 역할도 한다. 요컨대 뇌수는 뇌와 신경계가 작동할 수 있는 최적의 상태를 제공한다.

그런데 뇌수가 끝없이 순환하는 과정에서 문제가 발생할 수도 있다. 뇌수가 빠져나가지 않으면 뇌실이 커지는 수두증hydrocephalus이 생긴다. 특히 후천적 수두증은 치매, 보행장애, 요실금 등의 증상을 일으키는데, 일반적인 노화와 혼동될 수 있으니 이런 증상이 있으면 한번쯤 수두증을 의심해볼 필요가 있다. 선천적으로 수두증이 있는 사람은 대부분의 경우 발병 시 뇌 발달이 지체된다. 또 두개골이 아직 닫히지 않은 상태일 땐 머리가 엄청나게 커지기도 한다. 다행히 뇌실과 복강을 연결해서 과다 생산된 뇌수를 복강 내로 흘려보내는 뇌실-복강단락술ventriculoperitoneal shunt이 개발된 이후로는 수두증 환자의 증상이 많이 호전되었다(뇌수를 배로 흘려보낸다는 발상은 정말이지 놀라웠다). 한편 뇌수가 세균이나 바이러스에 감염되면 뇌수막염이 온다.

경막, 지주막, 연막은 중추신경계 전체를 감싸고 있다. 이렇게 많은 막으로 둘러싸여 있다는 게 일상생활을 할 땐 특별히 중요하지 않다. 하지만 뇌출혈이 생겼을 때 이 막들이 이룬 층은 매우 중요한 표지가 된다. 뇌는 손상을 입는다고 바로 사망에 이르게 되는 기관이 아니다. 다수의 신경세포로 구성된 뇌는 일부가 파괴되어도 다른 신경세포가 그 역할을 대체할 수 있으며, 생명과 직결된 부분은 깊숙이 숨겨져 있다. 그런데 뇌를 다치면 피가 난다. 뇌출혈은 뇌세포에 화학적으로 영향을 미치기도 하지만, 뇌는 두개골로 둘러싸인 닫힌 공간 안에 있으므로 당장 압박을 받고, 이는 물리적 손상으로 이어진다. 팔다리를 눌렀을 때 피가 안 통하는 상태와 비슷하다. 뇌출혈이 생기면 뇌혈관은 다른 혈관과 마찬가지로 지혈되고 흘린 피는 흡수된다. 그래서 소량의 뇌출혈이 발생했을 땐 별다른 후유증이 없이 가볍게 회복될 수 있다. 하지만 대략 10cc, 주사기 한 개 분량 이상의 뇌출혈이 발생하면 그때부턴 상황이 매우 위험해진다. 출혈량이 많아서 뇌에 가해지는 압력이 높아지면 수술로 감압을 해야 한다. 두개골을 열어서 압력을 빼내 뇌의 눌림을 방지하고 출혈이 흡수되기를 기다리는 것이다. 그리고 뇌의 부기가 빠진 다음엔 두개골을 가져다가 재결합한다. 머리가 움푹 들어가 있는 신경외과 환자들은 이런 수술을 받은 것이다.

경막 바깥쪽에 출혈이 생기면 경막외출혈epidural hemorrhage이다. 경막외출혈은 두개골 골절과 동반되며 대체로 동맥이 터진다. 한편 경막 안쪽에 출혈이 생기면 경막하출혈subdural hemorrhage이다. 역시 외상이나 혈관 파열로 인해 발생할 수 있다. 경막외출혈에 비해서 출혈 속도는 조금 느릴 수 있지만 경막하출혈도 위험하다. 그래도 여기까지는 대부분 뇌 바깥쪽 공간에 발생하는 손상이기 때문에 수술이 가능한 경우가 많다.

지주막하공간은 뇌 안쪽까지 넓게 분포해 있는데, 이 공간에 출혈이 생기면 지주막하출혈subarachnoid hemorrhage이다. 지주막하출혈은 외상으로도 생기지만 동맥에 기형이 있거나 약한 부분이 터져서 주로 발생하며, 뇌수가 들어 있는 공간에 혈액이 차게 된다. 이렇게 터지는 것을 동맥류라고 한다. 뇌혈관의 특정 부분이 약해서 동맥류가 생기는 경우가 있는데, 이는 치명률이 높아 급사의 원인이 될 때가 잦다. 지주막하출혈은 뇌의 중심과 연결된 부분에서 발생하므로 쉽게 수술하기 어렵다. 동맥혈이 뇌를 압박하기 때문에 동맥류를 잡아주는 시술이 필요하며, 심각할 경우 감압 수술을 해야 한다.

한편 뇌실에서 출혈이 생기면 뇌실내출혈intraventricular hemorrhage이고, 연막 아래의 뇌혈관이 터지면 (진정한 의미의 뇌출혈인) 뇌내출혈intracerebral hemorrhage이다. 뇌내출혈은 대부분 고혈압이나 동맥경화로 발생하며, 일단 출혈이 시작되면 혈액이 빠르게 뇌를 압박한다. 피를 빼내기 위해서는 연막을 열고 뇌를 건드릴 수밖에 없으므로 득실을 고려해 수술을 하거나 관을 꽂아 감압을 해야 한다. 응급수술에 들어가 두개골에 구멍을 뚫고 주사를 찌르는 상황이 바로 이런 경우다. 뇌출혈의 종류는 이렇게 다섯 가지—경막외출혈, 경막하출혈, 지주막하출혈, 뇌실내출혈, 뇌내출혈—로, 모든 뇌출혈은 생명을 위협하는 심각한 질환이지만, 원인과 치료법에는 차이가 있다.

“애초에 뇌에 작용하는 모든 약물은 중독성과 의존성이 있다”

오토바이 사고 환자의 어머니는 통곡했다. 뇌가 아직 발달 단계에 있는 청소년들은 위험한 걸 알면서도 모험을 감수할 때가 있다. 그런 모험이 이렇게 큰 사고로 이어지기도 한다. 환자를 마취하고 삽관해서 간신히 수술방에 올렸다.

응급실엔 일순간 적막이 감돌았다. 갑자기 어지럽고 손발이 떨렸다. 당이 떨어지는 느낌이 들어 의국에서 간식을 가지고 스테이션으로 돌아와 먹었다. 배를 채우자 카페인도 필요한 것 같았다. 한번 커피를 떠올리자 몸이 간절하게 원했다. 커피머신으로 커피를 내렸다. 자리로 돌아와 커피를 홀짝거리자 기운이 조금 솟는 듯했다.

그다음 환자는 저혈당 환자였다. 식사를 잘 못하는 노인이었는데, 의식 저하 상태로 발견되었다고 했다. 보호자가 찾아가 보니 쓰러진 채로 있었다. 침대로 옮기면서 손가락을 찔러 혈당을 체크했다. 의식을 유지할 수 없을 정도의 저혈당이었다. 정맥을 확보해서 고농도의 포도당을 쏘았다. 환자는 3초 만에 의식을 찾았다. "병원이네요. 아이고, 또 의식을 잃었나 보네." 저혈당 환자가 의식을 되찾는 모습은 늘 거짓말처럼 극적이다. 의식조차 없던 사람이 뇌에 에너지를 공급받으면 휴대전화가 켜지듯 순식간에 정상으로 돌아온다.

이번에도 의식을 잃은 환자가 왔다. 술냄새가 진동했다. 환자는 쓰러진 채로 보호자에게 발견되었는데, 연락이 안 된 지 벌써 3일째였다고 했다. 환자는 독거하면서 술을 끊지 못하고 계속 마셨다. 응급실은 알코올로 인한 온갖 문제를 겪는 환자들이 모이는 곳이다. 이렇게 술을 마시다가 인생까지 마셔버리는 경우도 흔했다. 애초에 뇌에 작용하는 모든 약물은 중독성과 의존성이 있다. 환자는 의식이 남아 있었지만, 환각이 보이는 듯 소리쳤다. "으아아아아아!" 대사성 산증까지 동반된 데다, 간기능이 망가져 혈류를 타고 뇌에 쌓인 암모니아가 독성을 일으켜 정상일 수 없는 상태였다. 일단 삽관 이후 중환자실에 입원해서 내과적인 교정이 필요했다.

"프로포폴 준비해주세요."

하얀색 액체를 주사기로 재서 혈관에 투여했다. 뇌의 회로가 차단되어 환자가 의식을 완전히 잃어버리고 축 늘어지는 데는 이번에도 10초밖에 걸리지 않았다.

“뇌는 혈액조차 한 차례 걸러서 필요한 성분만을 흡수한다. 혈뇌장벽은 우리가 중추신경계 보호에 사활을 걸고 있다는 증거다. 그럼에도 알코올, 카페인 같은 몇 가지 물질은 이 장벽을 생각보다 쉽게 통과한다”

뇌는 화학적으로도 보호받는다. 뇌는 혈액과 직접 닿지 않는다. 뇌를 지나는 모든 혈관은 강력한 투과막에 감싸여 있다. 일명 ‘BBB’, 즉 혈뇌장벽blood-brain barrier이다. BBB는 혈액 속 성분을 선택적으로만 뇌로 통과시킨다. 혈액은 온몸 구석구석을 흐르는 생명의 근원이지만, 뇌는 혈액을 신뢰하지 않는다. 혈액은 세균에 쉽게 감염되고, 독성 물질도 몸에 흡수되었을 때 혈액에 섞여 순환하기 때문이다. 뇌가 세균이나 독성 물질에 그대로 노출되면 신경계에 교란이 생겨 의식을 잃거나 이상행동을 유발할 수 있다. 그래서 뇌는 혈액조차 한 차례 걸러서 필요한 성분만을 흡수한다. BBB는 우리가 중추신경계 보호에 사활을 걸고 있다는 증거다. 뇌는 수용성 물질은 일단 거부한다. 세균이나 대부분의 약물은 BBB를 통과할 수 없다. 뇌는 에너지조차 뇌실 근처의 BBB에서 능동적으로 흡수한 포도당만을 사용한다. 뇌 바깥에서 생성되는 신경전달물질이나 호르몬도 뇌 안으로 들어올 수 없다. 같은 호르몬이라도 뇌 안에서 분비될 때와 장기에서 혈액으로 분비될 때는 완전히 다르게 작용한다.

하지만 지방에 녹는 지질 성분은 BBB를 통과할 수 있다. 내시경에 사용하는 프로포폴은 대표적인 수면제로 하얀색을 띠기 때문에 일명 '우유 주사'라고도 불린다. 하얀 지질이 마취를 유발하는 성분과 함께 BBB를 통과하는 원리다. 그런가 하면 일부 세균과 바이러스도 BBB를 통과한다. 매독균이 대표적으로 BBB를 통과해서 신경 매독을 일으킨다. 매독균은 태아의 BBB도 통과해 선천적 기형을 유발하는 산모-태아 감염의 대표적 사례다. 일본뇌염 바이러스는 BBB를 통과해 뇌염을 유발하고 환자를 사망에 이르게 할 수 있다. 아프리카에 서식하는 기생충인 트리파노소마 브루세이Trypanosoma brucei는 체체파리 등을 통해 인체에 들어가 BBB를 통과해 아프리카수면병을 일으킨다. 이와 같은 일부 병원체가 어떻게 BBB를 통과할 수 있는지는 아직 정확히 밝혀지지 않았다. 하지만 뇌에 영향을 미치는 병원체가 드물다는 사실은 BBB의 견고함을 설명해준다. 덕분에 우리는 감기에 걸려도 기절하지 않고 마음대로 몸을 움직일 수 있다(다만 BBB를 통과할 수 있는 약물이 많지 않은 까닭에 뇌염은 치료가 어렵다).

그럼에도 몇 가지 물질은 BBB를 생각보다 쉽게 통과한다. 커피를 마시면 정신이 맑아지는가? 카페인이 BBB를 통과하기 때문이다. 술을 마시면 취하고 기분이 좋아지다가 몸이 마음대로 움직이지 않는가? 알코올이 BBB를 통과해서다. 담배를 피우면 기분이 안정되는가? 니코틴 역시 BBB를 통과한다. 마약을 주사로 맞거나 복용하거나 기타 다른 방법으로 섭취했을 때도 기분이 들뜨거나 이상행동을 하게 된다. 이 역시 마약이 BBB를 통과하기 때문이다. 정신에 영향을 미친다면 그 약물이 BBB를 통과할 수 있다는 뜻이다(인간은 자신의 뇌 보호막을 허물 방안을 고민하다 술과 담배와 마약을 창조했는지도 모른다).

그중에서도 술(에탄올)이 대표적이다. 모든 종류의 술은 액체이므로 위에서 즉시 소장으로 내려가서 흡수되어 혈중에 녹아든다. 알코올 성분은 그대로 BBB를 통과하여 뇌를 적신다(술자리에서 흔히 쓰는 표현이지만, 이는 의학적으로도 맞는 말이다. 뇌는 늘 뇌수에 '적셔져' 있는데, 여기에 알코올 성분을 섞는 것이다). 그러면 우리는 기분이 좋아진다. 뇌에서 보상과 쾌락의 핵심 물질인 도파민이 분비되기 때문이다. 하지만 가바GABA, 글루타메이트glutamate 등 다른 물질도 분비되기 때문에 우리는 각성되는 동시에 나른해진다. 외부 물질 유입에 따른 신경전달물질 분비엔 개인차가 있기 때문에, 어떤 사람은 술자리에서 또렷해지고 또 어떤 사람은 졸리다. 적당한 취기에는 전두엽이 살짝 마비되어 평소라면 하지 않을 행동을 하거나 속 이야기를 더 솔직하게 털어놓을 수 있다. 그러나 과량을 복용하면 알코올은 그야말로 뇌를 마비시키고 잠식한다. 전두엽이 본격적으로 마비되면, 충동적이거나 폭력적인 행동을 하게 된다. 술자리 상대가 더 매력적으로 보일 수도 있고, 성적인 충동을 더 강하게 느끼기도 한다. 소뇌기능의 마비로 손이 떨려 술잔을 엎기도 하며, 발을 헛디디는가 하면, 언어기능이 마비되어 말을 더듬고 혀가 꼬인다. 해마도 마비돼 입력이 되지 않으니 기억도 나지 않는다.

이쯤 되면 알코올은 독약이다. 이에 맞서 뇌는 생존에 필요한 순서대로 기능을 지킨다. 입력이 가능하지 않아도 출력은 가능해서, 기억이 하나도 없는 상태였지만 깨어나면 방 침대에 누워 있는 경우가 많다. 하지만 출력까지 마비되면 길에 눕거나 병원에 실려 오게 된다. 술에 마비되는 것은 뇌간도 예외가 아니다. 과량을 복용하면 동공반사도 사라지고 호흡 중추까지 마비된다. 이때가 알코올로 사망하는 케이스다. 수많은 사람이 매일 술을 마시지만, 이런 경우가 드문 것은 우리 뇌가 감당할 수 있는 양 이상을 마시기가 상당히 어렵기 때문이다. 의식이 있을 때 감당하지 못할 수준으로 많은 알코올을 위 안에 넣어두면 위험하다. 다시 말해 과량의 독주를 한꺼번에 마시면 위험하다. 알코올은 정맥 주사로 맞을 수도 있고 관장으로도 흡수될 수 있는데, 이런 기묘한 행위를 해도 사망에 이를 수 있다.

앞서 말한 대로, 뇌는 까다롭게 포도당만을 에너지로 걸러 쓴다. 일단 포도당은 생존에 중요한 에너지원이다. 뇌는 체중의 2% 정도에 불과하지만, 에너지의 25%를 가져다 쓴다. 뇌는 에너지원 중에서 포도당만 쓰기 때문에 탄수화물, 그중에서도 단 음식을 먹으면 기분이 좋아진다. 뇌가 빠르게 보상을 받을 수 있기 때문이다. 반대로 뇌가 포도당을 원해서 우리가 단 음식에 반응하기도 한다. 그래서 고기를 배불리 먹어도 후식으로 케이크나 아이스크림을 먹을 수 있다. 디저트 배가 따로 있어서가 아니라, 뇌에서 단것은 조금 더 먹어도 괜찮다고 허용하기 때문이다. 많은 문화권에서 아침 식사로 탄수화물이 주를 이루는 이유도 뇌에 에너지를 공급하고 하루를 시작하기 위해서다. 뇌는 이렇게 필요한 에너지를 빨아들인다. 그렇다고 똑똑한 사람이 에너지를 더 많이 소모해서 체중이 줄어드는 건 아니다. 우리 뇌는 그냥 멍하니 숨쉬기 운동만 해도 의식과 감각을 유지하는 데 에너지를 쓴다. 하루 종일 공부하는 사람과 머리를 비우고 가만히 앉아 있기만 하는 사람의 칼로리 소모엔 그다지 차이가 없다.

우리는 의도적으로 탄수화물을 섭취하지 않고 지방과 단백질만 먹기도 한다. 그러면 몸은 뇌를 위해서 지방과 단백질로 포도당을 합성해야만 한다. 보통 이런 일은 간에서 담당하는데, 대사를 거쳐야 하기 때문에 즉시 공급이 어렵다. 그래서 저탄고지 다이어트를 하면 머리가 멍하고 잘 안 돌아가는 듯한 느낌을 받는다. 포도당 합성이 극단적으로 줄어 혈당이 일정 수치 이하로 떨어지면 뇌는 에너지 부족으로 작동을 멈춰버린다. 의식을 잃고 쓰러지는 것이다. 이것이 저혈당 쇼크다. 저혈당 쇼크는 공복이나 감염, 인슐린 사용과 관련이 있다. BBB가 뇌를 보호하기 위해 존재하듯, 우리 몸도 의식을 잃고 쓰러지는 것을 막아야 한다. 그래서 인체는 혈중 포도당 농도를 필사적으로 유지하도록 디자인되어 있고, 당이 떨어지면 수많은 호르몬이 작동해 이를 올린다. 혈당은 우리 몸이 중점적으로 관리하는 것 중 하나다.

“소뇌경색입니다. 몸의 자세와 관련이 있는 부분이라 자꾸 넘어지거나 어지럽습니다”

알코올의존증 환자는 잠이 든 채 중환자실에 입원했다. 다음 환자는 화투를 치던 중 갑자기 판에 엎어진 환자였다. 응급실로 실려 온 그는 움직임이 전혀 없었고 호흡이 정상적이지 않았다. 눈을 열어 라이트로 비추어보니 동공반사가 없었다. 무엇인가가 뇌간을 누르고 있었다. 높은 확률로 지주막하출혈이었다. 급하게 환자를 CT실로 밀고 갔다. 뇌동맥에서 동맥류가 터진 곳이 보였다. 고작 1cm 정도였으나 흘러나온 피가 이미 뇌간을 누르고 있었다. 급하게 시술이 필요했다. 원인은 동맥의 기형일 뿐이지만, 그로 인한 결과는 항상 좋지 않았다. 문제의 뇌혈관은 너무 깊은 곳에 있었다. 같이 화투를 치고 있다가 달려온 사람들을 불러 말했다. "지주막하출혈입니다. 동맥이 터져서 증상이 갑자기 나타납니다. 일단 추가 출혈을 막는 시술을 해야 합니다. 그런데 사망 확률이 매우 높습니다. 위치가 너무 안 좋습니다." 보호자들은 안절부절못했다. 삽관을 한 다음 환자를 중환자실로 올렸다.

그다음에는 어지러움을 호소하는 환자가 왔다. 중심이 잘 안 잡히고 자꾸 한쪽 방향으로 넘어진다고 했다. 이번에도 환자의 눈동자부터 확인했다. 한쪽 눈이 대각선을 향한 채 진동하고 있었다. 환자를 부축해서 똑바로 걸어보라고 했다. 그는 두 번에 걸쳐 좌측으로 넘어졌다. 어지러움은 환자들이 자주 호소하는 증상으로, 특별한 문제가 없는 경우도 많았다. 하지만 이건 아니었다. 분명히 뇌졸중으로 인한 증상이었다. 높은 확률로 소뇌나 뇌간의 경색일 것이다. MRI를 찍자 역시 한쪽 소뇌가 혈액을 공급받지 못하고 있었다. "이건 소뇌경색입니다. 몸의 자세와 관련이 있는 부분이라 자꾸 넘어지거나 어지럽습니다. 회복을 기다려야 하는데, 오랫동안 이 증상이 지속될 수 있습니다. 영영 못 걷는 분도 있어요. 입원해서 검사받고 재활치료도 잘 받으셔야 합니다." 환자는 뇌졸중 전문 병동으로 올라갔다. 이곳은 뇌에 문제가 생겨 갑자기 인생이 바뀌어버리는 사람으로 가득했다.

> “대뇌는 복잡한 행동을, 소뇌는 운동의 균형을 담당하며, 뇌간 또한 일부 운동을 담당한다. 운동은 이렇게 다양한 뇌 부위의 조화로운 협력으로 완성된다”

연막 아래로 내려가면 진짜 뇌다. 뇌가 무슨 일을 하는지는 우리 모두 알고 있다. 지금 이 순간 자세를 잡고 글을 읽으면서 이해하는 것도 뇌가 하는 일이다. 오늘 내가 했던 행동은 모두 뇌가 결정한 것이다. 직관적으로 우리가 느끼는 뇌의 업무는 한덩어리다. 우리가 하는 모든 생각을 포함해, 우리를 우리 자신으로 존재하게 하는 의식과 감각을 총괄하는 것이다. 이를 영혼이 하는 모든 일이라고 뭉뚱그릴 수도 있겠다. 뇌와 중추신경계는 부위마다 맡은 역할이 있다. 감각, 인지, 기억, 언어, 호흡, 기초대사 등을 뇌의 각 부분이 나눠서 맡은 뒤 서로 협동하는 식이다. 일명 모듈 방식이다. 지금 읽으면 당연한 말 같지만, 인류가 이를 사실로 받아들이기까지는 오랜 시간이 필요했다. 뇌가 부분 기능의 집합체라고 주장하는 순간, 영혼의 존재를 부정해야 했기 때문이다. (영혼의 존재를 부정하는 자, 종교재판이 기다리고 있을지어다!)

이제 우리가 직접 두뇌 모듈 디자이너가 되어볼 차례다. 뇌기능을 분류해보자. 가장 필수적인 부분인 뇌간은 호흡, 체온조절, 심장박동, 대사, 반사작용 등 생명을 유지하기 위한 기능을 맡는다. 인간뿐만 아니라 모든 동물이 마찬가지다. 뇌간은 모든 동물에게 필요하며, 비슷하게 진화했고, 가장 깊숙한 곳에 배치되었다. 뇌간은 목뒤에서 척수 및 대뇌와 연결되는 부분이다. 앞뒤로는 가장 단단한 뼈와 근육이 둘러싸고 있으며 대뇌 및 척수와 연결되는 부위이므로

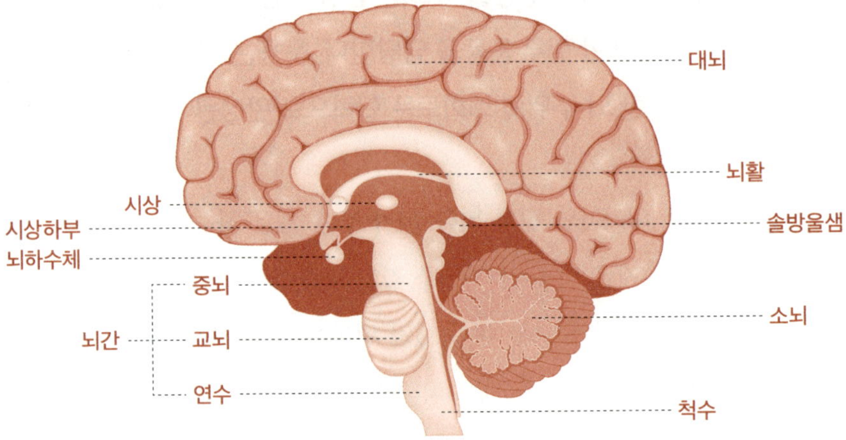

두뇌의 구조

신호 전달의 역할도 해야 한다. 매우 위급한 상황이 발생하면 뇌는 이를 대뇌까지 가서 분석하지 않고 뇌간에서 먼저 판단해 반응한다. 뇌간만 살아 있다면 인간은 호흡을 유지하고 심장을 박동시킬 수 있다. 뇌간은 그야말로 생명의 핵심이다.

뇌간과 연결된 부분이 우리가 흔히 뇌를 연상할 때 떠올리는 모양을 하고 있는 대뇌다. 뇌간이 하는 일은 다른 동물과 비슷한 반면, 대뇌가 하는 일은 인간과 동물 간에 차이가 있다. 대뇌는 인간의 모든 사고를 관장한다. 인간의 대뇌는 다른 동물의 대뇌에 비해 훨씬 더 발달되어 있고, 그만큼 신경세포도 조밀하다. 대뇌는 뇌 무게의 약 85%를 차지한다. 흔히 포유류의 지능을 측정할 때 대뇌화 지수encephalization quotient, EQ(감성지수emotional intelligence quotient, EQ와는 다르다)를 사용하는데, 체중과 두뇌의 무게를 비교해서 지능을 측정하는 것이다. 하지만 단순히 대뇌의 무게만으로는 지능을 측정할 수 없다. 인간이 고등하게 사고하는 영역은 뇌의 '껍질' 부분이다. 이곳을 대뇌피질(대뇌겉질)cerebral cortex이라고 한다(영단어 cortex 또한 '껍질'을 뜻하는 라틴어 cortex가 어원이다). 2mm 정도 두께의 대뇌피질에는 150억 개의 뉴런이 있다. 고로 이 껍질의 면적이 지능과 관련이 있다. 그래서 뇌에는 표면적을 넓히기 위해 주름이 많고 고랑과 이랑이 있다. 달리 말해 뇌의 쭈글쭈글한 정도는 지능과 관련이 있다. 지능이 낮은 동물은 상대적으로 대뇌가 고르다. 뇌의 피질을 펼쳤을 때 면적은 2200cm²로 신문지 한 면 넓이쯤 된다. 인간을 동물이 아닌 인간으로 만들어주는 고차원적 사고와 정밀하고 세심한 결정은 대부분 이곳에서 이뤄진다.

껍질과 안쪽은 색으로 구분된다. 대뇌의 겉은 회백색이고 안쪽은 희다. 그래서 뇌의 영역을 따로 회백질과 백질로 구분하기도 한다. 회백질에서 결정한 내용은 백질을 통해 이동한다(실제로는 훨씬 더 복잡한 과정을 거친다). 뇌 껍질에서 판단해서 안쪽으로 신호를 내린다고 생각하면 된다. 이 회백질은 위치별로 네 부위—앞이마의 전두엽, 정수리의 두정엽, 측면의 측두엽, 뒤쪽의 후두엽—로 나뉜다. 우리가 흔히 떠올리는 대뇌의 모습은 이렇다. 표면적을 넓히기 위해 쭈글쭈글한 호두알 모양을 하고 있고, 이를 절단하면 회색과 백색 층으로 구분되며, 가운데 뇌간으로 이어져 척수로 내려와 온몸으로 퍼져나가는 형태.

뇌에는 뇌간, 대뇌 외에도 소뇌라는 부분이 하나 더 있다. 소뇌는 대뇌와 뇌간 사이로 연결되어 따로 자리한다. 소뇌는 의식과 사고가 아니라 운동의 조화를 주로 담당한다. 이 장 서두에서 말했듯 운동은 매우 복잡한 행위다. 가령 우리가 주방에 가서 냉장고를 연다고 하자. 냉장고를 열라는 명령을 내리고 그에 따라 손으로 냉장고 문을 잡아 열기로 결정하는 것은 대뇌의 영역이다. 하지만 왼발과 오른발을 교차해 내밀면서 냉장고까지 걸어가서 양쪽 발로 균형을 잡고 서는 것까지 대뇌에서 따로 지시하진 않는다. 이는 운동의 균형과 긴장을 조정하는 소뇌의 영역이다. 소뇌는 냉장고 문을 열 때 어떤 자세를 취해 어느 정도의 힘으로 당길지를 미세 조정한다.

소뇌가 없어도 운동은 가능하다. 하지만 가는 길에 우당탕 넘어지거나 손이 말을 듣지 않아 문을 열지 못하거나 문짝을 너무 세게 잡아당기는 바람에 손잡이나 음식이 날아가버릴 것이다. 소뇌는 무게 자체는 전체 뇌의 10%밖에 되지 않지만, 밀도가 높다. 소뇌를 제외한 두뇌 전체의 신경세포보다 소뇌의 신경세포가 더 많다. 중력과 상황에 적응해 운동을 미세 조정하는 것은 매우 까다로운 일이다. 이동하는 동물에게는 무조건 소뇌가 있으며, 복잡하게 운동하는 동물일수록 더 발달해 있다. 트리플 악셀을 돌 때 우리 소뇌는 풀가동 중이다. 소뇌는 우리가 무용이나 스포츠, 미술, 케이팝 댄스 챌린지 등을 하는 데 결정적인 역할을 한다. 또 소뇌는 자세를 조정해야 하므로 귀의 반고리관이나 안구의 운동과도 밀접하게 연결되어 있다. 그래서 소뇌에 문제가 생기면 어지러운 경우가 많다.

이렇게 대뇌는 복잡한 행동을, 소뇌는 운동의 균형을 담당하는데, 여기에 더해 뇌간 또한 일부 운동을 담당한다. 뜨거운 물체가 몸에 닿으려고 할 때 피하거나 공이 날아올 때 막는 반사는 뇌간에서 관장한다. 호흡운동 같은 당연한 움직임도 의식을 벗어나 뇌간에서 알아서 시행한다. 우리가 한 가지라고 여기는 운동은 이렇게 다양한 뇌 부위의 조화로운 협력으로 완성된다.

“우리가 느끼는 모든 것이 뇌에 입력된 신호죠”

“뇌에 문제가 생긴다는 건 정말 이상한 일이에요. 살면서 경험하는 모든 것이 달라지는 거잖아요.”

“사실상 우리가 느끼는 모든 것이 뇌에 입력된 신호죠. 이를테면 우리가 여행을 가잖아요? 고생해서 비행기와 기차와 버스를 타고 바람이 부는 바닷가 절벽에 서면 ‘아, 좋다’ 하면서 해방감을 느끼죠. 그런데 사실은 뇌에서 그 감각을 종합해서 해방감을 입력해 주는 것뿐이에요. 배가 부른 것도 마찬가지죠. 사실 배는 물리적으로 ‘부른’ 것일 뿐, 뇌에서 불쾌한 감각을 입력하는 거예요. 배고픈 것도 마찬가지로, 위장이 아니라 뇌에서 음식을 원하는 거죠. 다이어트 약도 배부르다고 뇌를 속이는 약이고요.”

“맞아요. 그뿐인가요? 분노나 허탈감 같은 감정도 그렇고, 사랑도 그렇고, 성적인 감각도 모두 뇌에서 주는 거잖아요. 입력하는 뇌가 사라지면 이런 느낌도 다 사라지고 사랑도 사라져버리겠죠.”

“그런 생각을 하면 왜인지 종교에 귀의해서 깨달음을 얻어야 편해질 것 같아요. 매일 명상하는 사람들도 이해가 가고요.”

막간을 이용해 간호사 선생님과 이야기를 나누던 중에, 얼굴이 돌아간 것 같다는 환자가 접수됐다. 전날 밤에 증상이 시작됐는

데 자고 일어나니 더 심해졌다고 했다. 아침에 세수할 때도 왼쪽 얼굴이 틀어진 것 같았고, 양치하려고 입에 물을 머금었는데 자꾸 물이 흘러나왔다고 했다. 환자의 얼굴을 정면에서 바라보니 이미 양쪽이 달라져 있었다. 특히 한쪽만 반반하게 펴져 있었고, 웃어보고 찌푸려보라고 했더니 확실히 양쪽 근육이 다르게 움직이는 게 보였다. 나는 집게손가락을 내밀곤 찬찬히 움직이며 환자더러 눈으로 좇아보라고 했다. 위로 올라간 내 손가락을 따라 환자가 눈을 치켜뜨자, 왼쪽 이마에만 주름이 지지 않았다.

"안면신경마비네요."

"제 뇌에 문제가 있는 건가요?"

"이건 뇌랑은 관련이 없어요."

나는 귀 앞쪽을 가리키며 말했다.

"이쪽에서 나오는 안면신경이 마비된 겁니다. 안면신경은 얼굴 근육과 감각을 컨트롤하는 신경으로, 얼굴 양쪽에 있고 보통 한쪽만 마비돼요. 마비 증상만 놓고 보면 오히려 뇌졸중보다 정도가 더 심합니다. 예전에는 찬 데서 자면 안면마비가 온다고들 했는데, 요즘 그런 경우는 많이 없어요. 그냥 일시적인 염증으로 인한 마비입니다. 눈이 잘 안 감기니까 안대를 하셔야 하고, 스테로이드가 도움이 됩니다. 불편하시겠지만 회복되는 데 시간이 오래 걸려요."

"얼마나 걸릴까요."

"3주에서 한 달은 족히 걸립니다. 치료 잘 받으세요."

나는 스테로이드를 처방하고, 환자를 외래 추적시켰다.

다음은 한쪽 발이 마비되었다고 실려 온 환자였다. 허리 디스크가 심했는데 갑자기 오른발이 안 움직여 구급대에 신고했다고 했다. "감각이 있나요?" 내가 환자의 다리를 집게손가락으로 긁으며 물었다. "아니요. 만지는 것도 모르겠어요." "이 위쪽까지요?" 그는 골반 쪽까지 감각이 없다고 했다. 나는 장갑을 끼고 환자의 항문에 손을 넣었다. 괄약근이 수축하지 않았다. 불길한 예감이 들었다. 디스크가 심해 신경을 완전히 짓누르는 것이었다. 일단 신경외과 의료진을 호출했다.

"선생님, 항문까지 느낌이 없어요. 이상하고 무서워요." 환자는 걱정스러운 얼굴이었다.

"척추 신경이 눌려서 그렇습니다. 수술해서 압력을 줄여야 합니다. 허리는 안 아픈가요?"

"허리도 아프긴 한데 이상해요, 감각이."

다리에 문제가 없어도 허리 쪽 신경이 눌리면 다리를 전혀 사용할 수 없다. 전신이 온전해도 뇌가 마비되면 움직일 수 없는 것과 마찬가지다. X-ray를 봐도 명백한 디스크 같았다. 환자 상태를 확인한 신경외과에서는 응급수술을 하겠다고 했다. 환자가 올라가자 피로감이 유독 심하게 몰려왔다. 하루 종일 모니터를 보는 내게도 경추 디스크라는 고질병이 있었다. 오늘따라 오른쪽 팔이 더 심하게 저리고 목뒤도 뻐근했다.

“ 대뇌와 뇌간에선 따로 열두 쌍의 뇌신경을 만들어 얼굴과 전신으로 보낸다. 뇌간은 전신에 신호를 전달할 수 있게 척수로 이어진다 ”

흔히 감각을 시각, 청각, 미각, 촉각, 후각 등의 오감으로 설명한다. 아리스토텔레스가 이렇게 주장한 이후 인류는 너무나 오랫동안 오감에 익숙해져 있었다. 하지만 현대에 들어 이런 분류는 폐기되었다. 감각의 종류는 사실 매우 다양하다. 통각, 온각, 냉각도 감각이고, 균형 감각이나 배고픔도 감각이다. 우리가 특정 상황이나 인간관계에서 느끼는 다행감, 위화감, 행복감 또한 감각일 수 있다. 우리가 의식하지 못하는 이산화탄소 농도나 혈압 따위도 생리적으로 몸이 인지하는 감각에 포함될 수 있다.

게다가 감각은 사실 뇌에서 통합되어 인지되기 때문에 이렇게 한 가지로 표현하기조차 어렵다. 우리가 분명하다고 느끼는 시각을 예로 들어보자. 눈을 감고 눈알을 지그시 누르면 노란 점이 보인다. 실제 노란 점을 보는 것이 아니라 압력이 노란 점으로 표시되는 것이다. 엄밀히는 수용기에 따른 표현이 달라질 수 있단 얘기다. 이런 식으로 감각은 혼재되기도 한다.

모든 감각은 궁극적으로 전기신호를 해석한 결과다. 절대로 실행해선 안 될 비인간적인 행위이지만, 눈과 귀와 코에 전기자극을 흘려보내는 실험을 하면 무언가 보이거나 들리거나 어떤 냄새가 날 것이다. 어두운 곳에 뇌를 두고 전기 자극으로 모든 감각과 현실을 만들어내는 SF 영화의 설정도 괜히 나오는 것이 아니다. 이렇게 감각은 전기신호로 변환되어 해석의 과정을 거쳐야만 인지된다. 우리가 인지하는 세상은 모두 이 과정을 거친 것이다.

시각, 후각, 미각, 청각, 방향감이나 기타 감각은 모두 뇌 속 회로로 교차해서 이동하고 분석된다. 시각은 뇌간을 거쳐서 후두엽에서 분석된다. 뇌간을 거치는 이유는 야구공이 날아오면 대뇌까지 가서 이를 분석할 필요 없이 미리 피해버리기 위해서다. 후각은 뇌간을 거치지 않고 대뇌로 들어가며 기억과 생존 본능, 공감각과 연결된다(상한 냄새가 난다고 해서 대뇌가 해석도 하기 전에 코를 막을 필요는 없다). 청각은 뇌간을 거쳐 측두엽에서 분석한다(시끄러우면 빨리 귀를 막아라). 미각 또한 뇌간을 거쳐서 변연계를 지나 대뇌피질에서 해석한다(맛이 없으면 즉시 뱉어라). 모든 감각은 그렇게 감정과 기억, 해석의 영역과 연결되어 있으며, 우리는 이에 따라 적절한 반응을 보일 수 있다. 우리 뇌가 효율적인 해석을 위해 배치되어 있다고도 볼 수 있다.

인간이 가지고 있는 모든 수용기에서 감각을 받아 처리하는 일은 뇌의 주요 업무다. 우리는 다양한 인간의 극도로 예민한 감각에 경탄할 때가 있다. 이 감각을 처리하기 위해 대뇌와 뇌간에선 따로 열두 쌍의 뇌신경을 만들어 얼굴과 전신으로 보낸다. 여기에 우리는 위에서부터 순서대로 1번부터 12번 뇌신경이라는 이름을 붙였다. 이 뇌신경들을 따라가보면 뇌가 어느 감각에 중점을 두고 있는지를 역으로 파악할 수 있다. 주요 감각 및 기능을 살펴보면 1번은 후각, 2번은 시각, 8번은 청각과 평형감각이다. 3, 4, 6번은 모두 눈의 움직임을 조절하는 운동신경이다(3번은 눈알과 동공, 눈꺼풀의 움직임을, 4번과 6번은 각각 눈 아래쪽과 바깥쪽으로의 움직임을 맡는다). 5번은 안면의 감각, 7번은 안면의 움직임과 미각을 맡는다. 9번은 미각

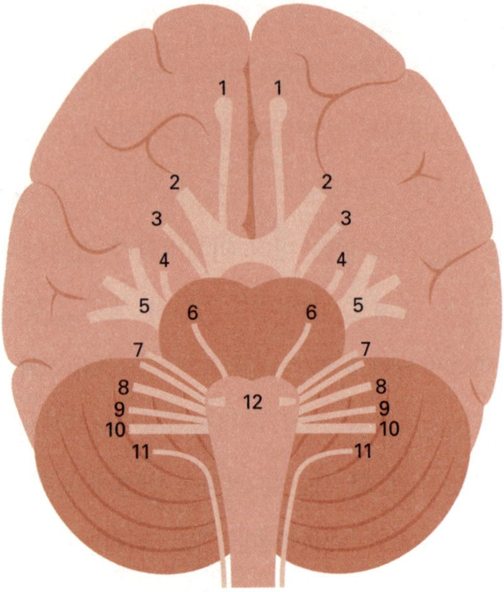

뇌신경

과 구역반사목이나 인두를 자극하면 반사작용으로 인두 조임근이 수축해 구역질이 난다를, 12번은 혀의 움직임을 맡는다. 10번과 11번은 몸통으로 간다. 10번은 흉부와 복부로 연결되어 부교감신경과 구역반사를 담당하고 11번은 목과 어깨 근육의 움직임을 맡는다. 각각의 뇌신경이 마비되면 해당 기능이 사라진다. 7번이 마비되면 안면이 일그러지는 구안와사가 오고, 5번이 마비되면 얼굴 감각이 안 느껴지며 3, 4, 6번이 마비되면 이에 해당되는 눈 부위가 움직이지 않는 식이다. 다행히 그 외의 번호가 마비되는 경우는 드물다(물론 냄새를 못 맡거나 눈이 멀거나 귀가 안 들리거나 구토가 안 되거나 혀가 안 움직이거나 어깨 근육이 마비되기도 한다. 드물 뿐이다). 눈을 움직이는 데만 뇌신경을

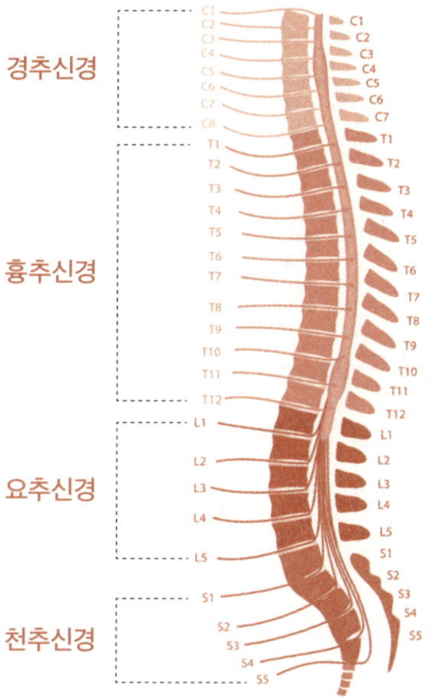

척수신경

오롯이 세 개나 사용하는 걸 보면 우리 뇌가 시각에 가장 주의를 기울이고 있다는 걸 알 수 있다.

뇌간은 전신에 신호를 전달할 수 있게 척수로 이어진다. 척수는 척추로 싸인 채 보호받으며 꼬리뼈까지 내려간다. 뇌신경 열두 개 아래가 척수신경이라고 생각하면 쉽다. 경추는 일곱 개 뼈에서 여덟 쌍의 경추 신경이 나온다. 위에서부터 1~8번이 있다(신경은 척추 위쪽에서 나오므로 경추 7번 아래에서 나오는 신경이 8번이다). 흉추는 열두 개로, 열두 쌍의 갈비뼈가 하나씩 붙어 있으며, 위에서부터 열두 쌍의 흉추 신경이 나온다. 요추는 다섯 개이며, 위에서부터 다섯 쌍의 요추 신경이 나온다. 척추는 모양으로 구분하기 어렵다. 확실한 것은 갈비뼈가 붙어 있는 척추가 흉추다. 그 위는 경추, 아래는 요추다.

척수신경은 해당 부위의 감각이나 운동을 맡는다. 경추 1번은 얼굴과 목 아래, 요추 5번은 골반과 다리를 맡는 식으로 가까운 곳으로 뻗어간다. 팔이 있는 부분은 움직임이 복잡하기 때문에 특별한 신경망이 필요하다. 그래서 경추 5번, 6번, 7번, 8번과 흉추 1번 신경이 겨드랑이에 복잡하게 모여 팔의 세밀한 움직임을 만든다. 이를 상완신경총brachial plexus이라 한다. 상완신경총은 중요하니까 겨드랑이로 보호받는다. 급소라서 충격이나 손상이 가해지면 매우 아프다. 하체 또한 중요하므로 요추 신경들이 연필 정도 되는 굵기로 모여 사타구니를 지난다. 하지만 팔만큼 세밀한 동작을 하는 건 아니어선지 복잡한 신경총의 형태를 띠진 않는다. 사타구니도 급소라서 충격을 받거나 외상을 입으면 무척 아프다.

“다 뇌에서 시작되잖아요”

심야의 스테이션은 조용했다. 출근할 때 가지고 온 뇌과학 책을 읽었다. 디스크 때문에 책을 왼팔로 들고 허공에 띄운 채 읽어야 했다.

“그렇게 불편한 자세로 책을 읽으세요?”

“디스크 때문에 어쩔 수가 없어요.”

“무슨 책 읽으시는데요?”

“요즘 뇌과학 책이 유행이라서, 저도 한번 읽어보고 있어요.”

“저도 그런 강연이나 책 보는 거 재밌더라고요, 좀 어렵지만.”

“뇌는 확실히 가장 흥미로운 인체 부위인 것 같아요. 저는 직업상 뇌 CT나 MRI를 정말 많이 보잖아요. 뇌기능이 떨어지거나 상실된 사람도 많이 보고요. 뇌를 생각하다 보면 인간이란 무엇인가 하는 생각이 많이 들어요. 뇌과학도 다 그런 궁금증에서 시작된 것 같고요. 나는 누구인가, 타인은 누구인가, 이 사회는 왜 이렇게 만들어졌는가, 결정적으로 나는 왜 이럴까. 이야깃거리를 생각하는 기능도 다 뇌에서 시작되잖아요. 이런 뇌과학이 발전한 지 얼마 되지 않았다는 것도 신기하죠."

> **"두개골의 모양은 뇌의 기능과는 전혀 관련이 없을뿐더러 지능과는 더더욱 관련이 없다"**

정리하자면 대뇌 껍질에서 사고, 인지, 감각, 언어나 의지를 담은 운동 등을 결정해 신호를 만들어낸다. 이것이 백질을 통해 뇌간으로 전해진다. 그사이 소뇌는 운동을 조정하고 뇌간은 생체의 필수 기능을 유지한다. 이 과정이 조합된 뇌의 결정이 내려지면 그 내용이 척수신경을 통해 밑으로 전해진다. 여기까지가 중추신경계다. 척수에서 신경 다발이 빠져나와 말초로 전달되면, 이것은 말초신경계다. 뇌과학이 주로 다루는 부위는 중추신경계에서 대뇌와 뇌간의 영역이다. 여기에 인류의 근원적인 호기심을 풀 실마리가 있다.

뇌과학은 현대에 급격하게 발전했다. 앞서 말한 대로 뇌의 모양은 뇌기능과 그다지 부합하지 않는다. 그런데 손상 시 대체로 사망하는 걸 보면 그만큼 결정적인 기능이 있을 것이었다. 그 비밀은 무엇일까? 우리—우리 뇌—는 그 비밀을 궁금해했다. 자기를 규명하고자 하는 뇌의 호기심은 오랜 시간에 걸쳐 뇌과학을 발전시켰다.

가장 먼저 사람들은 머리 모양이 두뇌의 기능과 관련이 있을 거라고 추측했다. 뇌의 특정 부위가 커지면 두개골 모양도 그에 따라 커질 테고, 이를 연구하면 뇌의 비밀에 도달할 수 있을 것이라는 생각이었다. 19세기 초 프란츠 요제프 갈이 탄생시킨 일명 골상학은 그렇게 시작되었다. 골상학은 직관적인 추론에 따른 이론이었다. 하지만 우리가 현재 알고 있는 대로, 두개골은 그냥 일반 뼈이고 두개골의 모양도 그저 뼈 모양일 뿐이다. 두개골은 그 안에 들어 있는 뇌의 기능과는 전혀 관련이 없을뿐더러 지능과는 더더욱 관련이 없다. 그러나 골상학은 시대 분위기를 타고 인종주의나 우생학 등 지배층의 우월성을 옹호하는 도구로 악용되었다. 골상학은 두개골 구조로 인간의 등급을 나누고, 특정 인종이나 장애인·빈곤층 등의 열등함을 정당화했다. 이로써 여러 나라에서 사회적 약자를 대상으로 강제 불임 시술이 행해졌고, 나치 독일은 더 나아가 제노사이드를 저지르기도 했다. 또 다양한 개인과 기관이 두개골을 수집했는데, 특히 유럽의 제국주의 국가들은 식민지 원주민의 두개골을 전리품처럼 수집해 전시하기도 했다. 아인슈타인의 뇌가 아직까지 남아 있는 것도 당시 골상학 열풍의 영향이었다. 비밀리에 보존되었던 그의 뇌는 작은 편이었고 두정엽이 컸다. 후대 과학자들이 시신을 화장해달라는 그의 유지를 거스르고 알아낸 사실은 그뿐이었다. 이 시대를 배경으로 쓰인 셜록 홈즈 시리즈의 「푸른 카벙클」에는 홈즈가 왓슨 박사가 가져온 모자를 보고 두개골 크기를 가늠해 범인의 지능이 높을 거라고 유추하는 장면이 나오기도 한다. 골상학은 현재까지 과학적으로 입증된 바가 없는 유사과학이다.

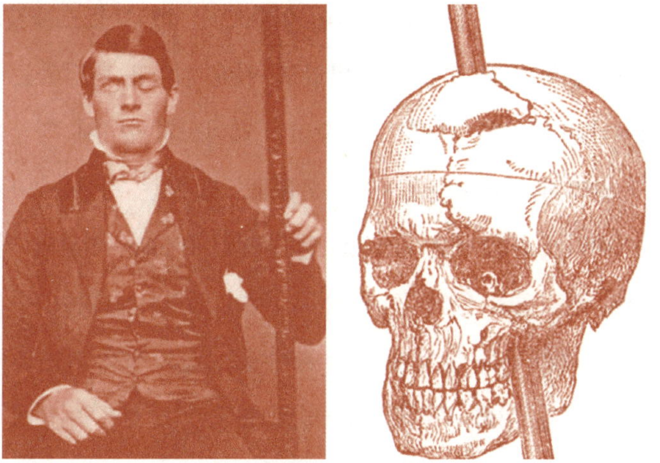

피니어스 게이지(좌)와
쇠파이프가 통과한 두개골의 모습(우)

머리를 크게 다쳤지만 기적적으로 살아남은 사람들도 과학의 미스터리였다. 사고나 수술로 뇌가 손상되었지만 생존한 사람의 뇌기능을 조사하는 여러 연구가 행해졌는데, 가장 유명한 사람은 1848년 쇠파이프가 날아가 전두엽을 원기둥 모양으로 관통했음에도 살아남은 미국인 피니어스 게이지다. 그는 이 사고로 왼쪽 눈과 전두엽의 일부를 잃었으나 살아남았는데, 사고 이후 자제심을 잃었고 성격이 거칠어졌다고 알려져 있다. 뇌가 모듈 형식으로 구성돼 있으며 특정 부위가 특정 기능과 연결될 수 있음을 확실히 보여준 최초의 사례였다. 덕분에 전두엽이 성격과 계획을 담당하는 부분이란 사실이 밝혀지긴 했지만, 게이지는 그 대가로 숱한 뇌과학 책에서 언급당하며 이른바 잊힐 권리를 잃어버렸다. 그리고 헨리 몰레이슨, 일명 H. M.으로 알려진 사람이 있다. 그는 1953년, 스물일곱 나이에 뇌전증으로 뇌 절제술을 받았고, 이때 기억을 담당하는 해마가 제거되었다. 영화 「메멘토」의 주인공 레너드의 설정에 영감을 주었다고 알려진 몰레이슨은 수술 후유증으로 모든 경험을 30초 안에 잊어버리게 되었지만, 수술을 받기 전인 1953년 이전의 기억은 고스란히 간직하고 있었다. 새로운 기억이 입력되지 않아 수술 후 55년 동안 현재만을 살아야 했던 몰레이슨은, 82세가 되는 2008년까지 생존했다. 뇌를 부위별·기능별로 연구하는 일은 이렇게 특수한 몇몇 케이스에서 제한적으로 행해졌다.

> **"다행히 뇌를 직접 건드리지 않고 실행 가능한 검사 방법이 발전했다. 다양한 연구를 통해 빠른 속도로 뇌 모듈이 하는 일, 업무의 분담과 협동 영역이 밝혀졌다"**

살아 있는 뇌는 물론, 죽은 뇌도 연구 대상이었다. 1861년 해부학자이자 신경과학자였던 폴 브로카는 루이 빅토르 르보르뉴라는 환자를 만났다. 르보르뉴는 오랫동안 뇌전증을 앓으면서 뇌가 망가져 오로지 '탕Tan'이라는 음절만 말할 수 있었다. 르보르뉴가 사망한 뒤 브로카는 그의 뇌를 해부해서 특정 영역이 망가져 있음을 확인했다. 브로카는 몇몇 실어증 환자의 전두엽에서도 이 부위가 손상되었음을 확인했다. 이후 이 영역은 후대 과학자들에 의해 실어증과 관련 있는 '브로카 영역'이라 불리게 되었다. 브로카는 지금까지도 의학사에서 중요한 발견을 한 연구자로 언급되지만, 골상학에 몰두한 나머지 인종차별과 성차별에 기여했다는 평가를 피할 수 없었다. 그리고 아이러니하게도, 죽은 뒤에는 그의 뇌가 별로 크지 않았다는 기록까지 남았다. 이후 독일의 신경외과 의사 카를 베르니케가 후속 연구로 1876년 측두엽에서 언어를 입력하는 것과 연관 있는 피질 영역을 발견했고, 후대 과학자들이 여기에 '베르니케 영역'이란 이름을 붙였다. 베르니케의 이름은 언어와 관련된 뇌 영역, 각종 질환의 이름으로 여러 의학 분야에서 언급된다.

1909년엔 독일의 뇌과학자 코르비니안 브로드만이 대뇌피질을 영역별로 나눠 번호를 붙였다. 각 영역의 세포 구조를 관찰해 붙인 숫자인데, 이곳들은 숱한 갑론을박이 있었으나 아직까지도 '브로드만 영역'으로 불리고 있다.

이후 복잡한 윤리 논쟁을 거쳐 살아 있는 사람을 대상으로 한 뇌 생체 실험이 시작되었다. 1934년 캐나다의 신경학자 와일더 펜필드는 살아 있는 사람의 두개골을 열어놓고 대뇌피질에 전류를 흘려보내 신체 어느 부분이 자극되는지를 기록했다. 살아 있는 환자의 뇌에 전류를 흘리면 환자가 팔을 들거나 꿈을 꾸거나 과거를 회상하거나 환각을 보거나 타는 냄새를 맡는 식이었다. (통감수용체가 없는 뇌에서는 이런 연구가 가능했다.) 이로써 펜필드는 운동, 회상, 감각 등과 관련된 몇몇 부위를 밝혀낼 수 있었다. 그는 이런 방식으로 운동 및 감각과 관련 있는 대뇌피질의 지도라 할 수 있는 호문쿨루스 homunculus라는 도해를 그렸고, 해당 영역이 넓을수록 인체 감각에 더 크게 관여한다고 주장했다.

그 뒤로는 다행히 뇌를 직접 건드리지 않고 실행 가능한 검사

방법이 발전했다. 뇌가 전기신호로 소통한다는 사실이 밝혀진 뒤, 두피의 전 영역에 측정기를 붙이고 전기신호를 2차원으로 그리는 뇌파(뇌전도)검사electroencephalogram, EEG가 1910년대에 처음 등장했다. 뇌파검사는 지금까지도 뇌전증 진단에 활용되고 있다. 비슷한 시기에 독일의 물리학자 빌헬름 뢴트겐이 뢴트겐선, 일명 X-ray를 발명했다. 이후 1970년대에 개발된 컴퓨터단층촬영CT도 X-ray와 같이 방사선을 이용한 검사로, 엑스선 튜브가 몸 둘레를 원형으로 회전하며 여러 각도에서 엑스선을 쏘고, 통과한 엑스선의 양(감쇠도)을 2차원 단면 이미지로 합성해 신체 내부 구조를 단층처럼 볼 수 있는 원리다. 현재 외상이나 두통 등 여러 증상에 널리 사용되는 뇌 CT는 50여 년 전 개발되었다. 비로소 뇌를 열지 않아도 영상으로 뇌 안을 볼 수 있게 된 것이다. 비슷한 시기에 자기공명영상핵자기공명장치, magnetic resonance imaging, MRI도 개발되었다.

그리고 드디어 현대 뇌과학의 총아, 기능적자기공명영상fMRI이 등장한다. fMRI는 funtional MRI의 줄임말로 MRI의 원리를 사용하되, 뇌 활동에 따라 산소 농도가 변하는 것을 감지해, 활성화되었을 것으로 추측되는 부위를 밝게 표시해준다. 이로써 특정한 자극을 주었을 때 활성화되는 뇌의 부분을 알 수 있게 되었다. 가령 피험자에게 빵사진을 보여준다든지, 분노를 유발하거나 추억을 회상시킨다든지, 가족사진을 보여주거

MRI와 CT

MRI는 전자기를 쏴서 해당 분자가 어떻게 떨리는지 그 강도를 측정하는 검사다. CT는 X-ray를 여러 번 찍는 검사이기 때문에 방사선에 노출되지만, MRI는 전자기를 사용하기 때문에 방사선 노출은 없다. 단 자석에 붙는 철 성분이 있을 땐 촬영이 불가능하다. CT와 MRI는 상호 보완하는 검사로, CT는 외상이나 출혈에 유용하고 MRI로는 허혈성 질환이나 미세 구조물이 잘 보인다.

나 특정한 냄새를 맡게 해 뇌에서 활성화되는 부위를 확인하는 것이다. fMRI를 활용한 연구 중에는 피험자로 하여금 기계 안에서 성관계나 자위 행위를 하게 한 연구도 있었다. 물론 여러 종의 동물들도 fMRI 통에 들어갔다. 이렇게 다양한 연구를 통해 빠른 속도로 뇌 모듈이 하는 일, 업무의 분담과 협동 영역이 밝혀졌다.

“아무래도 기억에 가장 각인된 건 환자를 잃었던 순간이에요”

“선생님은 응급실에서 일하면서 이런저런 기억이 많이 쌓였겠어요.”

“아무래도 응급실이 제가 경험해본 유일한 직장이니까요. 또 많은 동료와 환자·보호자가 있었고, 그만큼 사연도 많았죠. 슬픈 기억도 힘들었던 기억도 많고요.”

“그런 것들을 잘 기억하는 편이세요?”

“제가 기억력이 좋은 편이긴 하지만, 이제 세세하게까진 기억이 안 나요. 특별한 일화는 딱 기억나는데, 대부분 기억 어딘가로 묻히는 것 같아요. 구체적인 상황은 기억이 안 나는데 감정만 떠오를 때도 있고요. 지식도 마찬가지예요. 레지던트 때 반복해서 익힌 지식은 곧잘 기억이 나는데, 한동안 안 쓰던 지식은 기억에서 되살려내는 데 시간이 걸려요. 워낙 외울 것이 많기도 했고요. 새로운 지식을 받아들이는 데도 조금 시간이 걸려요. 나이 많이 든 교수님들 보면 옛날에 하던 대로만 하시잖아요. 저만 해도 새로운 기술이 나오면 공부해서 임상에 적용하는 데 시간이 꽤 걸리더라고요.”

"그래도 환자들 치료하실 때 보면 선생님은 몸이 알아서 움직이는 것 같아요."

"몸이 기억하는 시술이나 수술기법이 있어요. 그냥 몸이 정해진 절차대로 알아서 움직이는 느낌이라고 해야 할까요? 이렇게 몸에 각인된 기억도 있지만, 아무래도 기억에 가장 강렬하게 남아 있는 건 환자를 잃었던 순간이에요. 살릴 수 있을 것 같았던 환자분이 돌아가시면 제가 최선을 다하지 못한 것 같아서 절대 잊히지 않아요. 비슷한 상황이 오면 필사적으로 몸이 움직이고 같은 상황을 피하려고 애쓰게 되죠. 제가 『만약은 없다』라는 책을 썼잖아요. 그게 '만약'이 있으면 너무 괴로워서, 썼어요. 그런 순간이 뇌리에 너무 많이 남아 있으니까."

"뇌는 장기 기억으로 전환할 사실을 분류해서 담당하는 부서를 만들고 여기에 신경세포를 배당해 기억을 해마의 특정 부분에 기록한다"

인간을 동물과 구분하는 대뇌의 기능에는 몇 가지가 있다. 그중 대표적인 것이 기억이다. 인간 기억의 잠재력은 다른 동물의 그것과 차원이 다르다. 인간의 기억력은 이론상 무한하다. 사실 우리는 기억을 직관적으로 한덩어리라고 생각해서, 뭔가를 떠올릴 때 각각의 기억을 종류에 따라 분류하지 않는다. 하지만 기억에도 다양한 층위가 있다. 인간은 컴퓨터처럼 모든 정보를 똑같은 강도로 저장해 정확히 외우지 못한다. 뇌 입장에서 이는 낭비이므로, 어떤 것은 잊고 어떤 것은 기억해둬야 한다.

먼저 기억에는 단기 기억이 있다. 휴대전화로 온 본인 확인용 인증 번호를 잠시 외웠다가 다시 입력하는 정도의 암기력이다. 하지만 이는 말 그대로 단기 기억이라, 어제 받은 인증 번호는 다음날 아무리 떠올리려 해도 전혀 기억나지 않을 것이다. 기억력이 균질하다면, 평생 받은 인증 번호를 전부 외우고 있어야 하니, 끔찍한 일이다. 단기 기억은 단시간에 일어난 일을 외워두었다가 관련 문제를 해결하는 데 용이하다. 주방에서 일을 하는 요리사가 김치볶음밥 두 개와 제육덮밥 세 개, 우동 두 개와 돈까스 네 개 주문이 한꺼번에 들어왔을 때 이를 외워두었다가 순서대로 해결하는 것이 여기 해당된다. 하지만 단기 기억에는 한계가 있다. 스물일곱 자리의 인증번호를 단번에 외우기는 어렵다. 주방에 주문이 너무 많이 밀리면 오삼불고기 주문이 있었던 것을 까먹고 있다가 나중에 떠올리기도 할 것이다.

하지만 뇌의 능력은 무한하고, 이는 훈련을 통해 개발이 가능하다. 무작위로 배열한 카드 3000장의 순서를 외우거나, 사람 이름 100개를 10초 남짓에 외우는 암기 챔피언이 가끔 뉴스 단신에 나온다. 단기 기억력이 극도로 훈련된 뇌의 소유자들이다. 하지만 단기 기억력이 뛰어난 것과 지능이 뛰어난 것은 별개다. 가끔 '지능 개발' '두뇌 개발'이라는 소제목을 단 퍼즐 책이나 암기 훈련 서적이 보인다. 여기 실린 문제를 풀면 퍼즐이나 암기를 더 잘하게 된다. 그렇다고 똑똑해지는 것은 아니다. 우리 뇌는 딱 그 퍼즐이나 암기를 더 잘하게 되는 방식으로만 훈련된다.

단기 기억에는 뇌의 특정 부위가 사용되지 않는다. 기억은 여기저기 나눠서 잠시 저장되었다가 휘발된다. 그런데 가족의 전화번호나 자기 집 주소 같은 것은 오랫동안 외워둬야 한다. 이렇게 반복해서 기억한 단기 기억은 장기 기억으로 넘어간다. 그래서 전화번호를 바꿔도 1년 정도 사용하다 보면 평생 잊히지 않는다. 뇌는 장기 기억으로 전환할 사실을 분류해서 이를 담당하는 부서를 만들고 여기에 신경세포를 배당해 기억을 해마의 특정 부분에 기록한다. 이것이 장기 기억이 입력되는 과정이다. 그런데 헨리 몰레이슨의 사례에서 보듯 해마가 망가지면 입력 자체가 되지 않아서 단기 기억만으로 살아가게 된다. 이 과정과 연결된 것이 잠이다. 뇌는 잠을 잘 때 기억을 보존하는 부위가 활성화되어서 단기 기억을 장기 기억으로 전환한다고 알려져 있다. 그러니 시험 공부는 밤 새워 하면 안 되고 잠시라도 잠을 자면서 하라는 말에도 일리가 있다.

인간의 공부법은 이런 기억력 체계에 바탕을 두고 있다. 한 번 외워서는 머릿속에 기억을 남길 수 없다. 반복 학습을 하고 다시 시험을 치러서 평생 사용할 수 있는 장기 기억으로 전환해야 한다. 의사나 변호사 같은 전문직 분야도 반복해서 학습해야 할 지식과 이를 거듭 확인하는 시험이 많다. 반복 학습 과정을 거쳐야 해당 내용을 평생 기억할 수 있다. 한편 나이가 들면 단기 기억력이 떨어진다. 그뿐만 아니라, 65세 이후로는 단기 기억을 장기 기억으로 전환하기도 어려워진다. 공부에 때가 있다는 말도 이런 측면에서 합당하다.

하지만 기억이 이렇게 단순히 단기, 장기로만 나뉘는 건 아니다. 기억에는 다층적인 종류가 또 있다. 가령 어렸을 때 넘어져 다쳤던 기억을 누구나 하나쯤은 가지고 있을 것이다. 또한 정신적으로 심한 충격을 받았거나 물리적으로 폭행을 당했을 때도 몸이 이를 기억하고 있다고 느낄 것이다. 몸은 아드레날린이 극심하게 분비되었던 순간을 기억했다가 비슷한 상황이 벌어졌을 때 이를 피할 수 있게 뇌에 저장해둔다. 이것이 '섬광기억flashbulb memory'이다. 전쟁이나 범죄 피해를 겪은 사람들이 외상후스트레스장애post traumatic stress disorder, PTSD에 시달리는 것도 섬광기억이 오래 잔상에 남아 사라지지 않기 때문이다.

그런가 하면 정보로 분류되는 일반적인 지식은 따로 대뇌피질에 저장된다. '한 주는 월화수목금토일이다' '마라탕은 중국 음식이다'와 같은 보편적 지식이 여기 해당된다. 이런 것들은 문화의 영향을 받는 영역으로, 잘 잊히지 않는다. 이런 의미기억semantic memory이 뇌에 많이 들어 있다면 '아는 것이 많아지는' 기분이 든다. 공부를 하는 건 이렇게 의미기억을 늘리는 일이다.

한편 특정 행동이 늘 순서대로 반복되면 뇌는 그 절차를 외운다. 차에 시동을 걸고 대로로 나가서 사거리를 건너 좌회전한 뒤 우회전해서 차에서 내려 회사에 출근하는 행위를 몇 년 동안 반복하면, 언젠가부터 특별히 의지를 가지지 않아도 그 순서대로 몸이 알아서 움직이게 된다. 이것이 절차기억procedural memory이다. 이 또한 상당히 강력한 기전이기 때문에, 퇴근길에 세탁소에 들르거나 차 정비 센터에 가야 했다는 사실을 집에 와서야 깨닫게 될 때도 있다. 특히 프로스포츠 선수들은 특정 패턴의 절차기억을 평생 수행해서 의식이 아니라 운동 조정을 담당하는 소뇌에 집어넣는다. 그래서 프로 선수들은 구체적인 방법을 설명하기 어려워하면서도 야구공을 시속 150km 속도로 던지거나 팬텀 드리블을 수행할 수 있다. 물론 보통 사람에게도 과자 봉지를 까거나 우유를 흘리지 않고 우유팩을 여는 등의 미세 조정 절차기억이 있다.

꿈은 우리가 이런저런 방식으로 저장해둔 모든 기억을 조합해서 만들어진다. 꿈에서는 문화권을 벗어나거나 상상할 수 있는 범주를 넘어서는 것이 출연하지 않는다. 그래서 지그문트 프로이트는 꿈과 기억을 분석해 정신분석학을 창조했다.

앞에서도 말했지만 기억의 용량은 사실상 무한대다. 두뇌가 온전하다면 일평생 있었던 일을 (나름의 방식으로) 무리 없이 거의 다 기억할 수 있다. 해마와 관련된 신경세포 연결 회로엔 우리가 겪은 일이 모두 들어 있다. 이는 공부와 운동과 추억 등을 전부 포함하는 고등 기능이다. 우리가 새로운 일을 행하고 새로운 책을 읽고 공부를 할 때마다 뇌세포 사이에서는 새로운 연결이 탄생한다. 1000억 개의 뇌세포 사이에 가교가 놓인다. 영구히 기억할 만한 가치가 있다고 생각되면 뇌는 그 회로를 영영 간직한다. 또 반복적으로 그 회로를 꺼내 써야 한다면 뇌는 회로를 효율적으로 재편해서 자동적으로 떠오를 수 있도록 연결해둔다. 어릴 때 외운 구구단은 영영 잊히지 않는다. 계산을 반복하면 셈이 더 빨라지고, 지식을 반복해서 암기할수록 암기력이 더 좋아진다. 피아노 연주는 연습을 하다 보면 어느 순간 실력이 좋아지고, 한번 일정 수준에 도달하면 연주법을 잊어버리지 않게 된다.

기억도 효율을 중요시한다. 재인기억recognition memory은 '이게 어디쯤 있었는데, 어디 보자'와 같은 기억이다. 정확하게 기억하지 않고 뭉뚱그려서 기억함으로써 소모를 줄이는 것이다. 한편 일화기억episode memory은 어느 시점부터 다른 시점까지 일어난 일을 한덩어리로 기억한다. '무척 더운 날이었어. 축구를 하고 집에 왔더니 어머니가 콩국수를 해주셨지' 같은 것이다. 그래서 누군가 자신이 경험한 특정 일화를 설명할 때는 예전과 변함없이 같은 이야기로 시작해, 같은 이야기로 끝난다(특히 오래전 과거 이야기를 할 때 이렇다). 이런 기억은 반복해서 각인하지 않으므로 뇌에서 변형되기도 한다. 사실 그때 먹었던 것은 오징어볶음이었을 수도 있단 얘기다.

뇌는 잠을 필요로 한다. 인간이 잠을 자는 이유는 정확히 밝혀내지 못했지만, 잠을 안 자면 사망하는 건 확실하다. 플라나리아부터 코끼리까지, 모든 동물은 잠을 잔다. 종에 따라 극단적으로 적게 자거나 한쪽 뇌만 잠드는 등 다양한 수면 패턴을 보이기도 하지만, 어떤 형태로든 잠을 자야만 생명 활동을 이어갈 수 있다. 고등동물인 인간도 외부 자극에 둔해지면서 의식이 사라지는 잠을 자야만 생존할 수 있다. 자면서 눈을 감고 있으면 시각을 쉬므로 에너지가 절약되고, 뇌수가 뇌를 씻어서 노폐물이 빠져나간다. 그렇다고 잠을 잘 때 뇌가 완전히 휴식을 취하는 것은 아니다. 뇌는 명백히 깨어 있다. 가령 자고 있는 사람 주변에서 큰 소리를 내거나 그의 이름을 소리쳐 부르면 그는 깨어난다. 자는 동안 꿈을 꾸는 것도 모두 뇌가 하는 일이다. 잠을 자는 동안 뇌는 단기 기억을 장기 기억으로 옮기기도 하는 등 기억을 정리한다. 꿈속에서 우리가 처한 문제의 해결책을 상상하고 대비한다는 이론도 있다.

> "잠을 자는 게 중요합니다.
> 잠을 못 자거나 술을 마시거나 스트레스를 받으면
> 경기가 유발됩니다"

새벽이 되자 졸음이 쏟아졌다. 응급의학과의 적, 새벽과 피로였다. 스테이션에서 잠깐 졸다 꿈을 꾸었다. 응급실 바깥에서 갑자기 폭발이 일어났는데, 하필 친구가 실려 왔다. 그다음으로 실려 온 이는 아까 밤에 중환자실에 입원한 환자의 얼굴을 하고 있었다. 그리고 갑자기 동료들이 가운을 벗어던지더니 나가버렸다. 나는 당황한 채 아비규환인 응급실 한복판에 서 있었다. 그리고 식은땀을 흘리며 꿈에서 깼다. 스테이션이었다. 밤을 새우는 일은 오래해도 적응이 쉽지 않았다. 본디 사람은 밤에 자야 하니까. 위급 상황에서 잠에 들면 꿈도 항상 위급했다.

"선생님, 환자 왔어요."

머리를 바닥에 세게 부딪친 할아버지였다. 집에서 발을 헛디뎌 넘어졌다고 했다. 살펴보니 상처는 없어서 얼른 CT실로 보냈다. 두개골 앞쪽 두피가 많이 부어 있었으나, 아무리 찾아도 뇌출혈은 보이지 않았다.

"환자분, 괜찮으세요?"

"머리가 너무 아파요. 아이고, 깨질 것 같아요."

환자는 극심한 통증을 호소했다. 당장은 집에 못 갈 것 같았다. 일단 새벽이라 귀가하지 않고 다른 검사 결과도 보면서 상태를 지켜보기로 했다. 환자는 관찰 구역에 누웠다. 스테이션에 돌아왔는데 아직도 잠이 덜 깬 느낌이었다. 다시 커피를 내려 왔다. 카페인이 뇌에 스며들자 정신이 드는 듯했다.

“이 일은 오래해도 여전히 힘드네요. 틈틈이 시간을 내서 공부도 해야 되는데, 현실적으로 너무 어려워요. 의학 공부도 하고 논문도 읽어야 하는데…… 거기다 책도 써야 하고, 칼럼도 써야 하고. 그런데 외운 것도 자꾸 까먹어요.”

“머리를 정말 원 없이 쓰시네요. 저는 가끔 집에 있는 개가 부러울 때도 있어요. 견생에 대한 고민, 그런 거 없잖아요.”

“그래도 개가 얼마나 똑똑한데요.”

“맞아요. 가끔 우리집 개 보면 정말 똑똑할 때가 있어요. 늦게 들어가면 화를 내는데, 정말 사람처럼 화내요. 삐치기도 하고. 말도 다 알아듣는 것 같아요.”

“개가 인간의 언어를 다 알아듣진 못하지만요, 소리로 특정 단어들을 구분할 수는 있다고 하죠. 나머지는 우리 억양이나 몸짓, 표정을 읽어 알아듣는 거예요.”

수면이 부족한 새벽에는 감정이 조절되지 않고 자꾸 짜증이 났다. 퇴근해서 한숨 자고 일어나면 후회하기 시작할 일이었다. 갑자기 바깥에서 큰 소리가 들렸다. “환자가 경기를 해요.” 뛰어나가 보니 20대 청년이었는데, 눈알이 오른쪽으로 돌아가 있고 손과 발을 떨고 있었다. 전형적인 경기였다. “처치실로 옮겨서 진정제 투여합시다.” 보호자가 원래 환자에게 뇌전증이 있다고 말해주었다. 마지막으로 경기한 게 3년 전쯤이라고 했다. 최근에 야근 때문에 잠을 못 잔 상태였다.

“약은 잘 드셨나요?”

“요즘 바쁘다고 약도 잘 안 챙겨 먹는 것 같았어요.”

"경기는 잠을 못 자거나 술을 마시거나 스트레스를 받으면 유발됩니다. 약을 안 먹으면 더더욱 역치가 낮아지죠. 발작이 오면 이렇게 뇌가 흥분 상태가 돼서 신호가 엉켜버려요. 특히 뇌전증 환자는 잠을 잘 자는 게 중요합니다. 이렇게 야근이 위험한 겁니다. 여러모로요."

**"변연계는 감정과 기억, 공간 인지를 다룬다.
인간을 다른 동물과 구분 짓는 두뇌의 고등 능력은
대뇌피질에 들어 있다"**

뇌를 생명체의 진화 단계로 분류해서 생각해보자. 호흡과 체온조절과 반사신경은 뇌간에서 관장한다. 뇌간은 5억 년 전 척추 윗부분이 뭉쳐서 원시 뇌가 될 때부터 존재했다. 뇌간의 기능은 생존과 직결되기에, 모든 동물에겐 뇌간이 필요하다.

파충류나 조류를 보자. 우리가 닭의 지능을 폄하하고 '닭대가리' '새대가리'라고 하는 이유는 감정과 기억이 포유류에 비해 충분히 발달하지 못했기 때문이다. 닭은 공격을 받으면 반격하는 반사신경은 빠르지만 학습과 기억에는 취약하다.

그러나 개나 고양이에게는 더 복잡한 감정과 기억이 있는 것이 분명하다. 그들은 행복한 표정을 짓기도 하고, 짜증을 내기도 하며, 특정한 위치를 기억해두었다가 다시 찾아가기도 한다. 대전으로 팔려 갔던 진돗개 백구가 300km를 거슬러 주인 할머니가 있던 진도로 돌아온 사연은 유명하다. 미국 플로리다주에서 가족과 함께 캠

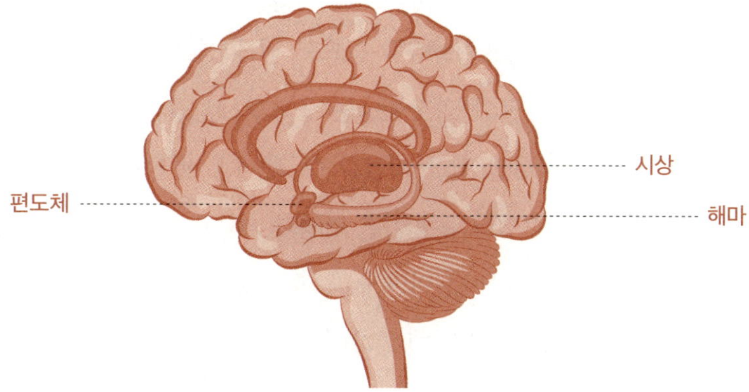

해마와 편도체

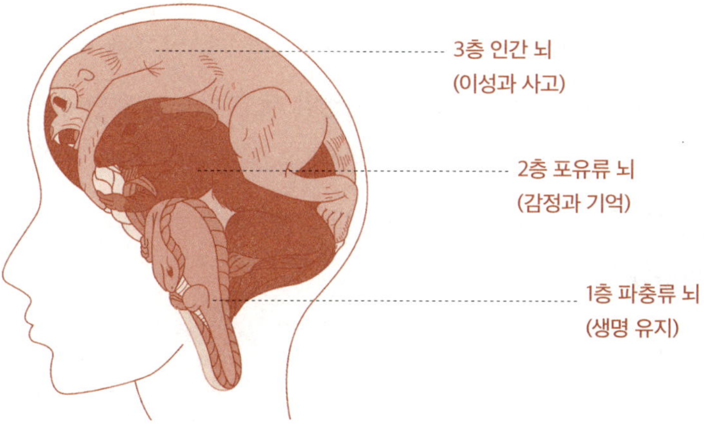

뇌의 3층 구조 발달 이론

핑을 갔다가 길을 잃은 고양이 홀리는 320km를 여행해 두 달 만에 집으로 돌아왔다. 이들이 보여주는 다양한 감정 표현과 학습 능력은 너무 잘 알려져 있어 설명할 필요도 없을 정도다.

이처럼 고등동물의 입장에서는 좋고 나쁜 감정을 파악하고 위기를 감지하며 지나간 일을 기억할 수 있어야, 생존에 도움이 될 것이다. 뇌간에서 더 진화해야 이런 감정과 기억을 만날 수 있는데, 이곳이 대뇌와 뇌간 사이, '변연계limbic system'라는 곳이다. 변연계는 감정과 기억, 공간 인지를 다룬다(조류에게도 변연계에 해당되는 유사 구조가 있지만 그 기능은 포유류의 변연계와 큰 차이가 있다). 기억을 담당하는 해마와 감정을 다루는 아몬드 모양의 편도체가 이 변연계에 있다. 또 호르몬과 수면 사이클을 조정하는 시상, 솔방울샘도 여기 있다.

인간을 다른 동물과 구분 짓는 두뇌의 고등 능력은 대뇌피질에 들어 있다. 이렇게 뇌간, 변연계, 대뇌를 1층 뇌, 2층 뇌, 3층 뇌로 분류하거나 파충류, 포유류, 인간의 뇌로 나누기도 한다. 1층은 생존이다. 2층은 감정과 기억이다. 3층은 고등 기능이다. 이를 진화의 순서, 혹은 우리를 인간답게 만드는 뇌 부위 순서라고 생각해도 무방하다.

뇌의 마비나 손상은 대체로 1층, 2층, 3층순으로 온다. 가령 우리가 숨을 참아 죽으려고 시도한다고 생각해보자. 우리가 조절할 수 있는 뇌 부위는 3층 영역이다. 3층에서 숨을 쉬지 말라고 지시하면, 이산화탄소 감지 센서에도 불구하고 우리는 숨을 참는다. 계속 참으면 뇌에 산소가 부족해져서 정신이 혼미해지다 결국 의식을 잃어버리게 된다. 실신하고도 비슷한 상태다. 이때 가장 먼저 전원이 내려오는 곳은 3층 뇌다. 그제야 잠시 지휘권을 잡은 1층이 명령한다. '숨을 쉬자.' 그때부터 우리는 숨을 쉬면서 이산화탄소를 빼고 산소를 공급해서 의식을 되찾을 것이다. 재차 말하지만, 그래서 인간은 자의로 숨을 참아 죽음에 이를 수 없다. 우리가 자의로 죽음을 선택할 수 있는 상황에 대한 최소한의 안전장치라고 할 수 있다.

그 반대의 경우도 생각해볼 수 있다. 1층 영역의 손상으로 생명 유지는 불가능하지만 3층의 의식은 남아 있는 상태다. 이를 감금증후군 locked-in syndrome이라고 하는데, 뇌간과 소뇌의 영역이 손상되는 뇌졸중의 드문 케이스다. 감금증후군은 움직이거나 외부 감각을 느낄 수 없고 호흡기로 호흡해야 하지만, 의식만은 깨어 있는 상태다. 중뇌가 살아 있다면 눈알을 움직이거나 눈꺼풀을 움직이는 것까지 가능한 경우도 있다. 또 시력이나 청력 등 일부 감각이 살아 있을 수도 있다. 움직이지 못하는 육체에 또렷한 의식이 갇혀버리는 것이다. 『잠수종과 나비』라는 회고록을 쓴 장 도미니크 보비는 감금증후군 상태에서 왼쪽 눈꺼풀로 신호를 보내 글을 쓰기도 했다.

"뉴런은 핵과 DNA가 들어 있는 신경세포의 핵심이다. 이는 전기신호를 만들어 축삭으로 전달한다"

포유류의 뇌 구성물은 거의 동일하다. 여기서 가장 중요한 구조물은 뉴런으로, 이는 신경세포의 핵심이다. 뇌에는 뉴런이 약 1000억 개쯤 있다. 인간은 태어날 때 뉴런 1000억 개를 가지고 태어나서 평생 쓴다. 뉴런의 머리에는 핵과 DNA와 미토콘드리아가 들어 있다.

그리고 그 반대편에는 다른 뉴런과 긴밀히 연락을 주고받기 위한 꼬리가 있다. 이것이 축삭axon, 신경의 전기적 신호를 다른 신경이나 기관에 전해주는 긴 구조이다. 뉴런의 신경세포체에는 연락을 받기 위한 가지돌기(수상돌기)가 있으며, 축삭 꼬리(말단)는 이음부를 형성해서 다른 뉴런의 가지돌기에 신호를 전달한다. 이 이음부가 시냅스synapse다.

뉴런은 전기신호를 만들어 축삭으로 전달한다. 전기신호는 전해질에 들어 있는 이온으로 만들어진다. 나트륨, 칼륨, 칼슘, 염소 등의 이온이 세포막 안팎으로 이동하며 막전위를 형성하고 이 전위차가 전기신호로 전달되는 것이다. 치과에 가서 마취 주사를 맞으면 신기할 정도로 감각이 싹 사라진다. 응급실에서 상처를 봉합할 때도 마찬가지다. 이때 사용하는 리도카인lidocaine 주사는 나트륨 채널을 차단해서 신호 전달을 막는다. 채널 하나만 차단해도 전압이 발생하지 않으므로 신경전달이 없어 느낌이 사라진다. 이렇게 전압으로 만든 전기신호가 축삭으로 전달되어 시냅스에 도달하면 화학물질이 나와 신호를 다른 뉴런에 전달한다. 이 화학물질이 도파민, 노르에피네프린, 아세틸콜린, 무스카린, 니코틴 등 지금까지 밝혀진 열두 개의 신경전달물질과 60종 이상의 신경펩티드다. 이들은 '흥분' '진정' 등의 메시지를 다른 뉴런에 전달한다. 뇌와 신경세포는 이런 방식으로 소통한다.

요약하자면 뉴런에서 뉴런으로 신호가 전달될 때, 전기-화학-전기-화학 반응이 끝없이 교차 반복된다. 그러나 결코 같은 메시지만 반복해서 전달되지는 않는다. '흥분'이 끝없이 전달되면 뇌는 경기를 일으키고 만다. 항경련제는 뇌의 전기·화학 신호를 차단하는 약이다. 뇌 안에서는 뉴런들이 '흥분' '진정' '그만 멈춤' 등의 신호

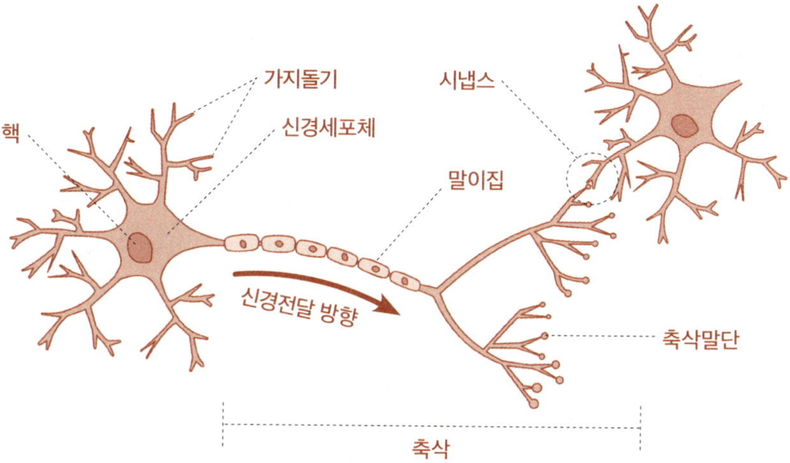

뉴런과 신경전달

가 교차하면서 의사를 주고받는다. 그런데 1000억 개의 뉴런은 각각 생김새가 다양하며, 한 개의 뉴런이 수천~수만 개의 뉴런과 연결될 수 있다. 뉴런끼리 의사소통 할 수 있는 방법은 전기·화학 신호를 포함해 수백 가지가 넘는다고 알려져 있으며, 그중 다수를 조합할 수도 있다. 이것들을 순식간에 교차해서 판단하는 것이 뇌 활동이라고 하면, 인간의 입출력 조합은 순식간에 1000억의 곱제곱으로 늘어난다. 이론상 이 조합은 무한대라는 애기다. 이를 생각하면 같은 상황에서 완벽히 동일한 행동을 하는 인간은 없다고 할 수 있다. 같은 상황에 처해도 모두가 다른 경험을 하고 다르게 표현하는 인간의 고유성이 이해되는 대목이다.

대뇌피질, 그러니까 회백질은 뉴런과 가지돌기가 많이 있어 회색빛을 띤다. 백질은 축삭과 축삭 내 구성 조직인 말이집(미엘린

myelin)이 많이 포함되어 있기 때문에 하얀빛을 띤다. 단순화해서 회백질은 주로 분석이나 결정을 하고, 백질은 회백질 간의 정보 전달 경로 역할을 한다고 이해할 수 있다. 그 외에 뉴런과 축삭을 지탱해주는 세포가 신경아교세포neuroglia다. 신경아교세포는 '신경 접착제'라는 뜻이다. 한마디로 허공에 뉴런과 축삭만 떠 있을 수 없으니까 빈 공간을 채워주는 세포라고 할 수 있다. 택배 상자 안에 들어 있는 포장재와 비슷하다. 신경아교세포는 뉴런보다 열 배 더 많으며, 신경세포를 보호하고 수리하는 일도 한다.

뇌세포는 신경세포의 다발로, 손상을 입어도 어느 정도 복구가 가능하다. 한 부분이 손상을 입으면 다른 부분에서 원래 담당이 아닌 일까지 대신 맡는 것이다. 본디 뉴런은 여분이 많다. 뇌가 손상되어도 우리가 다시 회복할 수 있는 이유다. 우리가 살아서 하는 모든 행위가 1000억 개의 뉴런이 조화롭게 신호를 주고받은 결과물이라는 점에서, 이렇게 변화무쌍한 뇌가 대체로 평탄하게 기능한다는 사실은 기적에 가깝다. 다만 어느 장기나 결함이 있다. 알츠하이머나 우울증, 조현병, 양극성장애 등은 뇌 신경전달물질의 장애로 인한 질환이다. 의학은 세로토닌이나 도파민 등을 화학적으로 BBB를 통과할 수 있는 치료약으로 만들고, 전기경련요법electroconvulsive therapy, ECT으로 전기 자극을 보내는 등 다양한 방법으로 뇌질환에 맞서고 있다.

“단일 뉴런의 기능보다는 뉴런끼리 연결된 형태가 실제 지능에 더 중요한 역할을 한다”

앞서 말했듯 뉴런은 모양도 다양하고 기능도 다양하다. 야구공이 날아오는 상황이라면 핫라인같이 단번에 긴 축삭으로 연결되어 이 사실을 빠르게 전달하는 뉴런을 사용해야 한다. 그래서 초속 100m로 재빨리 신호를 전달할 수 있는 커다란 신경섬유가 존재한다. 반면 오랜 기간에 걸쳐 학술 연구를 한다면 뇌는 천천히 뉴런을 조합하고 연결해서 점차적으로 기능을 강화해나갈 것이다. 포유류 뉴런의 개수는 지능과 대략 비례하지만, 인간이 가장 뉴런이 많은 종은 아니며, 뇌가 가장 무거운 종도 아니다. 돌고래 중에는 대뇌피질에 인간보다 뉴런이 두 배쯤 더 많은 종도 있다. 뉴런의 개수와 지능이 정비례했다면 개는 몸집에 비례해서 지능이 높을 것이다. 인간도 뉴런에서 대략 10% 정도만 연결해서 사용한다. 고로 단일 뉴런의 기능보다는 뉴런끼리 연결된 형태가 실제 지능에 더 중요한 역할을 한다. 그래서 생각의 단위를 뉴런이 아니라 뉴런의 연결 형태인 커넥톰connectome이라고 한다. 우리는 뉴런이라는 백지에 커넥톰이라는 펜으로 선을 긋는 식으로 생각을 한다.

신경세포는 커넥톰이라는 연결 단위로 기능하기 때문에, 뉴런의 연결 방식과 패턴에 따라 뇌에는 다양한 기능이 입력된다. 이 연결이 변화하거나 삭제되거나 생성되면 뇌도 변화한다. 뇌에는 가소성이 있다. 막 태어난 아이는 뇌세포 개수는 많지만 뇌의 기능은 불완전하다. 감정은 있지만 사고 능력은 거의 없다. 청소년이 되어도 뇌는 80%만 완성된다. 청소년의 뇌는 만들어지는 과정이라 도파민을 포함한 각종 신경전달물질이 많이 나온다. 그래서 이 시기엔 충동적으로 행동하거나 위험을 추구하는 성향을 보이기도 하고, 기억도 더 인상적으로 남는다. 첫사랑물이나 학원폭력물이 꾸준히 10대부터 성인에게까지 공감을 얻으며 소비되는 이유다.

청소년기 두뇌 개발은 뇌 신경세포를 연결하는 작업이다. 병렬 형식의 뇌세포를 어떤 방식으로 연결하느냐가 평생 사용될 패턴을 좌우한다. 사실 뇌의 연결 능력과 연결 방식 자체가 소질의 영역에 들어간다. 가령 엘리트 체육인이나 음악인은 어릴 때부터 운동이나 악기를 익혀 최고의 역량을 가지고 살아간다. 뇌가 가소성을 잃은 후에 시작하면, 체육이나 음악 부문에서 프로가 되기란 거의 불가능하다. 한국 프로야구에서 조기교육을 받지 않은 비선수 출신의 등장이 화제가 된 적도 있지만, 결국 단기 활약에 그쳤다. 물론 어릴 때부터 엘리트 교육을 받는다고 해서 모든 사람이 리오넬 메시가 되는 것은 아니다. 또 메시가 노력한다고 갑자기 오타니 쇼헤이가 될 수 있는 것도 아니다.

어린 시절 교육은 중요하다. 신경세포가 아직 연결되지 않았을 때 배운 모든 것을 뇌는 기억한다. 심지어 공부 내용뿐 아니라 공부하는 습관까지도 이런 교육에 포함된다. 공부하던 뇌는 계속 공부하려고 하고 언어를 익힌 뇌는 새로운 언어도 더 쉽게 익힌다. 하지만 이미 커넥톰 형성을 마친 이후에는 어떤 기억이나 행동을 뇌에 각인하는 데 커다란 노력이 필요하다. 나이가 들면 뇌 가소성이 줄어들고 유연성도 떨어져, 우리는 도파민이 많이 분비되던 어린 시절로 돌아가 그때 접한 특정한 사상이나 그때 경험한 상처에 집착하게 된다. 명절 때 조부모를 찾아가면 그분들이 어린 시절 이야기를 하고 또 하는 것도 뇌기능의 한계 때문이다.

**“전두엽 손상은 성격을 변화시키는데,
머리를 세게 부딪치고 나중에 출혈이 생긴 특이한 케이스네요.
피가 흡수되면 조금 나아지실 겁니다”**

경기 환자가 경기를 멈추자 다음엔 명백한 뇌졸중 환자가 왔다. 머리가 아프더니 갑자기 말을 못하게 되어 보호자와 함께 실려 왔다. 카트에 몸을 누인 그는 한쪽 입가가 틀어져 있었고, 우측 팔다리는 아예 움직이지 못했다. “괜찮으세요?” 환자는 나를 보고 있었으나 답이 없었다. “지금 말을 하고 싶은데 말이 안 나오는 건가요?” 그는 끄덕거렸다. 역시 좌뇌의 뇌내출혈이었다. “뇌출혈입니다. 원래 고혈압이 있으셨던 것 같네요. 뇌 안의 출혈이 좌뇌를 침범해서 언어 능력이 마비되었습니다. 차츰 회복되겠지만 시간을 두고 봐야 합니다. 일단 혈압부터 조절하고 수술해야 할지 지켜보겠습니다.”

말이 끝나기 무섭게 저쪽에서 시끄러운 소리가 났다. 아까 CT 상에서 정상이었던 할아버지였다. 지켜본 지 두 시간 반쯤 되었는데, 화가 많이 난 듯 보였다. “왜 집에 안 보내주는 거야. 이런 ××.” 그는 험한 욕을 쉴 새 없이 해댔다. 할아버지는 손을 뻗어 의료진의 신체를 만지려고까지 했다. 느낌이 이상했다. 나는 보호자를 불렀다.

“할아버지가 원래 이렇게 폭력적인 분이셨나요?”

“별명이 신사였어요. 단 한 번도 이러신 적 없고요. 특히 성적인 애긴 절대 안 하셨어요.”

나는 스테이션으로 돌아와서 소리쳤다.

"환자 재워서라도 다시 CT 찍을게요. 뭔가 이상해요."

이번에도 환자는 프로포폴을 맞고 잠이 들었다. 환자를 CT실로 보내서 확인하자 과연 전두엽에 출혈이 있었다. 처음에는 발견되지 않았던 지연성 뇌출혈이었다. 나는 보호자를 다시 불렀다. "전두엽 손상은 성격을 변화시키는데, 머리를 세게 부딪치고 나중에 출혈이 생긴 특이한 케이스네요. 출혈량이 많지 않아서 이대로 계속 수면제로 재울 거예요. 피가 흡수되면 조금 나아지실 겁니다."

오늘 하루에만 도대체 몇 명이나 중환자실에 갔는지 셀 수가 없었다. 드디어 아침이 밝아오고 있었다. 근무를 마무리할 준비를 하는데 한 통의 전화가 왔다.

"목을 맨 사람이 집에서 발견되었습니다. 친구한테 마지막을 암시하는 메시지를 보냈다고 합니다. 친구의 연락을 받은 환자 어머니가 자취방에 가보았더니 목을 매단 채로 발견되었다고 합니다."

"현장에서 심폐소생술은 했겠지요?"

"어머니가 줄을 끊고 심폐소생술을 하고 계셨습니다."

환자는 계속 심폐소생술을 받으며 병원에 들어왔다. 어머니도 비틀대며 따라왔다. 환자는 심장이 뛰지 않았고 목이 끈 모양으로 푹 꺼져 있었다. 새벽을 견디기 어려워서, 또다시 하루가 시작되는 것이 두려워서……. 전형적인 우울증 증세를 보여왔고, 그로 인한 자살 시도였다. 심장은 누르면 소생시킬 수 있었지만, 뇌 손상이 심했다. 그래서 심장에 뛰라는 지시를 내릴 수조차 없었다. 뇌에 혈액이 공급되지 못하면 사망한다. 특히 목에 끈이 걸리면 치명적이다. 또, 두뇌가 더이상의 삶을 거부해도 치명적이다.

**“보통 두 개가 있는 장기는 기능이 똑같다.
하지만 뇌는 유일하게 좌뇌와 우뇌가 하는 일이 완전히 다르다.
양쪽에서 내린 지시는 뇌간에서 교차된다”**

뇌의 감각은 모두 ‘자신’이라는 범주를 인지하는 것과 연관이 있다. 자신을 인지하는 다양한 종류의 감각은 전두엽과 연관된다. 인간의 자기판단은 꽤나 세밀하고 복잡한 한편, 관용적이고 확장적이다. 일단 우리는 옷을 입으면 옷의 범위까지 나로 인지한다. 모자를 쓰고 있으면 모자가 낮은 문턱에 닿지 않게 고개를 숙이는 식이다. 운전대를 잡으면 차체 안으로 들어오는 외부 물체나 공격을 반사적으로 피하게 된다. 안경을 오래 쓴 사람은 안경까지 자기의 범주로 인식한다. 유명한 실험도 있다. 오른손을 책상 아래 무릎 위에 올려놓고 모형 손을 책상 위에 올려놓는다. 그리고 모형 손을 쓰다듬으면, 피험자는 마치 자기 손을 쓰다듬는 느낌을 받는다. 그러다가 불시에 모형 손을 망치로 때리면 자기도 모르게 책상 아래 있는 진짜 손을 움찔거리게 된다. 모형 손까지 자신으로 인식한 것이다. 비슷하게 야구 선수는 들고 있는 방망이를, 축구 선수나 농구 선수는 드리블하는 공까지를 자신의 범주로 여길 수 있다. 추상적으로는 사회적 위치나 맡은 역할까지도 자신의 범주에 포함될 수 있다. 심지어 우리는 자녀를 포함해 가까운 타인도 자신이라는 감각 범위에 넣을 때가 있다.

우리 뇌가 가진 최고의 고등 영역은 언어다. 뇌는 좌측과 우측이 있는데, 보통 두 개가 있는 장기는 기능이 똑같다. 하지만 뇌는 유일하게 좌뇌와 우뇌가 하는 일이 완전히 다르다. 양쪽에서 내린 지시는 뇌간에서 교차된다. 일단 좌뇌는 몸의 우측, 우뇌는 몸의 좌측을 움직인다. 그래서 한쪽 뇌가 마비되는 뇌졸중이 오면 반대쪽 손과 발을 움직이지 못한다. 전신이 움직이지 않는다면 뇌가 통째로 마비되었거나 뇌신경이 모여서 내려가는 척수에 문제가 생긴 것이다.

뇌에는 우성 반구dominant hemisphere가 있다. 오른손잡이나 왼손잡이처럼 주로 쓰는 뇌 반쪽과 보조하는 반쪽이 있다는 얘기다. 우성 반구는 언어를 담당한다. (반드시 그런 것은 아니지만) 오른손잡이에게는 주로 좌뇌가 우성인데 좌뇌는 언어 기능을 관장한다. 그래서 보통 우뇌보다는 좌뇌의 기능을 잃었을 때 조금 더 치명적이다. 성인이 되어 좌뇌 손상이 오면 언어를 영원히 잃어버릴 수 있지만, 아직 가소성이 있는 소아는 좌뇌 손상이 와도 우뇌가 우성 반구가 되어 언어를 담당할 수 있다. 양쪽 뇌는 대들보라는 섬유조직으로 연결되어 있다. 대들보가 없어져도 대체로 온전한 의사소통이 가능하지만, 대들보가 끊어진 사람은 우뇌에서 파악한 내용을 좌뇌의 언어로 표현하기 어려워하는 경우가 있다.

뇌는 모든 것을 자기 주관대로 판단하고 해석한다. 이 해석은 기존에 획득한 지식이나 인지 상태를 바탕으로 한다. 이를 심리학에서는 게슈탈트라고 한다. 애인이 "나 달라진 거 없어?"라고 불시에 물어보면 대답하기 어렵다. 뇌는 평소 상태를 기억해둔 상태에서 현재 모습도 대략 이와 비슷한 모습일 거라고 상정하기 때문이다. 하지만 인간의 가르마 형태에 대해 깊이 탐구하던 중이라면, 어디가 달라졌는지 금방 알아차릴 수 있을 것이다. 그래서 상대방을 파악해야 하는 비즈니스 미팅에서는 어디가 달라졌냐는 질문에 훨씬 더 쉽게 답할 수 있다. 상대방의 특징에 대해 이미 생각해오던 참이기 때문이다.

인간의 두뇌가 특별한 것은 특정한 물질이나 성분 때문이라기보다는 인간이 상징과 기호를 만들고, 그에 적응했기 때문이라고 할 수 있다. 인간은 추상적인 존재를 이해할 수 있다. 눈에 보이지 않는 것을 상상할 수도 있다. 사실상 언어란 인간들끼리의 약속일 뿐, 다른 종에게는 무의미하다. 이것을 인지하는 것이야말로 인간의 핵심적인 고등 능력이다. 인간은 글자를 읽거나 말을 듣고 그 내용을 파악해서 눈앞에 보이지 않는 장소를 찾아갈 수 있다. 이런 상상력은 미래를 대비할 수 있게 한다. '지금 놀고먹으면 나중에 불행한 미래가 오기 때문에 열심히 일해야 한다.' '지금 이 케이크를 전부 먹어치우면 나중에 비만으로 성인병에 시달리게 되므로 포크를 놓아야 한다.' 이런 상상력이야말로 눈에 보이지 않는 미래를 예측할 수 있는, 동물과 차별되는 인간의 능력이다.

인간에게는 집단지성이 생겼다. 덕분에 선조의 지식을 빠른 시간 안에 습득할 수 있게 되었다. 다시 말해 우리는 눈에 보이지 않는 것을 이해할 수 있고 언어로 전달할 수 있기 때문에 선조가 얻은 지식의 총합에서 더 나아갈 수 있었다. 뉴턴이나 아인슈타인이 1000년만 더 일찍 태어났어도 평범한 인류 중의 한 명이었을 것이다. 아인슈타인이라는 천재의 탄생은 인간이라는 종의 집단지성이 갖춰져 있었기 때문에 가능했다. 다시 말해 우리 한 사람, 한 사람은 인간 집단지성의 일부다. 그중 특정한 개체가 문명을 진일보하면 전 인류의 지식도 진보하는 것이다.

우리는 뇌가 인지하는 대로만 세상을 파악할 수 있다. 뇌가 아직까지 인지하지 못한 세상의 진리를 우리는 결코 알 수 없다. 현대에 들어 일정 수준 이상의 과학은 소수의 뇌만이 이해할 수 있게 되었다. 이 정도면 이해 가능한 뇌가 특이한 개체다. 우주와 인간 존재에 대해 이 소수의 뇌가 이해한 바가 진실이라고 가정할 때, 보통의 뇌는 우주를 정확히 이해하는 방향으로 설계되지 않았다고도 할 수 있다. 우리가 직관대로 추측한 사실은, 지구가 평평하다거나 태양이 돈다는 것처럼 대부분 거짓이었기 때문이다. 그럼에도 인류는 우주의 비밀을 밝혀낼 정도로 똑똑해졌다. 어쩌면 언어와 추상화로 자신을 둘러싼 세상에 대해 사고하는 능력은 이미 인류가 감당할 수 없는 수준까지 도달했는지 모른다.

심지어 인간은 생의 종말을 스스로 선택하는 거의 유일한 종이 되었다. 단일 개체가 생존과 번식을 포기하고 스스로 육체의 종말을 선택한다면, 이것은 특이점이다. 뇌는 우리 몸을 지키기 위해 만들어졌지 존재의 생사를 고민하라고 만들어진 게 아니기 때문이다.

⁘⁘⁘

나는 목을 맨 환자의 심장을 미친듯이 눌러댔다. 더는 환자를 잃고 싶지 않았다. 단 한 명도. 삽관해서 산소를 불어넣자 그의 뇌가 산소로 적셔졌다. 천만다행하게도 약간의 반응이 있었다. 심폐소생술 시행 25분 만에 심장이 자발적으로 뛰기 시작했다. 하지만 동공반사도 없었고 사지의 미동도 일절 없었다. 심지어 자발호흡조차 없었다. CT상에선 뇌 음영이 어두웠다. MRI에서도 뇌의 거의 모든 부위에 손상이 발견되었다. 환자의 어머니는 머리를 움켜쥐고 응급실 구석에 앉아 있었다. 그에게 상황을 설명하고, 환자를 입원시키는 것이 오늘 내 마지막 일이 될 것이었다.

“심장은 돌아왔습니다만, 뇌 손상이 심합니다. 기적이란 것도 있지만, 제 경험상으론 회복이 쉽지 않을 것 같습니다. 최근에 많이 우울해하셨나요?”

“일이 뜻대로 안 돼서 힘들어했어요. 밤마다 잠을 못 자기도 했고요. 약도 타다 먹는 것 같았는데, 이럴 줄은…….”

“일단 중환자실에 입원하겠습니다. 적어도 3일은 있어야 정확한 판단이 가능하지만, 저희도 이런 경우에는 예측이 불가능합니다. 돌아가시는 경우가 많지만 일어나시는 경우도 아주 가끔 있습니다. 지금으로서 확률이 가장 높은 경우는 이대로 깨어나지 않는 것입니다.”

“그러면, 어떻게 되는 거죠.”

“뇌사 상태라고 합니다. 뇌의 사망을 줄여서 뇌사라고 하지요. 뇌에서 뇌파를 비롯한 어떤 움직임도 관찰되지 않고, 생명 보조 요법으로만 살아 있을 수 있는 상태입니다.”

“그러면 죽은 것은 아닌가요?”

“네, 살아 있는 겁니다. 하지만 뇌사 상태에서 법적으로 치료를 중단할 수 있는 방법이 하나 있습니다.”

“무엇인가요?”

“장기이식을 하는 경우입니다. 이때는 연명치료를 중단하게 됩니다. 뇌사 확률이 높고 상태가 급박하게 악화될 수 있으니,

이 부분에 대해서도 생각을 해두셔야 합니다."

"우리 아들 장기를 남한테 이식한다고요? 아이고, 네…… 알겠습니다."

"차차 설명드리겠습니다. 일단 생각도, 상의도 해보셔야 합니다."

보호자는 믿기지 않는 상황에 더욱 믿기지 않는 말을 듣고는 다시 머리를 움켜쥐었다. 그리고 어디론가 전화를 하러 나갔다. 나는 환자에게로 돌아왔다. 환자는 심장이 뛰는 것 외에는 어떤 움직임도, 반응도 없었다. 의식이 없는 완벽한 코마coma 상태였다. 그의 영혼은 어디론가 떠나 있을 것이다. 그의 뇌는 자의로 커다란 손상을 입었다. 인간을 돌보는 일을 하는 한, 이렇게 안타까운 일을 보는 것도 피할 수 없었다.

그러나 남은 인간들은 또다른 인간을 살려낸다. 대부분의 보호자는 다른 환자를 돕는 장기기증에 동의하곤 한다. 장기기증은 세상 그 무엇보다 이타적인 행위다. 또 유가족 입장에선 사랑했던 사람을 계속 살게 하는 방식이기도 하다. 사람은 스스로를 손상시키는 존재이지만, 자신의 장기를 타인에게 이식해 그의 생명을 구하는 존재이기도 하다. 자기를 해하는 행위와 타인을 구하는 행위가 교차하는, 아이러니한 상황에 내 머릿속도 복잡해졌다.

이 일을 하며 두뇌가 지닌 미지의 가능성을 스스로에게 질문하곤 했다. 매일 수없이 손상되는 우리 두뇌가, 이 세상에 어떤 기여를 하고, 또 어떤 방식으로 미래를 만들어나갈지를. 혼란스러워 짐작할 수 없었다. 잠이 너무 부족해서 어지러웠다. 뇌가 너무 많은 것을 견뎌내고 있었다. 평생 빛을 직접 바라보지 못하는 두뇌, 하지만 모든 빛과 세상이 그 안에 들어 있는.

11

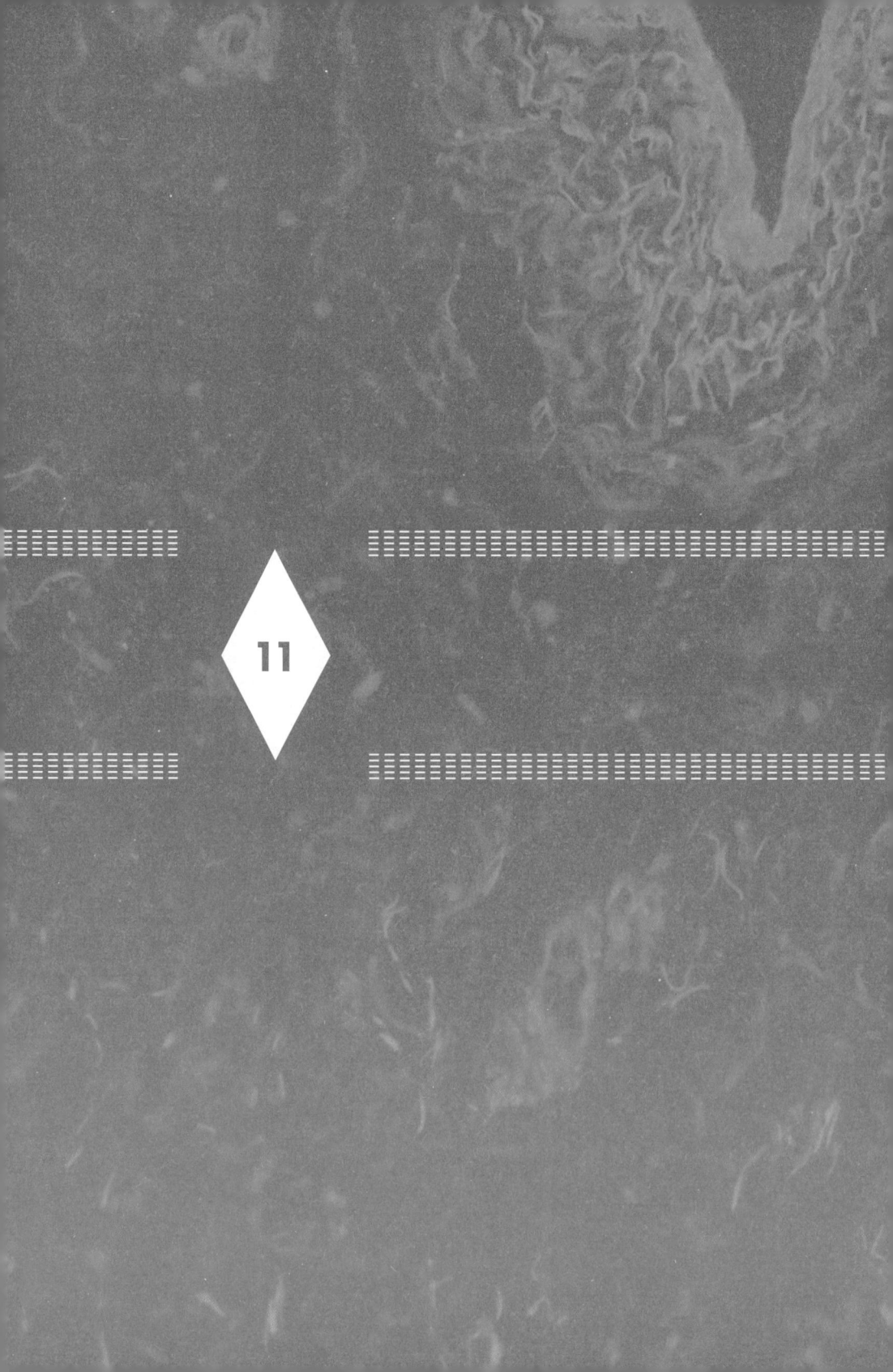

신경을 타고 뇌까지 이동하는 감각들

감각

SENSORY SYSTEM

Fig. I

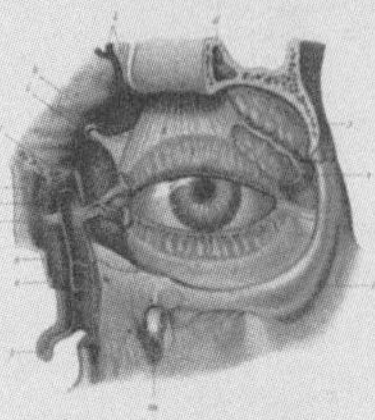

Fig. II

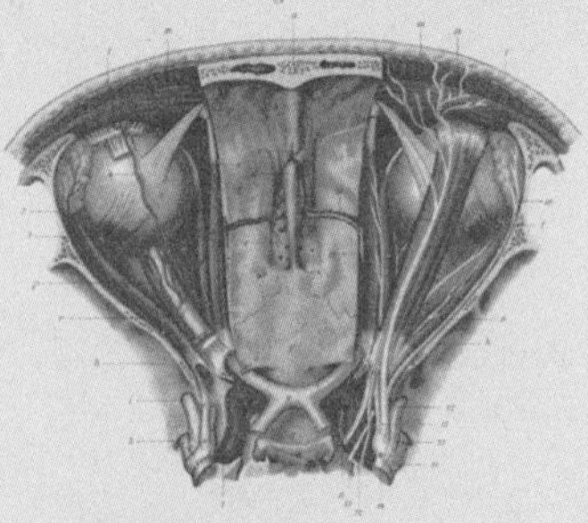

Fig. III

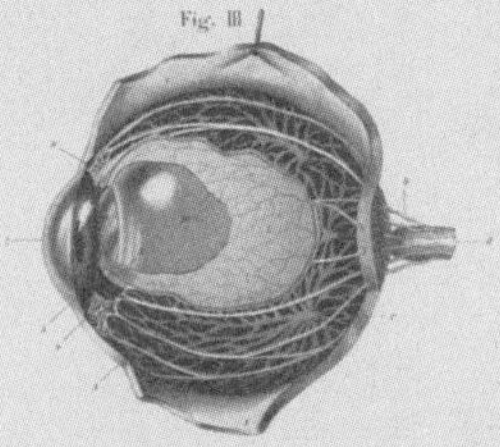

Fig. V

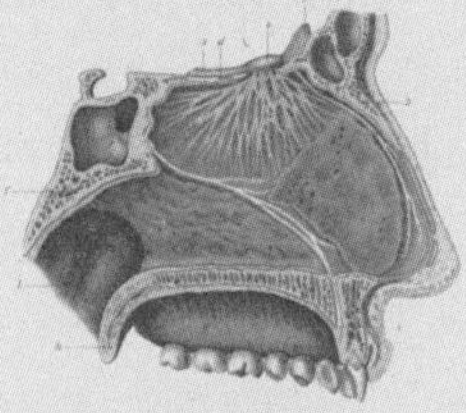

Fig. IV

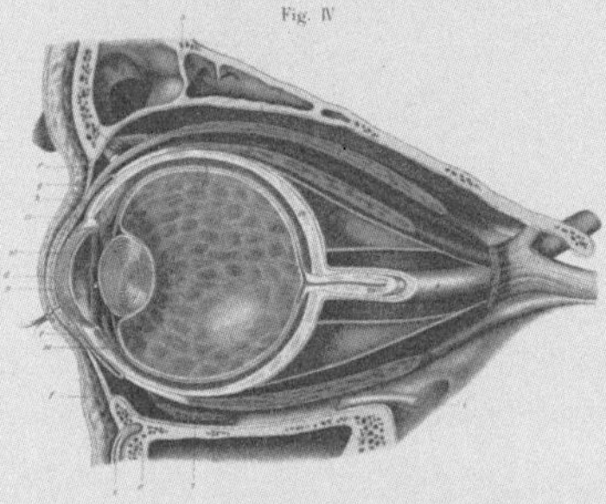

Fig. VI

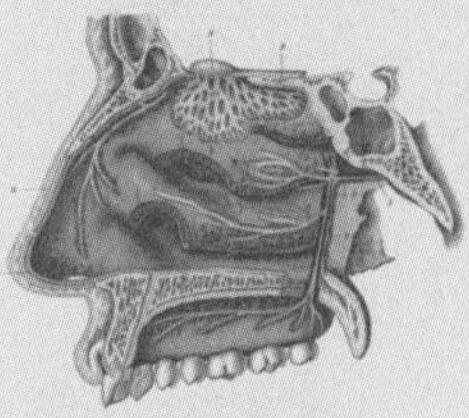

Fig. VIII

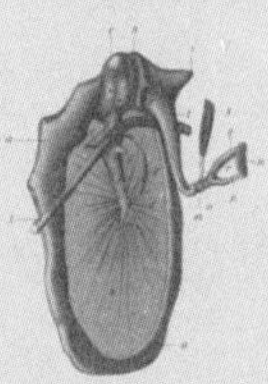

Fig. IX

Fig. VII

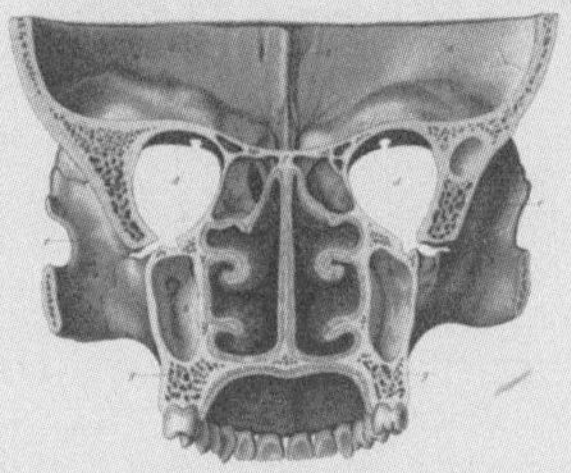

Fig. X

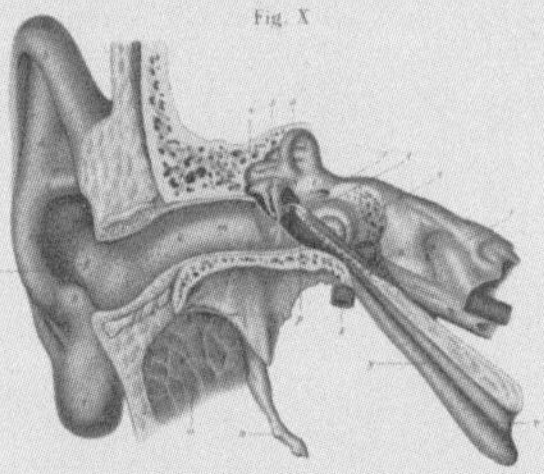

Fig. XI

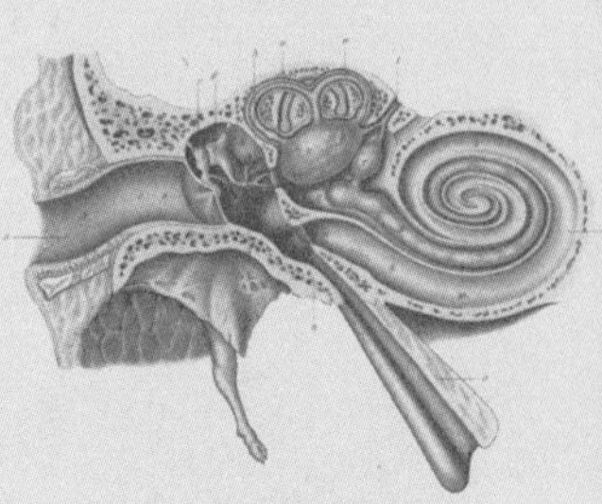

Fig. XII

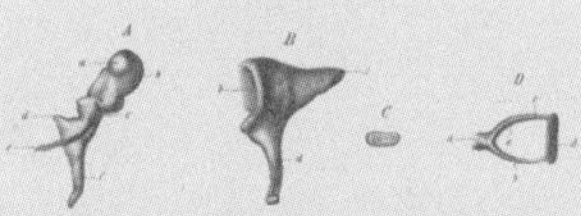

Fig. XIII

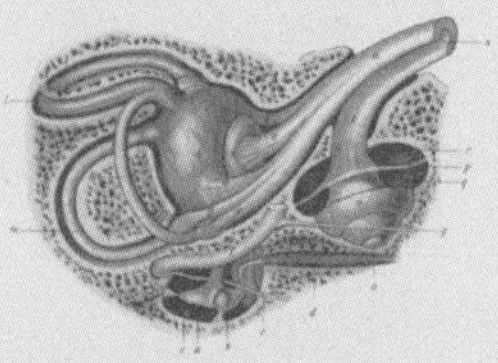

Fig. XIV

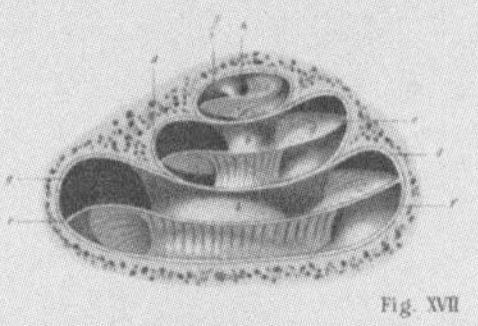

Fig. XVI

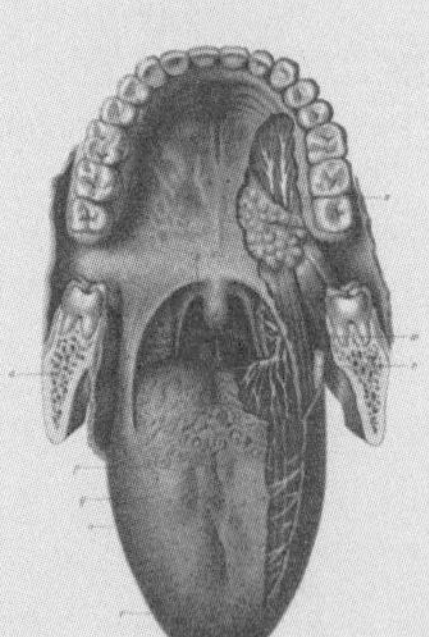

Fig. XV

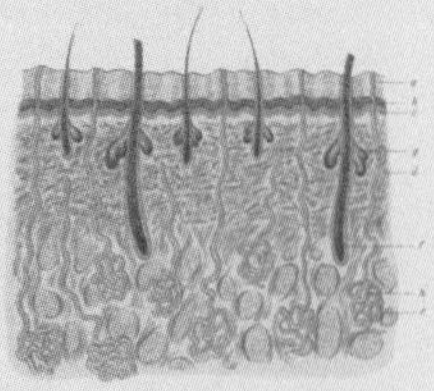

Fig. XVII

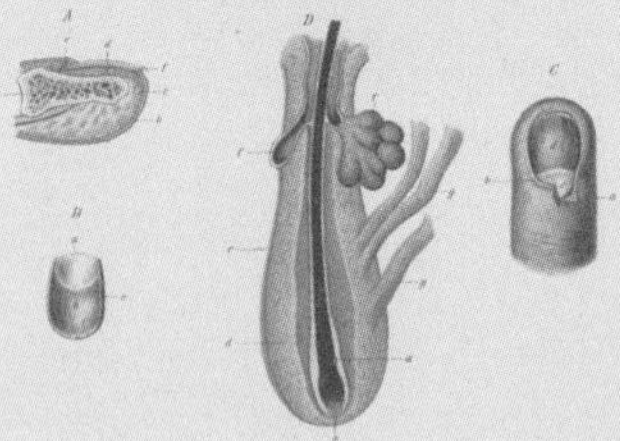

아침 일찍 차를 병원 주차장에 댄다. 여름날 새벽의 후덥지근한 공기가 살갗에 훅 끼친다. 부지런한 사람들이 일찌감치 아픈 환자가 있는 병원으로 모인다. 환자를 치료하는 의료진과 환자를 돌봐야 하는 보호자는 오늘도 병원에서 저마다의 긴 하루를 시작한다. 나는 편한 복장으로 로비로 들어선다. 인생의 마지막날까지 반복될 것 같은 출퇴근이다. 로비에서는 인이 박인 냄새가 난다. 누구든 알아챌 수 있는 병원 냄새. 특정 기억을 떠올리게 하는 이 냄새. 병원 내 모든 물품에서는 소독용 화학약품과 약 냄새가 난다. 온갖 약물을 주사로 맞고 바르고 먹는 환자들에게도 배어 있는 냄새. 소독약 냄새를 중화하기 위해 병원에서는 로비에 따로 향을 뿌린다. 병원에 들어서자마자 이 모든 냄새가 섞여 물밀듯 코로 들어온다. 병원에서 일하는 한 벗어날 수 없는 냄새다.

보안팀이 인사를 건넨다. 나는 목례만 하고 당직실로 들어가 옷을 갈아입는다. 의사들이 쓰는 방에서는 퀴퀴한 냄새가 난다. 당직실에서 열 걸음이면 스테이션에 닿는다. 근무복은 편안하고, 아무런 냄새가 나지 않는다. 응급실은 24시간 환한 형광등이 켜져 있다. 실내 온도는 환자들을 위해 춥지도 덥지도 않게 맞춰져 있다. 환자들이 가장 많이 눈을 두게 되는 천장은 하얀 물결무늬 텍스로 되어 있다. 벌써 보호자들이 응급실을 서성인다. 나는 주위를 돌아보면서 갈증을 느낀다. 곧 환자 인계를 받고 아이스커피를 한 잔 타 올 것이다. "현재 임종이 임박한 환자분이 한 분 있습니다. 또 이분은 심정지에서 회복되었습니다." 하루 근무가 시작된다. 개인적인 기쁨과 슬픔은 묻어두어야 하는, 또다른 시간의 시작이다. 이제 타인의 슬픔과 기쁨을 마주할 시간이다. 이 큰 건물에서는 하루에도 몇 명이 죽어 나간다. 그중 절반은 응급실에서 사망한다. 곧 내게 닥칠 일이기도 하다.

커피 향이 스테이션에 퍼져 나갔다. 한 모금 입에 머금자 씁쓸하고 고소하다. 동료들은 내게 눈인사를 하고 나는 가볍게 손을 흔든다. 첫 환자는 입원을 위해 외래에서 응급실로 넘어온 암 환자였다. 할머니는 앙상하게 말라 있었다. "밥이 맛이 없어요. 먹는 것마다 전부 쓰기만 하고." "어머니가 뉴케어만 간신히 드세요." 할머니와 딸은 암 환자들이 너무나 자주 하는 말을 반복했다. 할머니는 적어도 반년간 음식이라 할 만한 걸 제대로 드신 적이 없는 듯했다. 그런 생활을 보여주듯, 앙상궂은 외양에 팔다리는 뼈만 남아 움직일 수 있다는 사실이 놀라울 정도였다. 암은 전신의 염증을 유발하고 대사를 망가뜨린다. 몸은 극복해야 할

위기가 닥치면 일단 식사량을 줄인다. 영양을 섭취하는 것보다 더 중한 위기가 닥쳤기 때문이다. 여기에 항암화학요법이라는 또 다른 위기까지 덮쳤다. 가장 널리 쓰이는 세포독성 항암제는 암세포뿐만 아니라 우리 몸에 있는 정상적인 세포도 공격한다. 그뿐만 아니라 실제 미각에도 영향을 미친다. 입이 쓰고 깔깔해서 무엇이든 먹을 수가 없다. 노쇠해서 자연사에 접어든 사람들이 곡기를 끊을 때의 상태와도 비슷하다. 나는 한마디만 덧붙이고 입원장을 낸다. "얼른 입원해서 영양제라도 맞으실게요."

문득 중환 구역에서 큰 소리가 난다. 앞 선생님이 인계한 환자다. 폐질환이 심해서 가까스로 버티고 있다고 했다. 폐렴까지 동반된 환자는 산소를 최대치로 쓰고 있었다. 인계받을 때에는 조금 버틸 만하다고 했지만, 뛰어가서 보니 절대로 버틸 수 없을 것 같아 보였다. 만성 호흡기질환의 급성 악화다. 식은땀이 너무 많이 흘러서 침대 시트까지 젖어 있었다. 환자는 소리쳤다. "물 한 잔만 주세요, 물!" 간호사는 그를 말린다. "금식이에요. 마시면 큰일나요. 대신 식염수가 정맥으로 들어가고 있어요." 환자는 몸통에 심전도계를, 손끝에는 산소포화도 측정기를 붙이고 마스크를 쓴 채 사지를 뒤흔든다. 물을 마시겠다고 버둥대는 환자를 말리느라 의료진 네 명이 달라붙었다. 입은 마르고 폐렴 특유의 구취가 심한 상태다. 심전도가 흔들리고 산소포화도가 떨어졌다.

"물, 물 한 잔!" 환자는 삽관해도 소생할 가망이 없어 보였다. 게다가 연명의료를 하지 않겠다고 밝힌 환자였다. 내가 끼어들어 중재에 나섰다. "물을 주세요." 모든 의료진이 나를 주목

한다. "어차피 삽관하면 흡인 안 돼요." 보통은 하지 않는 결정이지만, 책임자인 내 지시에 간호사 한 명이 물을 떠 온다. 환자는 마지막 물 한 잔을 꿀꺽거리며 마신다. "이제 됐나요?" "네." "그러면 삽관합니다. 주무실 거예요. 제 눈을 보세요. 제가 살려볼게요." 해갈된 환자는 일순간 고분고분히 내 눈을 보았다. 그러곤 수면제를 맞고 잠들었다. 나는 환자에게 삽관을 하고 인공호흡기를 연결한 뒤 설정을 조정했다. 하지만 인공호흡기로도 환자를 살릴 수 없었다. 폐가 완전히 망가져 두 시간 뒤 심정지가 왔다. 나는 마지막으로 물 한 잔을 들이킨 환자에게 사망을 선고했다.

" 미각은 화학적 자극으로,
독성 물질로부터 인간을 보호하고
영양 섭취를 돕기 위해 뇌가 제공하는 감각이다 "

미각은 생존과 직결된 감각이다. 미각의 가장 중요한 역할은 못 먹는 음식을 걸러내고 몸에 필요한 음식을 맛있게 먹게 하는 것이다. 너무 짜거나 시거나 달거나 맵거나 쓰면 먹을 수가 없는 반면, 이들을 잘 조합한 요리를 파는 '맛집'은 삶의 동기를 부여한다. 이 모든 맛은 이미 인체 DNA에 새겨져 있다. 기본적으로 달고 담백하고 짭짤하면 맛있다. 특히 아이들은 단맛이 나는 건 좋아하고 시거나 떫으면 뱉어버린다. 편식 습관 때문이 아니라 DNA가 지시하기 때문이다. 하지만 나이가 들면서 시고 떫은 맛도 문화적 경험, 각성 효과, 스트레스 해소 등의 긍정적 보상 회로와 점차 연결된다. 그래서 어른이 되면 식탁에서 김치를 찾고, 커피와 맥주를 즐기게 된다.

사실 미각은 정확한 감각이 아니다. 설탕보다 훨씬 단맛이 강한 감미료를 넣은 제로칼로리 콜라는 실상 단맛 수용체를 속이는 것이다. 특히 후각을 동반하지 않은 미각은 더욱 부정확하다. 코를 막고 콜라와 사이다를 마시면, 둘을 구분하기 어렵다. 사실 코를 막고 먹으면 사과와 양파와 감자도 구분하기 어렵다. 소믈리에라도 코를 막고 마시면 화이트와인과 레드와인을 구분해내지 못할 것이다. 우리가 무엇인가를 먹으면 냄새 분자가 코로 올라가서 맛을 느끼는 데 결정적인 영향을 미친다. 입과 코가 가까운 이유도 냄새를 확인하면서 먹기 위해서다. 미각의 7할이 후각이므로, 감기라도 걸려 코가 막히면 밥맛이 뚝 떨어진다.

미각세포가 감지할 수 있는 맛은 딱 다섯 개다. 단맛, 짠맛, 쓴맛, 신맛, 감칠맛이다(최근 지방맛oleogustus이 여섯 번째 맛으로 대두되고 있지만, 아직 공식적이지는 않다. 고급스러운 감칠맛은 미각세포가 아미노산 분자를 인지해서 단백질의 풍성한 맛을 느끼는 것이다). 수용체의 종류가 그만큼 제한적인 것이다. 매운맛, 떫은맛은 촉각이나 통각의 범주다. 그 밖에 민트의 시원함이나 치과 치료 시 아말감이 닿을 때 느껴지는 금속성도 화학작용의 일부다. 우리는 이 수용체의 조합과 후각, 촉각, 통각을 뇌에서 조합해 맛을 느낀다. 미각을 수용하는 기관은 혀에 있는 미뢰다. 우리 혀에는 약 1만여 개의 미뢰가 있다. 미뢰는 혀에서 오돌토돌하게 만져진다. 여기에 각종 미각수용체가 분포해 있다. 맛 분자가 수용성 용매에 녹아 미각수용체에 닿으면 미각이 느껴진다. 그래서 입에서는 수용성 용매인 침이 분비되어야만 맛을 느낄 수 있다. 마른 입으로 건조한 음식을 먹으면 처음에는 맛이 안 느껴지나, 씹어서 침이 나오면 서서히 느껴지는 것도 같은 이유에서다.

미뢰는 혀뿐만 아니라 목구멍이나 입천장, 후두에도 일부 있다. 그래서 음식이 입천장에만 닿거나 입 아무데도 닿지 않게끔 삼켜도 무슨 맛인지 얼추 알 수 있다. 심지어 이미 삼킨 게 잠깐 역류해서 목구멍까지 올라왔다 내려가도 대충 맛이 느껴진다. 맛은 남성보다는 여성이, 노인보다는 어린아이가 더 민감하게 느낀다. 여성은 미뢰 수가 평균적으로 남성보다 더 많고, 후각 민감도도 더 높으며, 호르몬의 영향도 받는다. 노인이 맛에 둔감해지는 것은 나이가 들면 미뢰 수가 감소하고 침 분비도 줄기 때문이다.

그런데 맛이라는 감각은 반드시 입에서만 느껴지는 걸까? 꼭 그렇지만도 않다. 원래 미뢰는 감각수용체가 진화해서 입에 모인 것이다. 어류의 미각수용체는 피부에도 분포해 있다. 메기는 수염에도

혀의 미각수용체

맛은 화학적 자극이다. 단맛, 짠맛, 쓴맛, 감칠맛 등은 고유의 수용체가 뇌신경을 통해 자극을 전기신호로 바꾸어 맛으로 전달한 감각이다. (신맛은 그야말로 산에 첨가된 수소이온과 수용체의 반응이다. 수소이온이 많을수록 pH가 떨어지고 수용체가 많이 반응해 신맛이 강하게 느껴진다.) 미각수용체는 혀에 고르게 분포한다. 예전부터 상식으로 통하던 '혀 맛 지도'는 잘못된 내용이다. 다만 해당 수용체가 밀집해서 분포하는 부분이 있을 뿐이다. 혀 앞쪽이나 옆쪽이 중앙보다는 수용체가 많아서 맛에 더 민감하다. 이렇게 맛을 전기신호로 만들기 위해 뇌는 신경을 네 개나 쓴다. 또 맛은 뇌에서 분석되므로 해석의 영역이라고도 할 수 있다. 추억이 담긴 음식이 더 맛있게 느껴지는 이유도 여기에 있다.

미각수용체가 있다. 우리가 밥을 먹을 때 느끼는 맛을 피부로 감각하는 것이다. 사람의 위나 창자에도 미각수용체가 있다. 하지만 이 수용체는 대뇌가 아니라 뇌간으로 연결되어 '맛'을 볼 수는 없다. 단지 소화기 안에 있는 내용물을 파악하려는 용도다. 이 수용체는 상한 음식이 들어오면 구토를 유발하거나 소화기의 운동을 조절한다.

미각은 화학적 자극으로, 독성 물질로부터 인간을 보호하고 영양 섭취를 돕기 위해 뇌가 제공하는 감각이다. 인간은 에너지원을 보충하고 적당한 전해질을 섭취하되, 몸에 나쁜 것은 먹지 말아야 한다. 독초는 쓴맛을 내서 제 몸은 물론이요, 포식 동물까지 양쪽을 지킨다. 매운맛도 애초에 위험을 감지하는 역할을 한다.

한편 수분은 중요하기 때문에 뇌에서 별도로 관리한다. 시상하부에서는 몸의 삼투압을 감지한다. 삼투압이 오르면 갈증이 유발되고 뇌는 물을 마시라는 강한 신호를 보낸다. 탈수에 관련된 감각은 배고픔보다도 훨씬 더 강력하게 작동한다. 물은 입을 지나 위로 들어가자마자 최우선적으로 흡수된다. 그런 점에서 물맛이 최고라는 표현이 널리 쓰이는 것도 무리는 아니다.

"모든 사람은 체취가 다르다. 아픈 사람도 냄새로 구별할 수 있다"

오전에 한 명의 사망자가 발생했다. 나는 자리로 돌아와 사망진단서를 썼다. 병사, 만성 호흡기질환. 폐질환으로 환자가 너무 고생했다는 걸 아는 까닭인지 보호자는 담담하다. "편하게 가셨을 겁니다.

장례 절차까지 안내해드리겠습니다." 마지막으로 물 한 잔을 드렸다는 이야기는 하지 않았다.

누군가가 사망해도 응급실은 멈추지 않는다. 모든 사람이 묵묵히 하던 일을 계속한다. 이번에는 예초기에 정강이가 갈린 환자가 멀리서 실려 왔다. 나는 예초기를 실제로 써본 적은 없으나, 여기서 일하면서 그 위력을 알게 되었다. 톱날이 맹렬히 돌아가면서 초목을 끊어내는 이 기계는, 가끔 정강이에도 박힌다. 예초기에 다친 상처는 여지없이 깊다. 정강이를 열자 갈린 뼛가루가 섞인 피가 뿜어져 나왔다. 정강이뼈까지 파인 상처 안으로 근육층과 지방층까지 보였다. 비릿한 냄새가 퍼졌다. 지긋지긋한 피 냄새다. "예초기가 뼈를 잘랐습니다. 제대로 치료하지 않으면 골수염으로 번져서 다리를 절단해야 할 수도 있습니다. 수술방에서 처치해야 합니다." 정형외과를 호출하고 X-ray 오더를 냈다.

어느새 침대에는 100kg이 넘는 거구의 남성이 누워 있었다. 전신이 무기력하고 기운이 없다고 했다. 3일간 외출하지 않고 누워만 있었단다. 별다른 병은 없었으나 그사이 음료수와 술을 많이 마셨다고 했다. 환자한테서 역한 담배 냄새가 났다. "당뇨도 없었단 건가요? 음료수는 어떤 걸 드셨나요?" "이온 음료요. 목이 자꾸 마르더라고요." 구취도 매우 심했다. 쉰내가 섞인 땀냄새가 주변에 풍겼다. "환자 빨리 혈당 좀 찍어볼게요." "혈당 하이high입니다." 당뇨성 케톤산증이었다. 당을 에너지로 쓸 수 없으면 지방을 에너지로 쓴다. 지방이 분해될 땐 케톤 특유의 시큼 달달하면서도 싸한 냄새가 난다. 환자는 즉시 중환자실에 보내졌다.

아까 사망 환자가 누워 있던 중환 구역에 환자 한 명이 들어왔다. 혈압이 떨어진다고 요양병원에서 보낸 환자였다. 열이 나면서 혈압이 자꾸 낮아진다고 했다. 환자는 뇌간경색brainstem infarction으로 의식이 전혀 없었다. 보호자 없이 하루 종일 기본적인 간병을 받으면서 누워 지내는 환자였다. 그에게 다가서자 악취가 코를 찔렀다. 대소변에서 나는 단순한 악취가 아니라, 살이 오랜 기간에 걸쳐 썩어갈 때 나는 냄새였다. 같이 온 요양병원 관계자가 말하길, 욕창이 조금 있다고 했다. "상처를 확인해보아야겠습니다." 비쩍 마른 몸의 환자를 옆으로 돌리고 기저귀를 걷었다. 등 한가운데를 지나는 등뼈가 그대로 보였다. 피와 살이 녹아서 고인 노란 고름이 극심한 악취를 풍기며 흘러내리고 있었다. 지름 10cm가 넘는 깊은 구멍이었다. 상처가 그 안에서 다른 생태계를 만들기라도 한 것처럼 썩어가고 있었다. 몸을 스스로 뒤집을 수 없는 환자에게 욕창이 생기지 않게 관리하려면 지극한 정성이 필요하다. 보호자가 간병해도 욕창이 생기지 않기는 어렵다. 나는 소독약을 구석구석 꾹꾹 눌러 바른 뒤 메스로 썩은 살을 끊어냈다. 칼이 살을 비집고 들어갈 때마다 역한 냄새가 터져 나왔다.

처치를 마치고 자리로 돌아왔는데도 몸에 밴 냄새가 빠지지 않았다. 남은 커피를 마셨지만 어떤 맛도 느껴지지 않았다. 코에 욕창 냄새가 남아 있었다. 마시던 커피를 하수구에 따라 버리고 심호흡을 했다. 모든 사람은 체취가 다르다. 나이가 들면 체취도 달라진다. 아픈 사람도 냄새로 구별할 수 있다. 소변과 대변이 옷가지와 몸에 묻어 나는 냄새, 병원균이 증식하면서 발생하는 부산물 냄새, 균과 백혈구, 조직 일부가 함께 죽어 생긴 고름에서 나는 냄새…… 이 모든 냄새가 몸에서 뒤죽박죽 섞인다. 그리고 죽음에서는 또다른 냄새가 난다. 움직이지 못하고 살이 썩어가면 생은 오래 유지되지 못한다. 나는 손을 코로 가져갔다. 분명 죽음의 냄새였다.

> “후각을 담당하는
> 수용체의 유전자 종류는 약 400가지다.
> 사람이 구분할 수 있는 냄새의 종류가
> 1조 개 이상이라는 연구도 있다”

후각은 미각까지 지배하는 엄청난 감각이다. 미각은 수용체 종류가 대여섯 개이지만, 후각을 담당하는 수용체의 유전자 종류는 약 400가지다. 이런 냄새 수용체가 대략 천만 개쯤 있다. 냄새 분자는 다수의 수용체를 자극하거나 하나의 수용체가 여러 분자에 반응할 수 있다. 이 조합으로 사람은 다양한 냄새를 구분한다. 사람이 구분할 수 있는 냄새의 종류가 1조 개 이상이라는 연구도 있다. 매일 먹는 음식이 때마다 맛이 다르게 느껴지는 이유 또한 후각의 무한한 변주 덕분이다. 후각은 근원적으로 중요하다. 인간은 물체를 만져서 인지하도록 진화했지만, 인간을 제외한 대부분의 포유류는 코로 대상을 인식한다. 동물은 오랫동안 인지와 기억에서 후각을 중요하게 사용해왔다.

공기 중의 휘발성 분자가 콧구멍 안의 수용체에 붙으면 후각이 작동하기 시작한다. 특정 단백질이 결합하면 수용체는 전기신호로 뇌에 특정 냄새의 정보를 전달한다. 냄새는 휘발성 분자가 일으키기 때문에, 모든 냄새는 언젠가 휘발되어 사라진다.

인간의 후각은 쉽게 피로감을 느낀다. 처음에 코를 찌르던 냄새에도 시간이 지나면 무감해진다. 우리 코는 변화를 기민하게 감지하는 동시에, 고정된 환경에 곧잘 익숙해지기도 한다. 친구가 새로 산 향수를 뿌렸을 땐 금세 알아차리지만, 매일 우리집에서 나는 디퓨저 향은 특별히 냄새처럼 느껴지지 않는 것도 그래서다. 인간의 후각은 수많은 종류의 향을 조향해낼 정도로 민감한 동시에, 악취가 나는 작업 현장에서 오랜 시간 일할 수 있을 정도로 둔감해질 수도 있다.

냄새가 나는 방향은 콧구멍의 위치로 분간할 수 있다. 오른쪽 콧구멍에 있는 수용체가 먼저 신호를 전달하면 뇌는 냄새가 오른쪽 방향에서 난다고 판단한다. 하지만 양쪽 콧구멍은 서로 가까이 있기 때문에 이 판단이 정확하지는 않다. 개는 후각수용체의 개수와 면적이 인간의 수십 배 이상이다. 또 아래쪽으로 뚫려 있는 인간의 콧구멍과 달리, 개의 콧구멍은 정면으로 나서 양방향으로 뚫려 있다. 그래서 시각 위주로 사물을 판별하는 인간과 달리, 개는 후각을 주로 사용한다. 개의 후각은 인간의 상상을 초월할 정도로 민감하고 정교해서 몇 킬로미터 거리의 핏방울 냄새도 맡을 수 있을 정도이며, 일부 개는 훈련을 통해 암세포 냄새까지 맡을 수 있다고 전해진다. 개만큼은 아니지만, 인간의 후각도 셰프나 조향사, 소믈리에 등이 보여주듯 훈련으로 향상될 수 있다.

후각은 뇌신경 1번에서 담당한다. 뇌신경 1번은 가장 위쪽에 있어 뇌간을 거치지 않는다. 대신 대뇌의 여러 부위와 직접 연결되고, 특히 기억과도 연관되어 있다. 우리는 냄새를 맡고 장소나 사람, 특정 감정과 정서를 떠올리곤 한다. 이는 야생에서 살던 때의 습관에서 왔다. 생존을 위해 인간은 특정 냄새가 나는 곳과 거기서 느낀 감정을 기억해둬야 했다. 무엇보다 후각에는 어머니의 체취를 찾는 중요한 기능이 있다. 어머니와 아이는 서로를 체취로 알아차릴 수 있다. 눈을 뜨기 전의 아이는 엄마의 젖꼭지를 체취로 찾는다. 사춘기 이전에는 형제자매를 체취로 분간할 수 있으며, 이는 근친상간을 막기 위함이라는 가설이 있다. 냄새는 성적으로도 중요한 지표가 된다. 많은 동물은 소변으로 자신의 영역에 체취를 남기고, 생식기 부근의 냄새로 서로의 정보를 교환한다. 인간도 매력적인 대상을 선택할 때 '좋은 냄새가 나는 사람'을 고른다는 연구가 많다. 사람들은 배우자나 부모 자식의 옷가지를 냄새로 곧잘 구분할 수 있다.

후각은 위험을 회피하기 위한 감각이기도 하다. 이 또한 DNA에 새겨져 있다. 우리는 신체에 위해를 가할 수 있는 냄새로부터 우리 자신을 지켜야 한다. 썩은 음식에서는 황화수소가 배출된다. 전형적인 '계란 썩은 냄새'다. 상한 음식을 먹으면 위험하므로 우리 코는 매우 낮은 황화수소 농도도 감지할 수 있다. 세균의 온상인 배설물에서는 코를 찌르는 암모니아 냄새가 난다. 인간의 코는 이런 냄새를 피하기 마련이다. 또 무엇인가 불에 타면 매캐한 냄새가 난다. 화재는 매우 위험하므로 신속히 대피하라는 신호다. 페인트, 휘발유 등에는 신경 독성 물질이 함유되어 있다. 매캐한 연기 냄새든, 화학약품 냄새든 위험한 냄새가 감지되면 우리는 본능적으로 거부감을 느낀다. 시체 썩는 냄새는 특히 지독하다. 동물의 사체가 부패하면 각종 세균의 연회장이 된다. 살이 썩을 때는 카다베린이라는 화합물이 발생하는데, 상처가 심하게 썩어갈 때도 이 냄새가 난다. 카다베린 냄새는 극심한 불쾌감을 주며, 죽음을 상기시킨다. 위험할 땐 도망쳐야 한다는 감각이 작동하도록, 인간의 후각은 진화했다.

"그의 눈은 아무것도 보고 있지 않았다"

잠시 당직실에 들어왔다. 이런 일들에는 익숙해지려고 해도 익숙해지지 않는다. 내 몸에도 냄새가 밴 것 같다. 거울을 보자 옷에 핏물이 묻어 있다. 아까 환자의 정강이에서 튄 것 같다. 눈을 많이 쓰다 보니 오른쪽 눈이 안 좋다. 시야가 흐릿하다. 지긋지긋하게 큰 비문증이 따라다니면서 사라지지 않는다. 과로한 탓이라고 생각하며, 얼굴과 눈을 보기 위해 혼탁한 눈알을 이리저리 움직여본다. 냄새를 조금이라도 지워보고자 세수를 한다. 이도 저도 아닌 밍밍한 비누 향이 몸에 밴 냄새와 섞여서 공기 중으로 퍼져나간다.

응급실로 돌아오자 결막염 환자가 기다리고 있다. 오른쪽 눈 흰자가 공포 영화나 핼러윈을 위한 캐릭터 분장을 한 듯 빨갛게 물들어 있다. 결막염은 매우 흔한 질환이다. "혹시 수영하시나요?" "아, 네." "수영장에서 잘 옮습니다. 안약을 처방해드리겠습니다. 따가워도 자꾸 비비면 안 됩니다."

환자를 돌려보내자 머리가 아프고 어지럽다고 하는 남성이 왔다. 그를 부축하며 같이 걸어온 가족들이 걱정스러운 눈으로 지켜보고 있었다. 환자는 괴로워 보이는 눈동자로 나를 똑바로 바라보며 말했다. "아이고, 갑자기 이렇게 어지러워서. 아까 먹은 완자가 잘못되었나 봐요." "일단 신체 검진을 하겠습니다." 이마를 짚어보자 차가

웠다. 복통이나 압통은 없었고 펜라이트를 비췄을 때 눈동자도 정상적으로 반응했다. 일단 항구토제를 맞고 기본적인 혈액검사를 해보겠다고 한 뒤 자리로 돌아왔다.

내 자리에서는 수많은 모니터가 보였다. 수십 개의 심전도가 파도처럼 일렁였다. 모두가 안정적인 것처럼 보였다. 뒤이어 찾아온 환자도 어지럽다고 호소했다. 아주머니는 스스로 걷지 못했고 눈을 떠서 무엇인가에 초점을 맞추지도 못했다. "저 잠깐 눈을 먼저 보겠습니다." 눈꺼풀을 열어 눈을 억지로 뜨게 하자 양쪽 눈알의 방향이 이상하게 흔들리고 있었다. 안구의 신경마비로는 설명되지 않는 방향이었다. 뇌졸중임이 분명했다. "다른 병은 없으신 거죠?" 나를 간절하게 바라보던 보호자가 설명했다. "네, 어머닌 건강하셨어요." 환자는 다시 눈을 찡그리며 질끈 감았다. "이건 뇌졸중일 겁니다. 증상은 눈에만 나타나고 있지만 뇌가 마비되었을 거예요. 당장 MRI 찍어보겠습니다."

스테이션으로 돌아오자 큰 소리가 났다. "여기! 환자 좀 봐주세요." 의료진의 다급한 목소리였다. 곧바로 소리가 나는 쪽으로 뛰어갔다. 아까 완자를 먹었다고 했던 환자가 입에서 토사물을 흘리고 있었다. 구토를 하는 게 아니라 입안에서 저절로 흘러나오는 것처럼 보였다. 환자는 의식이 없었다. 그의 어깨를 흔들면서 눈을 맞춰보려 했지만 맞춰지지 않았다. 그의 눈은 함께 온 가족은커녕 천장도 보고 있지 않았다. "환자분, 환자분! 여기요!" 펜라이트를 들어 눈을 비췄지만 동공이 줄어들지 않았고 눈을 감지도 않았다. 그 찰나에 무엇인가 터져버렸다. 뇌출혈이다. "여기 먼저! 지금 당장 CT실로 갑니다."

"검은자는 세상을 압축해서 시각 정보를 얻는 통로다. 검은자는 공막과 이어진 각막으로 씌워져 있다. 각막은 투명하며 혈관도 지나가지 않는다"

눈은 본다. 시력이 있는 사람은 부지불식간에 눈을 통해 세상을 보고 감각한다. 눈은 자연스럽게 모든 것을 보고 있다. 다만 눈이 눈을 직접 볼 수는 없다. 평생 눈으로 모든 것을 보아도, '보는 눈' 그 자체를 눈으로 직접 확인할 수는 없다.

눈은 카메라 렌즈와 닮았다. 인류가 카메라를 만들어내기까지는 오랜 시간이 필요했지만, 진화 과정에서 생겨난 우리 눈은 그보다 훨씬 더 오래전에 지금의 모습을 갖추었다. 사물을 보기 위한 가장 과학적이고 완벽한 구조는 그때부터 이미 완성되어 있었다. 카메라는 눈의 구조를 모방해 만들어진 기계에 불과하다.

눈은 눈꺼풀의 보호를 받는다. 눈꺼풀은 빠르게 움직이는 근육이다. 눈에는 우리가 가장 빠르게 움직일 수 있는 속근이 모여 있다. 눈은 '눈 깜짝할 사이'에 감겼다 뜨이는데, 이 시간은 약 0.3초다. 눈이 감기는 속도는 눈이 뜨이는 속도보다 세 배쯤 빠르다. 재빨리 감겨서 눈을 보호하

카메라와 눈

카메라에는 빛을 굴절시켜 초점을 조절하는 렌즈와 상이 맺히는 센서가 있어야 한다. 또 전원을 공급하는 배터리와 결과물을 저장하는 메모리 카드도 필요하다. 우리 눈에도 초점을 맞추는 수정체가 있고 상이 맺히는 망막이 있다. 혈액은 눈에 에너지를 공급하며, 본 것은 실시간으로 뇌에 저장된다. 카메라는 시각과 관련된 인체 기관과 놀라울 만큼 유사한 구조와 기능을 가지고 있다. 그러나 대응하지 않는 것도 있다. 카메라는 촬영한 사진이나 영상을 해석하지 못한다. 반면 우리 뇌는 보이는 장면을 실시간으로 분석하고 이에 대처한다. 게다가 눈은 완벽하게 조립된 일체형이며, 손상을 입어도 자연 치유된다.

기 위해, 눈꺼풀은 얇은 근육으로 둘러싸여 있고 피부도 몸에서 가장 얇다. 덕분에 가장 빨리 붓기도 한다. 우리 몸에 부종이 생길 때, 가령 지난밤 라면을 먹고 바로 잠들었을 때, 눈은 가장 먼저 붓는다. 눈꺼풀은 안구에 이물질이 들어가지 않게 막고 눈물로 안구를 적셔서 수분을 보충한다. 그런데 눈을 오래 감고 있으면 눈물이 마르면서 눈가에 불순물이 고인다. 이것이 우리가 아침에 발견하는 눈곱이다.

눈꺼풀 아래 있는 눈은 직관적으로는, '가만히 있는 흰자 위에서 검은자가 움직여 사물을 보는 구조물'이다. 이 흰자를 공막이라고 한다. 눈을 크게 뜨거나 눈꺼풀을 당겨도 흰자가 드러난다. 공막은 안구 전체를 둘러싸고 형태를 유지한다. 눈꺼풀 사이로 드러난 눈은 전체 안구의 6분의 1 정도에 불과하다. 안구를 몸밖으로 끄집어내면 하얗고 동그란 공막으로 둘러싸인 구체가 나온다. 아이들의 공막은 깨끗한 청백색이지만 나이가 들수록 지방이 침착되어 노란빛을 띤다. 황달이면 당연히 싯누렇게 변한다.

공막은 결막으로 한 꺼풀 더 싸여 있다. 눈꺼풀 안쪽도 결막에 덮여 있다. 누군가 약을 올릴 때처럼 눈꺼풀을 까뒤집으면 보이는 그 빨간 점막까지가 결막이다(빈혈 환자는 결막이 하얗게 보인다). 눈을 깜빡이면 눈꺼풀의 결막과 공막을 싼 결막이 서로 맞닿으며 스친다. 결막은 혈관과 신경이 많이 분포해 있어 자극을 받으면 아프고, 외부에 노출되어 있으므로 감염이 잦으며, 염증이 생기면 충혈된다. 사람들은 눈을 습관적으로 비비기 때문에 결막은 바이러스의 침입 경로가 되기 쉽다. 대신에 얇고 혈액이 많이 지나서 빨리 치유된다. 하지만 눈꺼풀이 움직이지 않으면 결막은 손상된다. 감염에 노

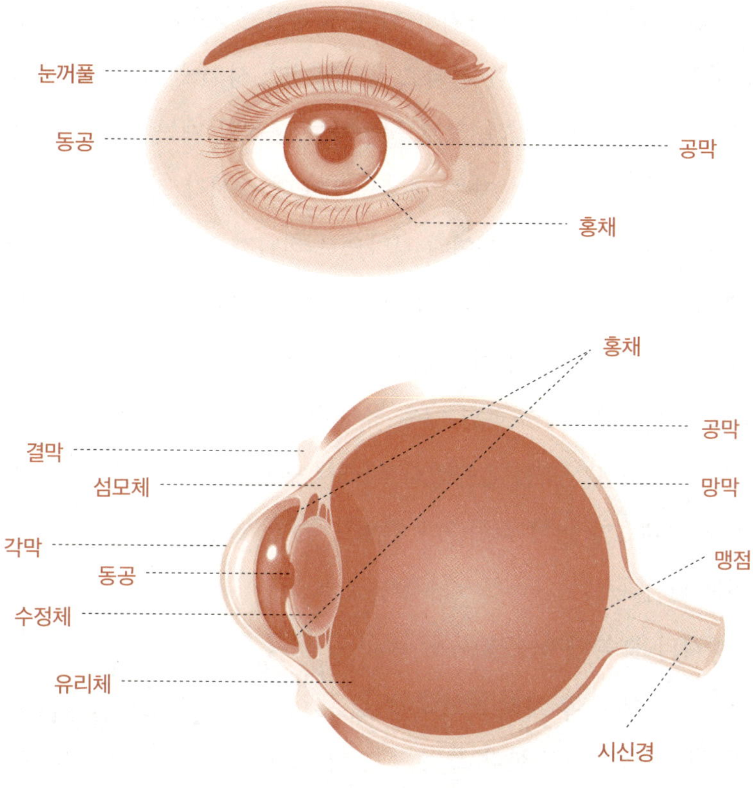

안구의 구조

출되어 시뻘겋게 변하고 고름을 뿜는다. 감염과 손상을 막기 위해 뇌신경은 눈을 감는 기능을 조절함으로써 최후까지 안구를 지킨다. 바꿔 말해 자극을 줘도 눈이 감기지 않는 상태라면 뇌에 심각한 문제가 생겼다는 의미다.

흰자 가운데에는 검은자가 있다. 움직이는 눈동자다. 우리는 눈동자를 움직여서 사물을 본다고 생각하지만, 사실 눈동자는 공막의 한가운데 고정되어 있다. 고로 눈동자를 움직일 때는 안구를 통째로 움직여야 한다. 검은자는 세상을 압축해서 시각 정보를 얻는 통로다. 검은자는 공막과 이어진 각막으로 씌워져 있다. 각막은 투명하며 혈관도 지나가지 않는다. 각막이 불투명하고 여기에 혈관이 지나갔다면 우리 시야는 혼탁할뿐더러 배경에는 혈관이 비쳤을 것이다. 각막은 투명하게 구조화된 매우 섬세한 조직이다. 또 유일하게 바깥 공기에서 직접 산소를 흡수한다. 그래서 쉽게 마르기 때문에 눈꺼풀이 하루에 2만 번씩 적셔준다. 각막도 손상을 입었을 때 쉽게 회복되는 편이다.

각막은 쏟아지는 빛을 굴절시켜서 압축하는데, 굴절량의 약 70%를 담당한다고 알려져 있다. 하지만 각막은 그때그때 굴절률을 조정할 수 없다. 안구는 성장하는데 각막의 굴절률을 변화시킬 순 없기 때문에 초점이 안 맞는 경우가 생긴다. 그래서 점차

시력의 의미

시력은 정해진 거리에서 사물을 파악할 수 있는 능력을 말한다. 시력이 낮다는 건 보는 힘力이 떨어진 게 아니라, 망막과 수정체가 초점을 정확한 곳에 맞추지 못하는 것이다. 5m 떨어진 곳에서 두 점을 분별할 정도로 초점이 잘 맞으면 시력이 1.0이다. 2.5m면 0.5, 50cm면 0.1이다. 시력은 정수배로 시력 0.1과 1.0은 초점 거리가 정확히 열 배 차이다. 근시나 원시는 초점 거리를 교정하면 된다. 하지만 안구에 문제가 생겼을 때는 시력과 관계없이 사물이 잘 안 보인다.

먼 곳이 안 보이는 근시가 된다. 성장기에는 먼 곳이 잘 안 보이면 안경을 맞춰서 초점을 조절해줘야 한다. 안경을 끼다가 안구가 다 자라고 나면 각막의 굴절률을 바꿔 시력을 교정할 수 있다. 이 수술이 라식과 라섹이다. 또 각막은 가장 바깥에 있고 혈액이 지나지 않아 면역반응이 없으므로 이식이 가능하다. 시신 기증 시에 늘 각막이 언급되는 이유다.

“동공을 통과한 빛은 수정체를 만난다. 수정체는 필요에 따라 순식간에 두께를 바꿔가며 굴절률을 조정한다”

각막 뒤는 홍채다. 우리가 말하는 눈동자 색은 홍채 색이다. 홍채 색은 개인별로 다른데, 멜라닌의 종류와 구조에 따른 것으로 유전되는 경향이 있다. 또 홍채 섬유가 만든 주름과 골이 고유한 모양을 이룬다. 다른 사람끼리 홍채 구조가 일치할 확률은 10억 분의 1이다. 오늘날 홍채 분석으로 본인 인증이 가능한 이유다. 홍채는 근육이라 혈관이 많이 지나며, 수축하면 쪼그라들어 구멍이 열리면서 많은 빛을 허용한다. 반대로 이완하면 부풀면서 구멍이 좁아져 약간의 빛만 들어온다. 홍채는 불수의근이라 조절할 수 없다. 만약 밝은 빛 속에서 홍채가 열리도록 조절이 가능하다면, 시신경이 파괴될 수도 있을 것이다. 자연스럽게 홍채는 빛에 맞서 수축하고 어둠에 맞서 이완한다.

홍채가 수축하거나 이완하고 남은 공간이 동공이다. 동공瞳孔은

'눈동자의 구멍'이란 뜻이다. '검은자' 안을 유심히 들여다보면 보이는 진짜 '검은 원'이 동공이다. 동공은 그냥 빈 공간이기 때문에, 실재하는 대상을 구체적으로 일컫는 말이 아니다. 동공은 안구 안쪽의 칠흑 같은 어둠과 연결되어 있으므로 홍채와 쉽게 분간할 수 있을 정도로 검다. 이 검은 동공이 빛에 반응해서 커지거나 작아지는 것처럼 보이지만, 사실은 앞서 설명한 것처럼 홍채가 움직이는 것이다. 우리에겐 시각적으로 동공이 움직이는 것으로 보이지만 말이다. 우리가 인지하는 안구에서 실제 사물을 보기 위해 빛을 집어넣는 공간은 고작 몇 mm밖에 되지 않는 동공이다.

동공을 통과한 빛은 수정체를 만난다. 수정체는 필요에 따라 순식간에 두께를 바꿔가며 굴절률을 조정한다. 카메라 렌즈는 광학적으로 복잡한 구조로 작동하지만 이에 대응되는 눈의 수정체는 매우 간단히 그 일을 해낸다. 다만 두께를 조절하기 위해서는 동력이 필요하다. 수정체가 근육질이라면 간단하겠지만, 근조직과 혈관이 있다면 시야를 가릴 것이다. 그래서 수정체는 혈관과 신경이 없는 투명하고 볼록하고 탄력 있는 '렌즈' 모양을 하고 있고, 수정체를 붙잡고 있는 섬모체(모양체)의 근육이 수정체를 잡아당기거나 놓아서 두께를 조절한다. 이 근육의 능력이 떨어지고 수정체가 비대해지면 초점이 잘 맞지 않는데, 이것이 노안이다. 노안은 새로운 수정체를 삽입하거나 레이저로 수정체를 교정해 치료할 수 있다. 한편 수정체가 혼탁해지면 백내장이다. 역시 수정체를 교체하는 수술로 치료한다.

홍채와 각막 사이는 방수각막 뒤와 홍채 사이, 홍채 뒤와 수정체 사이에 들어 있는 액체로 눈알의 영양과 일정한 압력을 유지하는 역할을 한다로 가득차 있다.

방수는 모든 체액과 마찬가지로 순환하는데, 막히면 안압이 높아지고 녹내장이 온다. 안구 안은 유리체로 가득차 있다. 방수와 유리체는 99%의 물과 1%의 고형 성분으로 이뤄진다. 유리체는 콜라겐 섬유조직으로 젤 형태다. 요컨대 안구는 액체로 가득찬 구형의 탄성 있는 풍선이다. 비문증은 유리체가 부유해서 뭉친 것이다. 우리 몸은 부유물을 가급적 빨리 없애려고 하지만, 뭉친 게 사라지지 않으면 영구히 비문증으로 남는다.

안구 뒤편에는 망막이 있다. 망막은 시각세포가 바깥을 보는 막이다. 시야는 카메라로 찍은 사진이나 영화관 화면과 비슷하다고 생각하기 쉽지만, 사실 시각세포의 분포는 대단히 불균질하다. 인간이 사물을 정확히 파악할 수 있는 화각은 1.5~2°에 불과하다. 대략 팔을 쭉 뻗고 엄지손가락을 세웠을 때, 그 손가락이 미치는 범위가 사물을 제대로 판단할 수 있는 시야각이다. 이는 망막에서 빛이 일직선으로 닿는 지름 약 4mm의 황반에 대부분의 시각세포가 몰려 있기 때문이다. 나머지에는 적당히 사물을 분별할 수 있을 정도의 시각세포만 분포한다. 그렇더라도 평상시에는 특별히 시야의 불완전함을 느낄 수 없다. 어느 한 점을 바라보다가 시야 바깥의 다른 곳을 보려고 하면 눈동자는 빠르게 움직여 초점을 맞춘다. 이때 눈동자가 움직이는 도중에는 사실상 시각 정보가 거의 처리되지 않는다. 그리고 초점이 맞자마자 뇌는 이전의 시각 정보를 바탕으로 재빨리 바깥 시야를 채워넣는다. 덕분에 우리는 불균질한 시야를 인지하기 어렵고, 마치 큰 그림을 안정적으로 훑어보는 듯한 느낌을 받는다. 이는 뇌가 에너지를 절감하면서 우리를 속이는 방식이기도 하다. 반면 파리는 눈이 다섯 개에 사각 지대가 거의 없는 시야각을 갖추고 있다. 이렇게 전방위를 동시에 보고 있지 않으면, 즉시 파리채에 맞아 죽을 것이기 때문이다.

“우리가 얻은 시각 정보는 시상을 거쳐 후두엽에서 분석된다”

세상 모든 물체는 고유한 빛을 띤다. 사과는 빨간빛을, 바나나는 노란빛을 반사한다. 태양은 모든 종류의 빛을 내뿜는다. 다양하고 고유한 생명체의 감각세포는 세상에 존재하는 모든 빛을 각기 나름대로 해석한다. 안구의 시각세포도 그중 하나다. 시각세포는 간상세포와 원추세포가 있다. 간상세포는 흑백이고 원추세포는 컬러다. 대신 간상세포는 약한 빛에도 예민하게 반응하고, 원추세포는 강한 빛을 정확하게 분별한다. 색깔을 구별하는 원추세포는 또다시 적, 녹, 청으로 나뉜다. 이들이 색을 조합한 신호를 보내면 뇌는 이 색감을 섞어서 최종적으로 해석한다. 이 방식으로 인간은 100만 개의 색을 식별한다. 이 식별력은 우리가 디지털 화면에서 색을 조합할 때도 쓰인다. 유전적으로 적, 녹, 청을 담당하는 원추세포 중 하나 이상이 기능하지 않는 것이 색맹이다. 색을 구별한다는 것은 고등생물의 특권이다. 넓은 시야를 확보해야 하는 파리는 거의 빛과 어둠을 감지하는 정도로만 세상을 ‘본다’. 반면 인간은 비교적 좁은 시야 안에 존재하는 사물을 100만 가지 색으로 세세하게 구별하고 판단한다. 원시시대에 자연환경을 인식하고 사냥감을 추적하고 과일의 익은 정도를 가늠하는 역할을 하던 인간의 눈은 현대에 들어 그림을 그리고 사진을 찍고 영화를 촬영하는 등 예술을 창조하는 데 이르렀다.

원추세포는 간상세포에 비해 에너지를 더 많이 소비하기 때문에 수가 700만 개로 적고 황반에 집중적으로 배치되어 있다. 그래서 중심 시야 바깥에서는 색의 세세한 분별이 어렵다. 대신 1억 3000만 개의 간상세포가 나머지 망막에 고르게 분포한다. 덕분에 우리는 캄캄한 어둠 속에서도 약간의 빛을 민감하게 감지해낼 수 있다. 인간은 본디 야행성이었다. 따라서 간상세포는 생존에 대단히 중요했을 것이다. 교외로 나가 어두운 밤하늘에서 별을 찾아보라. 시야 중심부보다는 바깥쪽부터 주변의 별이 하나둘씩 보이기 시작할 것이다. 어둠 속에서 골고루 분포된 간상세포가 작동한 결과다. 다시 말해 어둠 속에서 미약한 빛을 감지하는 능력은 시야의 주변부가 더 우월하다.

망막은 혈관으로 영양을 공급받고 시각 정보를 내보내야 한다. 이것은 한 개의 다발로 묶여 뇌로 곧장 이어진다. 이 다발이 붙어 있는 망막 부위를 시신경원반이라고 한다. 이 원반에는 시각세포가 없어서 맹점이 생긴다. 뇌는 시야에서 빠져 있는 맹점을 다른 부분을 참고해서 적당히 추측해 그려 넣는다.

눈동자의 움직임은 동물 종마다 다르다. 대부분의 어류는 눈동자가 고정되어 있고 눈꺼풀도 없다. 부엉이도 눈동자가 한자리에 고정된 대신, 열네 개의 목뼈가 있어 고개가 270°까지 돌아간다. 눈동자 대신 머리와 몸이 움직이는 것이다. 반면 인간의 안구는 하루 종일 움직인다. 우리가 어딘가에 초점을 맞추고 싶어하면 안구는 즉시 사방으로 움직여 그곳을 비춰준다. 뇌는 구형의 물체인 안구를 순식간에 원하는 만큼 미세하게 '굴려야' 한다. 이를 위해 상하, 좌우, 대각선 방향으로의 움직임을 맡은 근육이 안구에 붙어 있다. 여섯 개 근육이 조절하는 여섯 가지 방향으로 안구는 조화롭게 움직이며 우리가 원하는 곳을 보게 해준다. 이 미세한 운동을 위해 인체는 이번에도 세 개의 뇌신경을 쓰고, 온전한 시각신경으로 하나를 더 쓴다.

안구는 두 개다. 양쪽에 있어야 원근감과 입체감이 부여되고 시야가 넓어지기 때문이다. 물론 하나를 잃었을 때 남은 하나로 살아갈 수도 있다. 시각이 작동할 때 초식동물은 포식자를 피하기 위해 안구가 서로 반대쪽을 향하지만, 육식동물은 사냥감을 쫓기 위해 한 방향으로 모인다. 뇌는 에너지 절감을 위해 한쪽 눈을 주로 쓰고 나머지는 보조용으로 쓴다. 좌안과 우안의 시각 정보는 별개로 존재한다. 각 눈의 뒤편에서 나온 신경은 뇌의 기저에서 만나서 시신경교차optic chiasm에서 교차한다. 이때 양쪽 안구의 왼편 시야는 우뇌로 가고, 오른편 시야는 좌뇌로 간다. 다시 말해 우리 시야의 왼쪽 부분은 우뇌가, 오른쪽 부분은 좌뇌가 본다. 덕분에 우뇌가 마비되면 좌안이 보이지 않는 것이 아니라, 양쪽 눈의 좌측 시야가 마비된다.

시각 정보는 시상을 거쳐 후두엽에서 분석된다. 정보의 일부는 처리 속도가 빠른 중뇌를 거친다. 야구공이 날아오는 게 보이면 순식간에 피할 수 있지만, 정말 야구공을 '보고' '판단해서' 피하는 건 아니다. 야구공이 날아오는 것 같은 감각에 몸이 먼저 움직이는 것이다. 대뇌(후두엽)는 화면을 진득하게 분석하지만, 중뇌는 우리가 '보기' 전에 화면을 검열해서 위험하면 지시를 내린다. 타석에서 야구공을 칠 때도 마찬가지다. 프로 투수가 던진 공은 궤적을 관찰해 정보를 후두부로 보내고 받는 과정에서 이미 포수의 미트로 들어간다. 그래서 타자는 정보가 중뇌에 도달했을 때 칠지 말지 결정해야 한다. 덕분에 프로 투수의 공을 쳐내기란 반사신경이 훈련된 타자가 아니면 대단히 어렵다.

우리 눈에 들어오는 대상은 연이은 착각의 부산물이다. 일단 망막은 평면이므로 우리가 받아들이는 정보는 명백한 2차원이다. 하지만 우리에겐 세상이 3차원으로 보인다. 주변을 둘러보면 사물은 멀거나 가깝게 놓여 있다. 이것은 입체감을 부여하기 위한 뇌의 노력이자 착각이다. 물체가 본디 크기보다 더 '작게' 보이면 우리 뇌는 이를 '멀다'고 인식하고, 물체가 본디 크기보다 더 '크게' 보이면 우리 뇌는 이를 '가깝다'고 인식한다. 또한 태양빛은 위에서 수직으로 떨어진다. 안구는 이 빛에 적응해서 물체에 쏟아진 태양빛으로도 원근감을 부여한다. 위쪽의 밝은 부분은 '튀어나와' 보이고 아래쪽의 검은 부분은 '움푹 파여' 보인다. 이는 사실주의 회화를 그리는 방법과도 같다. 모두 2차원을 3차원으로 인지하려는 뇌의 노력으로 빚어낸 착시다.

그런가 하면 인체는 순간적으로 빠르게 움직이거나 고개를 돌릴 때 임의로 '보는' 행위를 멈춰버린다. 눈알을 빠르게 돌릴 때도 마찬가지다. 이때 '보는' 행위를 유지하려고 들면 어떤 상이 얻어질까? 그것은 휴대전화 카메라를 동영상 촬영 모드로 해놓고 전화기를 마구 흔들었을 때 얻어지는 장면과 비슷할 것이다. 유용하게 써먹을 수 있는 시각 정보는 없고 어지럼증만 유발할 것이란 얘기다. 이것이 뇌가 임의로 '보기'를 중단하는 이유로, 일종의 '프레임 드롭'이 발생하는 것이라고 할 수 있다. 대신 뇌는 빠르게 지나간 화면 사이로 있을 법한 프레임을 적당히 끼워 보여준다. 그래서 우리는 머리가 흔들려도 별문제 없이 지나간 상황을 파악할 수 있다. 반면 파리는 매우 높은 프레임 속도로 시각 정보를 분석하기 때문에 세상이 마치 슬로모션처럼 보인다. 그렇지 않으면 이번에도 파리채에 맞아 죽을 것이다.

눈을 깜빡일 때도 마찬가지다. 우리는 하루 2만 번 0.3초씩 눈을 깜빡이지만, 그 와중에 2만 번의 검은 화면을 보진 않는다. 신경 쓰지 않으면 눈을 깜빡이는 것조차 의식하기 어렵다. 이 역시 뇌가 사이사이 상을 채워 넣기 때문이다. 이런 이유로 우리는 하루에 한 시간 정도는 직접 본 것이 아닌 뇌가 그린 상을 본다. 이렇게 끝없이 보고 해석하고 채워 넣기 위해 뇌는 하루 240kcal 정도를 소모한다. 비디오카메라로 하루 종일 녹화를 한다고 생각해보자. 금방 메모리가 차고 전력 소모도 클 것이다. 뇌는 에너지를 절약하기 위한 많은 장치를 마련해두었지만, 그 와중에 소모되는 에너지의 절반은 보는 행위 자체와 본 것을 분석하는 데 쓰인다. 많은 생명체의 뇌와 눈이 가까운 것은 여기 들어가는 에너지를 절감하기 위해서다.

안구에서 사실상 '눈'의 기능을 하는 것은 검은자뿐이다. 그래서 거의 모든 포유동물의 눈은 검은자만 바깥으로 드러나 있다. 어떤 기능도 없는 '흰자'를 노출하는 것은 감염 확률만 높일 뿐이기 때문이다. 하지만 고등동물일수록 '흰자'가 바깥으로 나오며 검은자와의 대비도 강해진다. 그 이유는 사회성 때문이다. 흰자와 검은자의 강렬한 대비를 통해 우리는 타인이 어디를 보는지 더 잘 파악할 수 있고, 과거에 이는 협동 사냥에 도움이 되었다. 그러다 점차 타인의 눈동자를 바라보고 시선을 읽어냄으로써 감정을 교류할 수 있게 되었다. 사회성이 높아질수록 감정의 표현과 전달이 활발해졌고, 이에 따라 인간은 흰자가 더 많이 드러나도록 진화했다. 특히 다른 인간에게 감정적으로 호소할 수 있으면 생존에 도움이 된다. 우리는 같은 감정을 지닌 상대에게 더 잘 공감하며, 적대감보다는 친근감을 더 느낀다. 시선은 사회적 동물의 생존에 매우 유용한 도구다.

"혈압과 맥박이 측정되었지만 체온이 42℃였다"

눈동자가 돌아갔던 환자와 눈동자가 멎어버린 환자는 예상대로 뇌경색과 뇌출혈이 맞았다. 신경과와 신경외과에서 내려와 두 사람을 진료했다.

전화로 DOAdead on arrival, 병원 도착 시 사망 환자 수용 문의가 왔다. 이제 여유가 생겨 가능하다고 했다. 간밤에 요양병원에서 숨을 거둔 환자가 있는데 사망 선고만 받으러 오겠다고 했다. 환자가 죽은 지 다섯 시간이나 지난 시점이었다. 환자의 사망을 형식적으로 확인하는 일도 내 업무였다. 다만 그 사망이 병사인지 외인사인지는 순전히 내 판단에 달려 있다. 하지만 나로선 망인의 인생과 죽기 전까지의 일을 알 수 없다. 그래도 대체로 나이가 매우 많은 데다 오랫동안 식사를 하지 못해 몸이 마른 상태이면 병사로 생각할 수 있다. 사인을 판단할 땐 관계자의 증언도 일부 참고한다. 또 외상 흔적이 없는지 몸도 살펴보아야 한다.

나는 장갑을 끼고 시신을 감싸고 있는 포를 걷었다. 망자는 해골처럼 말라 있었다. 전신을 드러내자 상처는 없었으나 영양실조의 흔적이 역력했다. 요양병원 환자들에게 일반적으로 있는 욕창과 콧줄·소변줄 삽입 등의 흔적이 보였다. 고령까지 감안하면 노환으로 판단해도 될 듯했다. 피부에 손을 대자 선득함이 느껴졌다. 다섯 시간이면 이미 몸이 식어서 체온이 주변 기온과 비슷해진다. 서늘하고 뻣뻣한 물체를 만지는 것 같았다. 나는 마지막으로 빛을 감지하던 망자의 눈을 보았다. 아무것도 보고 있지 않았다. 그의 눈은 칠흑같이 깜깜했다. 이 눈으로 망자가 평생 목격했던 모든 것이 지나갔을 것이다. 일평생 희로애락을 느낀 순간들이 이 암흑 안을 지났을 것이다. 하지만 지금 그의 안구는 그 모든 비밀을 품고 저물었다. 나는 포를 덮고 돌아와 사망진단서에 '노환, 병사'라고 썼다.

이제 한낮이었다. 열이 나는 것 같고 으슬으슬 춥다는 젊은 환자가 왔다. 목이 좀 부었는데, 단순한 바이러스성 감기로 보였다. "그냥 감기 같습니다." 그는 무더위에도 가을 점퍼를 입은 채 몸을 떨고 있었다. "선생님, 날씨도 덥고 열이 나는데 저는 왜 이렇게 춥나요. 에어컨 바람이 괴로워요." "몸이 체온을 올려서 방어하려는 겁니다. 뇌가 감기와 맞서 싸우려고 온도의 기준점을 올린 거예요. 그러면 이렇게 몸을 떨어서 열을 만들고 점퍼를 껴입게 해서 체온을 올리겠죠. 열이 너무 많이 나면 괴로우니까 해열제 잘 챙겨 드시고요." 환자는 고개를 끄덕거리고 약을 처방받아 귀가했다. 바깥 날씨가 더우면 자연스럽게 환자들 체온도 조금씩 높게 측정된다. 응급실에 있는 환자들에게 하나둘 미열이 난다는 노티가 왔다.

갑자기 목욕탕에서 환자가 발생했다고 연락이 왔다. 목격자가 목욕을 하러 들어갔는데 탕에 떠 있는 사람을 보았다고 했다. 일단 도움을 요청한 뒤 환자를 바닥에 누이고 심폐소생술을 했단다. 아무도 없는 한여름, 한낮의 목욕탕에서 의식을 잃고 열탕에 빠진 환자는 나신에 목욕탕 타월로 간신히 주요 부위를 가리고 병원에 실려 왔다. 혈압과 맥박은 측정되었지만 체온이 42도였다. 전신의 피부가 그야말로 익어버린 것처럼 붉었다. 환자는 전혀 땀이 나지 않았고 자극에도 반응이 없었지만 몸을 조금씩 꿈틀댔다. "열사병입니다. 선풍기 틀고 얼음주머니 댈게요. 빨리 체온을 낮춰야 합니다. 정맥로 확보하고 찬 식염수를 2L 넣겠습니다. 저체온 요법용 기구도 바로 적용할게요. 빨리 움직여야 뇌 손상을 막을 수 있습니다."

"인체는 36.5℃에서 최적의 상태로 기능한다.
특히 뇌는 온도에 가장 예민하다"

인간은 정온동물이다. 체온은 36.5℃다. 엄밀히 말하면 36℃에서 37℃ 사이를 오간다. 이 범위에서 인체는 가장 잘 기능한다. 인간이 버틸 수 있는 체온은 아래로 32℃, 위로는 42℃다. 그리 높거나 낮은 온도가 아님에도 이 범위를 벗어나면 몸은 버틸 수가 없다. 인간은 온도에 매우 예민한 존재다.

변화무쌍한 지구 환경에도 불구하고 인간은 정온동물로 오랫동안 살아남았다. 지구 표면의 평균 온도는 대략 15℃다. 인체와 20℃ 넘게 차이가 난다. 생체를 구동하기 위해서는 필연적으로 에너지를 소모하게 되며 그에 따라 열이 발생한다. 인간은 열을 만드는 내온

동물이므로 체온이 15℃보다 더 높을 수밖에 없다. 이 온도가 인간은 36.5℃이고, 개나 고양이는 38℃ 정도다. 반면 어류나 양서류는 변온동물로 체온이 변하므로 낮은 온도에서도 생존이 가능하다. 생명체의 구조가 복잡해질수록 다양한 효소가 작동하게 되어 비슷한 온도를 유지하는 편이 대사에 유리했다. 특히 신경세포가 온도에 예민하므로 신경계가 발달할수록 정온동물이 된다.

인간이 느끼기에 가장 쾌적한 온도는 21℃ 정도다. 이를 상온이라고 부른다. 몸에서 발산하는 열이 적당히 식으면서 균형을 이룰 때 인간은 이를 쾌적하다고 느낀다. 그래서 실내 온도는 21~23℃에 맞춰질 때가 많다. 인간은 종일 체온을 유지하기 위해 에너지를 소모한다. 열을 발산하는 단위는 음식 에너지를 측정하는 단위이기도 하다. 식품의 에너지 단위는 kcal다. 1kcal는 1kg의 물을 14.5℃에서 15.5℃로 올리는 데 필요한 에너지다. 우리는 하루 섭취한 열량 중에서 대략 절반 이상을 체온 유지에 쓴다.

인체의 70%는 수분이다. 나머지 성분까지 더해도 그 비중은 대략 1에 가깝다. 인체를 대략 60kg의 물통이라고 단순화해 빗대보자. 춥거나 더우면 이 물통의 물 온도는 순식간에 하락하거나 상승한다. 다만 인체의 피부는 기능성 단열재라서 심부 온도를 지킨다(물론 피부가 털로 뒤덮인 동물보다는 단열 효과가 적다). 옷을 입지 않았을 때 인체의 열 순환이 평형을 이루는 온도는 25~30℃다. 바깥 기온이 이 정도라면 일반적인 생체 활동으로도 열이 발생하므로 별도의 에너지 소모 없이 체온이 유지된다. 이는 수영하기에 가장 적당한 온도이기도 하다. 하지만 이 정도 온도면 더위에 속한다. 인간의 체온 방어는 옷을 입은 상태에 최적화되어 있기 때문이다. 요컨대 우리는 21℃에 맞춰진 상온에서 가벼운 옷을 입고 있을 때 가장 쾌적하다고 느낀다.

인간은 체온을 낮추는 것보다는 높이는 데 훨씬 더 능하다. 신체 활동상 이미 지속적으로 체온을 올리고 있기 때문이다. 주요 장기는 열을 생산한다. 특히 심장은 끝없이 움직이면서 열을 발생시키는 근육이고, 간은 에너지를 태워서 열을 만드는 기관이다. 근육 또한 수축·이완하며 열을 발생시킨다. 심한 추위에 노출되면 뇌는 대사를 촉진시키고 열을 많이 만들어내라고 명령한다. 혈관을 피부 깊숙한 곳으로 숨겨 열기를 보호하면서 근육을 진동시켜 추가로 열을 생성한다. 닭살 또한 털로 몸을 부풀려 체온을 유지하려던 흔적이다. 그럼에도 추위에 노출되는 상황이 계속되면 손발은 차게 두는 대신 뇌와 장기만큼은 체온을 유지한다(원래 손발 온도와 심부 온도엔 차이가 있다). 그러다가 심부 온도마저 떨어지면, 인체는 체열 손실을 막기 위해 피부와 가까운 혈관을 수축하는데(입술은 아주 얇은 피부이므로 겨울에는 입술이 파래진다), 뇌의 활동에 영향을 받아 환각을 보기도 한다. 체온이 28℃ 이하로 떨어지면 치명적인 부정맥이 발생하고 뇌의 반사가 사라지면서 사망에 이르게 된다.

반대로 더위에는 효율적으로 대처하기 어렵다. 일단 주위 온도가 높으면 몸은 근육을 이용해 혈관을 피부 가까이에 배치해서 체액을 식히고, 열 발생을 막기 위해 움직임을 줄이도록 뇌에서 무력하다는 신호를 보낸다. 특히 인체는 땀을 흘려 이 땀이 증발될 때 손실되는 에너지를 이용하는데, 이는 효율적이고 강력한 체온조절 방법이다. 땀 1L가 증발할 때 인체는 600kcal에 해당되는 열을 식힐 수 있다. 하지만 발한은 증발을 이용하므로 습도에 매우 민감하다.

게다가 공기와 물은 열전도율에 현격한 차이가 있다. 습도가 높으면 열이 더 잘 전도되고 땀도 잘 증발하지 않아 체감상 훨씬 더 덥다. 덥고 습한 날씨에 인간이 무기력한 것은 당연한 일이다. 땀을 일정량 이상 흘리면 많은 수분과 전해질이 빠져나가므로 보충해 주어야 한다. 찬물을 마셔도 도움이 된다.

일사병과 열사병

고온 다습한 환경에서 어쩔 수 없이 오래 머무르게 되면 심부의 체온이 오르기 시작한다. 처음에는 땀을 많이 흘리고 체액량이 줄어들어 저혈압으로 대사가 줄어든다. 이를 일사병heat exhaustion이라고 부른다. 어지럽고 무기력하지만 아직 인체가 의식의 끈을 놓진 않은 상태다. 하지만 체온이 40도 이상으로 올라가면 열사병Head stroke이 온다. 이때는 의식의 혼돈이 오거나 발작을 하거나 심한 경우 의식을 잃어버리게 된다. 열에 가장 예민한 것이 단백질로 구성된 뇌이기 때문이다. 특히 체온을 조절하는 시상하부가 망가지면 땀 한 방울조차 나지 않고 그대로 체온이 급상승한다. 이렇게 되면 그야말로 생명이 위태로워지고, 실제 사망에 이르기도 한다.

이런 체온조절의 기전을 목욕탕 환경에도 적용해볼 수 있다. 냉탕의 물온도는 보통 14~16℃다. 인체는 낮은 온도를 방어할 방법이 많이 있기 때문에 단시간 냉탕욕은 충분히 견딜 수 있다. 특히 온탕이나 사우나에서 심부 온도를 높여둔 상태라면 꽤 오랫동안 냉탕에서 견딜 수 있다. 이것이 많은 사람이 즐겨하는 냉온욕이다. 하지만 차가운 물은 체온을 빨리 빼앗기 때문에 그대로 계속 버티기는 어렵다. 특히 불시에 강이나 바다에 빠져나오지 못하게 되면 대체로 동사한다. 지구 표면의 평균 온도에 따라 물의 온도도 평균 15℃인데, 이런 환경에서는 체온이 급격히 떨어져 얼마 안 가 사망할 수밖에 없다. 물이 그보다 더 차가운 경우 대략 10℃의 물에 빠지면 5분, 0℃의 물에 빠지면 4분 이내로 의식을 잃어버리고 사망하게 된다(타이타닉호가 침몰했을 당시 바닷물의 온도는 영하 3℃였다고 알려져 있다).

온탕 목욕을 하면 매우 개운하다. 물이 뜨거우면 더 개운할 것 같지만 온탕의 수온은 40℃ 정도가 한계로, 체온과 별로 차이 나지 않는다. 왜일까? 일단 너무 뜨거우면 피부의 단백질이 열 손상을 입을 수 있다. 물은 열전도율이 높고 물속에서 인체는 땀으로 체온을 낮추지 못한다. 비중이 대략 1인 인체는 물과 비슷한 속도로 데워진다. 처음 온탕에 들어가면 뇌에서 대사를 줄이기 때문에 나른하고 기분이 좋다. 하지만 심부 체온이 오르기 시작하면 몸에서 위험신호를 보낸다. 그래서 온탕에서는 15분 정도 버티는 게 한계이고, 그 이상 넘기면 위험해진다. 탕에서는 체온 변화로 인해 미주신경이 자극되어 실신의 위험이 있고, 그대로 열사병으로 이어지는 사고도 종종 발생한다. 한편 사우나에는 건식과 습식이 있다. 공기는 물보다 열전도율이 낮고 땀 배출로 더 버틸 수 있기 때문에 건식 사우나에선 70~100℃까지 견딜 수 있다. 반면 습식 사우나는 땀으로 몸을 식힐 수 없어 50℃가 한계다(당연히 사우나 안에서 쓰러져도 매우 위험하다).

기본적으로 인체는 36.5℃에서 가장 잘 기능하도록 맞춰져 있다. 특히 모든 생체 활동을 좌우하는 뇌는 온도에 가장 예민하다. 인체는 평균적으로 60kg의 질량을 가지며 비중이 1에 가까운 물리적 특성을 지닌다. 인간은 생명체이지만 이러한 물리적 성격을 벗어날 수 없다. 고온이나 저온에 노출된 인체는 에너지와 물리법칙을 이용해서 체온을 유지하려고 하지만, 버틸 수 있는 한계점이 지나면 결국은 바깥 기온과 비슷해질 수밖에 없다. 그래서 인간은 머리를 써서 체온을 보호할 방법을 개발했다. 인류는 오랫동안 옷을 입어왔고 냉방과 난방 체계를 갖추었다. 결정적으로 인간은 사회적인 동물이다. 우리는 공동체를 만들어 집을 공유하거나 지어주기도 하고, 난방을 해서 열기를 나눈다. 가족이나 연인끼리는 꼭 껴안고 잠에 들기도 한다. 길에서 떨고 있는 사람을 보면 그냥 지나치기 어렵다. 전쟁이나 재난 상황이라면 기어코 대피소를 만들어서 남을 도우려는 이타적인 사람이 있다. 이렇게 타인을 위하고 구하려는 다정한 마음이 연약한 인간을 번성시킨 것인지도 모른다.

"규칙적인 심전도 소리와 기계 움직이는 소리, 흐느끼는 소리가 한데 엉켰다"

무슨 수를 써서라도 환자를 살려내야 했다. 의료진이 달려들어서 환자의 체온을 낮췄다. 알코올 손 소독제를 환자 몸에 바르고 선풍기도 틀었다. 경험상 이미 체온조절에 실패하고 열사병 증세를 보이기 시작한 환자의 체온은 좀처럼 떨어지지 않는다. 직장에 심부체온측정기를 삽입해보니 체온이 42℃가 넘었다. 저체온 요법용 기구가 준비되었다. 몸통과 양쪽 허벅지에 패드를 붙여서 돌리는 기계였다. 패드 안에서 외부에서 공급되는 물이 순환하는 구조로, 일명 '수냉식'이었다. 순환하는 물의 온도를 조절해서 체온을 원하는 온도로 맞출 수 있는 이 기계는 현대 의학에서 오늘날까지 환자의 체온을 가장 강력하게 조절하는 기계였다. 나는 일단 온도를 최저치로 낮췄다. 차가운 물이 패드를 통해 맹렬히 순환했다. 작동이 시작됐으니 이제는 지켜보는 수밖에 없었다. 그사이 환자의 아들이 도착했고 나는 목욕탕에서 사고가 났다는 얘길 전했다. 아들은 눈을 내리깔며 혼잣말했다. "온탕에 좀 적당히 있으시라고 그렇게 말씀드렸는데……."

어지러움을 호소하는 환자가 또 와서 확인하러 갔다. 이번 환자도 눈을 질끈 감고 있었다. 평소에 어떤 병도 없었는데 누워서 머리를 돌리다가 극심한 어지럼증이 왔다고 했다. 눈을 열어보니 눈동자가 일정한 방향으로 흔들리고 있었다. "이석증otolithiasis, 드물게는 메니에르병Meniere's disease일 수 있습니다. 아마 뇌의 문제는 아닐 것 같습니다. 시간이 지나면 나아질 겁니다." 나는 항구토제와 함께 기본적인 검사를 처방했다.

목욕탕에서 실려 온 환자는 체온조절 요법을 실시하고 30분쯤 지나자 체온이 정상으로 돌아왔다. 그러나 의식은 그렇게 금방 돌아오지 않았다. 몇 시간이라도 기다려봐야 했다. 열사병으로 인한 손상을 입으면 의식이 뒤늦게 돌아올 때가 많았다. 물론 돌아오지 않을 경우도 염두에 두어야 했다. "기다려봐야겠습니다." 아들은 침통한 표정으로 대기실에 앉아 있었다. 두 시간 동안 정상 체온이 유지되는 걸 확인한 뒤에야 기계를 뗄 수 있었다. 그대로 저녁까지 다른 환자들을 보면서 관찰을 이어갔다. 이석증 환자는 그사이에 호전되어 퇴원했다.

밤이 깊어지자 열사병 환자가 조금씩 목소리를 내고 있다는 노티가 왔다. 중환 구역에서 회복 중이던 그는 어느새 나와 눈을 맞출 수 있을 정도로 회복되어 있었다. 표정과 피부색이 돌아온 그에게 이름을 물었다. 환자는 또박또박 이름을 답했다. 마침내 생사의 고비를 넘긴 순간이었다. 이제 뇌기능은 악화되지 않을 테지만, 당분간 사우나는 어려울 거라고 할머니와 아들에게 말했다. 오늘 회복시킨 첫 환자인 것 같았다.

환자가 깨어났다고 안도하자마자 다시 구급대로부터 전화가 왔다. 30대 남성이 숨이 넘어갈 것 같다고 신고가 들어왔다고 했다. 선천성 근육병으로 집에서만 지내는 환자로, 호흡 상태가 좋지 않아 산소를 최대한 투여하면서 신속하게 이송하겠다고 구급대는 전했다. 나이가 젊어 유선상으로는 상태가 잘 가늠되지 않았다. 도착한 환자는 30대로 보이지 않았다. 체구가 아이처럼 작고 왜소했다. 차라리 약간 큰 여섯 살짜리 아이라고 해도 믿을 정도로 지나치게 작은 키에 깡마른 그의 몸은, 골반과 허리가 굽어서 ㄱ 자로 접혀 있었다. 목에는 호흡할 수 있는 관이 뚫려 있었다. 집에서 가정용 호흡기를 쓰는 것 같았다. 배에는 위로 통하는 위루관과 방광으로 통하는 배뇨관이 꽂혀 있었다. 환자는 스스로 호흡과 식이와 배설이 불가능한 상태였다.

노년의 부모는 아들의 병명을 정확하게 말했다. "듀시엔형 근이영양증duchenne muscular dystrophy, 유전성 질환으로 디스트로핀 단백이 결핍되어 주로 골격근에 진행성 변성이 발생한다이에요. 저희가 집에서 잘 돌보았는데, 어제까지는 숨도 잘 쉬었어요. 점심때까지 식사도 잘했고요. 그런데…… 그런데……." 상황이 순식간에 이해됐다. 듀시엔형 근이영양증으로 태어난 아이는 정상적으로 발달하다가 근육 자체가 결합조직이나 지방으로 대치되어 점차 몸을 가누지 못하게 된다. 듀시엔형 근이영양증은 현재로서는 치료 방법이 없는 병으로, 대부분 10대에 사망한다. 오래 버텨도 스무 살을 겨우 넘긴다. 헌신적인 부모가 서른이 넘도록 돌보고 살려낸 것이다. 부모로선 정상적으로 소통이 가능하던 자녀의 몸 기능이 퇴화하는 것을 보고만 있을 수 없었을 것이다. 예상 생존 기간을 한참 넘긴 지금, 환자는 온몸의 근육을 사용할 수 없어 의사소통이 불가능했다. 누군가의 도움 없이는 잠시도 생존할 수 없는 상태였다. 부모는 그런 상황에도 어떻게든 희망을 가지고 아들을 돌보려 애쓰고 있었다. 그렇게 연명 중인 환자였다.

환자는 숨이 가빴다. 이렇게 연약하게 생존해 있는 환자는 한 시간 안에도 상태가 급격히 악화되어 사망할 수 있다. 오늘이 바로 그런 날인 것 같았다. 포터블 X-ray상으론 양쪽 폐가 하얗게 변해 있었다. "삑, 삑, 삐익, 삐익." 규칙적이었던 심전도계의 박자가 점차 느려져갔다. 환자의 숨도 약해진다. 심정지가 임박했다. 나는 접혀 있는 허벅지와 가느다란 목을 다시 짚어서 맥을 찾아본다. 없다. 심정지가 왔다. "여기 심정지예요!" 일단 급히 환자의 가슴을 눌렀다. 연약하고 가느다란 뼈가 부서져나간다. 2분이 지났지만 맥이 잡히지 않아 심폐소생술 기계로 바꾸었다. 환자의 마른 몸이 뒤틀려 있었다. 너무 말라서 등뒤로 병원용 포를 몇 개 접어 넣어야만 기계를 채워 심폐소생기를 작동시킬 수 있을 정도였다.

기계가 규칙적으로 흉부를 눌렀다. 뼈가 너무 약해서 우지끈 하고 부서지는 소리가 규칙적으로 났다. 갑자기 바깥에서 금속성 물체가 바닥에 부딪치는 소리가 들렸다. 반사적으로 귀를 틀어막게 하는 큰 소리였다. 소생실 바깥에서 대기 중이던 환자의 어머니가 혼절해 쓰러지면서 수액용 폴대가 함께 넘어진 것이다. 순간 정적이 감도는 것 같았다. 주변에 있던 의료진이 그를 돌보기 위해 몰려와 있었다. 보호자는 허공에 손을 뻗으며 외쳤다. "안 돼, 우리 아들…… 안 돼!" 규칙적인 심전도 소리와 기계 움직이는 소리, 흐느끼는 소리가 한데 엉켰다. 그러나 귓속이 먹먹해서 마치 아무 소리도 들리지 않는 것 같았다.

"달팽이관은 물리적인 진동을 뇌에서 해석할 수 있는 전기신호로 바꾸는 기관이다"

우리는 자연스럽게 듣는다. 청각이란 자연계에 물리적으로 존재하는 소리를 변환해 뇌에서 인지하는 과정이다. 소리는 해석되기 전까지 물리적 진동에너지에 불과하다. 우리가 소리를 들을 때 귀에선 소리를 채집하고 변환하고 처리하고 감각하는 회로가 모두 동원된다.

일단 모든 소리에는 3요소가 있다. 진폭, 진동수, 음파의 모양(파형)이 그것이다. 진폭이 크면 큰 소리, 작으면 작은 소리다. 진동수가 크면 고음, 적으면 저음이다. 파형은 고유의 음색이라고 할 수 있다. 우리는 말을 할 때 진폭과 진동수를 조절할 수 있다. 진폭과 진동수를 크게 만들려고 하면 큰 소리로 고음을 열창하는 가수처럼 소리를 뽑아내게 된다. 그렇지만 음색 자체는 바꿀 수 없다. 고유의 음색은 누군가의 목소리를 구별하는 근거가 된다.

소리는 외이를 지나서 고막을 때린다. 우리가 귓속에 면봉을 넣어 닿을 수 있는 범위까지가 외이다. 고막은 외이와 중이를 구분하는 막이다. 고막에는 소리를 전달하는 뼈가 붙어 있다. 이 뼈는 우리 몸에서 가장 작은 뼈로, 세 개가 연결되어 있다. 세 뼈는 손가락

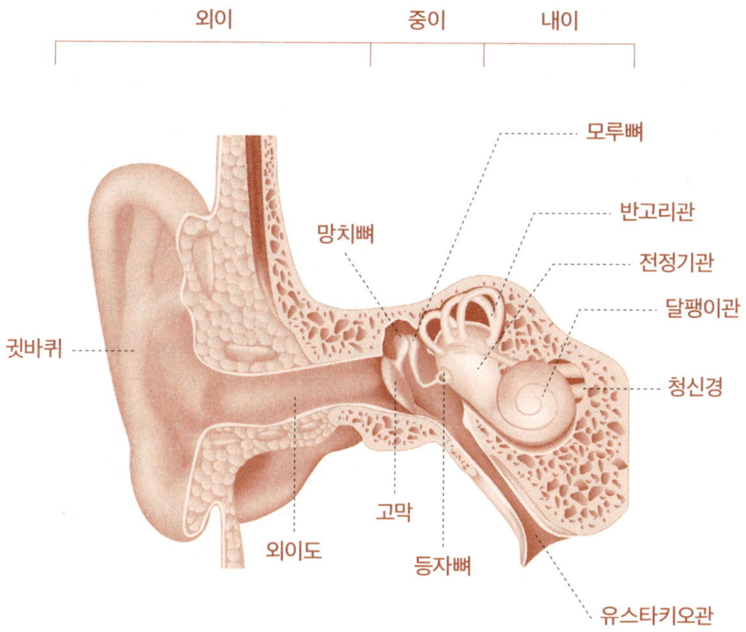

귀의 구조

한 마디 위에 넉넉히 올라갈 정도로 작다. 고막 바로 뒤에 붙은 뼈는 망치뼈다. 망치의 손잡이 부분이 고막에 붙어 있어서 진동이 망치 머리로 전달된다. 망치 머리는 모루뼈의 머리와 붙어 있다. 모루뼈는 쇠를 두드리는 모루처럼 생긴 뼈다. 이 모루 머리가 진동해서 진동을 등자뼈에 전달한다. 등자는 말을 탈 때 말 양쪽 옆구리에 늘어뜨리는 발걸이다. 모루 다리가 등자를 진동시켜서 소리는 내이로 들어간다. 이렇게 중이에서 뼈를 세 개나 거치며 소리가 증폭된다. 또 너무 큰 소리가 나면 등자뼈에 붙어 있는 근육이 뼈를 잡아당겨서 연결을 끊어버림으로써 청각을 보호한다. 그래서 폭발음 같은 것이 발생하면 오히려 아무 소리도 들리지 않는다(영화에서도 큰 폭발이 일어나는 장면에선 일부러 소리를 쓰지 않을 때가 있다). 하지만 인대가 뼈를 잡아당기는 데는 시간이 필요하므로, 이렇게 큰 소리가 갑자기 들리면 청각이 상하는 일을 막기는 어렵다.

등자뼈 머리는 진동을 내이로 전달한다. 림프액으로 가득찬 내이에는 달팽이관과 반고리관이 들어 있다. 달팽이관은 물리적인 진동을 뇌에서 해석할 수 있는 전기신호로 바꾸는 기관이다. 등자뼈의 진동이 달팽이관 입구를 때리면 달팽이관 안의 림프액이 출렁거린다. 달팽이관에는 특정 주파수에서 반응하는 털 모양의 돌기가 있는 세포(유모세포)가 밀집해 있다. 유모세포는 각자 담당하는 특정 주파수에 맞춰서 반응한다. 단, 달팽이관 입구 쪽의 유모세포는 가장 높은 진동수(주파수)를, 출구 쪽으로 갈수록 낮은 진동수를 맡는다. 맨 앞의 주파수가 인간이 들을 수 있는 가장 높은 음이다(그보다 더 높으면 인간에게는 무의미한 소리다). 유모세포는 주파수에 맞춰 좌우로 움직이면서 진폭(강도)과 파형을 분석해 전해질(칼륨) 분극으로 전기신호를 만든다. 유모세포가 만든 전기신호가 빠르면 큰 소리, 느리면 작은 소리다. 이 전기신호들이 모여서

중이염과 고막 손상

우리의 귀와 코는 서로의 압력을 조절하는 유스타키오관Eustachian tube으로 연결되어 있다(코를 막고 바람을 불면 귀에 압력이 가해지는 느낌이 드는 것은 유스타키오관 때문이다). 중이염은 감기와 동반되는 경우가 많지만, 유스타키오관에 문제가 생겨도 자주 발생한다. 중이에는 작은 뼈가 들어 있는데 만성 중이염이 생기면 이 뼈가 녹아 청력이 떨어질 수 있다. 또 강한 압력이 가해질 때(예를 들면 뺨을 맞을 때)는 외이도의 압력이 높아져 고막이 찢어질 수 있다. 고막이 터지면 압력이 유지되지 않으므로 청력을 일시적으로 상실한 듯 귀가 먹먹해진다. 하지만 고막은 손상에서 쉽게 회복된다. 다행히 귀는 두 쪽이라서 한쪽이 안 들려도 다른 쪽이 청력을 대신할 수 있다.

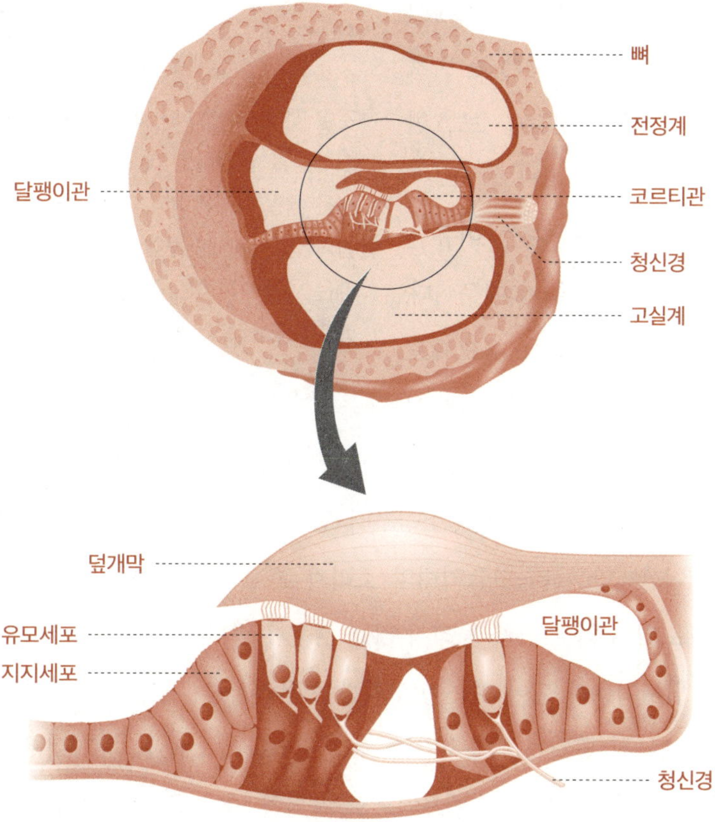

달팽이관 속 유모세포

8번 청신경이 되어 뇌간을 거쳐 대뇌로 들어간다. 뇌간을 거치므로 큰 소리(빠른 전기신호)가 나면 우리는 대뇌에서 해석하기 전에 얼른 손으로 귀를 막아서 청각을 보호할 수 있다.

청각이 무뎌지는 이유는 세포가 닳거나 늙기 때문이다. 주파수를 감지하는 유모세포는 예민하기 때문에 오랜 시간이 지나면 무뎌진다. 물리적으로 먼저 사용되는 맨 앞쪽 유모세포부터 망가지므로 높은 소리부터 점차 들리지 않게 된다. 그래서 어린이한테만 들리는 음역대의 소리가 존재한다. 또한 노년에는 유모세포의 노화로 귀가 들리지 않는 경우가 많다.

반고리관의 질환들

반고리관의 감각이 예민한 이들은 멀미가 잦다. 또 반고리관의 림프액에 미세한 돌이 생기면 유모세포를 자극해서 신호를 보내기 때문에 갑자기 어지럽다. 이것이 이석증이다. 이 림프액이 잘 순환되지 않으면 압력이 높아져 늘 어지럽다. 이것은 메니에르병이다. 이석증과 메니에르병은 어지러움을 유발하는 대표적인 질환인데, 반고리관은 세밀한 기관이라 치료가 쉽지 않다. 달팽이관과 반고리관은 붙어 있고 청신경도 공유하기 때문에 동시에 이상이 생기는 경우가 많다(그리고 이름을 헷갈리는 사람 또한 많다).

달팽이관과 붙어 있는 반고리관은 우리 몸의 평형을 맞춘다. 중력과 3차원 환경에 적응하기 위해 반고리관은 x, y, z 축으로 세 개가 있다. 반고리관 역시 림프액으로 가득차 있어 물리법칙을 그대로 적용받는다. 반고리관은 림프액이 가속을 받거나 흔들리는 정도로 우리가 어떤 속도와 방향으로 움직이는지를 감지한다. 역시 수용체로는 유모세포가 사용된다. 림프액의 물리법칙대로 우리는 차가 가속할 땐 속력을 느끼고 같은 속도로 주행하면 속력을 느끼지 못한다. 회전하는 기구를 타는 중에는 멀미가 덜해도, 기구가 회전을 멈추면 반고리관의 림프액은 관성대로 계속 돌기 때문에 어지럽다. 피겨 선수는 한 바퀴 회전할 때마다 고개를 한 번씩 돌려 한 점을 응시한다. 그러면 위치 신호와 방향 신호가 덜 엉켜서 덜 어지럽다.

요약하자면, 소리 에너지가 고막에 부딪히면 세 개의 뼈를 통해서 진동이 전해지는데, 이것으로 액체의 떨림을 만든 뒤 특정 주파수에 반응하는 세포로 전기신호를 일으킨다. 그다음 이를 다시 화학신호로 조합해 측두엽에 전달하면 뇌가 이 신호를 분석해서 '소리'를 감각하는 것이다. 하지만 청각에 따른 반응 또한 개인차가 있다. 특정 소리에만 반응하거나, 특정 소리가 반복될 때만 반응하거나, 특정 소리의 주파수가 올라갈 때만 반응하기도 한다. 우리 뇌에는 부모님이 숙제는 다 했냐고 하거나 상사가 보고서는 다 썼냐고 할 때마다 부정적으로 반응하는 세포가 실제로 존재한다.

청각은 결국 뇌의 모든 핵심 부위와 연결되어 있다. 청각 피질은 측두엽에서 얻은 정보로 소리를 분석한다. 전두엽은 분석된 말의 뉘앙스를 해석한다. 기저핵은 리듬감을 느낀다. 소뇌는 박자에 맞춰 몸을 움직일 수 있도록 조정한다. 해마는 소리를 듣고 기억을 떠올리며, 편도체는 감정을 불러일으킨다.

· · · · ·

"환자분은 심정지 상태입니다. 아마 폐렴이 생겨서 갑자기 악화되었을 겁니다. 저렇게 목으로 호흡하면 폐렴이 생길 수밖에 없습니다. 워낙 기저질환이 있고 쇠약하셔서 언제라도 빠르게 악화될 수 있는 상황이기도 합니다."

"아니에요, 이럴 수 없어요. 우리가 얼마나 열심히 돌봤는데요!"

"이 질환을 앓는 환자들은 평균 수명이 낮습니다. 아드님은 이미 예상되는 수명을 넘겼다고 들으셨을 겁니다."

"다 알고 있어요. 그래도……."

받아들이기 어려운 상황일 것 같았다. 30년을 넘게 돌봐온 존재가 갑자기 사라진다는 것은 믿기지 않는 일이다.

"현재 너무 마른 상태라 심폐소생술을 하면 몸이 심하게 상합니다. 기저질환 때문에 심정지가 한번 발생하면 거의 돌아올 가능성이 없습니다. 기적적으로 살아나도 매우 불안정한 상태일 겁니다. 심폐소생술을 중단하는 게 맞을 것 같습니다."

"아니……."

10분을 넘게 시행했지만 환자는 심폐소생술에 반응이 없었다. 사실상 몸을 움직일 수 없고 의사소통도 전혀 불가능했던 환자다. 그의 지난 생과 현재의 육체를 가늠해보아야 했다. 삶이란 어떤 의미였을까? 이대로 편하게 생을 마감하게 도와드리는 편이 맞을 것 같았다.

"어머님 아버님 마음은 압니다. 하지만 여기서 멈춰야 할 것 같습니다."

"……알겠습니다."

그들은 흐느끼면서도 극도의 의지력으로 이 상황을 받아들였다. 환자의 심전도는 이미 평행선을 그리고 있었다. 기이하게 마른 몸에선 누가 봐도 생명의 기운이 느껴지지 않았다.

"사망하셨습니다. 마지막으로 면회하시지요."

30년간 그를 생존케 했던 보호자들은 기어가듯이 달려들어 환자의 머리를 부여안았다.

"사랑한다. 진호야. 사랑하고, 우리가 미안했다. 우리가 그렇게 낳아서 정말로 진호한테 미안했다. 그래서 인생을 다 너를 돌보는 데 썼단다. 엄마랑 아빠랑 그래도 행복했어. 진호도 행복한 순간이 많았지. 이제 엄마랑 아빠도 늙었으니까 곧 따라갈게. 미안하다, 진호야."

부모는 환자의 귀에 대고 마지막 고백을 쏟아냈다. 울음을 터뜨리지 않을 도리가 없어 고개를 돌리려는 찰나, 아직 떼지 못한 심전도 기계에서 반응이 돌아왔다.

"삐, 삐, 삐, 삐."

규칙적인 소리였다. 심박 소리가 보호자의 곡소리와 섞여 소생실에 울려 퍼졌다. 간호사가 환자의 목에 맥을 짚다 말고 소리쳤다.

"선생님, 맥 느껴져요! 어떻게 하죠?"

나는 달려가서 맥을 짚어본다. 실제로 심전도가 다른 모양을 그리기 시작하고 심박도 돌아와 있다. 심장이 돌아온 것이다. 보호자들은 울음기 가득한 표정으로 나를 본다. 간호사가 소리친다. "선생님! 어떻게 해요!" 나는 아무 소리도 들리지 않는 것처럼 멍하니 서 있다. "선생님, 선생님!"

잠깐의 적막이 흐르고, 아직 황망함을 떨치지 못한 나는 눈물을 머금은 채 목멘 소리로 말했다. 이런 순간일수록 침착해야 했다.

"보호자분, 일시적으로, 환자분의 심장이 움직이고 있습니다. 심정지 상황에서도 어머님 아버님의 인사를 듣고 다시 심장이 반응한 것 같습니다. 마지막까지 귀를 열고 계셨던 듯합니다. 아마 두 분의 인사에 답을 드리는 듯싶습니다."

두 사람은 충혈된 눈으로 나를 바라보았다.

"그러면 이제 어떻게 되나요."

"맥이 계속 유지되진 않을 겁니다. 또 생존을 유지할 방법도 현재로서는 없습니다. 저희가 환자 몸에서 장비를 떼고 조용한 방으로 안내해드리겠습니다. 심장이 완전히 멎을 때까지 마지막 인사를 나눌 수 있게 도와드리겠습니다. 정말, 마지막 인사를 나누세요."

"우리 말이 들리는구나. 진호야, 괜찮은 거지? 이제 편하게……."

우리는 현장을 정리하고 심전도만 붙여놓은 환자를 임종방으로 안내했다. 30년간 자식을 돌봐온 부모의 마지막 인사는 애절했다. 몸과 마음을 다해서 아들을 살게 만드는 사랑의 힘이 절절히 느껴지는 인사였다. 심장이 멎은 환자의 맥은 사라졌다가도 보호자들의 목소리가 들릴 때마다 불규칙하게 움직였다. 실제 청각이 마지막까지 살아 있다는 증거 같았다. 아니면, 그가 영원히 둘의 마음속에 살아 있을 거라는 증거 같기도 했다. 하지만 30분이 지나자 결국 환자의 심전도는 평행을 그렸다. 나는 임상적으로 사망을 선언했다.

응급실은 고요했다. 아무도 선뜻 말을 꺼내지 않았다. 이곳에서는 매일 너무 많은 사람이 죽었고, 누군가는 돌이킬 수 없는 진단을 받았으며, 또 몇몇은 기적적으로 살아났다. 죽었음에도 누군가의 기억 속에서 영원히 살아가는 사람과, 살아났음에도 아무런 돌봄을 받지 못하는 사람이 모두 있었다.

나는 사망진단서를 쓰고 당직실로 돌아갔다. 지긋지긋해진 당직실의 퀴퀴한 냄새, 또 복도와 중앙 로비의 냄새. 죽어도, 살아도 돌아와야 하는 병원. 나는 눈물 자국을 지우기 위해 세수를 했다. 낡아가고 있는 내 육체도 다시 노려보았다. 살아 있는 한 나도 이곳으로 돌아올 것이다. 다시 기운을 얻어 출근을 하고 또다시 죽음을 바라볼 것이다. 긴 하루를 보내고 이제 퇴근을 앞두고 있었다. 죽음과 같은 잠에 빠져들 시간이었다.

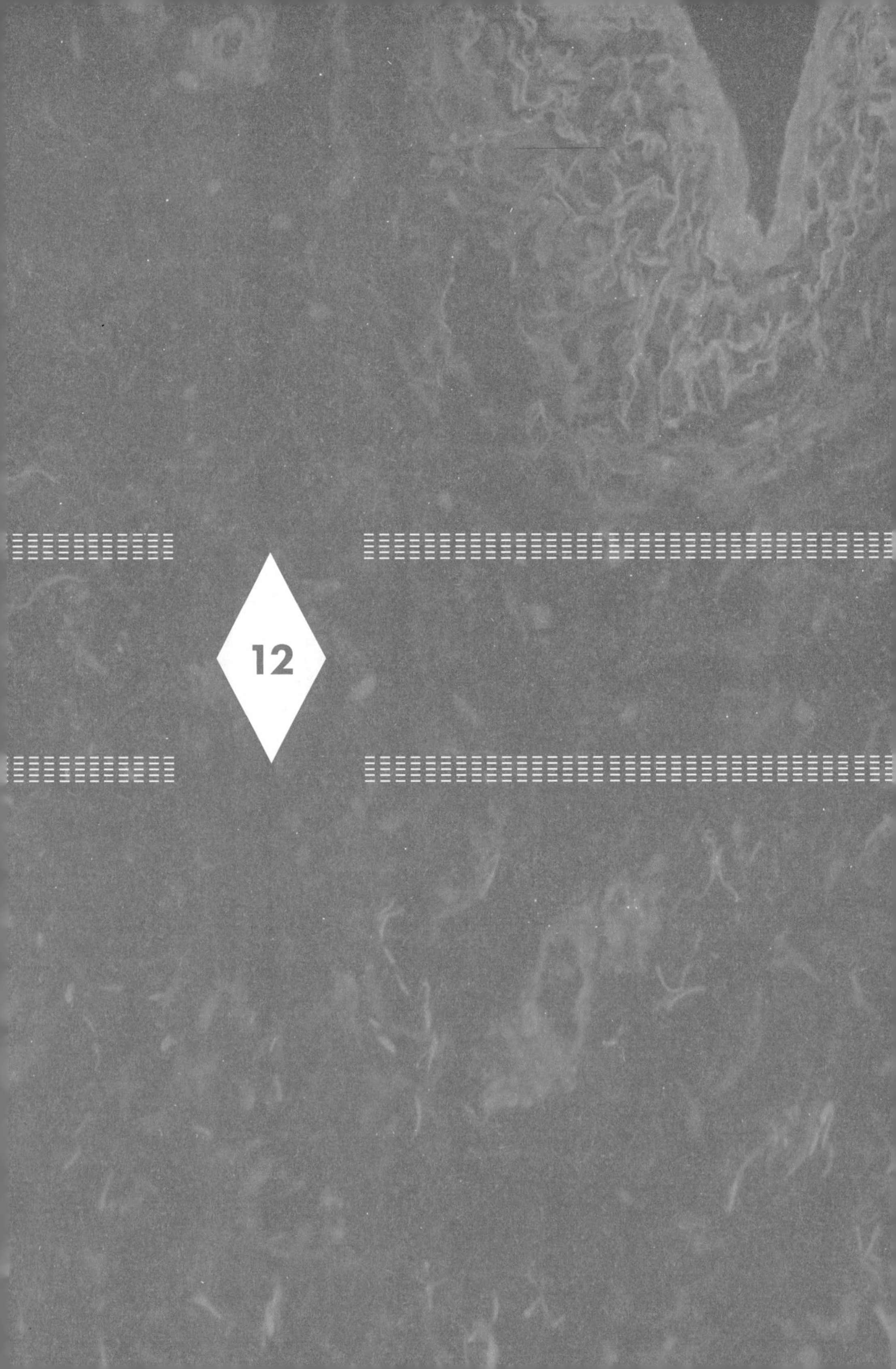

12

'비가역적' 죽음이란 무엇인가

삶과 죽음
LIFE AND DEATH

응급실은 죽음이 모이는 곳이다. 심장이 멎은 환자가 갈 곳은 정해져 있다. 그들은 이유를 불문하고 무조건 가장 지척에 있는 응급실에 가야 한다. 그리고 나는 그 환자들을 받아내야 한다.

심정지 환자가 들어왔다. 젊은 여성이었다. 구급대원은 환자가 주방 앞에 쓰러져 있었다고 했다. 신고를 받고 도착했을 때는 의식이 없었으나 맥박은 약하게 느껴졌다고 했다. 병원 앞에서 맥이 사라져 심폐소생술을 받으며 도착했다. 환자를 즉시 원내에서 가장 위중한 중환자를 수용하는 구역에 누였다.

환자는 얼굴이 창백한 게 죽음에 가까이 다가서 있는 듯 보였다. 심정지 환자가 오면 의료진은 프로토콜에 따라 신속하게 환자를 누인다. 이 구역은 이렇게 기계적으로 심정지 환자가 눕는 곳이다. 처치는 사전에 약속된 대로 이루어진다. 일단 심폐소생술 유지와 기관내삽관, 에피네프린 투여 등 세 가지가 진행된다. 나는 심폐소생술과 에피네프린 투여를 지시한 뒤 1분 내로 삽관을 마쳤다. 기도는 깔끔하게 확보되었다.

여전히 환자는 심폐소생술을 받고 있다. 기도가 확보됐으니 다음으로 원인을 생각해봐야 한다. 젊은 여성도 심근경색으로 급사할 수 있다. 매우 드물지만 불가능한 상황은 아니다. 다음으로 폐색전증을 고려해야 한다. 젊은 사람이라면 심근경색보단 이 편이 확률이 높다. 드물게 뇌출혈도 고려해야 한다. 세 가지 원인 모두 심폐소생술을 유지하는 것 외에는 방법이 없다. 심장이 돌아와야만 다른 처치가 가능하다.

심폐소생술의 두 사이클, 4분 정도가 지났지만 심장은 반응이 없다. 동맥혈 검사상 저산소증도 심했다. 역시 심폐기능 쪽의 문제가 발생한 것 같았다. 문득 젊은 환자에게 종종 있는 음독 가능성을 떠올렸다. 아직 병원을 떠나지 않은 구급대원에게 물었더니 현장에 유서나 약봉지는 없었다고 했다. 심폐소생술을 받고 있는 환자에게로 돌아왔다. 기계가 가슴을 누르고 있었다. 순간 기계로 눌린 가슴팍에서 피가 약간 배어 나오는 것이 보였다. 처음 환자가 들어왔을 때도 얼핏 보였지만, 출혈량이 많지 않고 초기 처치에 바빠 심각하게 여기지 않은 상처였다. 나는 잠시 기계를 정지시키고 상처를 확인했다. 빗장뼈 바로 옆, 왼쪽 갈비뼈 사이에 2cm 정도의 자상이 있었다. 생활하다가 긁힌 자국이라 생각할 수도 있을 만큼 작은 상처였다. 나는 혹시나 싶어 장갑을 끼고 상처에 손을 넣었다. 이내 환자의 심근이 만져졌다.

심정지의 원인이 명백해졌다. 뾰족한 물체가 심장을 관통한 것이다. 환자가 하필 주방에서 쓰러진 이유도 설명할 수 있었다.

아마도 식칼일 것이다. 스스로 목숨을 끊으려고 했을 것이다. 식칼은 길게 가슴을 쑤시고 들어가 심근을 열었다. 경악할 시간이 없었다. 머릿속 회로에 순식간에 전류가 흘렀다. 해야만 하는, 하지 않으면 안 되는 처치가 있었다. 나는 크게 소리쳤다. "카디악 스탭 운드 어레스트cardiac stab wound arrest(자상으로 인한 심정지)입니다. 혈액실 전화해서 수혈 알아보고 흉부외과 당직의한테 전화해서 저 바꿔주세요. 한 명은 수술방 전화해서 개심open heart용 톱을 가져다주세요. 초응급, 초응급입니다." 내 고함에 모든 의료진이 일제히 뛰어왔다. 환자 가슴에 손가락을 집어넣은 나를 보며 다들 믿기지 않다는 표정을 지었다. 죽음이 모이는 여기서도 좀처럼 발생하기 어려운 상황이었다.

심폐소생술 기계를 치웠다. 일단 의료진이 직접 심장을 마사지하기 위해 환자의 몸에 올라탔다. 소생실은 몰려든 10여 명의 의료진으로 분주했다. 나는 다른 의료진에게 사타구니로 수혈용 카테터 삽입을 부탁했다. 장갑을 바꿔 끼자마자 흉부외과 당직의와 통화가 되었다. "젊은 여성, 카디악 스탭 운드입니다. 좌심실 관통인 것 같습니다. 시간이 없으니까 제가 개흉open thoracotomy하고 심장 마사지하면서 수술방 올라가겠습니다. 수술 빨리 알아봐주실 수 있을까요? 제가 관통 위치를 제대로 막을 수가 없습니다." "확실합니까?" "네. 지금 손가락으로 열린 심근이 만져집니다." 당직 선생님은 흔치 않은 사건이었음에도 침착했다. "……알겠습니다."

이제 의료진이 분초를 다투며 수술을 준비할 것이다. 응급실에 누워 있는 환자는 리듬에 맞춰서 심폐소생술을 받고 있었다.

이 들썩이는 흉부를 열어야 했다. 그리고 심장을 짜면서 수술방으로 향해야 했다. 나는 수술복을 입고 장갑을 양손에 두 개씩 낀 채 환자의 왼쪽 가슴에 포를 깔아두었다. 때마침 수술방에서 톱과 겸자가 도착했다. 마른 침을 꿀꺽 삼켰다. 이곳이 수술방이 되어야 했다. 그대로 두면 결국 사망할 것이므로 환자의 육체가 훼손된다고 해도 개의치 않아야 했다. 나는 소독약을 환자의 가슴에 흘러내릴 정도로 부었다. 그리고 메스로 왼쪽 갈비뼈 사이를 사정없이 갈랐다.

흉강을 가르자 노란 지방질과 붉은 혈액이 튀어나왔다. 손을 집어넣을 공간을 만들어야 했다. 메스질 두 번에 뼈까지 닿을 수 있었다. 흉강이 계속 흔들려서 메스를 리듬에 맞춰 사용해야 했다. 지방층이 생각보다 더 두꺼웠다. 진땀이 나서 눈앞이 흐려졌다. "됐어요. 갈비뼈 자르는 톱 주세요. 두 개만 자를게요. 한 명 스킨 잡아주세요." 장갑을 낀 다른 의료진이 갈비뼈가 드러날 수 있게 살을 잡았다. 나는 커다란 은색 톱을 받아 들고 대략 4번 5번으로 생각되는 갈비뼈를 썰어냈다. 양손에 닿는 환자의 혈액이 뜨거웠다. 나는 속으로 계속 중얼거렸다. '뼈는 단단하면서도 무르다. 빨리 심장을 찾아야 한다. 내가 하지 않으면 환자는 사망이 확정된다…….' 갈비뼈를 뜯어버리듯이 제거하고 겸자로 흉부를 고정했다. 환자의 흔들리는 폐가 보였다. 폐는 공기주머니라 손으로 치우기만 하면 된다. 나는 풍선을 구기듯 폐를 치우면서 오른손을 환자의 몸안으로 깊숙이 집어넣었다. 혈액으로 범벅이 된 손에 뜨끈한 근육 주머니가 만져졌다. 심장이었다. 그것을 집어서 손으로 짠다. 순환이 일시적으로 되살아난다.

“삶에서 죽음으로 ‘비가역적으로’ 넘어갔다고 임상의가 판정한 시점이 사망 시각이다”

우리는 언젠가 죽는다. 지금까지 이 문장은 참이다. 자아와 육체는 궁극적으로 소멸해서 무로 돌아간다. 하지만 우리의 ‘죽음’이 확정되는 찰나의 경계는 분명하지 않다. 그 찰나에 죽음을 선고하는 일은 임상에서 근무하는 의사가 담당한다. 죽음의 순간, 의사는 관례적으로 사망 선고를 내린다. 죽음의 판정은 지극히 ‘임상적으로’ 이루어진다. 삶에서 죽음으로 ‘비가역적으로’ 넘어갔다고 임상의가 판정한 시점이 사망 시각이다. 경험적으로 어떤 인간도 삶으로 돌아올 가능성이 없는 상태에 접어든 시점이라고도 정의할 수 있다.

하지만 공표된 사망 시각은 임상적 편의를 위해 의사가 일방적으로 규정한 시각이기도 하다. 가령 사망 시각이 새벽 2시 49분이라고 선언한다고 했을 때, 2시 48분 59초까지는 살아 있던 사람이 정확히 2시 49분 00초에 돌이킬 수 없는 사망 상태가 되는 것은 아니다. 애초에 사망 시각을 정확히 측정하는 방법은 존재하지 않는다.

그렇다면 삶의 정의도 생각해보아야 한다. 갑자기 쓰러져서 의식을 잃어버린 채로 다시는 깨어나지 못하고 10년간 생존해 있다가 끝내 심장이 멎어버린 환자가 있다고 해보자. 그동안 그는 의미 있는 활동을 할 수 없으며 아무것도 기억에 남길 수 없었다. 그가 살아 있음을 마지막으로 느낀 것은 쓰러지기 직전이다. 그렇다면 생존한 그에게 이 10년의 시간은 어떤 의미일까. 이런 생각도 해볼 수 있다. 인간은 목이 잘려도 약 3초 정도는 의식을 가질 수 있다고 한다. 목이 잘린 직후라도 자신의 이름이 불리면 눈을 뜨고 반응을 보인다. 그렇다면 목이 잘린 사람도 어느 정도는 살아 있다고 할 수 있는 것 아닐까? 실제로 몇몇 생명체는 몸이 절단되어도 얼마간 살 수 있다. 낙지는 전신을 다져도 잘린 부위들이 한동안 꿈틀댄다. 하지만 이렇게 꿈틀거리는 낙지의 다리를 살아 있는 생명체라고 보긴 어렵다. 같은 시점이라도 이런 상태를 누군가는 삶으로, 누군가는 죽음으로 부를 수 있다. 죽음이라는 개념은 규정이 부정확할뿐더러 항상 변화해왔다.

“심장이 멈추면 죽은 것일까?”

임상의의 판정은 앞서 말한 대로 '비가역성'에 중점을 둔다. 심장이 다시는 자발적으로 뛰지 않을 상황이라면 죽음이다. 이 개념은 의학의 발전에 따라서 변화해왔다. 100년 전만 해도 죽음의 개념은 지금처럼 혼란스럽지 않았다. 심장이 멈추면 다시 돌아오는 일이 없었기 때문이다. 부활은 구전 설화나 성서에서만 가능했고, 심정지의 순간은 죽음의 순간과 동일했다. 하지만 인간은 심폐소생술을 개발했다. 외부의 힘으로 심장을 뛰게 한 것이다. 흉부를 열어서 심장을 짜거나 혈관을 연결해 심기능을 대체할 수도 있다. 이렇게 심폐소생술이 발명된 순간부터 심장이 멈춘다는 이유만으론 사망 선고를 내릴 수 없게 되었다. 의사들은 심폐소생술까지 고려해서 비가역성의 여부를 판단해야 했다.

노화 현상이 극심하거나 전신에 암이 퍼졌거나 회복할 수 없는 외상을 입었거나 뇌가 기능하지 않으면 심폐소생술은 거의 무용하다. 심장이 기능한다 해도 생존이 어려울 수 있기 때문이다. 이럴 때 발생하는 심정지는 거의 비가역적인 죽음과 같다. 하지만 심장의 일시적인 문제, 관상동맥질환이나 부정맥으로 인한 심정지는 더이상 죽음과 똑같이 취급받지 않게 되었다. 이 경우엔 심폐소생술과 전기충격기로 살아날 가능성이 있다. 심장이 비가역적인 손상으로 심정지에서 회복될 수 없어야만 죽음이 선고된다. 현재로서는 거의 불가능하지만, 응급 심장이식이 가능해지거나 심장을 순식간에 대체할 수 있는 다른 방법이 개발된다면, 죽음은 또다시 유예될 것이다.

“뇌사 상태라면 죽은 것일까?”

인공호흡기의 개발로 죽음의 개념은 한층 더 복잡해졌다. 뇌사, 말 그대로 뇌의 죽음이라는 개념이 등장한 것이다. 뇌사 단계의 인간은 숨을 쉬지도 않고 움직이지도 않으며 반응도 보이지 않는 채 다만 인공호흡기로 연명할 수 있다. 인공호흡기가 개발되기 전까지 뇌정지는 심정지와 같은 말이었다. 뇌가 정지되면 의식도 사라지고 호흡기능이 중단되며 산소 공급이 되지 않아 결국 심장이 멈췄기 때문이다. 과거에는 이를 굳이 뇌사로 구분할 필요 없이 그냥 죽음이라고 불러도 무방했다. 하지만 뇌가 정지해도 인공호흡기를 달면 살 수 있는 경우가 생겼다. ‘자발 호흡’은 멈췄지만 폐와 연결된 인공호흡기로 산소를 지치지 않고 지속적으로 공급할 수 있게 된 것이다. 덕분에 산소가 피에 녹아들어가고 심장은 자율능이 있어서 뇌의 생존 여부와 관계없이 박동을 유지할 수 있게 됐다. 그렇게 삶과 죽음의 경계에 누워 있는 환자가 등장하게 되었다.

뇌사는 뇌가 질환이나 사고로 기능을 하지 못하는 상태다. 의사들은 뇌의 전기신호(뇌파)와 영상, 각종 뇌신경과 관련된 반사 유무, 호흡 여부 등으로 뇌사를 판정한다. 뇌사는 현재 시점에서는 경우에 따라 사망으로 보기도 한다. 뇌사를 죽음으로 판단할 수 있는 근거는, 뇌가 영원히 기능하지 않으면 사람은 고유함을 잃어버리고 희로애락조차 느낄 수 없는 상태이므로 타인을 위해 목숨을 희생할 수 있다는 생각에 기반한다. 일종의 사회적 합의인 것이다. 이에 입각해 우리는 장기 기증을 위해 뇌사 판정을 받은 사람을 수술대 위에 올려 다른 생명을 살리고 있다. 하지만 뇌가 죽어도 심장이 뛰고 있으므로, 이것도 완벽한 죽음은 아닐 수 있다.

그도 그럴 것이 실상 뇌사 상태라곤 하지만 환자는 심장뿐만 아니라 다른 장기도 살아 있는 상태다. 혈액만 공급되면 간은 해독하고 신장은 혈액을 걸러내고 폐는 산소를 흡수하고 갑상선은 호르몬을 분비한다. 생식기능까지 작동해서 사정이나 월경도 가능하다. 그야말로 뇌라는 장기만 사망한 상태인 것이다. 심장이 멈추고 혈액순환이 끊겨야만 모든 장기가 사멸하고 나머지 육체도 죽는다. 사망 시 근육은 ATP가 붙은(수축하는) 상태가 되므로 사후경직이 왔다가 점차 풀어진다. 면역계가 사라지므로 균이 번식하기 시작해 몸이 부패한다. 인체의 거의 모든 면역허용균이 장내에 들어 있으므로 내장부터 썩는다. 시신을 자연 상태에 두면 소화기 안이 부패해서 배가 부풀어오르다가 터져버린다. 뇌를 비롯해 다른 혈액순환이 많은 장기들도 동시에 썩어간다. 사후의 이 모든 과정은 심장의 박동 중지로부터 시작된다. 심정지는 이렇게 뇌사와는 전혀 다른 결과를 불러온다.

임상적으로 죽음을 판단하기 위해서는 총합주의자이자 환원주의자가 되어야 한다. 인체의 어떤 부위는 없으면 틀림없이 죽음에 이르게 되지만, 어떤 부위는 없어도 생존에 문제가 없다. 앞서 말한 대로 뇌와 심장은 생명 유지에 결정적인 역할을 하기에 기능을 잃으면 바로 죽고, 살아남아도 치명적인 문제가 생길 수 있다. 특히 뇌에 남는 후유증은 매우 다양한 증상으로 나타난다. 팔다리를 쓰지 못하거나 말을 못하거나 성격이 달라지거나 기억을 잃어버리거나 식물인간이 된다. 생존에 있어 그 외 장기들의 중요도는 차등적으로 부과된다. 폐는 기능을 완전히 잃으면 즉시 죽는다. 간은 기능을 완전히 잃으면 3일쯤 걸려 죽는다. 신장은 기능을 완전히 잃으면 일주일쯤 걸려 죽는다. 이들 장기는 기능을 잃어도 이식수술로 대체가 가능하다. 장은 30%만 남아도 살 수 있고 음식이 들어가지 않아도 혈관 영양 주사로 버틸 수 있지만 이식은 불가능하다. 나머지 갑상선·비장·전립선·방광 등은 없어도 생존이 가능하거나 대체할 수 있다. 사실 사지나 대다수의 근육, 눈·코·귀·혀 따위의 감각기 등은 생존에 필수불가결하지 않다. 생과 사의 측면으로만 보면 이 장기들은 없어도 충분히 생존이 가능하다. 당연히 사지가 없거나 감각기의 기능을 잃고도 멀쩡히 생활하는 사람이 많다.

**“ 죽음 직전에는 쇼크가 온다.
쇼크는 저혈량, 패혈증(감염), 신경, 알레르기, 심장 등
다섯 가지로 나뉜다 ”**

인간이 심하게 다쳤을 때를 가정해보자. 주요 장기가 손상되지 않았다는 전제하에, 그러니까 뇌나 심장이 관통당하지 않았다는 전제하에(뇌나 심장은 주변을 둘러싼 뼈 때문에 일반적으로 관통하기 어렵다), 주요 사망 원인은 과다출혈일 것이다. 피를 너무 많이 흘려서 죽는 것이다. 인간의 순환계는 닫힌 공간이다. 이 안에선 혈액이 빈틈없이 순환하고 있다. 외상을 입으면 순환계의 혈액이 바깥으로 새어 나간다. 혈액 손실을 막고 회복이 가능한 주요 장기를 지키면 중증 외상에서 환자를 살릴 수 있다. 주요 동맥이 끊기면 높은 혈압으로 피가 분출한다. 특히 많은 혈관이 연결된 장기들이 있다. 대표적으로 간이나 폐다. 혈액순환이 많은 이 장기들은 주변으로 피가 고일 공간이 충분하며 출혈이 인체 내부에서 발생하기 때문에 피가 새도 겉으로는 드러나지 않을 수 있다.

다발성 자상 등 심한 외상으로 인한 외부 출혈로도 죽을 수 있다. 팔과 다리에 부상을 입었다면 해당 부위가 심장과 가까울수록 혈액순환이 많아 손실도 더 크다. 이렇게 사지에 출혈이 발생하거나 코피를 많이 흘려도 사망할 가능성이 있다. 심장과 목을 오가는 경동맥은 끊기면 뇌 손상이 오기 때문에 사망 확률이 높다. 중증 외상은 전신에 다발성 외상을 입은 것이다. 지금까지 언급한 모든 손상이 한꺼번에 있을 수 있다. 이때도 각 장기의 기능을 보전하고 실혈의 총량을 계산해서 인체가 버틸 수 있을 정도로 지혈하고 수혈

로 피를 보충해준다면 환자를 살릴 수 있다(그렇다고 수혈을 너무 많이 하면 합병증이 온다). 이것들이 중증 외상에서 생존 가능성을 가르는 총합적이고 환원적인 판단이다. 이 판단에는 환자의 나이도 영향을 미칠 수밖에 없다. 환자가 젊을수록 버텨낼 수 있는 힘도 크고 회복 가능성도 높아진다.

여기서 의학의 발전을 논해볼 수 있다. 일단 죽음 직전에는 저산소 상태인 쇼크가 선행한다. 저산소 상태가 유지되면 모든 조직과 두뇌는 살아 있을 수 없다. 그러니까 몸이 더이상 견뎌내지 못하는 것이 쇼크다. 의학은 모든 쇼크의 원인을 다섯 가지로 분류했다. 저혈량, 패혈증(감염), 신경, 알레르기, 심장 쇼크가 그것이다. 어떻게 분류하건 죽음의 원인은 이 다섯 가지에 들어간다. 저혈량 쇼크는 피를 너무 많이 흘리거나 탈수가 심한 경우, 패혈증 쇼크는 감염을 이겨낼 수 없는 경우, 신경 쇼크는 뇌나 중추신경계가 작동하지 않는 경우, 알레르기 쇼크는 면역반응이 과도한 경우, 심장성 쇼크는 심장에 문제가 생겨 심박이 멈춘 경우다.

그렇다면 이런 질문도 해볼 수 있다. 아무리 세포의 노화가 진행돼도 피를 충분히 보충해주고 무균실에서 항생제를 쓰면서 기계로 심장기능을 대체하면 영원히 살아 있을 수 있을까? 그러니까 다섯 가지 쇼크를 원천 차단할 수 있을까. 이런 방식으로 어느 정도는 생명을 상당 기간 연장할 수 있다. 승압제로 인해서 손·발가락이 괴사하고 각종 항생제 내성이 생겨도 생을 어느 정도 유지할 수는 있다. 하지만 아직 현대 기술로 신경계의 퇴행과 전반적인 노화까지 막을 수는 없다. 그러니까 모든 조직이 노화한 상태에서 어찌어찌 심장만 뛰는 상태가 되는 것이다. 이런 생존은 누구도 원하지 않는다. 이 정도 단계가 되면 보통 의사들이 환자의 가족을 설득해서 죽음을 결정하게끔 한다. 그러니까 결국, 사람은 여전히 죽는다. 그러나 의학계는 각종 질환이나 외상에 대한 대처뿐만 아니라 신경계 보존과 세포 노화를 연구해 불멸을 넘보고 있다.

**“심정지 시간은 길다고 볼 수 없다.
내 손은 최대한 빨리 심장을 대체했다.
해결해야만 하는 문제는 심장의 열상 하나뿐이다”**

“심폐소생술 중지. 심장 잡았습니다.”

환자는 오른손으로 심장 왼쪽을 찔렀다. 손으로 심장을 짜면 환자의 혈액순환이 유지된다. 되도록 심장의 왼쪽 면을 잡아서 열상으로 인한 출혈도 최대한 줄여야 한다. 애초 심정지도 좌심실이 손상되어 발생했을 테지만, 순환을 확보하려면 어차피 좌심실을 짜야 한다. 나는 손아귀에 힘을 주어서 심장을 쥐어짰다. 손아귀에 잡힌 심장의 좌심실 부근을 가늠해 잡고 달걀을 쥐듯 손을 말아 마사지했다. 이대로 한시바삐 수술방에 도착해야 한다. 흉부외과 의사가 심장에 난 구멍을 꿰맬 때까지 버텨야 한다. 수술방의 모든 의료진이 초비상일 것이다. 손에 마비가 오는 것 같았다. 하지만 지금 이 순간 나는 환자의 생을 말 그대로 ‘쥐고’ 있다. 이제 여기서 움직일 수 없다. 나는 크게 소리친다. “이제 수술방으로 옮길 준비합니다. 복도에 인원 통제해주세요. 엘리베이터도 잡아두어야 합니다.” 마침 수술방에서 전화가 온다. “준비되는 대로 일단 올라오라고 합니다.” 나는 다시 소리친다. "벤틸레이터(인공호흡기) 떼고 누가 엠부백 잡아요. 복도 통제되면 바로 수술방으로 갑시다. 준비되는 대로."

의료진이 맡은 바 임무를 다하며 일사불란하게 움직인다. 이윽고 침대가 밀린다. 지금 여기에 병원의 당직 의료진이 모두 모여 있는 듯하다. 상황을 파악하기 위해 의료진이 과마다 한 명씩 내려와서 이미 어디론가 전화를 걸고 있다. 베드를 미는 이송직원까지 단 한 사람을 살리기 위해 달려든다. 색색의 유니폼이 피범벅이 된 나를 에워싼다. 소생실 문이 열리고 침대가 구르기 시작한다. 내가 걸터앉은 침대의 하얀 포가 흘러내리는 피로 붉게 물든다. 마지막으로 감염을 막고 사람들에게 노출되지 않기 위해 내 손 위에 파란 포 하나가 덮인다. 나는 여전히 힘을 뺄 수 없다.

상여가 지나가듯 사람들이 나를 둘러싸고 우르르 뒤따른다. 다행히 조금만 굴러가면 엘리베이터에 닿을 수 있다. 병원은 비상시를 대비해 응급실과 수술방, 중환자실을 최단 거리로 연결해두었다. 침대는 통제 라인이 쳐진 빈 복도를 지나 열린 엘리베이터 안으로 들어간다. 나는 환자에게서 눈을 떼지 못한다. 이송직원과 엠부를 짜는 의료진만 엘리베이터 안으로 들어오고 나머지는 계단으로 몰려간다. 환자는 여전히 창백하다. 나는 계속해서 같은 힘으로 심장을 짜고 있다. 환자의 안색이 조금 불안하다. 그렇지만 혈액과 수액이 맹렬히 들어가고 있다. 고요하게 엘리베이터가 올라간다. '띵' 하는 벨 소리가 유난히 크게 들린다. 문이 열리자 계단으로 올라온 의료진이 기다리고 있다. 손을 타고 흘러내린 혈액이 포를 적신다.

침대가 수술방까지 굴러들어간다. 분주하게 준비하던 수술방 의료진과 눈이 마주친다. 그들은 내 모습에 놀란 듯하다가 말없이 고개를 젓는다. 나는 어쩔 수 없이 환자와 엉겨붙어 그야말로 한 몸이다. 실제 그의 심장기능을 내 손이 대신하고 있는 것이다. 흉부외과 의사가 환자의 상태와 열상을 확인한다. 그도 마음이 급해졌는지 의료진을 재촉한다. 환자를 침대에서 수술대로 옮겨야 한다. 나는 계속해서 환자의 심장을 초당 한 번씩 짜면서 침대에서 내려온다. 내가 그의 흉강에 손을 넣은 채 움직이는 동안, 다른 의료진은 손발과 머리를 잡아 환자를 침대로 옮긴다. 덩달아 나도 자연스럽게 심장을 쥐어짤 수 있는 위치로 몸을 옮긴다.

수술은 준비한 대로 신속하게 진행된다. 마취과는 인공호흡기를 연결하고 흉부외과 의사는 흉강을 더 열어서 시야를 확보한 다음 심장을 꿰맬 준비를 한다. 수술방에 긴장감이 감돈다. 소독약을 뿌려서 수술 필드를 준비한 흉부외과 의료진이 빠르게 손을 씻고 장갑을 끼고 들어온다. 이제 흉부외과에서 내 손길을 대신할 차례다. "수고하셨습니다. 이제부턴 저희가 해보겠습니다." 다른 손이 환자의 흉강으로 들어오면서 나는 드디어 그의 몸에서 떨어진다. "시작합니다." 규칙적인 기계음이 울리기 시작하고, 나는 재빨리 의료진을 바라보는 위치로 물러난다. 무균 작업을 마치지 못했으므로 얼른 이 방에서 나가야 한다. 너무 급박해서 방금 일어난 일임에도 마치 꿈을 꾼 것 같았다.

바깥으로 나와 피에 흠뻑 젖은 장갑과 가운을 벗는다. 본래 입고 있던 근무복도 피투성이가 됐다. 심정지 시간은 길다고 볼 수 없다. 내 손은 최대한 빨리 심장을 대체했다. 해결해야만 하는 문제는 심장의 열상뿐이다. 수술이 시작되면 초반 5분이 결정적일 것이다. 심장에 바늘을 뜨는 것만 성공한다면 그 뒤론 내가 헤집어놓은 살을 봉합하기만 하면 된다. 상처가 다 아문다면 환자는 생존할 수 있다. 운이 좋다면 심장에 칼을 찌르기 이전 상태로 돌아갈 수도 있을 것이다.

밖으로 나오니 환자의 어머니가 기다리고 있다. 누군가 상황을 이야기해줄 겨를이 없었던 까닭에 아무것도 모르고 수술방 앞에 앉아 있는 그에게 다가갔다. 내 옷에서 아직 닦아내지 못한 핏자국을 본 보호자는 소스라치게 놀란다. "우리 딸이 어떻게 되었나요? 무슨 일이 있었던 건가요?" "혹시 따님이 최근에 힘들다거나 우울하다고 이야기한 적이 있습니까?" "뭐…… 그러긴 했지요. 따로 살고 있어서 잘은 몰랐습니다." 나는 가슴에 손을 얹고 말한다. "따님의 심장이 날카로운 물체에 손상을 입었습니다. 이쪽으로요. 아마도 본인이 찌른 것 같습니다. 흉강을 열어서 손으로 심장을 대신 짜주었고, 지금은 수술 중입니다." "아……!" 어머니는 그 자리에 주저앉아버린다. "그래서 살아 있다는 건가요?" "지금으로선 어떻게 될지 알 수 없습니다. 일단 수술 시작하기 전에는 심장이 멎어 있었습니다. 현재 심장을 봉합하고 있습니다. 솔직히, 돌아가실 확률이 가장 높습니다. 살아나도 장애가 남을 수 있습니다. 하지만 기적이 일어난다면 이전처럼 회복될 수도 있습니다. 나이가 젊으니까 희망을 가져볼 수 있습니다." 보호자는 상황을 전혀 납득하지 못하는 것 같았다. 어디론가 전화를 걸어 자신도 모르는 상황을 설명하는 보호자를 뒤로하고 응급실로 내려왔다.

응급실에선 사람들이 혈흔이 묻은 기구와 장비들을 정리하며 또 새로운 심정지 환자를 맞을 대비를 한다. 전산상에서 환자는 아직 수술 중이다. 한참 기다려도 수술 중임을 알리는 메시지가 꺼지지 않는다. 적어도 지금 환자는 살아 있는 것이다. 나는 당직실에서 피가 묻은 옷을 벗고 잠시 샤워를 한다. 내 몸에서 혈흔이 씻겨 내려간다. 환자는 강렬한 방식으로 죽음을 원했다. 하지만 기어코 우리는 그녀의 생명을 붙잡았다.

여기서 이런 소동을 벌이는 것은 어떤 의미일까. 죽음을 바라는 사람을 삶으로 돌려놓는 일이란 무엇인가. 우리 모두가 어차피 언젠가는 죽을 것이다. 그중에는 조금 일찍 죽고 싶어하는 사람도 있다. 그들의 생사는 어떤 방식으로 누가 결정하는가. 의료진의 손끝이나 심장 파열의 정도나 출혈량이 결정하는가. 아니면 죽음은 결국 이 세상에서 흔하게 발생하는 우연과 필연 사이, 하나의 사건일 뿐인가. 환자가 생을 되찾는다면, 수십 년은 울고 웃으며 삶을 이어갈 것이다. 하지만 수술대 위에서 사망한다면 사람들은 그가 이 세상에 있었다는 사실조차 차츰 잊어갈 것이다. 그렇게 수많은 사람이 사라지고 잊혀간다.

샤워기에서 쏟아지는 물줄기를 맞으며 생각에 잠긴다. 죽음은 약정되어 있다. 그 사실과 무관하게, 나는 타인의 삶을 지키기 위해 죽음에 맞서 싸워야 한다. 인간에게는 한계가 있고 내 생조차 유한할지라도. 나는 그 일을 하기 위해 태어난 필멸의 인간이다.

"분자, 원자, DNA, 세포 단위의 죽음이란 무엇인가"

반면 다른 차원으로 죽음을 볼 수도 있다. 우선 분자 단위가 있다.

인체는 118개 원소 중 22개의 원소로 이루어져 있으며, 비율로는 산소 61%, 탄소 23%, 수소 10%, 질소 2.5%이다. 물 분자는 쪼갤 수 있지만 산소와 수소는 일반적인 환경에서 쪼갤 수 없다. 원자는 불변하며 우리를 구성하는 원자는 계속 순환한다. 2주 동안 우리가 가지고 있는 원자의 75%가 교체된다. 일단 그동안 몸의 70%를 차지하는 수분이 혈액과 소변의 형태로 모두 배설되고 인간은 수분을 섭취해 새로운 혈액과 체액을 만들기 때문이다. 나머지 무기물도 1년 이내에 대부분 교체된다. 1년이면 모든 원자의 98%가 바뀌고 5년이면 이전에 몸을 구성하던 원자는 하나도 남지 않는다. 말하자면 원자나 분자 단위에선 삶과 죽음의 개념이 거의 무의미하다. 구성 요소로만 따지면 이미 우리는 태어났을 때의 우리와 완전히 다른 존재다. 우리였던 것은 지금 다른 자연 물질이나 생명체가 되었거나 어떠한 형태로 우주 어딘가에 존재한다.

이렇게 스케일을 키워 우주 속 인간 존재를 생각해보면 우리는 불멸하고 있다. 빅뱅 이후로 우주에서 만들어진 분자들이 어쩌다가 태양계의 안정적인 상태에서 DNA를 이루고 진화의 단계를 밟아 인간까지 됐다. 이 시간은 우주의 시간으로는 찰나에 가까우며, 지구의 거대한 시공간적 순환계의 극히 일부에 지나지 않는다. 무한한 우주의 시간 속에서 인간을 비롯한 모든 생명체는 순식간에 절멸하고 다시 탄생한다. 지구의 역사에서도 다섯 번이나 대멸종이 있었다. 그때마다 거의 모든 생명체가 사라지고 새로운 생명체가 탄생하면서 지구의 주인이 바뀌었다. 인간도 우주의 분자 순환과 생명체의 진화 과정에서 탄생한 산물에 불과하다. 이런 개념하에서 개체 단위의 생명이란 무의미하다. 이 거대한 우주에서 우리는 원자 세계의 부분이자 물질이 작디작게 뭉친 존재일 뿐이다. 우리는 임상적으로 죽지만, 우리였던 원자는 어디론가 흩어져 쪼개지지 않고 불멸한다.

DNA 단위로 죽음을 볼 수도 있다. DNA 역시 원자로 만들어지며 모든 세포에 하나씩 들어 있다. 세포의 일부인 세포핵에 뭉쳐서 아주 조그맣게 들어 있지만 원자 단위의 무한소로 한 세포의 DNA를 연결하면 1m나 된다. 우리는 이미 이런 DNA를 수십조 개 가지고 있는 동시에 하루에 만들어내는 세포 수만큼의 DNA를 새로이 복제한다. 일란성 쌍둥이가 아니라면 같은 DNA를 가진 사람은 없다. DNA는 우리 고유의 정보를 담은 생명의 본질이자 정수다. 우리는 한 개의 영양 세포에 불과한 수정란에 부모에게서 물려받은 한 벌의 DNA 조합이 더해져 만들어졌다. 이 방법이면 하나의 세포에서 한 명의 인간을 만들 수 있는 것이다. 그렇다면 DNA를 수정란에 넣어서 다시 인간을 만들 수 있을까? 이는 지금의 기술로 거의 가능하다. 현재 이런 방식으로 거의 모든 동물의 복제에 성공했다. 다만 인간 복제엔 윤리적인 문제가 있을 뿐이다. 우리가 사망해도 DNA는 영구히 보존될 수 있으며 보존된 DNA로 인간 복제도 가능하다. 우리의 DNA는 우리가 죽고 난 뒤에도 오랫동안 생존한다(DNA는 상당히 오랜 기간 보존된다. 가끔 30년 전 살인 사건 현장에 있던 DNA를 발견해서 범인이나 피해자를 특정하기도 한다. DNA가 자연 상태에서도 보존될 수 있어 가능한 일이다. 또한 인위적으로 DNA를 영구히 보존할 방법도 있다).

이런 점 때문에 인간은 DNA를 번성시키기 위해 탄생한 존재일 뿐이라는 주장도 나온다. DNA가 번식을 위해 인간을 만들어냈다는 것이다(실제 DNA는 후손을 통해 일부가 살아남아 개체당 수천조 개 단위로 복제된다). DNA의 번성을 위해 인간을 생존할 수 있게 진화시키고 성적 충동과 번식 방법을 개발해냈다는 가설이다. 실제 DNA가 자아를 가지고 있다고 가정하면 가능한 해석이다. 그런데 우리 몸의 거의 모든 세포에는 미토콘드리아가 있고 이들은 각각 DNA를 가지고 있다. 이 또한 유전되어 후손에게 전달된다. 미토콘드리아는 ATP를 만들어서 생명체 유지에 결정적인 역할을 한다. 미토콘드리아가 없다면 단 하나의 세포도 생존할 수 없다. 그러니까 이것은 미토콘드리아의 생존 방식이기도 하다. 우리는 미토콘드리아를 이용하고 있다고 생각하지만, 사실상 미토콘드리아의 숙주이기도 하다. DNA의 번성은 미토콘드리아의 번성과도 일치한다. 그렇다면 우리가 임상적으로 사망한 뒤에도 우리의 DNA와 미토콘드리아는 제 갈 길을 갈 것이다. 임상적인 죽음과 별개로, DNA만 놓고 보면 완벽히 죽었다고 보기 어렵다.

이번에는 세포 단위다. 인간은 생존을 목표로 뭉친 37조 개 세포덩어리다. 세포는 늘 탈락하고 다시 만들어지기 때문에 우리는 늘 일부가 죽고 또다시 태어난다. 세포에는 죽음과 관련된 신호 인자가 있어 지시를 받으면 저절로 사멸한다. 하지만 세포에도 생존 본능이 있다. 이는 우리의 감각으로 표현된다. 운동을 하지 않다가 무리해서 운동하면 온몸에서 비명을 지른다. 우리가 가진 신체 능력 이상의 운동을 하려고 하면, 심장은 더 빠르게 혈액을 공급하고, 간은 에너지원을 더 많이 만들어내며, 미토콘드리아는 더 많은 ATP를 생성해 에너지를 공급한다. 잠을 제대로 자지 않거나 공복 상태에서 무리하게 일을 해도 마찬가지다. 이는 자칫 개체의 사망으로 이어질 수 있다. 이럴 때 우리는 극도의 피로감이나 고단함을 느긴다. 각 세포에도 자아가 있어서, 생존에 반하는 행동을 하려고 하면 거부하고 반기를 든다고 해석할 수 있다.

인체의 몇몇 조직은 끝없이 분화하는 줄기세포로 되어 있다. 줄기세포는 그야말로 이론상 전혀 차이가 없는 새로운 세포를 무한히 생산해낸다. 세포 수준에서 생명은 특정한 환경만 갖춰주면 불멸할 수 있다. 줄기세포가 죽는 것은 사멸 신호를 받거나 영양분을 공급받지 못했을 때뿐이다. 줄기세포는 매우 흔한 세포다. 우리의 머리와 손톱이 자라고 정자가 생산되는 것도 모두 줄기세포의 일이다. 간은 6주마다 모든 세포가 완전히 교체된다. 노화된 세포는 알아서 신호를 받아 사멸하고 줄기세포가 만든 새로운 세포로 대체된다. 그렇다면 세포 수준에서 우리는 왜 노화를 맞는 것일까. DNA는 낡고 손상되면서 천천히 사멸의 길에 접어든다. 그래서 세포는 일정 수준 분열이 일어나면 어느 순간부터 분열이 어려워진다. 하지만 어떤 세포는 DNA가 낡지 않아 끝없이 분열하는가 하면 또다른 세포는 멀쩡한데 죽어버리기도 한다. 한편 뇌세포처럼 거의 분화 없이 그대로 평생 유지되는 세포도 있다. 일부 줄기세포는 심장이 멈춰도 작동하기 때문에 죽은 사람의 손발톱과 머리가 자라기도 한다. 인체 세포는 끝없이 순환한다. 우리가 사망을 선고받더라도 모든 세포가 죽는 것은 아니다.

그런데 죽기 전까지 전혀 노화가 일어나지 않아 이론상으로 불멸할 수 있는 생명체도 존재한다. 일부 해파리나 히드라는 줄기세포로 완벽히 새로운 조직을 만들거나 노화를 거꾸로 돌려 젊어질 수 있다. 다시 말해 어떤 생명체들은 진화 과정에서 이미 불멸할 수 있는 방법을 찾아냈다. 하지만 이 방법이 인간에게도 적용되지는 않았다. 인간은 노화가 진행되고 어느 정도 번식이 완료되면 생존의 의미가 없으므로 죽음을 맞이하도록 프로그래밍되었다. 하지만 DNA의 사멸을 지시하는 유전자와 영구히 생존하는 세포 등을 연구하면 불멸도 가능하지 않을까? 사실상 세포 단위에서의 불멸은 그저 잠시 유예된 상태인지도 모른다.

세포가 모인 것이 장기다. 환원주의에 따르면 우리 몸은 심장과 간 등이 각자의 기능을 해서 완성된다. 우리는 세포의 총합이기도 하지만 장기의 총합이기도 하다. 그런데 장기는 혈액만 공급되면 본체의 기대수명을 넘어 독자적으로 더 오래 살아남을 수 있다. 가령 혈액순환이 거의 없는 각막은 타인에게 이식하면 거의 반영구적으로 다른 사람의 조직에서 기능을 계속한다. 심장이 멎으면 세포의 DNA는 뭉치고 근육은 수축하고 장기는 생체 활동을 멈추면서 신체가 부패하고 개체는 소멸의 길로 들어서지만, 여기서도 다시 영양분만 공급되면 장기는 그대로 생존이 가능하다. 일반적으로 간과 각막만 살아 있는 상태를 삶이라고 보기는 어렵지만, 이 장기들은 조건만 갖춰지면 여전히 기능이 가능하다. 우리가 사망을 선고받더라도 모든 장기가 죽는 것은 아니란 얘기다.

하지만 그것이 두뇌라면? 몸은 없어도 의식은 영원히 살아 있을 수 있다면? 실제 DNA를 보존하는 방식으로 인간을 만든다고 해도 기억이나 후천적으로 학습한 내용까지 보존되진 않는다. DNA로 인간을 만들면 태어날 때의 세포 한 개부터 시작해야 한다. 그러나 현재의 두뇌를 그대로 복제하고 나머지 몸도 복원할 수 있다면? 새로운 몸이지만 의식과 기억은 현재 우리의 상태라면? SF 소설에선 두뇌를 냉동한 뒤 다시 해동하는 장면이 심심찮게 나온다. 물론 현재 기술로 두뇌를 냉동하고 다시 해동하면 세포는 몰살한다. 하지만 미래에는 세포 보존이 가능한 해동 기술이 개발되지 않을까? 실제로 어떤 이들은 사망 직전 본인의 뇌혈관에 냉매를 넣어 두뇌를 냉동시킨 뒤 후일을 도모하기도 한다. 심지어 인공지능이 개발되면서 디지털 세상에 두뇌 데이터를 업로드하는 방식도 실험 중이다. 디지털 세상의 총 용량은 이미 뇌 몇 개쯤은 충분히 넣을 수 있을 정도로 넉넉하므로 뉴런의 조합인 의식을 완벽히 재현해내는 날도 머지않았다. 데이터에 두뇌를 보존해서 인간 더미로 영구히 살게 되는 것이다. 이 또한 삶이라고 부르지 못할 이유는 무엇인가.

그리하여 불멸이란 무엇일까. 인간은 그 자체로 총체이자 부분의 총합이다. 우리는 불멸하기도 하고 필멸하기도 한다. 일반적으로 우리는 의식이라는 고유성의 존재 유무로 삶과 죽음을 판단한다. 의식이라는 '부분'이 사라지면 우리는 현실적으로 감각하거나 결정하거나 기억하지 못하고 사라진다. 심지어 의식조차 존재의 '부분'에 불과할지 모르지만, 그럼에도 삶과 죽음의 의미를 통찰하고 우주의 섭리에 대해 고민하는 것만큼 살아 있음을 실감케 하는 행위도 없다. 우리는 생각한다, 고로 존재한다.

다시 한번, 우리는 언젠가 죽는다. 이 문장이 궁극적으로 참일지라도, 의학과 공학이 발전을 계속하는 한 여기에 지금과는 또다른 단서가 달리는 시점이 올 것이다. 인간의 세포를 불멸하게 만들거나 육체의 노화를 막거나 장기를 영구히 보존했다가 원할 때 되살리거나 디지털 세계에 의식을 업로드하는 방법 등이 동시다발적으로 개발 중이다. 가까운 미래에 이들 중 하나, 혹은 모두가 실현될 것이다. 모든 죽음은 돌이킬 수 없다. 죽음에서 돌아온 사람도 없다.

현재까지는 그렇다. 하지만 이 문장을 수정해야만 하는 날은 반드시 온다. 언제 오느냐의 문제다.

참고문헌

주요 뼈대가 되는 지식은 의학 교과서를 참고했다.

American Heart Association, "Part 10.7: Cardiac Arrest Associated With Trauma," *Circulation* 112, no. 24(suppl.), 2005, IV-146-IV-149.

Azar, Frederick M., S. Terry Canale, and James H. Beaty, *Campbell's Operative Orthopaedics*, 13th ed., Philadelphia: Elsevier, 2020.

Berek, Jonathan S., and Neville F. Hacker, *Berek & Novak's Gynecology*, 16th ed., Philadelphia: Wolters Kluwer, 2019.

Cooper, Geoffrey M., and Robert E. Hausman, *The Cell: A Molecular Approach*, 9th ed., Washington, DC: Sinauer Associates, 2022.

Cunningham, F. Gary, Kenneth J. Leveno, Steven L. Bloom, et al. eds., *Williams Obstetrics*, 25th ed., New York: McGraw-Hill, 2018.

Jameson, J. Larry, Anthony S. Fauci, Dennis L. Kasper, Stephen L. Hauser, Dan L. Longo, and Joseph Loscalzo, eds., *Harrison's Principles of Internal Medicine*, 20th ed., New York: McGraw-Hill, 2018.

Merchant, Raina M., Comilla Sasson, Clifton W. Callaway, et al., "2020 American Heart Association Guidelines for Cardiopulmonary Resuscitation and Emergency Cardiovascular Care," *Circulation* 142, no.

16(suppl. 2), 2020, S337–S357.

Nelson, Lewis S., Neal A. Lewin, Robert S. Hoffman, Mary Ann Howland, and Marc S. Wax, eds., *Goldfrank's Toxicologic Emergencies*, 11th ed., New York: McGraw-Hill, 2022.

Netter, Frank H., *Netter Atlas of Human Anatomy: Classic Regional Approach*, 7th ed., Philadelphia: Elsevier, 2022.

Raff, Hershel, and Michael Levitzky, *Medical Physiology: A Systems Approach*, New York: McGraw-Hill, 2011.

Ropper, Allan H., and Robert H. Brown, eds., *Adams and Victor's Principles of Neurology*, 12th ed., New York: McGraw-Hill, 2023.

Silverthorn, Dee Unglaub, *Human Physiology: An Integrated Approach*, 8th ed., Boston: Pearson, 2019.

Tintinalli, Judith E., J. Stephan Stapczynski, O. John Ma, Donald M. Yealy, Garth D. Meckler, and David M. Cline, eds., *Tintinalli's Emergency Medicine: A Comprehensive Study Guide*, 9th ed., New York: McGraw-Hill, 2020.

Walls, M. Ron, Adam J. Singer, and Jesse M. Pines, eds., *Rosen's Emergency Medicine: Concepts and Clinical Practice*, 9th ed., Philadelphia: Elsevier, 2017.

Widmaier, Eric P., Hershel Raff, and Kevin T. Strang, *Vander's Human Physiology: The Mechanisms of Body Function*, 14th ed., New York: McGraw-Hill, 2016.

곽상인 외, 『안과학』 제11판, 일조각, 2017.

김광현 편저, 『기관절개술』, 한국의학원, 2007.

김대식, 『이상한 나라의 뇌과학』, 문학동네, 2015.

김상욱, 『떨림과 울림』, 동아시아, 2018.

김은중, 『이토록 재밌는 면역 이야기』, 반니, 2023.

______, 『이토록 재밌는 의학 이야기』, 반니, 2022.

네이선 렌츠, 『우리 몸 오류 보고서』, 노승영 옮김, 까치, 2018.

대니얼 리버먼, 『우리 몸 연대기』, 김명주 옮김, 웅진지식하우스, 2018.

대한당뇨병학회, 『당뇨병학』, 범문에듀케이션, 2023.

대한비뇨기과학회, 『비뇨기과학』 제5판, 일조각, 2014.
대한신경정신의학회, 『신경정신의학』 제3판, 아이엠이즈컴퍼니, 2017.
대한외상학회, 『외상의학』 제2판, 범문에듀케이션, 2023.
대한응급의학회, 『응급의학 I, II』 제2판, 군자출판사, 2019.
대한피부과학 교과서 편찬위원회, 『피부과학』 제7판, 정우의학서적, 2020.
대한혈액학회, 『혈액학』, 범문에듀케이션, 2018.
딘 버넷, 『뇌 이야기』, 임수미 옮김, 미래의창, 2024.
로버트 M. 새폴스키, 『행동』, 김명남 옮김, 문학동네, 2023.
루이페르디낭 셀린, 『제멜바이스/Y 교수와의 인터뷰』, 김예령 옮김, 워크룸, 2015.
리처드 A. 하비 외, 『리핀코트의 그림으로 보는 생리학』, 방효원 외 옮김, 바이오사이언스, 2014.
리처드 도킨스, 『만들어진 신』, 김영사, 이한음 옮김, 2007.
__________, 『이기적 유전자』, 홍영남·이상임 옮김, 을유문화사, 2018.
린지 피츠해리스, 『수술의 탄생』, 이한음 옮김, 열린책들, 2020.
마이클 로이젠·메멧 오즈, 『새로 만든 내몸 사용 설명서』, 유태우 옮김, 김영사, 2014.
모헤브 코스탄디, 『Neuroplasticity 신경가소성』, 조은영 옮김, 김영사, 2019.
박문호, 『박문호 박사의 뇌과학 공부』, 김영사, 2017.
브라이언 헤어·버네사 우즈, 『다정한 것이 살아남는다』, 이민아 옮김, 디플롯, 2021.
빌 브라이슨, 『바디: 우리 몸 안내서』, 이한음 옮김, 까치, 2020.
사토 겐타로, 『세계사를 바꾼 10가지 약』, 서수지 옮김, 사람과나무사이, 2018.
샌드라 블레이크슬리·매슈 블레이크슬리, 『뇌 속의 신체지도』, 정병선 옮김, 이다미디어, 2011.
셸리 케이건, 『죽음이란 무엇인가』, 박세연 옮김, 웅진지식하우스, 2023.
수잰 코킨, 『영원한 현재 HM』, 이민아 옮김, 알마, 2014.
스튜어트 아이라 폭스, 『생리학』 제15판, 박인국 옮김, 라이프사이언스, 2020.
승현준, 『커넥톰, 뇌의 지도』, 신상규 옮김, 김영사, 2014.
아즈라 라자, 『퍼스트 셀』, 진영인 옮김, 윌북, 2019.
아툴 가완디, 『어떻게 죽을 것인가』, 김희정 옮김, 부키, 2022.
안효섭 외, 『홍창의 소아과학 1, 2』 제12판, 미래엔, 2020.

앤드루 램, 『의학의 대가들』, 서종민 옮김, 상상스퀘어, 2023.
앨리스 로버츠, 『인체 완전판』 제2판, 김명남 옮김, 사이언스북스, 2017.
에드 용, 『내 속엔 미생물이 너무도 많아』, 양병찬 옮김, 어크로스, 2017.
에드윈 게일, 『창조적 유전자』, 노승영 옮김, 문학동네, 2023.
유발 하라리, 『사피엔스』, 조현욱 옮김, 김영사, 2015.
이광우 외, 『신경과학』, 범문에듀케이션, 2014.
이대열, 『지능의 탄생』, 바다출판사, 2017.
정승규, 『인류를 구한 12가지 약 이야기』, 반니, 2019.
정중원, 『얼굴을 그리다』, 민음사, 2020.
주디스 구디너프·베티 맥과이어, 『인체생물학』 제3판, 이한기 외 옮김, 서원미디어, 2011.
지그문트 프로이트, 『정신분석학 입문』, 서석연 옮김, 범우사, 2017.
찰스 그레이버, 『암 치료의 혁신, 면역항암제가 온다』, 강병철 옮김, 김영사, 2019.
찰스 다윈, 『종의 기원』, 장대익 옮김, 사이언스북스, 2019.
최현석, 『교양으로 읽는 우리 몸 사전』, 서해문집, 2017.
최현석, 『인간의 모든 죽음』, 서해문집, 2020.
캐스린 페트러스·로스 페트러스, 『몸으로 읽는 세계사』, 박지선 옮김, 다산북스, 2023.
클로디아 커브스 외, 『리핀코트의 그림으로 보는 신경과학』, 황세진 외 옮김, 바이오사이언스, 2020.
테오 컴퍼놀, 『너무 재밌어서 잠 못 드는 뇌과학』, 하연희 옮김, 생각의길, 2020.
토머스 B. 가샤, 『12-Lead ECG』, 차태준 외 옮김, 군자출판사, 2017.
프랭크 M. 스노든, 『감염병과 사회』, 이미경·홍수연 옮김, 문학사상, 2021.
피터 고프리스미스, 『후생동물』, 박종현 옮김, 이김, 2023.
호세 코르데이로·데이비드 우드, 『죽음의 죽음』, 박영숙 옮김, 교보문고, 2023.
황신언, 『내 몸 내 뼈』, 진실희 옮김, 유노북스, 2021.

몸, 내 안의 우주

응급의학과 의사가 들려주는 의학교양

1판 1쇄 2025년 6월 18일
1판 6쇄 2025년 12월 1일

지은이 남궁인
책임편집 권한라 **편집** 박은아 이희연 김혜정
디자인 이보람 **저작권** 박지영 형소진 주은수 오서영 조경은
마케팅 정민호 서지화 한민아 이민경 왕지경 정유진 정경주 김혜원 김예진 이서진
브랜딩 함유지 박민재 이송이 박다솔 조다현 김하연 이준희
제작 강신은 김동욱 이순호 **제작처** 한영문화사

펴낸곳 (주)문학동네 **펴낸이** 김소영
출판등록 1993년 10월 22일 제2003-000045
주소 10881 경기도 파주시 회동길 210
전자우편 editor@munhak.com **대표전화** 031) 955-8888 **팩스** 031) 955-8855
문학동네카페 http://cafe.naver.com/mhdn
인스타그램 @munhakdongne **트위터** @munhakdongne
북클럽문학동네 http://bookclubmunhak.com

ISBN 979-11-416-0959-7 03400

잘못된 책은 구입하신 서점에서 교환해드립니다.
기타 교환 문의 031) 955-2661, 3580

www.munhak.com

DIGESTIVE SYSTEM

HEART

RESPIRATORY SYSTEM

KIDNEY

ENDOCRINE SYSTEM

IMMUNE SYSTEM

SKIN

MUSCULOSKELETAL SYSTEM

GENITAL SYSTEM

CENTRAL NERVOUS SYSTEM

SENSORY SYSTEM

LIFE AND DEATH